현대

KB149845

개정판

현대생태학

김준호 서계홍 정연숙 이규송 고성덕 이점숙 임병선 문형태
조강현 이희선 유영한 민병미 이창석 이은주 오경환 지 음

(주)교 문 사

개정판 머리말

생태학은 생물과 환경 사이의 상호 관계를 연구하는 생물과학이다. 모든 학문이 일진월보하고 있으니 생태학도 예외가 아니어서 『현대생태학 초판』이 발간된 지 어언 10여 년이 지났으니 그 내용이 크게 발전되어왔다. 그래서 개정판에서는 초판의 내용 중 진부한 부분은 과감히 삭제하고 새로 발전된 생태학의 이론은 엄선하여 추가하고 최신의 자료를 대폭 인용하였으며, 훼손된 자연환경과 생태계의 복원 및 경관생태학을 아우른 생태학의 응용을 독립된 장(제 11장)으로 새로 추가하여 현대생태학에 걸맞게 편성하였다. 그리고 초판의 내용과 형식을 면밀히 검토하여 그동안 독자들로부터 지적된 내용상의 오류와 편집 형식의 개선 요구를 수용하고 반영하였다.

이 책은 학문의 길에 접어든지 얼마 되지 않은 (사)여천생태연구회에 소속된 15명의 필자들이 나누어서 집필하였기 때문에 내용과 형식에 부족한 점이 많을 것으로 생각된다. 따라서 여러 독자의 오류 지적과 많은 제언을 간곡히 바라는 바이며, 앞으로 판이 거듭됨에 따라 지적해주신 단점을 보완하고 다듬어서 더욱 발전된 책으로 거듭날 것을 약속드린다.

이 책을 통하여 독자 여러분이 생태학의 기본 원리를 쉽게 이해하고 이를 바탕으로 생태계와 관련된 문제를 인식하고 해결하는 능력을 배양하는데 많은 도움이 되기를 바란다. 그리고 생물학과뿐만 아니라 환경 관련 학과의 학생들이 학부 강의, 환경 관련 자격시험 그리고 임용시험을 준비하는 과정에 필요한 교재와 참고서적으로 활용하고 나아가 좋은 결과를 얻기 바란다. 마지막으로 원고 교정에 수고를 아끼지 않은 여러 필자들이 소속된 생태학연구실의 대학원 학생들과 (주)교문사 임직원에게 고마움을 표한다.

2007년 2월
저자 대표 씀

책 표지의 사진에서 보여주듯이 이 책은 자연을 좋아하고 자연에 친숙하며 자연을 연구하려는 학생에게 안내서가 될 것이다. 우리 조상들은 옛부터 자연의 생물을 이용하는 방법을 터득하였고 자연에 외경심을 가졌으며 자연과 조화를 이루면서 살아왔다. 그런데 본래의 자연이 변형되고 줄어들어 앞으로 그 모습이 어떻게 될지 예측하기 어려운 상황에 놓여 있다. 그래서 때 묻지 않는 자연에 대한 그리움과 그 속에 깃들어 있는 오묘한 이치를 알려는 학생들이 늘어가고 있다.

생태학은 다른 자연과학과 달라서 이미 자연을 접하고 관찰하며 사색한 학생이라면 그 연구 대상이 머릿속에 뚜렷하게 부각되어 있을 것이다. 이처럼 접근하기 쉬운 학문이지만 그 내용은 어렵고 복잡하다. 왜냐하면 생태학은 개체, 개체군 및 군집의 세 가지 생물학적 계층을 다루지만 그들의 직선 구조를 밝히는 것이 아니고 공간 구조와 시간 변화를 연구하고 그들과 물리적, 화학적 및 생물학적 환경 사이의 관계를 밝히는 상호관계의 학문이기 때문이다. 따라서 생물학과 함께 물리학, 화학, 수학, 통계학 등의 기초 지식을 갖추어야 생태학을 이해하기가 수월하다. 생태 현상은 책을 읽어서 이해하는 것이 아니고 자연사를 기재하고 생물의 행동을 관찰하며 실험실과 야외에서 정밀한 실험을 하고 면밀한 야외 조사를 한 다음 그 결과를 수학 모델로 만들어야 비로소 이해하게 된다.

이 책은 대학교에서 한 학기 동안 생태학을 전공하거나 교양과목으로 듣는 학생을 위하여 쓰여진 교과서이다. 지금까지 밝혀진 수많은 생태 현상 중에서 현대생태학에 걸맞은 중요한 내용만을 간추려서 간략하게 기술하였다. 생태학적 개념은 교과서의 지면이 허용하는 범위 내에서 최근에 밝혀진 하나 내지 두 개의 예를 들어 설명하였고, 그림과 표를 삽입하여 이해하기 쉽도록 편집하였다. 생태학의 중요한 용어는 고딕체로, 학자의 이름과 어려운 지명은 원어로, 생물의 학명은 이탤릭체로 각각 나타내어 독자들이 스스로 구별하도록 하였으며, 생태 현상을 깊이 이해하려는 학생을 위하여 연구자의 이름을 문장 끝에 표시하고 그들의 문헌을 책 끝의 참고문헌에 함께 모았다.

과거의 자연과학이 모름지기 분석적 사고방식에 길들여져 왔기 때문에 생태학을 이해하기에는 어려움이 많았다. 생태학에서는 분석적 사고와 함께 전체론적 사고를 하여야 규모가 크고 복잡한 자연을 이해할 수 있다. 이 책의 제 1장에서는 생태학에 입문하려는 학생의 사고방식과 자연을 접하는 태도를 기르려는 내용이 다루어진다.

생물과 환경의 상호관계를 연구하는 학문이 생태학이므로 제 2장에서는 환경요인의 개념을 확고히 하고 생물 개체의 행동과 산포에 대한 기초가 다루어진다. 개체군의 특성과 그들의 상호작용에는 생태학의 중요한 원리가 깃들어 있는데, 그 내용이 제 3장과 제 4장에서 자세히 다루어진다. 그리고 군집의 구조와 기능이 제 5장으로부터 제 8장까지 소상히 다루어진다.

지구상에는 육상과 수계가 구분되어 있는데, 육상의 위도와 고도에 따라 형성된 여러 가지 생물군계가 제 9장에서, 수중생태계가 제 10장에서 다루어진다. 생태학은 현재 인류가 당면하고 있는 환경오염, 에너지 고갈, 식량 부족 등 여러 가지 어려운 문제를 해결하려고 시도하고 있다. 제 11장에서는 생태학과 인류에 대하여 현재의 상황과 미래의 예측이 다루어진다.

이 책은 학문이 깊지 않은 여러 필자가 분담하여 집필하였기 때문에 내용에 오류가 있을 것이고 일관성이 결여되어 있음을 자인한다. 독자의 기탄없는 질책을 바라마지 않는다. 다음에 판이 거듭되면 위에서 시인한 단점을 보완하고 또 국내에서 밝혀진 생태 현상을 많이 삽입할 것을 다짐한다.

이 책의 출판을 쾌히 수락하여 주신 敎文社의 柳齊東 사장님과 權泰佑 부장님에게 감사를 드리고, 교정을 보아준 서울대학교 생물학과 생태학연구실의 대학원 학생들에게 고마움을 표한다. 또한 1쇄 개정판을 꼼꼼하게 읽고 잘못된 곳을 바로 잡아준 농촌연구원 지광재 님께 깊은 감사를 드립니다.

1993년 2월
관악산 기슭에서
저자 씀

차 례

제10장 수중 생태계   311

제 **1** 장

생태학의 입문

제1장 생태학의 입문

자연과학에서 생물과 환경 사이의 상호 관계를 연구하는 학문이 생태학이다. 생태학은 19세기 초에 정립된 비교적 새로운 학문이지만 환경문제가 야기되면서 경제학, 사회학, 환경학 등과 밀접한 관련을 맺으며 폭넓고 빠르게 발전하여 왔다.

생태학에서는 자연계 내의 한 구성원과 다른 구성원 사이의 상호 관계를 연구한다. 자연계는 식물, 동물 및 미생물로 구성된 생물 군집과 빛, 온도, 물, 토양 등으로 구성된 비생물 환경으로 이루어진 생태계라는 통합된 단위로 파악된다. 따라서 생태계는 생태학의 주요한 연구 대상이다.

생태계의 구성원은 개체, 개체군, 군집 등의 계층으로 구성되는데 이들 각 계층에서 일어나는 상호 관계를 비생물 환경과 관련하여 이해하는 것이 바람직하다. 생태계의 크고 복잡한 계층에서는 작고 단순한 계층이 가지지 않는 새로운 성질, 이른바 창발성이 우러나온다.

생태계의 변화는 그 구성원과 상호 관계를 계량화하고 수식을 도출하여 모델을 만들고 컴퓨터를 구동하여 예측할 수 있다. 지구상의 인구 증가, 식량 부족, 환경오염, 지구 온난화, 종교 분쟁 등 크고 복잡한 인류의 당면한 난제를 풀어나가기 위해서는 생태학적 사고가 필요하다.

1. 생태학의 정의

생태학(ecology)은 생물과 환경 사이의 상호 관계를 연구하는 학문이다. 생태학이라는 말은 독일의 생물학자 Haeckel이 1869년에 처음으로 사용하였다. 그는 그리스어로 '집'을 뜻하는 *oikos*와 '학문'을 뜻하는 *logos*를 합하여 ecology라는 용어를 만들었다. 생태학은 19세기 초에 태동하여 꾸준히 발전하여 온 새로운 학문이다 (p.15의 표 1-2 생태학 연표 참조).

생태학은 상호 관계를 연구하는 학문이라고 말할 수 있다. 예를 들면, 어떤 산에서 모든 식물과 동물을 조사하였다면 이것은 생태학 연구의 첫 단계이다. 그 산에서 한 동물이 다른 동물을 잡아먹고, 키 큰 식물의 그늘 밑에서 작은 식물이 자라지 못하며, 설사 자란다 하더라도 작은 초식동물에 뜯어 먹히는 등 복잡한 상호 관계를 밝혔을 때 비로소 생태학은

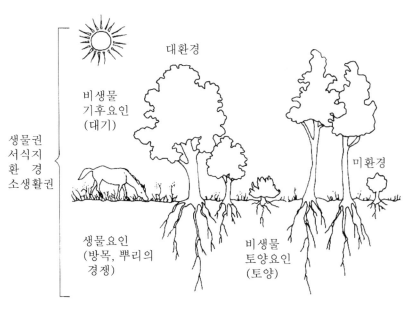

그림 1-1. 환경의 구성원. 환경은 대환경과 미환경으로 구성되어 있다.

이루어진다.

환경(environment)은 한 생물에 영향을 미치는 주변의 생물요인과 비생물 요인을 망라한 모든 것, 즉 서식지(habitat)이다. **생물 요인**(biotic factor)은 한 생물과 다른 생물 사이에 얽혀진 경쟁, 포식, 공생, 기생 등을 포함하고, **비생물 요인**(abiotic factor)은 햇빛, 공기, 물, 토양, 바람 등 생물의 생활, 생식 및 분포에 영향을 미치는 물리화학적 요인을 포함한다.

환경은 다시 **대환경**(macroenvironment)과 **미환경**(microenvironment)으로 나누는데, 전자는 기후, 해양과 같이 넓은 지역의 환경이고, 후자는 실온, 그늘과 같이 생물에 접하여 직접 영향을 미치는 환경이다. 따라서 생물이 느끼는 영향은 대환경과 미환경이 각각 다르다. 예를 들면, 숲 속의 미환경과 숲 위의 대환경에서 상대습도, 풍속 및 햇빛의 세기는 전혀 다르다(그림 1-1). 겨울이 오기 전 가로수 줄기에 잠복소를 매어주는 까닭은 해충이 땅 속의 환경과 비슷한 잠복소에 숨도록 하여 그것을 제거하는 데 미환경을 이용한 것이다(그림 1-2).

한편, 생태학과 경제학(economics)은 다같이 *oikos* 라는 단어에서 유래하였다. 경제학의 *nomics*는 관리

그림 1-2. 잠복소를 이용한 해충의 방제.

(management)를 뜻하므로, economics는 가정의 관리로 번역된다. 따라서 이론적으로 생태학과 경제학은 자매 학문이라고 말할 수 있다. 실제로 경제학자는 노동 문제, 시장 상품, 사회 봉사 등을 다루고, 생태학자는 자연환경, 시장성이 없지만 가치가 있는 생명 부양 물질 (예: 공기)과 자연 봉사(공기의 정화와 물질의 재순환)를 다루고 있다. 이와 같이 두 학문 사이의 간격은 좁은데도 불구하고 요즘의 경제 발전은 자연 개발과 오염물질의 방출을 일삼아 왔고, 생태학은 자연의 보호와 정화에 힘을 기울여 왔기 때문에 마치 상반된 성격의 학문으로 인식되고 있다. 그러나 경제학자 중에는 생태학적 경제학을 주장하는 이도 있으니 앞으로 생태학과 경제학 사이의 다리가 걸쳐지게 될 것이다.

2. 생태계 구성원의 계층

생태학에서는 자연을 이루는 구성원을 계층(hierarchy)으로 구분한다. 계층이란 자연의 구성원을 상·중·하층으로 배열한 것이다. 이러한 계층은 지리학의 지역 단위, 군대 조직의 계급 또는 분류학의 분류 체계에 자주 쓰이고 있다.

생태학에서 다루는 계층은 표 1-1에서 고딕체 활자로 표시되어 있다. 여기에서 **개체군**(population)은 일정한 공간에 모여 사는 같은 종류의 생물집단이고, 군집은 여러 종류의 개체군이 한 장소에 모여 있는 **생물군집**(biotic community)이다. 생물군집과 비생물 환경은 복잡한 상호 관계를 맺으면서 **생태계**(ecosystem)를 구성한다. 한 지역에 인위적으로 변형된 몇 개의 생태계가 모이면 **경관**(landscape)을 형성하는데, 넓은 지역에 걸쳐 조금씩 다른 경관이 모인 단위가 **생물군계**(biome)이다. 넓은 대륙이나 해양에서 제각기 특이한 식물상과 동물상을 갖는 생물군계는 **생물지리지역**(biogeographical region)으로 통합된다. 마지막으로 지구상의 모든 생태계를 통합한 단위가 **생물권**(biosphere)이다. 이와 같이 생태학의 연구 대상이 되는 구성원은 상·중·하의 여러 계층으로 구분된다.

자연은 단일 계층으로 구성되는 예도 있지만, 대부분 여러 계층으로 구성되어 있을 뿐만 아니라 한 계층의 특성과 다른 계층의 특성은 서로 다르다. 하지만 계층들은 서로 연관되어 있으므로 한 계층에서 일어난 현상이 다른 계층의 현상과 서로 영향을 주고받는다. 즉 낮은 계층은 높은 계층으로부터 여러 가지 영향을 받게 된다. 그렇기 때문에 어느 계층(예: 개체군)에 관한 연구와 관리는 그보다 하위 또는 상위 계층(예: 개체 또는 군집)의 연구와 관리가 이루어져야만 비로소 완성될 수 있다.

지구는 암권(lithosphere), 수권(hydrosphere) 및 대기권(atmosphere)으로 구성되어 있다.

이들 사이에는 생물권이 뚜렷한 경계 없이 형성되어 있다. 생물권을 형성하는 모든 계층의 구성원은 생명체이므로 생물권은 인류와 그 밖의 생물이 쾌적하게 살 수 있는 깨끗한 토양, 물 및 공기를 간직하여야 이들 생명체가 건강하게 생존할 수 있다.

앞에서 말한 바와 같이 생태계의 구성원은 계층에 따라 제각기 다른 특성을 가질 뿐만 아니라 외부로부터의 교란에 대한 반응도 계층별로 다르다. 예를 들면, 낙동강 하구는 삼각주에 갈대군락이 무성하고, 간석지에 게나 조개와 같은 저서동물이 왕성하게 서식하며, 이들을 먹는 수많은 철새가 날아오는 한 생태계이다. 이 생태계에는 홍수에 의하여 상류에서 기름진 토사와 무기영양소가 밀려오고, 태풍에 의하여 연안의 모래와 염분이 밀려와서 삼각주와 간석지를 덮어 비옥하게 한다.

비옥한 토사와 무기영양소를 받은 삼각주의 갈대군락은 무성하게 자라지만 두꺼운 토사로 덮인 저생동물은 일시적으로 사라진다. 그리고 홍수와 태풍의 피해에 관계없이 철새는 일정한 시기에 변함없이 날아온다. 이와 같이 외부의 교란에 대하여 갈대군락 계층, 저생동

표 1-1. 여러 가지 구성원의 계층 비교

대 규 모	
지리학 및 행정구역	생태학
세계	생물권
대륙	생물지리지역
국가	생물군계
도 (특별시)	경관
군 (시)	생태계
면 (읍)	생물군집
리 (동)	개체군
통반	생명체

소 규 모		
분류학	생명체	군대 조직
계	개체	군단
문	기관계	사단
강	기관	연대
목	조직	대대
과	세포	중대
속	세포소기관	소대
종	유전자	분대

물 계층 및 조류군집 계층이 받는 영향은 각각 다르다. 만약 낙동강 하구 생태계에 홍수나 태풍에 의한 교란이 없다면 갈대군락과 저생동물 군집은 영양소가 부족하여 쇠퇴될 것이며, 먹이가 없는 곳에 철새도 날아오지 않을 것이다.

한편, 미국 서부에 분포하는 **차파렐**(chaparral)은 수 년마다 불이 일어나는 식생인데, 이 식생은 화재에 적응해 있을 뿐만 아니라 화재가 나지 않으면 살아남지 못한다. 물론 이 지역에서 사는 다른 생물이나 사람은 불이 나면 타 죽거나 큰 피해를 받지만 차파렐군락 계층은 불이 나지 않으면 오히려 해를 입는다. 이 지역에서 불이 나지 않으면 이곳의 화재 의존 생물이 다른 생물로 대치되기 때문이다.

생태학의 초보자는 주변에 있는 계층의 모든 특성을 모르더라도, 계층의 구성원과 그들 사이의 기능과 안정성을 이해하고 있으면 어떤 한 계층에 대한 생태학적 연구에 착수할 수 있다. 다시 말하면 어떤 한 계층의 특성을 이해하고 적당한 방법을 고안하면 그 계층에 한정된 연구를 시작할 수 있는 것이다.

서로 다른 계층을 연구하려면 연구에 필요한 도구와 방법도 달라야 한다. 예를 들면, 풀밭에서 사는 곤충의 종류를 조사할 때는 포충망이 있으면 되고, 생물권 내의 이산화탄소 분포를 조사하려면 적외선 가스 분석기를 실은 인공위성을 쏘아 올려야 한다.

생태학에 관하여 쓸모 있는 해답을 얻으려면 올바른 의문을 가져야 한다. 정곡을 찌르지 못하는 의문을 갖거나 잘못된 계층에 초점을 맞추어 연구를 하면 생태학적 해답을 얻기 어렵고 오히려 역효과를 가져올 수 있다.

3. 생태계 내의 상호 관계

생태계의 한 계층은 여러 개의 구성원이 모여서 이루어진다. 개체군은 수많은 개체가 모이고, 또 군집은 종류가 다른 수많은 개체군이 모여서 형성된다. 이렇게 형성된 계층의 구성원들 사이에는 규칙적으로 상호 관계(interaction)와 상호 의존(interdependence)이 일어나서 질서정연하게 통합된 전체(whole)를 형성한다. 이러한 통합된 단위를 계(system)라고 한다. 자연에서는 생물군집과 비생물 환경으로 구성된 계, 즉 **생태계**(ecosystem)가 형성된다.

생태계를 쉽게 이해하기 위해서는 연못을 관찰하는 것이 효과적이다. 연못은 영양염류와 기체가 녹아있는 물과 바닥에 깔린 퇴적물로 구성된 비생물 환경과 수초, 식물플랑크톤, 물방개, 붕어 등으로 구성된 생물군집으로 이루어진다. 이 연못 속에서는 여러 구성원 사이에 끊임없이 상호 관계와 상호 의존이 일어나고 있으므로 하나의 생태계가 이루어져 있다.

생태계의 크기는 소의 위처럼 수많은 미생물이 모여 있는 작은 것으로부터 넓은 삼림이나 해양에 이르기까지 다양하다. 생태학의 기초는 자연의 기본 단위인 생태계를 이해하고 생태계 내의 각 구성원들 사이의 상호 관계를 이해하는 데 있다.

Darwin(1859)은 『종의 기원』에서 생태계의 구성원 사이에 다음과 같은 상호 관계가 있음을 기술하였다. '붉은토끼풀의 종자 생산은 땅벌의 가루받이 활동으로 이루어지므로 꿀을 빨아먹지 않는 다른 곤충들과는 관계가 없다. 그래서 땅벌이 멸종되면 붉은토끼풀도 멸종될 수밖에 없다. 그런데, 땅벌 집을 습격하는 들쥐의 수는 땅벌의 수에 영향을 미친다. 그리고 들쥐 수는 그것을 잡아먹는 고양이의 수에 따라 달라진다. 다음에 고양이 수는 고양이를 좋아하는 노처녀의 수에 따라 변한다. 따라서 붉은토끼풀의 종자 생산은 그 지역의 노처녀 수와 관계가 있다.'

이 이야기는 자연계에서 전혀 관계가 없으리라고 생각되던 특정한 식물, 동물 그리고 사람 사이에 복잡하게 얽힌 상호 관계를 말하고 있다. 이 이야기가 나온 지 100년이 지난 다음 Commoner는 자신의 저서 『생태학의 제 1법칙』에서 '생태계의 구성원들 사이에는 서로 밀접한 관계가 있고, 그 가운데의 한 계층을 자극하면 다른 계층에도 영향이 나타난다'고 쓰고 있다.

사람은 자연을 상호 관계 대신에 단순하고 직선적이며 인과관계만이 있는 실체로 인식하는 경향이 있다. 그러나 앞의 이야기에서 잘 알 수 있듯이 생태계 내에서는 구성원 사이에 복잡한 상호 관계가 맺어지고 있다. 상호 관계는 어떤 구성원 사이에서는 강력하고 끈질기게 맺어지고 다른 구성원 사이에서는 약하고 무시할 만큼 느슨하게 맺어진다. 오늘날 생태학은 상호 관계의 종류를 밝히고 그 세기를 측정하는 데 힘을 기울이고 있다.

생태계 구성원 사이의 상호 관계를 Clements는 그림 1-3과 같이 세 가지 유형으로 구별하였다. 온도, 물, 햇빛과 같은 비생물 환경이 생물에 미치는 영향을 **작용**(action)이라 하고, 이와 반대로 생물이 비생물 환경에 미치는 영향을 **반작용**(reaction)이라고 한다. 큰 나무가 작은 나무에 그늘을 만들거나 낙엽이 썩어서 토양에 유기물을 증가시키는 현상은 반작용의 예이다. 한편, 생물군집 내의 한 생물과 다른 생물 사이에 서로 주고받는 영향을 **상호작용**(coaction)이라고 하는데 포식, 경쟁, 기생 등이 이에 속한다.

4. 생태학의 분과

생태학은 생물학의 한 분과이다. 생물학은 모든 자연과학이 그러하듯이, 연구 대상을 재

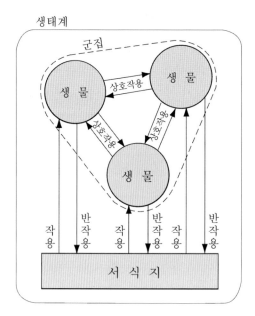

그림 1-3. 생태계 내의 상호 관계.

료에 따라 구분하거나 방법에 따라 구분한다. 생물학을 재료에 따라 구분하면 그림 1-4와 같이 식물학, 동물학, 미생물학 등으로 나뉘고, 방법에 따라 구분하면 생태학, 생리학, 형태학, 유전학, 분자생물학 등으로 나뉜다. 따라서 특정한 재료를 연구 대상으로 한 생태학은 식물생태학, 동물생태학, 미생물생태학 등으로 나뉘고, 재료에 관계없이 어떤 계층만을 포괄적으로 다루면 개체군생태학, 군집생태학, 삼림생태학 등으로 나뉜다. 한편 생태학은 연구 대상의 특성에 따라 개체생태학과 군집생태학으로 크게 나눌 수 있다.

　개체생태학(autecology)은 개체 또는 개체군의 적응이나 행동과 환경 사이의 관계를 다루는 데, 그 대상에 따라 생리생태학, 유전생태학, 행동생태학 등으로 다시 나뉜다. 군집의 구조와 기능을 다루는 **군집생태학**(synecology)은 특히 식물군집을 분류하고 기재하며 지도화하는 식물사회학, 군집 내의 물질순환, 에너지 흐름 및 천이를 다루는 군집동태론(community dynamics)으로 세분화된다. 군집 내에서 종의 적응성, 종의 공존과 배타, 식물과 동물의 공진화, 군집의 안정성과 취약성 등을 다루는 개체생태학과 군집생태학을 종합한 분과는 진화생태학으로서 따로 발전하고 있다. 그리고 요즈음 생태학을 분자 수준에서 연구하려는 분자생태학도 차츰 궤도에 오르고 있다.

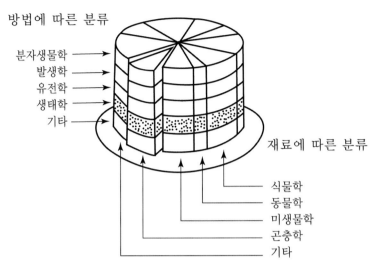

방법에 따른 분류

분자생물학
발생학
유전학
생태학
기타

재료에 따른 분류

식물학
동물학
미생물학
곤충학
기타

그림 1-4. 생물학에서 생태학의 위치.

5. 현대 생태학의 방향

박물학으로부터 출발한 생태학은 오늘날 자연과학으로서 위치를 굳혔고, 더 나아가서 인접 과학의 발달에 힘입어 심오한 생태학 이론을 정립하게 되었다. 또한 생태학은 사회과학과 유대를 맺어 인류 복지에 기여하여 왔다. 현대의 생태학은 다음과 같은 몇 가지 방향을 지향하고 있다.

첫째, 자연과학의 모든 분과가 그러하듯이 현대의 생태학은 연구 방법을 확립하는 데 노력을 기울이고 있다. 대학의 초급 학년에서 배우는 과학적 방법에서는 과학을 어떻게 탐구하는가를 생각하며 그 해답을 찾는데도 불구하고 자연현상에 대하여 과학적으로 사고하는 방법을 완전히 터득하지 못하고 있다. 자연과학은 인류 역사의 새로운 영역이었으므로 과학적 사고 방법을 터득하기가 매우 어렵기 때문이다.

과학의 요체는 지식을 검증하고 또 지식과 사실을 비교하는 데 있다. 생태학의 접근 방법도 자연현상에 대하여 가설을 세우고 그 가설을 실험으로 검증한다. 그렇게 하기 위하여 야외에 나가거나 실험실 내에서 그 가설을 검증할 수 있도록 면밀히 관찰을 한다. 처음에 세운 가설은 사실과 반드시 부합하지 않아도 된다. 검증한 결과 잘못된 가설은 버리거나 수정한다. 생태학은 이러한 과정을 되풀이하여 자연의 실체에 한발 한발 가까워지도록 노력한다.

둘째, 현대의 생태학은 생물 진화를 생태학적으로 해석하는 데 노력하고 있다. 장기간에 걸친 개체군의 유전적 변이나 생물군집의 천이와 같은 실제로 자연에서 일어나는 진화의 문제를 생태학적으로 재정립하는 연구가 필요하다. 과거의 잘못된 선입견을 버리고 참신한 진화생태학의 학설을 세우는 연구를 진행한다.

셋째, 현대의 생태학은 인류의 사회문제를 생태학적으로 해석하는 데 힘을 기울이고 있다. 인류와 환경을 다루는 사회문제에는 경제학으로부터 종교에 이르기까지 폭 넓은 분야, 즉 인구증가, 환경오염, 지구 온난화, 기아와 질병, 종교 분쟁 등 사람 사이에 얽힌 복잡한 문제에 대하여 생태학의 입장에서 해답을 내린다.

넷째, 현대의 생태학은 생물권에 갑자기 닥쳐온 산성비, 지구 온난화, 오존층 파괴, 사막화와 같은 생태적 위기(ecological crisis)를 해결하기 위한 이론적 배경을 제시하려고 노력한다. 이러한 생태학의 이론은 1968~1970년 사이에 일어난 세계적 환경경고운동의 방아쇠 구실을 하였다. 이에 힘입어 1980년대부터 인류는 환경 파괴에 대한 의식이 높아져서 환경을 훼손시키는 개발을 억제하고 토지와 수자원을 보호하도록 정부와 기업에 시정을 촉구하며, 새로운 환경법의 제정을 요청하게 되었다. 생태학의 지식은 새로운 전문 분야, 즉 환경영향평가, 환경법, 보전생물학, 생태경제학, 경관생태학 및 복원생태학을 발전시키는데 이바지하고 있다.

다섯째, 현대의 생태학은 인류에게 생태학의 원리를 이해시킬 뿐만 아니라 정부가 환경 정책과 환경계획을 세우는 데 이용하도록 생태학의 자료를 제공하고 있다. 그리고 현대의 생태학은 인류 복지의 제 1순위를 차지해야 하는 쾌적한 생활환경을 만드는 방향의 연구를 진행하고 있다.

6. 창발성 원리

생태계 내에서는 하위 계층의 구성원들이 여러 개 모이면 보다 크고 통합된 성질을 가지는 상위 계층이 형성된다. 다음에 하위 계층에는 없었던 성질이 상위 계층에 새로 생긴다. 이와 같이 여러 계층 사이의 기능적 상호 관계에 의해 새로 생기는 성질을 **창발성**(emergent property)이라고 한다. 상위 계층에서 나타나는 창발성은 각각 하위 계층이 갖는 성질과 사뭇 다르다. 창발성 원리는 옛 속담에 전체는 부분의 합보다 크다든가 숲은 하나 하나의 나무가 모인 것보다 짙다든가 하는 말로 표현된다.

창발성 원리는 다음의 예로 쉽게 이해할 수 있다. 수소와 산소를 분자 배열로 결합하면

물이 합성되는데, 이 액체의 성질은 그 원료인 기체들이 가지지 않는 새로운 성질을 갖는다. 그리고 미세한 산호충과 말무리가 함께 진화하여 산호초가 형성되는데, 산호초는 대단히 효율적인 영양소 순환을 함으로써 미량의 영양소를 지닌 해수를 이용하여 엄청나게 높은 생산성을 올린다. 이와 마찬가지로 뿌리의 공생체인 균근(mycorrhizae)은 뿌리 자체가 흡수하는 무기영양소보다 훨씬 많은 양을 흡수한다. 이처럼 자연계의 상호 이익을 높이는 창발성은 질서가 잘 잡힌 인간사회에서도 자주 찾아 볼 수 있다.

생태학에서는 부분과 전체의 관계를 전체론(holism)의 입장에서 연구하도록 권하고 있다. 전체는 부분의 합보다 크다는 개념이 널리 알려져 있는데도 현대의 과학과 기술은 그 사실을 소홀히 다루는 경향이 있다. 현대의 과학과 기술은 미소 단위를 연구하도록 강요하고, 사물을 전체의 입장에서 보지 못하도록 길들여 왔기 때문이다. 실제로 하위 계층의 조사결과는 상위계층의 연구에 도움을 줄 수 있지만 그것만으로 상위 계층에서 일어나는 모든 현상을 충분히 설명하지는 못한다. 예를 들면, 삼림을 이해하고 관리하려면 하나하나의 나무에 대한 지식을 가져야 할 뿐만 아니라 완전한 기능을 갖춘 통합된 삼림 자체의 특성을 이해할 필요가 있다.

하위 계층으로부터 상위 계층으로 옮겨감에 따라 생태적 속성은 복잡해지지만 변동 폭이 좁아져서 그 기능이 안정하게 유지된다. 예를 들면, 삼림이나 벼논 전체에서 햇빛·기온에 대한 광합성률은 한낱 잎 또는 한낱 개체의 광합성률보다 변동 폭이 좁아진다. 어떤 한낱 잎, 한낱 개체 또는 한 종의 광합성률이 낮아지면 다른 잎, 다른 개체 또는 다른 종의 광합성률이 상보적으로 높아지기 때문이다. 이와 같이 어떤 한 현상의 변동 폭이 좁아져서 안정이 유지되는 성질을 **항상성**(homeostasis)이라고 한다.

온도 변화가 큰 환경에서 사람의 체온이 일정하게 유지되는 까닭은 신경의 조절로 항상성이 이루어지기 때문이다. 항상성은 하위 계층에서 상위 계층으로 올라갈수록 효과적으로 일어난다. 예를 들면, 공업 발달로 말미암아 대기 중에 이산화탄소가 많이 배출되는데도 상위 계층인 생물권 수준에서는 이산화탄소 농도가 배출하는 만큼 증가하지 않고 비교적 안정하게 유지된다. 그 이유는 해양에서 이산화탄소를 흡수하기 때문이다.

대부분의 곤충은 본래 자생했던 고장에서 식물에 거의 해를 끼치지 않았지만, 우연히 다른 고장으로 침입하거나 소홀히 다루어 도입되면 해충으로 돌변한다. 수많은 종류가 상호 관계를 맺으면서 군집을 형성하고 있으면 항상성이 유지되지만, 새로운 서식지에 침입한 종은 기존의 종들과 긴밀한 상호 관계가 맺어지지 않기 때문에 해충으로 돌변하는 것이다.

우리나라에 무섭게 번성했던 해충들은 대부분 외국에서 우연히 침입한 곤충이었다. 즉 우리나라의 식물에 큰 피해를 입힌 흰불나방(*Hyphantria cunea*)은 미국에서, 솔잎혹파리

(*Thecodiplosis japonensis*)는 일본에서 그리고 솔껍질깍지벌레(*Matscoccus thunbergianae*)는 중국에서 각각 침입하였다. 이들 해충은 본래의 자생지에서 장구한 세월에 걸쳐 상호 관계를 유지하면서 진화하여 왔기 때문에 특정 종만의 폭발적인 생식과 포식이 억제된 채 질서 있는 생태계의 일원으로 생존하였을 것이다. 그런데 우리나라와 같은 새 서식지에서는 상호 관계에 의한 진화적 조절을 거쳐지지 않았기 때문에 생태계를 파탄시키는 암과 같은 존재로 돌변하였던 것이다.

농업 생산성을 높이기 위하여 해충을 자연 방제하는 대신에 화학농약을 뿌림으로써 생산비가 높아졌고 환경 훼손이 커졌다. 하지만 요즘 다행히 자연 방제와 인위 방제를 조화시킨 종합 방제 기술을 개발하여 생산비를 낮추고 환경 훼손을 줄이게 되었다.

7. 생태학의 도구 – 모델

엄청나게 크고 복잡한 생태계를 쉽게 이해하기 위해서는 복잡한 현상 중에서 가장 중요하고 기본적인 특성만을 간추려서 간략하게 설명하는 방법이 필요하다. 과학에서 복잡한 현실 세계를 간략하게 설명할 때는 모델을 이용한다.

모델(model)은 현실 세계에서 일어나는 복잡한 현상을 간단한 도형이나 수식으로 묘사함으로써 쉽게 이해하게 하고, 앞으로 일어날 현상을 예측할 수 있게 한다. 따라서 모델은 생태현상의 이해에 크게 도움을 준다. 간단한 모델은 기호를 이용하여 간결한 수식으로 나타내거나 그림을 그려서 모식도로 나타낸다. 기초 수학이나 물리학을 배운 학생은 누구든지 탁상용 컴퓨터와 모델 전용 소프트웨어를 이용하여 생태 현상을 모델로 만들 수 있다.

생태 현상을 모델로 만들 때는 다음의 다섯 가지 요소를 포함시킨다(그림 1-5).

① 구성인자(property, P): 상태변수

② 추진력(force, E): 추진 함수로서 계로부터의 에너지원 또는 계를 가동시키는 원동력

③ 흐름경로(flow pathway, F): 구성인자들 사이 또는 구성인자와 추진력 사이의 에너지나 물질의 이동 경로

④ 상호 관계(interaction, I): 상호 관계 함수로서 추진력과 구성인자를 변형, 증폭 또는 조정하는 작용

⑤ 되먹임 고리(feedback loop, L): 출력의 일부가 앞의 구성인자로 돌아와서 영향을 미치는 경로

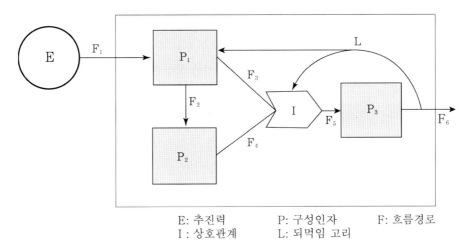

E: 추진력　　　　P: 구성인자　　　F: 흐름경로
I : 상호관계　　　L: 되먹임 고리

그림 1-5. 생태계의 모델을 만드는 예. 다섯 가지 기본 요소로 이루어진다.

간단한 생태계 모델은 그림 1-5와 같이 구획으로 만든 모식도로 이루어진다. 이 모델은 추진력 E에 의하여 가동되고, 두 개의 구성인자 P_1과 P_2가 I에서 만나 상호 관계를 함으로써 제 3의 구성인자 P_3을 만드는 계를 나타낸다. 이 계는 다섯 개의 흐름경로를 거쳐 에너지나 물질이 이동하는데, F_1은 유입(input)을, F_6은 유출(output)을 각각 나타낸다. 그리고 되먹임 고리 L은 하류로 흐르는 유출의 일부가 상류의 구성인자로 되돌아와서 영향을 미친다.

그림 1-5의 모델을 이용하여 대도시 상공의 스모그 발생을 설명해 보자. 자동차에서 배출하는 탄화수소 P_1과 질소산화물 P_2가 혼합되고, 여기에 추진력인 햇빛 E가 비치면 광화학스모그가 형성된다. 이 경우에 상호 관계 I는 상조적이고 증폭적으로 작용하므로 합성된 P_3은 P_1이나 P_2가 갖지 않는 높은 독성 물질을 생성한다. 공기 속에 스모그 농도가 짙어짐에 따라 새 스모그의 형성량이 증가하거나 감소하는 반응을 L이 조절하는데, 그 결과에 따라 되먹임고리를 양(+)이나 음(−)으로 표시한다. 보통 양의 되먹임 고리(positive feedback)는 스모그 형성량을 계속 증가시키고, 음의 되먹임 고리(negative feedback)는 대도시 주변에 그린벨트를 지정하여 도시 개발을 제한하는 것처럼 스모그 형성량을 감소시키거나 안정 상태로 유지시킨다.

다음에 그림 1-5를 적용하여 초원생태계의 기능을 알아보자. 녹색식물 P_1이 햇빛 에너지 E를 유기물로 전환하고, 초식동물 P_2가 식물을 먹으며, 잡식동물 P_3이 녹색식물과 초식동물을 먹는다. 이 경우 상호 관계 I는 몇 가지의 변환점(스위치) 기능으로 작용한다. 즉 이 계에서 잡식동물이 먹는 식물과 동물의 양이 계속 변하면 I는 동식물을 구별하지 않고 먹는 잡식성 스위치로 되고, 식물과 동물의 양이 항상 80 : 20의 비를 유지하면 식물 선호성 스위치로 된다. 또한 계절이 바뀌어 식물이 없어지고 동물만 먹게 되면 계절 스위치로 된다. 우리는 여기에서 한 모델을 얼마나 다양하게 이용할 수 있는가를 알 수 있다.

모델을 이용할 때 한 구성인자의 삭제, 다른 구성인자의 첨가, 추진력의 증감, 상호 관계 함수의 변경 및 되먹임의 변화 등은 전체 계에 어떻게 영향을 미치는가를 알 필요가 있다. 그렇기 위해서는 그림 1-5의 모델에서 각 구성인자를 계량화하고, 흐름경로와 상호 관계를 수식으로 유도하여 수치 모델로 바꾸면 된다. 이때 수식을 유도하고 또 복잡한 수식을 계산하는 데는 컴퓨터를 이용한다. 생태계의 물질생산과 에너지 흐름(제 6장) 및 물질순환 (제 7장)은 모델을 이용하여 정보를 얻을 수 있는 내용들이다.

연·습·문·제

1. 생태학에 대한 정의를 내려 보시오.

2. Ecology의 어원은 무엇이며 어떤 뜻이 있는지 설명하시오.

3. 생태학과 경제학 사이에는 어떤 관계가 있는지 설명하시오.

4. 생태계의 구성원에 대하여 설명하시오.

5. 환경이란 무엇인가? 대환경과 미환경을 구별해서 설명하시오.

6. 생태계 구성원의 계층에 대하여 설명하시오.

7. 생태계 내의 상호 관계에 대하여 예를 들어 설명하시오.

8. 현대 생태학의 방향을 요약하여 설명하시오.

9. 생태계에서 일어나는 현상을 창발성 원리의 예를 들어 설명하시오.

10. 항상성에 대하여 설명하시오.

11. 생태학에서 이용하는 모델의 다섯 가지 요소를 쓰고 간단히 설명하시오.

표 1-2. 생태학 연표

연 도	중 요 한 사 건
1805	Humboldt (독일): 논문 「식물지리」에서 환경요인과 식물 분포를 발표
1859	Darwin (영국): 「종의 기원」 발표
1869	Haeckel (독일): 생태학 (ecology)이라는 용어 처음 사용
1895	Warming (덴마크): 생태학 교과서 「Plantesamfund」를 발간
1913	영국생태학회 창립
1915	미국생태학회 창립
1916	Clements (미국): 천이에 관한 종설 발표
1926	Gleason (미국): 식물군락의 개별성 개념 발표
1927	Elton (영국): 저서 「동물생태학」에서 먹이사슬의 개념 발표
1927	Braun-Blanquet (스위스): 저서 「식물사회학」을 발간
1929	Vernadsky (러시아): 생물권 (biosphere)이라는 용어 발표
1934	Gause (러시아): 실험적으로 경쟁과 포식을 증명
1935	Tansley (영국): 생태계 (ecosystem)의 개념 발표
1939	Clements 및 Shelford (미국): 저서 「생물생태학」을 발간
1942	Lindeman (미국): 논문 「생태계의 영양단계 – 동태」 발표
1946	한국 (서울대학교)에서 생태학 강의 개강
1953	Odum (미국): 저서 「기초생태학」을 발간
1954	Andrewartha 및 Birch (호주): 논문 「동물의 분포와 수도」에서 개체군생태학을 강조
1955	MacArthur (미국): 논문 「동물개체군의 변동과 군집의 안정성」을 발표
1964	국제생물학사업 (IBP)에 의한 생물권의 에너지흐름과 물질생산 측정 시작
1970	인간과 생물권 (MAB): 유네스코에서 인류와 환경 사이의 관계 개선 사업 시작
1974	제 1회 국제생태학대회 (INTECOL): Hage, 네덜란드에서 개최
1976	한국생태학회 창립
1978	제 2회 국제생태학대회 (INTECOL): Jerusalem, 이스라엘에서 개최
1986	제 4회 국제생태학대회 (INTECOL): Syracuse, 미국에서 개최
1990	제 5회 국제생태학대회 (INTECOL): Yokohama, 일본에서 개최
1994	제 6회 국제생태학대회 (INTECOL): Manchester, 영국에서 개최
1998	제 7회 국제생태학대회 (INTECOL): Florence, 이태리에서 개최
2002	제 8회 국제생태학대회 (INTECOL): Seoul, 한국에서 개최
2005	제 9회 국제생태학대회 (INTECOL): Montreal, 캐나다에서 개최

제 **2** 장

생물과 환경

제2장 생물과 환경

여러 가지 비생물 요인이 생물의 생활에 영향을 준다. 그 중 특히 중요한 요인은 온도, 습도, 광도, 토양의 성질, 물 속의 기체, 그리고 화학물질이다. 이들 요인이 생물의 개체에 미치는 영향에 관한 연구는 생태학에서 큰 영역을 차지하는데, 이를 생리생태학, 혹은 개체생태학이라 한다. 생물도 비생물 환경에 영향을 미친다. 이에 따라 환경이 변하며, 그 결과는 다시 다른 생물에게 간접적인 영향을 미치게 된다. 이 장에서는 비생물 환경이 생물에, 그리고 생물이 비생물 환경에 미치는 일반적 원리와 주요 비생물 요인을 다룬다.

1. 생물과 비생물 환경

1) 내성범위

생물이 살아가는 장소를 그 생물의 **서식지**(habitat)라고 하는데, 보통 육상서식지와 수중서식지로 나눈다. 송어는 서늘한 하천에 사는 수중동물이고, 얼레지는 산악지대의 비옥한 숲에 사는 육상식물이다. 수중서식지에는 해양서식지와 호수, 연못, 하천, 샘물 등의 담수서식지가 있다. 서식지를 보다 세분하면 아서식지의 단계를 거쳐 마지막으로 미소서식지(낮사면, 수목의 구멍, 해변의 모래 입자 사이의 공간 등)까지 나눌 수 있다.

각 서식지의 독특한 환경요인은 연구의 대상이 된다. 송어의 서식지에서는 수온과 용존산소가, 얼레지의 경우에는 숲 바닥에 닿는 빛의 세기와 토양의 칼슘 농도가 중요한 환경요인이다. 한 환경 요인에 대한 특정 생물의 생존가능 범위를 **내성범위**(range of tolerance)라 한다. 예를 들면, 금붕어가 살 수 있는 수온의 범위는 6.0~36.6℃이며 이 범위를 벗어나면 죽게 된다(그림 2-1).

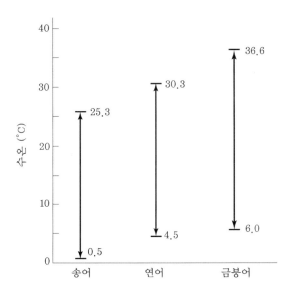

그림 2-1. 물고기의 종류에 따라 온도의 내성범위가 다르다. 금붕어는 송어보다
더 따뜻한 물에서 살 수 있지만 찬 물에서는 살 수 없다.

　어떤 생물이 살고 있는 야외의 조건을 그 종의 내성범위로 볼 수도 있지만, 반드시 실험실이나 야외의 실험으로 검증되어야 한다. 그 이유는 생물이 다른 생물들과 상호작용을 하기 때문이다. 한편 생물은 **비생물 요인**(abiotic factor)뿐만 아니라 다른 생물과의 관계로 이루어진 **생물 요인**(biotic factor) 가운데서 살고 있다.

　혐석회 식물이란 산성토양에서 잘 자라는 식물로서 그중 일부는 중성이나 염기성 토양에 견디지 못하는 것도 있지만, 모두가 그런 것은 아니다. 즉 좋은 조건에서는 더 잘 자랄 수 있었겠지만 다른 종과의 경쟁 결과 극단적인 곳으로 서식지가 제한될 수도 있다.

　pH나 다른 물리적 요인이 동물의 분포를 제한한다는 결론을 내리려면 적절한 실험이 필요하다. 미국의 태평양 연안을 따라 분포하는 일년생 식물인 *Cakile maritima*는 모래사장 중에서도 앞이 트이고 염분이 많은 쪽에서 생육하지만, 조건이 다른 여러 곳에 파종해 본 결과, 비옥하고 경쟁자가 없는 내륙의 초지에서 더 잘 자라는 것으로 확인되었다. 그러나 경쟁자를 제거해준 초지에서 자라던 *C. maritima*는 오래 살지 못하였다. 경쟁자가 없는 초지에서 잘 자라고 나니까 소형 포유류가 너무 흑심하게 뜯어 먹어 버렸기 때문이다. 즉 새로운 생물 요인이 작용하였던 것이다.

　내성의 범위는 종에 따라 다르다. 즉 잉어나 금붕어는 송어보다 수온이 더 높거나 용존 산소가 더 적어도 견딜 수 있는데, 그 정확한 값은 적절한 실험으로 알아 낼 수 있다(그림 2-1). 서식지에 따라 서로 다른 군집이 유지되며, 기후가 따뜻한 지역에서 추운 곳으로, 혹

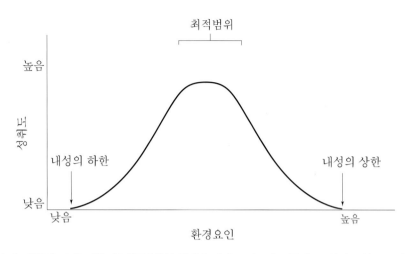

그림 2-2. 생물이 자라는 정도를 환경요인의 구배에 따라 그려보면 보통 종 모양의 곡선으로 나타난다.

은 습윤한 곳에서 건조한 곳으로 감에 따라 군집이 지리적으로 변하는 이유 중의 하나는 내성의 범위가 종에 따라 다르기 때문이다.

2) 최적범위

생물은 보통 내성범위의 중앙에서 가장 잘 자라는데(그림 2-2), 이 범위를 **최적범위**라 한다. 최적범위의 한 요인의 구배에 따라 달라지는 생물의 반응을 추적하면 쉽게 알 수 있다. 예를 들면, 콩의 광합성은 30℃ 정도에서 가장 빠르다. 그렇다면 과연 이 값이 최적온도일까? 이 온도가 광합성에는 최적이지만 생장 등의 다른 기능에는 최적이 아니다. 광합성률과 호흡률은 모두 온도와 함께 상승하지만, 온도가 30℃ 이상으로 상승하면 호흡은 계속 상승하는데 반하여 광합성률은 급속히 떨어진다. 이 두 곡선을 같이 놓고 볼 때 순광합성률이 최대로 되는 온도는 25℃이다(그림 2-3). 그렇다고 식물체 전체의 최적온도도 과연 25℃일까? 밤낮의 온도 주기성과 잎 이외의 기관에서 일어나는 호흡 등을 감안하면 일 년 동안의 생장을 위한 최적온도는 이보다 낮아진다.

생태학에서 최적이란 개념은 유용하면서도 불명확한 개념이므로 정밀한 묘사에는 다른 개념의 도입이 필요하다.

3) 환경의 변화

대부분의 서식지에서는 환경요인이 변화한다. 깊은 해양의 환경요인은 거의 일정하지만,

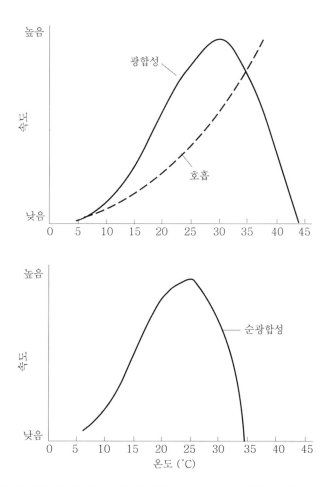

그림 2-3. 생물의 최적 상태는 생리 기능의 종류에 따라 다르다. 광합성의 최적 온도는 약 30℃
이지만 각 온도의 광합성률에서 호흡률을 뺀 순광합성률은 25℃에서 최적이다.

보통 서식지의 환경요인은 밤낮으로, 건기와 우기에 따라, 혹은 계절에 따라 변한다. 서식지의 주요 환경요인이 달라지면 생물의 생리적 반응도 변한다. 낮에 주위가 따뜻해지면 햇빛을 받는 식물과 새의 몸에서는 온도 상승에 따른 생리적 변화가 진행된다. 즉 새는 체내의 열 생산을 줄이고 열의 발산이 빨라지게 깃털을 재배열함으로써 체온을 일정하게 유지한다. 이런 변화에 의하여 외부 환경이 달라져도 생물체 내부의 환경은 일정하게 유지되는 경향을 **항상성**(homeostasis)이라 한다.

만약 계속 햇빛을 받아 온도가 상승되면 식물과 새의 반응은 다르게 나타난다. 식물은 한 곳에 고정되어 있지만 동물은 움직일 수 있으므로 부적당한 조건을 피한다. 즉 새는 그늘을 찾아 날아가고 송어는 보다 찬 물로 헤엄쳐 간다. 이런 것이 물리적 조건에 대한 행동의 반응이다. 그러나 고착생물은 행동 반응의 범위가 좁아서 변화되는 조건을 견디거나,

변화가 너무 크면 견디지 못하고 죽는다.

(1) 순화 및 기타 대처 방법

만약 환경요인 중에서 어느 하나의 계절적 변화가 생물의 내성범위를 넘으면, 다음과 같은 여러 가지 결과가 일어날 수 있다.

① 그 생물이 죽고 다른 개체가 들어오지 않으면 그 종은 이 지역의 생물상에서 사라진다. 그러나 만약 그 종의 반응이 다음 네 경우 중의 하나라면 생물상의 일원으로 남게 될 것이다.
② 성체는 죽더라도 생활사에서 내성범위가 넓은 알, 번데기, 종자 등으로 생존한다.
③ 얼지 않는 땅 속에서 겨울을 보내는 도마뱀이나 양서류처럼 보호된 미소서식지로 이동하여 동면한다. 동면은 적절한 미소서식지로 이동하여 대사율을 낮추어 에너지를 절약하는 것이다. 토양에 사는 대부분의 무척추동물은 얼지 않는 땅 속으로 이동하지만 동면은 하지 않는다.
④ 지리적으로 이동, 즉 이주한다. 여러 종류의 새와 일부 포유류 및 곤충은 이주함으로써 여름과 겨울에 사는 서식지를 바꾼다.
⑤ 순화된다.

순화(acclimation)는 환경 변화에 대처하는 방법이지만 동면이나 이주만큼 잘 알려져 있지 않다. 어류, 곤충, 소나무 등의 온도에 대한 내성범위는 최근에 살았던 곳의 온도에 따라 계절적으로 변할 수 있다(그림 2-4). 한 겨울에는 0~24℃ 범위의 수온에서 살던 어떤 물고기의 내성범위는 그 상한이 여름에 33℃까지 올라가고 하한도 15℃로 상승한다. 순화는 환경의 변화에 따른 생리적 조절로서 온도에 대한 내성뿐 아니라 대기의 산소량이나 다른 요인의 변화에 대해서도 나타난다. 순화는 변화가 심한 환경에서 생물이 지속적으로 생존하는 데 매우 중요하다.

(2) 극한조건

환경 변화에 대한 생물의 순화는 복합적이므로 실험실의 연구 결과를 야외에서 확인해야 한다. 즉, 자연에 있는 생물의 존재는 실험 결과에 기초하여 설명되어야 한다. 어떤 종이 발견되지 않는다 하여 그 지역의 여러 환경조건이 항상 내성범위를 벗어나는 것은 아니다.

일주일 중 6일 동안은 강물의 환경 조건이 물고기의 내성범위 안에 들어 있으나, 만약

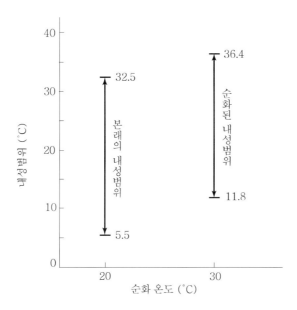

그림 2-4. 생물이 순화되면 내성의 범위가 변할 수 있다. 20℃의 물에서 살던 농어의 온도에 대한 내성 상한은 32℃보다 조금 높을 뿐이다. 수온을 30℃까지 서서히 높인 후 며칠 지나면 농어는 30℃의 수온에 순화되어서 36℃ 이상에서 견디며 내성 하한도 상승한다.

공장에서 토요일 밤마다 독성 폐기물을 방류한다면 물고기는 살 수 없을 것이다. 어느 지역에서 특정 생물이 지속적으로 생존할 가능성은 환경요인의 평균보다 이런 일시적인 극한 조건에 의하여 결정될 수 있다.

(3) 일변화

생물이 살고 있는 서식지의 특성은 밤낮에 따라 변한다. 광선뿐만 아니라 서식지에 따라서는 온도, 습도, pH, 산소 농도 등도 변하고 있다. 따라서 여러 조건이 일정하게 유지되는 실험실 같은 환경은 대부분의 생물에게 비정상적이다. 인공적으로 환경 조건이 일정하게 유지될 때와 자연서식지처럼 환경 조건들이 주기적으로 변화될 때 생물의 반응은 다를 수 있다. 온도가 일정하게 유지될 때보다 고온과 저온이 교대되면 생장과 생식은 더 빠르고 종자도 더 잘 발아한다. 온도의 교대에 따라 나타나는 생리적, 생태적 반응을 **온도주기성** (thermoperiodism)이라 한다. 초지나 사막 그리고 얕은 연못과 같은 서식지에서는 밤낮에 따른 환경 변화가 크며, 온천, 동굴, 심해, 항온생물의 체내 등은 실험실의 배양기처럼 일정하다.

4) 제한요인과 환경 복합체

이제까지는 여러 환경요인 중 하나에 대한 생물의 반응만을 보았지만 실제로 생물의 환경은 많은 요인들로 구성되어 있다. 식물생리학자인 Blackman (1905)이 제창한 제한요인의 법칙은 각 요인의 이해에 도움이 된다. 그러나 이보다 먼저 나왔던 Liebig의 최소량의 법칙은 보편성이 부족하다. **제한요인의 법칙**(law of limiting factors)에 의하면 몇 개의 요인에 의해 결정되는 어떤 반응의 속도는 가장 부적합한 요인에 의해 제한된다는 것이다. 예를 들면, 이른 아침에 빛이 너무 적고, 한낮에 온도가 너무 높아서 광합성 반응이 제한되는 경우가 있다.

농부나 정원사는 제한요인의 법칙을 잘 이해하고 있으므로, 수확을 늘이기 위하여 칼슘이 부족한 토양에 칼슘을 보충한다. 칼슘이 충분히 보충되면 인 등의 다른 무기염류가 제한요인이 될 것이다. 무기염류뿐 아니라 수분의 결핍이나 과다, 심한 저온이나 고온도 제한요인이 될 수 있다.

제한요인의 법칙은 인이 조류(algae)의 생장을 제한하고 있는 호소에도 적용된다. 조류가 필요로 하는 다른 물질은 대개 충분하므로 세제나 잔디의 화학비료나 쓰레기의 형태로 인이 호소에 유입되면 조류의 생장이 증가한다. 이에 따라 호소에는 바람직하지 않은 현상이 나타난다. 생산의 증가 자체가 문제일 수 있고, 조류가 죽어서 바닥에 쌓여 부패하면 산소 부족으로 물고기가 죽을 수 있으며, 부패되지 않은 조류의 일부가 계속 쌓이면 바닥이 높아져 호소는 보다 빨리 메워질 수도 있다.

제한요인이 아닌 물질이 호소에 유입되는 경우는 그 물질이 조류의 영양분일지라도 크게 문제되지 않는다. 예를 들어 호소에 칼슘이 더 많이 유입되더라도 조류는 번성하지 않는데, 이는 조류가 필요로 하는 양보다 더 많은 칼슘이 있었기 때문이다.

제한요인의 법칙은 아주 간단하여 쇠사슬의 강도는 가장 약한 고리가 결정한다는 속담과 같은 뜻이 있다. 그러나 환경요인이 상호작용을 하기 때문에 이 말이 항상 맞는 것은 아니다. 두 요인의 각각의 효과를 알아도 이들의 상호작용 효과를 항상 예측할 수는 없다. 어떤 요인의 과다가 다른 요인의 부족을 보상하는 경우가 있다. 가재가 살 수 있는 최고 수온은 수중의 산소 농도가 낮을 때에 29℃이지만 산소 농도를 높여주면 32℃까지 상승한다.

두 요인이 상승적으로 작용할 경우 그 복합 효과는 개개의 효과들을 합한 것보다 더 크다. 다소 부적합한 요인들이 상승적으로 작용하면 그 지역에 특정 생물이 전혀 서식할 수 없게 되는 경우도 있다. 어떤 남조 세균은 DDT나 염분 중 하나만 작용할 때에는 생장이 가능하지만, 이 두 요인이 동시에 작용하면 세포가 분열하지 못한다. 강의 상류에서 사용한 DDT가 하구에서 염분과 작용하여 남조류의 증식에 심각한 문제를 일으킬 수 있다 (표 2-1).

표 2-1. 남조류의 생장을 저해하는 DDT와 염분의 상승 효과

DDT (800 ppb)	NaCl (1%)	생장 속도 (분열 횟수/일)
−	−	102
+	−	89
−	+	26
+	+	0

피임약의 복용과 흡연의 상승효과는 잘 알려져 있다. 피임약을 복용하는 40세 이상의 여성이 심장병으로 사망할 확률은 다른 방법으로 피임하는 사람들보다 약간 클 뿐이다. 즉 피임약을 복용하는 사람의 사망률은 10만 명 당 6명인데 다른 방법으로 피임하는 사람들은 4명이다. 그런데 피임약을 복용하는 흡연 여성의 심장병에 의한 사망률은 10만 명 당 60명으로 비흡연자들에 비하여 10배나 더 높다.

5) 생태적 지표종

Weaver와 Clements는 초기의 생태학 교과서에서 모든 식물은 그들이 생육하는 환경의 산물이므로 환경의 척도가 된다고 말하였다. 그러나 실제로 관심의 대상은 군집이나 서식지의 특징을 나타내 주는 특정한 동식물이나 그들의 반응이다. 즉 토양의 염도, 초지의 과도한 방목, 또는 강물의 오염을 나타내는 종이나 종들의 조합이 관심의 대상이 된다. 이상적인 지표종은 특정 환경조건에서만 반드시 나타나는 것이다(표 2-2). 구소련의 생태학자들은 지표종의 유용성을 타당성과 유의성으로 나타내었다.

타당성(validity)이란 어떤 생물이 특정 조건에서만 출현하는 경향을 말하며 식물사회학에서의 적합도(fidelity)라는 개념에 해당한다. **유의성**(significance)은 특정 조건과 이에 대응하는 지표종이 어느 정도로 연계되어 있는가를 나타내는 용어로, 예를 들면 어떤 지표종은 오직 한 종류의 토양에서만 나타나지만(타당성이 큼), 이런 토양은 너무 드물어 그 식물을 유지하지 못하는 경우(유의성이 낮음)가 있다. 이런 의미에서 유의성은 식물사회학의 **항존도**(constancy)라는 개념에 해당한다.

최근에 오염에 대한 지표종의 이용에 관심이 집중되고 있는데 이를 **생물감시**(bio-monitoring)라 한다. 그러나 이러한 생물 감시는 1900년대 초 독일과 미국의 수중생태학자들이 수행하였던 연구와 같은 것이므로, 생태학의 지식을 실용적 목적에 이용하려는 최근의 경향은 새로운 것이 아니다. 유기물로 오염된 하천에는 환형동물이나 파리 애벌레의 개체군이 많다는 사실이 오래 전부터 알려져 왔다. 이런 생물은 대개 산소의 농도가 낮아도

살 수 있는 호흡기작을 갖추고 있다. 반면 아가미 호흡을 하는 날도래나 강도래가 사는 강물은 대개 맑고 산소가 충분하다. 이렇게 극단적인 두 경우 이외에도 중간의 여러 단계가 있을 수 있다.

오염의 지표종은 자연환경의 지표종보다 진화의 역사가 짧기 때문에 오염된 지역에서 흔히 볼 수 있는 종이 오염되지 않은 미소서식지에도 나타난다. 예를 들어 환형동물은 더러운 곳뿐만 아니라 아주 맑은 물의 진흙 속에도 일부가 살고 있다. 따라서 이들 환형동물이 있다 하여 그 물이 오염된 것으로 단언할 수는 없다.

이제까지 살펴본 예는 대부분이 자연적으로 출현하는 생물을 이용하는 것이었다. 이외에도 특정 오염원에 민감한 생물을 이용하는 방법이 있다. 카나리아를 탄광 안에 가지고 들어가는 이유는 과학 이전에 경험에 따른 것으로서 생물감시를 이용한 예이다. 물고기를 가둔 어망을 오염된 하천에 담가두고 이들의 생존이나 다이옥신(dioxin) 등 독극물의 축적 속

표 2-2. 자연 조건을 나타내는 생태적 지표종

생 물	요 인	장 소
캐나다엉겅퀴	점토	위스콘신 주의 교란지역
큰석류풀	사토	
꼬리고사리	사암이나 비석회암	미국의 남부 및 중부
봉의꼬리	석회암	
애기수영	산성 토양	북미 및 유라시아
흰전동싸리	중성이나 염기성 토양	
갈대		
키가 2.5~3 cm인 경우	지하수면 1~2m(담수)	구 소련의 남부 사막
Alhagi persarum		
생육이 왕성한 경우	지하수면 2~5 m(담수, 엷은 염수)	
생육이 나쁜 경우	지하수면 8 m 이하(담수, 엷은 염수)	
수송나물이나 비쑥같은 염생식물과 같이 있는 경우	염수	
혼효림의 스트로브잣나무	빙력토(till)	뉴햄프셔 주, 화이트산 남부의 해발 750 m 이하
활엽수림에서 너도밤나무와 혼생하는 미국물푸레나무	낙엽이나 영양분이 풍부하거나 비옥한 지하수의 토양	
큰고추풀류	담수의 단물	위스콘신 주의 호수
미나리아재비속의 일종	담수의 센물	
뱀무류	건성 대초원	
Silphium laciniatum	중성 대초원	위스콘신 주
Spartina pectinata	습성 대초원	
풀싸리	소택지	

도를 관찰하는 것도 생태적 지표종의 이용에 속한다.

생태적 지표종은 지하수의 깊이, 토양의 유형과 빙적토의 조사, 우라늄의 매장 탐사, 암석 형성의 유형 판단 등에도 이용되고 있다. 생태적 지표종의 적용이 꼭 실용적이어야 하는 것은 아니다. 과거의 화재나 경작을 나타내는 지표종을 이용하면 그 지역의 역사를 상당 부분 재구성할 수도 있다.

2. 에너지 수지

1) 에너지와 일

생물은 살아가는 데 에너지가 필요하다. 에너지의 개념을 잘 모른다고 크게 걱정할 필요는 없지만 전혀 모르면 곤란한데, 그 이유는 현재의 환경문제가 이런 무지에서 시작되었기 때문이다. **에너지**(energy)는 일을 할 수 있는 능력이다. 이런 의미에서 어떤 물체를 이동시키는 것이 일이다. 그 물체는 자동차 같이 클 수도 있고, 생물이 세포를 새로 만들거나 세포를 수선하는 데 이용하는 분자처럼 작을 수도 있다

일은 보통 한 형태의 에너지가 다른 형태로 변할 때 하게 된다. 공을 하나 집어 올려 탁자에 던질 때, 우리 몸 안에 화학결합의 형태로 존재하던 에너지는 일련의 단계를 거쳐 공의 위치에너지로 전환되며, 동시에 상당량의 에너지가 근육에서 열의 형태로 소실된다. 이때 공이 탁자 위를 구르거나 마루로 떨어지면 그 위치에너지는 운동에너지로 전환되고, 이 운동에너지는 다시 공과 공기 및 마루 분자 사이의 마찰에 의하여 열로 소실된다.

모든 형태의 에너지는 100% 열로 전환되므로 에너지는 열량으로 표시하는 것이 편리하다. 생물학자들은 보통 칼로리를 열량의 단위로 사용하는데, 1 cal는 14.5℃의 물 1 g이 1℃ 상승하는 데 필요한 열량이다.

2) 생물과 에너지

생물이 일을 하는 데 사용하는 에너지는 세포내의 유기물이 분해될 때 생긴다. 생물은 먹이를 얻는 방법에 따라 독립영양생물과 종속영양생물로 구분된다.

(1) 독립영양생물

독립영양생물(autotroph)은 주로 녹색식물이며 광합성에 의해 간단한 무기물로부터 유기물을 만든다. 이 과정에서 이산화탄소, 물 및 다른 무기물이 합쳐져서 당, 아미노산 및 기타 유기산이 합성되며 산소가 발생한다. 이때 녹색 색소인 엽록소와 여러 종류의 효소가 필요하다. 광합성은 다음과 같은 화학식으로 표시된다.

$$6CO_2 + 12H_2O \longrightarrow C_6H_{12}O_6 + 6O_2 + 6H_2O$$

이 식은 아주 간단히 표현된 것으로 포도당의 합성만을 묘사할 뿐이며, 그 중간 과정에서 생기는 다른 화합물은 나타나 있지 않다.

광합성의 생리적인 지식은 생태학의 연구에 중요한데, 생태학의 문제 해결에 생리학 지식이 필요한 예로 다음의 두 경우를 들 수 있다. 1960년대 중반 식물생리학자들은 새로운 암반응의 경로를 발견하였는데 이런 식물을 C_4식물이라 하며, 이전의 암반응 경로로 탄수화물을 만드는 식물은 C_3식물이라 한다. C_3식물은 광호흡을 많이 하지만 C_4식물은 보다 효과적으로 유기물을 생산한다. 이것의 생태학적 의미는 C_3식물보다 C_4식물이 우점하는 생태계가 더 생산적일 수 있다는 것이다.

C_4식물은 광호흡이 거의 없고 아주 낮은 농도의 이산화탄소도 이용할 수 있어서 기공이 한동안 닫혀도 광합성이 지속되므로 건조지나 햇빛이 잘 드는 생태계에서 잘 자란다. C_4식물은 옥수수, 수수, 사탕수수 등의 열대 초본이며, C_3식물에는 밀, 사탕무우, 벼 등의 온대 초본과 모든 교목이 포함된다.

두 번째 예는 다육식물에서 볼 수 있는 명반응과 암반응의 연결로서 이 장의 수분 (47쪽)에서 설명할 예정이다.

(2) 종속영양생물

종속영양생물(heterotroph)은 모든 동물과 진균류 및 대부분의 세균으로서 간단한 무기물로부터 유기물을 직접 만들지 못하는 생물이다. 이들은 식물이나 다른 동물들로부터 양분을 섭취한다.

호흡과정은 종속영양생물과 독립영양생물이 기본적으로 같다. **호흡**(respiration)이란 탄수화물, 지질, 단백질 등의 유기분자가 분해되어 에너지를 생성하는 과정이며, 살아 있는 모든 세포에서 일어난다. 모든 동물과 식물에서 에너지는 ATP로 저장되는데, ATP는 근육의 수축이나 다른 일이 수행에 즉시 사용이 가능한 에너지원이다.

대부분이 호흡은 유기분자가 일련의 복잡한 단계를 거쳐 산소와 결합하여 분해되는 **호기성 호흡**(aerobic respiration)이고, 숨쉬기는 세포에서 쓰이는 산소가 몸 안으로 들어가는 현상이다. 호기성 호흡은 다음과 같은 화학식으로 나타낼 수 있다.

$$C_6H_{12}O_6 + 6O_2 + 6H_2O \longrightarrow 6CO_2 + 12H_2O$$

이 반응에서 ATP 38 분자에 해당하는 에너지가 발생하며 동시에 열의 형태로 에너지가 방출된다.

혐기성 호흡이나 발효라 알려진 다른 형태의 호흡도 있는데, 화학적으로 호기성 호흡과 시작은 같지만 그 다음 과정이 다르다. 호흡의 결과 탄수화물은 이산화탄소와 물이 아니라 이산화탄소와 알코올로 분해된다. 알코올에는 아직도 에너지가 남아 있기 때문에 혐기성 호흡은 호기성 호흡보다 비효율적이다. 효모에서 일어나는 혐기성 호흡은 다음과 같이 나타낼 수 있다.

$$C_6H_{12}O_6 \longrightarrow 2C_2H_5OH + 2CO_2$$

이 반응으로 ATP 2 분자에 해당되는 에너지가 생기며 일부는 열로 방출된다. 동물세포에서는 혐기성 호흡으로 알코올 대신에 젖산이 생긴다.

(3) 에너지 전환의 변이

모든 생물이 독립영양생물과 종속영양생물로 명확히 구분되지 않는다. 특히 세균과 원생생물 중에는 변이가 있다. 예를 들면, 녹색세균과 홍색유황세균의 광합성에는 물이 사용되지 않으며 산소가 방출되지도 않는다. 세균의 광합성에서 수소공여체는 황화수소와 같은 환원된 황화물이나 유기화합물이다. 이런 세균은 대부분은 호소, 늪지 및 하구의 혐기성 퇴적물에 살고 있는 절대혐기성생물이다.

홍색비유황세균은 빛이 있는 혐기성 환경에서 광합성을 하지만 어둡고 호기성인 환경에서 종속영양생물로 살아갈 수 있다. 이들은 보통의 독립영양생물처럼 광합성을 하지만 광도가 아주 낮거나 유기성 폐기물로 크게 오염된 환경에서는 종속영양생물로 전환된다.

화학합성 독립영양생물(chemosynthetic autotroph)은 빛에너지 대신 무기물의 산화에너지와 이산화탄소를 이용하여 당을 만든다. 예를 들면, 질화세균은 암모니아를 아질산염으로 그리고 아질산염을 질산염으로 전환하며, 황세균은 환원된 황으로부터 황산염을 생산한다.

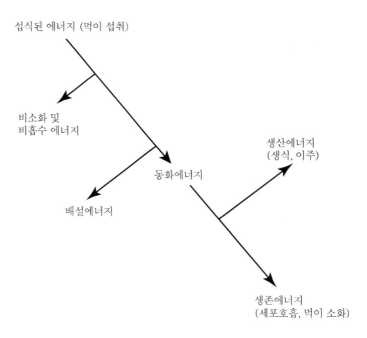

섭식된 에너지 (먹이 섭취)

비소화 및
비흡수 에너지

동화에너지

배설에너지

생산에너지
(생식, 이주)

생존에너지
(세포호흡, 먹이 소화)

그림 2-5. 동물의 한 개체를 통한 에너지 흐름. 먹이의 형태로 개체에 들어간 에너지의
일부는 대소변으로 배출되고 나머지는 사용되어 최종적으로 열로 방출되거나
지방조직으로 저장된다.

동물이 비타민을 필요로 하듯이 조류의 광합성에는 비타민 B_{12}, 티아민, 바이오틴 등이
필요한데, 이와 같이 간단한 유기화합물을 필요로 하는 생물을 **영양요구생물** (auxotroph)이
라 한다.

(4) 개체를 통한 에너지흐름

동물의 한 개체를 통한 에너지 흐름을 추적하여 보자(그림 2-5). 이 동물이 섭식한 먹이
는 원래 식물의 광합성으로 축적된 에너지이다. 먹이로 섭식한 에너지는 동물이 흡수한 총
에너지 (gross energy intake)이다. 이 중 일부는 소화되지 않고 배변되며, 소화 흡수되어 화
합물로 축적된 에너지의 일부는 마지막에 소변이나 땀으로 배설된다. 이렇게 소화되지 않
은 것과 동화되지 않은 것, 배설된 부분을 합쳐서 **배출에너지** (excretory energy)라 한다. 그
리고 남은 것이 **동화에너지** (assimilated energy)인데 이것이 동물의 내부에서 일어나는 모든
대사과정에 쓰인다.

동물이 생존에 필요한 **생존에너지** (existence energy)는 기초대사, 특정 운동, 체온 조절,
그리고 자유생활에 필요한 에너지로 구분된다.

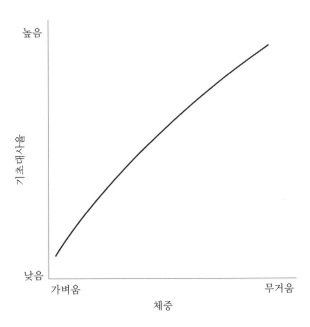

그림 2-6. 동물의 기초대사율과 체중의 관계. 기초대사율은 보통 하루 동안 필요한 에너지를 kcal로 나타낸다. 기초대사 = a × (체중)^b. 포유동물의 경우 상수 a는 68, b는 0.750이며, 체중이 kg일 때 기초대사율은 kcal/day이다.

기초대사(standard metabolism)란 생명 유지에 필요한 최소한의 에너지이다. 즉 세포수선, 혈액순환 및 숨쉬기에 필요한 에너지인데, 그 대사량은 몇 시간 굶긴 동물을 체온조절에 에너지가 소모되지 않을 정도로 알맞게 따뜻하고 어두운 상자에 넣은 다음에 그 값을 측정한다.

새나 포유류의 기초대사율(standard metabolic rate)에 영향을 주는 주요 요인은 몸집의 크기인데(그림 2-6), 큰 동물일수록 기초대사율은 증가하지만 직선적으로 증가하지 않는다. 체중이 50 g인 새는 10 g인 새보다 더 많은 에너지를 사용하지만 그 양은 5배가 아니라 약 3배 정도이다.

다른 요인도 이 관계에 영향을 줄 수 있으나, 주요인은 동물의 체중 혹은 체적과 체표면적의 비이다. 열의 생산은 동물의 체중과 관련이 있으나 열의 손실은 체표면적에 비례한다. 크기가 다르고 분류학적으로 가까운 여러 동물을 비교할 때, 체중(체적)의 증가는 대략 몸길이의 세제곱에 비례하지만, 체표면적은 제곱에 비례한다(그림 2-7). 따라서 큰 동물일수록 열을 생산하는 조직과 발산하는 표면적의 비가 커지므로 상대적으로 에너지를 더 적게 소비하여도 살 수 있다. 즉 몸집이 큰 동물이 소비하는 에너지의 총량은 작은 동물보다 많지만 단위체중당으로 계산하면 적게 소비한다.

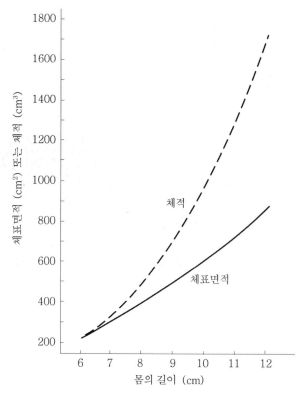

그림 2-7. 여러 동물의 체표면적과 체적의 관계. 그림은 정육면체의 표면적(6×길이^2)과 부피
(길이^3)를 표시하였다. 동물은 정육면체가 아니어서 실제와는 차이가 있으나 그 경
향은 같다. 체적(체중)의 증가는 체표면적의 증가보다 빠르다.

생존에너지의 두 번째 범주에 속하는 것은 특정한 활동에 필요한 에너지이다. 동물이 먹
이를 소화하고 동화할 때에도 에너지가 소비된다. 따라서 기초대사율은 최종 식사 후 소화
및 흡수가 끝난 다음에 측정해야 한다.

세 번째는 체온을 일정하게 유지하는 데 사용되는 에너지이다. 이것은 이 장의 온도 부
분에서 설명할 예정이다.

네 번째는 자유롭게 살기 위하여 필요한 에너지이다. 사육되는 동물이 아니라면 피난처
나 둥지로부터 먹이가 있는 곳으로 날아가고, 사냥하며, 포식자를 피하는 등의 활동에 에너
지를 소비한다. 이러한 에너지는 기초대사율보다 많은데 오리가 걸어갈 때 소비하는 에너
지는 기초대사율의 1.7배, 천천히 헤엄치는 때에는 2.2배, 그리고 날아갈 때에는 12.0배로
증가된다.

항온동물이 자유생활을 하려면 기초대사율의 약 2~3배에 해당하는 에너지가 필요하다
(표 2-3). 이 값은 하루의 평균이며 아주 추운 날이나 철새가 이동할 때에는 이보다 훨씬

클 수도 수 있다.

동물은 생존에너지뿐 아니라 여분의 생산 에너지도 필요하다. 획득한 에너지 전체에서 생존 및 배출에너지를 뺀 값이 가용 생산에너지이다. **생산에너지**(productive energy)는 생장, 짝짓기, 둥지 틀기, 집수리, 운동 등 여러 종류의 일에 이용되며 나머지는 지방으로 축적된다. 새의 경우 이주나 추운 겨울 동안의 생존을 위하여 계절적으로 지방이 축적된다. 현대인의 비만은 소비량보다 더 많은 양의 에너지를 섭취한 결과인데, 이 지방이 유용한 경우는 거의 없다.

한 개체의 생활에는 에너지 수지의 균형이 중요하다. 호흡에 쓰이는 것보다 더 많은 에너지를 광합성으로 고정하지 못하는 식물은 곧 죽게 된다. 이런 현상은 수관이 밀폐된 임상에서 싹트는 어린 식물에서도 나타난다. 한 겨울에 생산에너지를 충분히 얻지 못하는 새는 기아나 체온 강하에 따른 기능 저하로 죽게 된다. 제비 정도 크기의 새가 먹지 않고 지방조직만의 에너지로 견딜 수 있는 기간은 기온에 따라 다르지만 대략 하루 정도이다. 따라서 며칠 동안 먹이를 구하지 못하면 죽고 만다. 미국의 북부지방에서는 겨울에 폭풍으로 얼음과 눈으로 먹이가 덮이면 위장이 텅 빈 채 둥지에서 무리지어 죽어 있는 메추라기들을 종종 볼 수 있다.

에너지 수지는 개체군의 수준에서도 중요하다. 에너지 수지가 개체의 생존에는 충분하더라도 생식에 쓰일 여분의 생산에너지(구애, 침입자 몰아내기, 알 낳기, 새끼 기르기 등에 필요한 에너지)가 없으면 그 종은 존속할 수 없을 것이다. 생산에너지를 많이 소비하는 활동은 계절적으로 일정한 간격을 두고 일어나며 겹쳐지지 않는다. 예를 들면, 철새들의 경우 깃털을 교환하는 겨울 털갈이는 새끼의 사육기가 끝나고 남쪽으로 이주하기 위하여 지방을

표 2-3. 자유생활을 하는 작은 새 수컷 한 마리가 하루 중 각 활동에 소비하는 시간과 에너지

활 동	소비 시간(%)	소비 에너지(kcal)
밤의 수면	37.5	6.5
휴식	6.5	1.1
둥지 틀기	12.4	2.8
지저귐	31.7	6.0
구애	0.6	0.2
암컷의 보호	4.9	1.4
세력권의 방어	0.3	0.1
종간 경쟁	<0.1	<0.1
원거리 비상	6.1	6.3
합 계	100.0	24.4

축적하기 전에 일어난다. 그러나 이주가 시작되기 직전까지 계속 새끼를 먹여야하는 딱새는 겨울을 넘길 곳으로 이주한 후에 털갈이를 한다.

3) 에너지 보조

정도의 차이는 있지만 모든 생물은 외부로부터 **보조에너지**를 받고 있다. 갈매기는 날 때 기류의 에너지를 이용하며, 조간대에 사는 생물은 조수 에너지를 이용하여 먹이를 얻고 폐기물을 버린다. 파충류는 물론이고 조류도 체온 상승에 태양에너지가 보조되며, 특히 현대인의 생활은 보조에너지에 크게 의존한다. 몸집과 활동 정도에 따라 다르지만 한 사람의 하루하루 생활에 필요한 에너지는 2,400 kcal (시간당 100 kcal)이면 충분하다. 컬러 TV의 전력 소모는 평균 100 W보다 조금 많다. 1 W는 약 0.9 kcal/hr이므로 TV도 시간당 약 100 kcal의 에너지를 소비한다. 따라서 TV를 시청할 때 사람과 TV는 거의 같은 양의 에너지를 사용한다.

실제 미국에서 1인 평균 에너지소비는 하루 약 210,000 kcal인데 이 값은 한 사람에 필요한 생존에너지의 약 100배에 해당된다(미국 에너지성, 1987). 물론 이 에너지를 모두 각 개인이 직접 사용하는 것은 아니다. 대부분은 사람이 먹고, 입고, 운전하고, 보고, 버리는 것들의 생산, 수송 및 판매에 쓰인다. 이 값은 전 세계의 평균이 아니며, 세계 인구의 5%가 살고 있는 북미 대륙에서 세계 석유의 27%에 이르는 에너지를 소비하고 있다(세계 자원연구소, 1986).

3. 동물의 행동

동물의 행동을 연구하는 분야를 **동물행동학**(ethology)이라 하며 동물이 일상생활에서 하는 여러 가지 행위와 기능, 그리고 행동의 진화에 관계된 것들을 다룬다.

동물생태학은 대부분 동물의 행동에 기초를 두고 있다. 즉, 집을 짓는 특성을 보고 그 동물이 얼마나 추운 기후에서 살아갈 수 있는가를 예측하며, 포식 행동으로 포식자-피식자 관계를 밝히고, 이밖에 먹이사슬, 서식지 선택, 세력권 등의 생태학적 연구 과제가 행동에 기초를 두고 있다. 대부분의 행동은 유지 행동(모양내기, 목욕하기, 잠자기)과 같은 개체생태학에 관한 것이지만 척추동물 및 무척추동물의 행동 대부분은 사회행동으로서 개체군생태학에 속한다. 여기에는 성적 행동(구애 및 짝짓기), 투쟁 행동(싸움, 도주에 관련된 행위), 양육 행동(부모의 보살핌) 등이 포함된다.

동물행동학에 의하면 동물의 세계와 인간 세계가 꼭 같지는 않다. 개미의 세계는 단순히 그 크기에만 사람의 세계와 다른 것이 아니다. 개미는 사람과 다른 복안이라는 감각기관과 독특한 신경계를 가지고 있어서 개미가 인지하는 세계와 사람이 인지하는 세계가 다르다. 만약 사람이 땅위에 누워 개미처럼 풀 줄기 사이로 사물을 보더라도 그 보이는 물체는 개미가 보는 것과 다르다. 독일어에서 Umwelt라는 단어는 개개의 종이 인지하는 주변 환경을 나타낸다.

대부분의 동물들은 환경이나 다른 생물들의 특징에 대하여 틀에 박힌 방법으로 반응한다. 유럽의 개똥지빠귀는 다른 수컷뿐 아니라 공중에 매달아 놓은 붉은 깃털뭉치에 대하여도 세력권을 방어한다. 수컷 큰가시고기는 수컷의 특징인 적색이 아니면서 모양만 알을 밴 암컷처럼 둥글면 진흙 덩어리에도 구애 행동을 한다. 이런 고정 관념적 행동을 유도하는 환경이나 생물의 특징을 **유발원**(releaser) 또는 해발인이라 한다. 진흙 덩어리가 적색이면 구애 행동 대신 세력권 행동을 나타낸다.

뇌가 잘 발달된 포유동물의 행동 양상에서는 본능보다는 학습이 더 중요하게 작용한다. 물론 인간의 경우 학습이 행동에 우선하지만 행동의 발달은 유전에 의하여 제한된다.

4. 진화적 고찰

1) 근인과 원인

생물학적 현상을 보고 왜(why)라고 물을 때, 거기에는 두 가지 의미가 있다. 예를 들면, 새는 왜 이주할까? 멧토끼의 털은 왜 겨울에 하얄까? 라는 물음에는 전혀 다른 대답이 가능하다. 멧토끼의 예에서 ① 환경이나 생리학적으로 무엇이 갈색 털을 없애고 흰색 털을 자라게 하는가, ② 겨울에 흰색으로 변하면 갈색보다 왜 더 적합한가를 같이 묻고 있다. 새의 이주에 관한 예에서도 ① 무슨 계기로 가을이 되면 남쪽으로 날아가는가, ② 북쪽에 머물지 않고 남쪽으로 가면 무엇이 더 좋은가라는 두 물음이 한 문장으로 표현되어 있다.

위의 경우에 첫 번째 답은 근인(proximate factor)이고 두 번째 답은 원인(ultimate factor)이다. 이들 용어는 영국 생물학자 Baker(1938)의 저서 『새들이 번식 시기는 왜 일정한가?』에서 처음으로 사용되었다.

원인(ultimate factor)은 어떤 형질이나 활동에 따른 진화적 이익으로서 생존과 생식에 의하여 조정되는 것이다. 산토끼의 색깔 변화의 예에서 가장 그럴듯한 원인은 위장(camouflage)이다. 자기의 색을 겨울에는 눈과 그리고 여름에는 땅의 색과 조화시키는 개체들은 보다 성공적으로 포식자를 피할 수 있다.

그런데 산토끼의 갈색 털 대신에 흰색 털이 자라게 유도하는 것은 눈이나 저온이 아니고 낮의 길이다. 낮의 길이를 9 시간으로 조정하여 단일 상태가 된 실험실에 갈색 토끼를 넣어 두면 흰색으로 털갈이를 하는데 이는 실험실의 온도와 무관하다. 낮의 길이를 14 시간으로 길게 해 주면 흰색 털은 빠지고 갈색 털이 자라난다. 물론 자연 상태에서는 낮의 길이 변화가 계절 변화 및 눈이 쌓이는 시기와 관계되므로, 결과적으로 털색의 변화 시기가 주위의 땅 색깔 변화 시기와 같아진다. 산토끼의 털색은 낮의 길이, 즉 광주기가 **근인**(proximate factor)으로 작용한 것이다.

2) 적응

사람뿐 아니라 다른 동물들도 아프면 열이 난다는 것은 오래 전부터 잘 알려져 있다. 관찰과 실험의 결과 발열은 다음과 같이 설명된다. 병원체가 만든 화학 물질에 대응하여 체내의 백혈구는 interleukin-Ⅰ이라는 물질을 생산하는데, 이 물질은 시상하부에 작용하여 신체의 열 생산을 증가시킨다. 그러나 열 손실을 조절하는 시상하부의 중심이 영향을 받지 않기 때문에 전체적인 효과는 체온의 상승으로 나타난다. 이상의 설명은 발열에 대한 근인으로 훌륭하지만 답이 반 쪽 뿐이다. 아프면 열이 나는데 여기에는 진화적 이유가 없을까?

최근까지도 어린이가 감기에 걸려 계속 열이 나면 소아과 의사는 해열제로 아스피린을 먹여 열을 내리게 하였다. 여기에 제시된 가정은 발열이 질병의 부작용이라는 것이다. 진화에 관한 식견을 갖춘 생물학자들이 탁월한 방법으로 발열의 적응성을 시험하였다.

이들은 먼저 이구아나를 이용하여 변온동물이 발열 상태로 될 수 있다는 것을 보여 주었다. 병든 이구아나를 항온실에 넣어두면 발열 상태로 되지 않았지만, 부위에 따라 온도가 다른 상자에 넣어 둔 이구아나는 아프면 건강할 때보다 온도가 높은 곳으로 이동한다. 즉 이구아나는 행동적으로 발열 효과를 얻는 것이다.

이 결과가 암시하는 바는 체온 상승이 단지 몸이 아파서 생기는 생리적인 부작용이 아니라, 오히려 생존에 도움이 되는 일종의 적응인 것이다. 만약 발열이 단순히 감염의 부산물이라면 정상 체온의 병든 이구아나와 열이 있는 이구아나 사이에 생존의 차이가 없어야 한다. 열이 있는 이구아나의 생존이 더 높다면 발열이 적응이라는 증거가 될 것이다. 따라서 이구아나들을 병균에 감염시킨 후에 두 집단으로 나누어서 한 집단은 건강한 이구아나가 선택하는 온도인 38℃를 유지하는 상자에, 그리고 다른 집단은 병든 이구아나가 선택하는

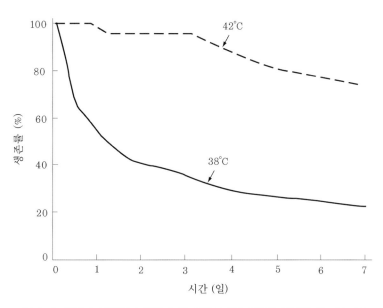

그림 2-8. 병균에 감염시켜 병들게 한 이구아나의 체온을 건강한 온도인 38℃
와 발열 상태인 42℃로 유지하였을 때의 생존율. 정상 체온 상태로
있었던 이구아나는 일주일 안에 75%가 죽었으나 발열 상태로 유지한
것들은 20%가 죽었다.

온도인 42℃의 상자에 넣었다.

　이 실험의 결과 체온이 상승한 것들이 더 많이 생존하였다(그림 2-8). 왜 이럴까? 이것
은 또 다른 생태학적인 물음이다. 세균도 다른 생물들같이 온도나 다른 요인들에 대한 내
성범위와 최적범위를 갖는다. 만약 숙주생물이 이들 요인 중 하나 혹은 그 이상을 더 나쁜
상태로 변화시킬 수 있다면 세균의 생장은 느려지거나 정지한다. 따라서 신체의 감염-투쟁
기작은 세균을 죽이고 감염을 제어하기가 더 쉽게 된다. 이것이 완전한 설명은 못 되지만
이 결과는 분명히 발열이 감염에 대한 신체의 적응반응이라는 것이다.

　물론 한 생물의 모든 특징이 적응에 의하여 생긴 것은 아니다. 실제로 어떤 구조나 과정,
혹은 행동은 적응의 부산물에 불과할 수도 있다. 예를 들면, 사람의 내장 색깔은 적응의 결
과가 아니라 주어진 생리적 기능을 수행하는 결과에서 생긴 것이다. 그렇더라도 마음속에
항상 근인과 원인 모두를 생각하며 생물학의 의문을 풀어 나가면 그렇지 않은 경우보다 완
전한 진리에 더 가까이 갈 수 있을 것이다.

3) 생태형

한 종에 속하는 두 개체라도 온도나 광도 등의 환경 요인에 같은 반응을 하는 것은 아니

다. 모든 생물학 교과서에는 동물의 몸집 크기나 색깔의 지리적 변이가 기술되어 있다. 추운 지역에 사는 동물은 몸집이 크고 더운 곳에 사는 것들은 작으며, 또한 그 색깔도 습지에 사는 것들이 건조한 곳의 동물들보다 어두운 경향이 있다. 지역에 따른 생태적 차이는 이외에도 많지만 반드시 위와 같이 간단하게 설명하기는 어렵다.

미주리대학교의 두 식물학자는 1960년 지리적으로 멀리 떨어져 있으나 한 종에 속하는 식물들에서 나타나는 생태적 변이에 관한 재미있는 실험을 하였다. 이들은 멀리 떨어진 지역에서 자라던 등골나물(*Eupatorium rugosum*)의 종자를 각각 수집하여 같은 온실에 심어 어느 정도 크기로 키운 후 장일 상태로 만들어 개화를 유도하였다. 120일이 지났을 때, 북 다코타 주에서 온 종자에서 자라난 식물은 열매가 이미 성숙한 반면, 남 다코타 주에서 온 식물은 겨우 꽃이 활짝 피었을 뿐이고, 캔자스 주에서 온 식물은 아직 꽃봉오리도 생기지 않았다.

이런 차이는 이전에 살았던 곳의 생육기간(봄이 되어 마지막으로 서리가 내렸던 날부터 그 해 가을 첫서리가 온 날 사이의 기간으로 북 다코타 주에서는 129일이고 캔자스 주에서는 195일)과 잘 부합되었다. 캔자스 주에서 자라던 식물을 생육기가 짧은 북쪽 지방에서 키운다면 생식이 불가능할 것이다. 같은 조건에서 자란 식물들에서 나타나는 이러한 차이는 유전된 형질이다.

이러한 일련의 연구가 나타내는 바는 특정 지역에서 오랫동안 적응한 국지적 개체군에서 진화에 의하여 다음의 두 가지 기능이 생긴 것이다. ① 가능한 한 긴 영양생장 및 유기물 생산기간을 가지며, ② 서리가 내리기 전에 개화 및 결실을 완성한다. 한 종에 속하는 생물이 서로 다른 지역에 적응하여 오랫동안 생활하면서 생긴 유전적 차이가 유의하게 나타나는 개체군을 **생태형**(ecotype)이라고 한다.

5. 서식지 선택

생물에 따라서 적당한 환경에 정착하는 것은 거의 우연에 가깝다. 민들레는 수 천 개의 종자를 생산하지만 이 중에서 양지쪽 토양에 도달한 종자만 발아하여 생장한다. 어린 식물이 자라기에 알맞은 생육조건이 구비된 환경을 안전지대라고 한다(Harper, 1977). 다른 생물들, 특히 동물은 환경이 좋은 곳으로 이동하는 데 이 과정을 **서식지 선택**(habitat selection)이라고 한다.

어떤 생물이 특정 서식지에 분포하는 이유는 근인과 원인으로 구분할 수 있다. 예를 들어 얼룩다람쥐(*Eutamias amoenus*)가 숲에서 살고, 쌀새(*Dolichonyx oryzivorus*)가 초지에서 사는 이유는 두 가지로 설명할 수 있다. 첫째는 쌀새가 초지의 어떤 점을 좋아 하는가? 또는 쌀새를 그곳에서 살도록 하는 원인이 무엇인가? 하는 것이고, 둘째는 어떤 생태적 계기로 쌀새가 바로 그 서식지에서 세력권을 확보하는가? 혹은 이 새를 초지에서 살게 하는 근인이 무엇인가? 이다.

원인의 수준에서는 다음과 같은 결론이 가능하다. 쌀새는 자신과 새끼의 먹이, 둥지를 트는 장소와 재료, 천적을 피할 은신처, 노래로 짝을 유인하고 경쟁자를 쫓아 버릴 수 있는 횃대 등과 같이 생존과 번영에 필요한 것을 이 서식지에서 얻기 때문이다. 이런 요인 중 일부는 근인일 수도 있으나, 쌀새가 어떤 곳을 서식지로 선택할 당시에는 그 곳이 부적당한 서식지일 수도 있다. 따라서 쌀새는 서식지를 선택할 때에 원인과 관련된 환경의 특징을 이용하여야 한다.

모기의 암컷은 척추동물의 피에서 산란에 필요한 단백질을 얻으므로 이런 먹이가 없으면 산란이 크게 줄어든다. 이 경우 척추동물의 피는 모기가 숙주를 선택하는 원인이다. 모기를 숙주로 유도하는 근인은 대개 숙주동물 특유의 화학물질이다. 예를 들면, 황열병을 일으키는 모기를 유인하는 것은 이산화탄소와 젖산이다. 호흡에서 방출되는 이산화탄소에 의하여 모기가 움직이기 시작하며 사람의 땀에 들어 있는 젖산이 유인제 역할을 한다.

운동성이 큰 다른 동물들도 마찬가지겠지만 새는 두 단계를 거쳐 서식지를 선택하는 것 같다. 우선 일반적인 지형, 구조물 또는 경관을 근거로 몇몇 지역을 자세히 살펴본 다음에 실제로 특정 지역에 정착하는 사실이 밝혀지고 있다.

복숭아진딧물은 날개가 달렸을 때 산포한다. 진딧물의 생활사는 날개가 없는 시기와 날개가 생겨 산포하는 시기가 교대된다. 날개 있는 시기에는 바람을 이용하여 능동적으로 서식지를 넓힌다. 곤충학자 Kennedy (1950)는 진딧물의 숙주인 복숭아나무와 숙주가 아닌 사철나무에 착륙한 진딧물의 수를 세어 보았다.

이들 나무에 착륙한 진딧물의 수는 각각 10,000 마리 이상으로서 거의 같았다. 그런데 산포시기가 끝날 무렵 복숭아나무에는 진딧물들이 많았으나 사철나무에는 전혀 없었다. 이것은 숙주가 아닌 사철나무에 착륙했던 진딧물들이 이동한 것을 나타낸다. 서식지 선택의 첫 번째 단계는 작은 나무의 모습이나 투사되는 녹색색소 등의 단순한 시각적 특징에 대한 반응이다. 그러나 유독 복숭아나무를 선택하는 두 번째 단계는 어떤 화학적 요인에 의한 것으로 생각되고 있다.

서식지 선택에 선천적인 면과 후천적인 면이 각각 어느 정도까지 영향을 미치는가는 흥미로운 문제이다. 그 해답은 동물의 종류에 따라 다른 것 같다. 새와 포유동물에 관한 몇 가지 실험과 관찰에 의하면 특정 서식지를 찾는 습성은 유전적이지만, 때로는 경험에 의하여 약간 달라질 수도 있다

6. 생물의 분산

1) 산포

생물은 ① 그 지역이 서식지로서 필요한 조건을 갖추고 있으면서, ② 경쟁, 포식 및 질병이 과히 심하지 않고, ③ 산포에 의하여 그 지역에 도달할 수 있는 지역을 점유한다.

산포(dispersal)란 개체가 본래 있던 곳을 떠나 다른 장소로 이주하는 것이다. 산포의 수단은 종에 따라 다르며, 식물은 종자나 포자의 산포에 유리하도록 독특한 구조물을 갖는 종류가 있다. 예를 들면, 날개가 달린 단풍나무의 열매와 털이 난 민들레의 열매는 바람을 이용하며, 도꼬마리 같이 열매의 가시로 옷에 달라붙는 식물은 동물을 이용한다. 동물이 산포를 위한 구조적 적응이 별로 없는 이유는 쉽게 움직일 수 있기 때문이다.

생물이 산포하는 시기는 거의가 성숙하기 전이다. 이는 식물이나 따개비 같은 고착성 해양동물 뿐 아니라 다른 여러 동물의 경우에도 같다. 어미 새는 어린 새와 마찬가지로 이동성이 있지만 새끼만이 이주한다. 겨울 동안 살아남은 굴뚝새 수컷의 84%와 암컷의 70%는 전년도에 살던 둥지에서 300 m 이내에 알을 낳는다. 그런데 겨울을 지낸 어린 새는 오직 15%만이 부화하였던 곳에서 300 m 이내에 둥지를 튼다. 새가 처음으로 알을 낳았던 거주지로 매년 되돌아오는 습성을 **귀소성**(site tenacity)이라 한다. 어린 새들은 부화된 곳을 떠나 다른 지역으로 이주하는 경향이 있다 (어린 새의 70%가 부화된 곳에서 300 ~ 3,000 m 떨어진 곳에 둥지를 틀었음).

산포되는 종자나 어린 동물은 대부분이 태어난 곳 근처에 분포하며 거리가 멀어질수록 그 수는 급격히 감소된다 (Kettle, 1951). 생물이 산포한 거리와 그 개체수는 대개 Kettle 곡선에 잘 부합되지만, 종류에 따라 이 곡선과 일정한 편차를 보이는 것도 있다. 그 중에서도 특히 새와 육상 척추동물은 태어난 곳 부근뿐만 아니라 먼 곳에서도 예상보다 많은 수가 발견된다(그림 2-9). 만약 개체수가 일정 거리에 도달하거나 지나치지 않으면 실제로 일정 지역에 거주하는 개체 수는 두 개 또는 그 이상의 극대점이 나타난다.

이런 현상이 나타나는 이유가 ① 유전적으로 제각기 다른 산포 거리를 선호하기 때문인지 (Howard, 1960; Jonston, 1961), ② 귀소성과 세력권 같은 행동에 따른 단순한 결과 때

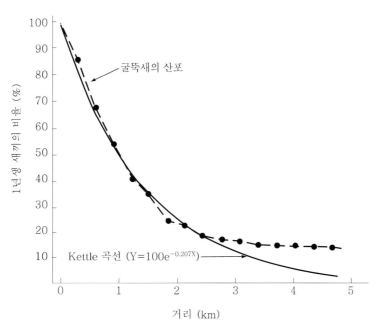

그림 2-9. 굴뚝새의 적극적인 산포와 Kettle 곡선. Kettle 곡선은 수동적으로 산포하는 생물에 잘 맞는다. 가까운 곳과 먼 곳으로 산포한 어린 새는 Kettle 곡선보다 많고 중간 거리에 산포한 새는 적다.

문인지 (Murray, 1967). ③ 서식지가 협소하여 알을 낳았던 곳을 다시 찾지 못하여 적당한 다른 곳으로 가기 때문인지 분명하지 않다 (Brewer and Swander, 1977).

개체가 태어난 곳에서 보다 멀리 산포하는 방법에는 두 가지가 있다. 첫째는 종자의 수를 증가시키는 것인데, 이 방법은 에너지의 소비가 많아 비효과적이다. 종자의 수가 두 배로 되면 일정 거리에 도달하는 수도 두 배가 될 뿐이다. 평균 0.00001개의 종자를 1 km까지 퍼뜨릴 수 있는 식물이 종자를 두 배 생산한다면 그 거리까지 퍼질 수 있는 종자의 수는 평균 0.00002개일 뿐이다.

두 번째 방법은 산포능력, 즉 산포력을 증가시키는 것이다. 식물은 구조적으로 적응하여 바람, 물, 동물 등을 이용하여 종자를 산포한다. 동물은 새끼를 강제로 이동하게 하는 어미의 성질과 새끼의 돌아다니는 습성이 커지는 등의 행동에 따라 산포 능력이 증가한다. 동물의 산포에서 어느 것이 더 중요한지는 분명하지 않지만 반드시 산포가 일어난다. 산포 개체수는 밀도가 높은 지역이 낮은 지역보다 더 많다. 산포는 어떤 지역에 사는 개체군의 크기를 조절하는 중요한 요인이다.

동물의 산포에서 새끼수와 산포능력 중 어느 한쪽이 중요한지는 분명하지 않다. 유전적으로 산포시기가 되면 태어난 곳의 밀도가 낮아도 새끼가 이동하는 습성은 대부분의 종에 나타나는 현상이다. 산포하는 종이 안하는 종보다 더 이로운 원인은 ① 밀집의 회피, ② 친척과의 경쟁 회피, ③ 유전적으로 불리한 근친교배의 회피에 있다. 산포에 영향을 미치는 환경요인과 선천적 요인은 생물의 종류에 따라 그 중요성이 다르다.

2) 영역 확장

산포가 일어나더라도 그 종의 지리적 분포 범위는 변화하지 않는다. 산포는 이미 점유하고 있던 지역 안에서 일어나는 현상인데 그 종의 점유 지역이 아닌 곳으로 분포 범위를 넓히는 **영역 확장**(range expansion)도 일어난다. 영역이 확장되는 경우는 보통 ① 그 종의 산포를 저해하던 장벽이 제거되었거나, ② 이전에는 부적당하던 지역이 적당하게 변했거나, ③ 종이 진화하여 이전에는 부적당하던 지역을 이용할 수 있게 되었거나 하는 세 가지가 있다.

7. 중요한 비생물 요인

1) 온 도

(1) 온도와 생물

온도는 생물의 대사 속도를 조절함으로써 생물의 활성에 중요한 역할을 한다. 체온이 높으면 대사가 빨리 진행된다. 생물의 체온에는 최적범위가 있으며, 대부분의 종은 이 범위를 유지하도록 적응되어 있다. 이런 적응은 열 획득이나 열 발산, 혹은 이 둘 모두의 속도에 영향을 준다.

열의 획득이나 발산이 같을 때 동물이나 식물의 체온은 일정하게 유지된다. 열의 획득이 손실보다 많으면 체온이 상승하며, 반대의 경우 체온이 떨어진다. 열의 획득원에는 다음의 세 종류가 있다.

① 태양방사: 동식물에 흡수될 때 열로 전환되는 열방사나 가시광선 (그림 2-14 참조) 같은 단파장방사
② 주변으로부터의 적외선 및 열방사: 지면이나 다른 생물로부터 방사되는 열
③ 대사열: 유기화합물에 저장된 에너지를 생물이 사용할 때 방출되는 열

한편 열은 다음과 같은 경로에 따라 소실된다.

① 적외선 및 열방사에 의한 소실: 생물체의 대사나 기타 에너지원에서 생긴 열은 적외선과 열방사에 의하여 주변의 생물, 지면, 대기 등으로 소실된다.
② 대류에 의한 열 소실: 생물에 인접한 기온은 생물의 체표면에서 발산되는 열에 의하여 상승된다. 만약 이 공기가 대류에 의해 서늘한 공기로 바뀌면 그 생물은 열을 잃게 된다. 한편 주위의 기온이 생물의 체온보다 높으면 대류는 열 소실이 아니고 열 획득원이 된다.
③ 증발에 의한 열손실: 물이 증발할 때 그 표면으로부터 열이 소실되는데 식물은 증산작용으로, 동물은 땀이나 침의 증발로 열이 소실된다.

(2) 항온동물과 변온동물

동물은 체온과 주위 온도의 관계에 따라 구분할 수가 있는데, **변온동물**(poikilotherm)은 체온이 주위와 같아지는 경향이 있어서 온도가 내려가면 신체 반응의 속도가 저하된다. 그러나 **항온동물**(homoiotherm)의 체온은 주위의 온도가 변할지라도 일정하게 유지된다.

항온동물, 즉 온혈동물은 주로 새나 포유동물이다. 이들에게는 외부 온도가 변해도 체온을 일정하게 유지시키는 생리적 기작이 있다. 이런 기작은 모든 항온동물에서 기본적으로 유사하다. 저온의 환경에서 체온을 높게 유지하려면 대사속도(열 생산)를 증가시키고, 가능하다면 단열 능력도 크게 해야 한다. 대부분의 항온동물은 깃털이나 모피를 부풀려서 보다 많은 공기를 품어 단열 능력을 증가시킨다. 주변의 온도가 상승하면 열 생산을 낮추는 동시에 땀을 흘리거나 헐떡여서 수분을 증발시키는 방법으로 열손실을 증가시켜 체온을 낮춘다.

변온동물과 식물은 체온을 일정하게 유지하는 생리적 기작이 없다. 도마뱀을 냉장고에 넣으면 체온이 떨어지지만 자유롭게 돌아다니는 도마뱀의 체온 변화는 새보다 그리 크지 않다. 도마뱀은 행동으로 체온을 조절하는데 기온이 낮으면 도마뱀은 양지쪽의 따뜻한 바위에 복부를 밀착시키고, 기온이 높아지면 도마뱀은 발끝으로 걷거나 그늘에서 조용히 쉰다. 변온동물은 종류에 따라 여러 방법으로 체온을 조절한다. 도마뱀의 체온은 밤이 되어 추워지면 몇 도 정도, 그리고 겨울이 되면 동면할 구멍을 찾아 들어갈 때까지 계속 떨어질 것이다. 그러나 새의 체온은 일정하게 유지된다.

생물과 환경 사이의 관계는 항온동물과 변온동물에 따라 큰 차이가 있어서, 온도가 아주 낮은 환경을 견디는 방법이 다르다. 변온동물은 온도가 낮아지면 활동이 둔화되기 때문에 얼어 죽지 않는 것이 큰 문제이다. 이들은 얼지 않는 땅 속에서 동면함으로써 동사를 피하거나, 종류에 따라서는 혈액 속의 화학물질을 증가시켜 빙점을 낮추기도 한다. 식물은 따뜻한 곳으로 이동할 수 없기 때문에 세포 수준의 화학적 및 물리적 변화를 일으킨다. 폰데로사소나무의 잎은 한겨울에 기온이 −60℃ 이하로 내려가도 큰 해를 입지 않고 생존할 수 있으며, 말채나무의 수피는 순화되어 −196℃에서도 견딘다.

항온동물이 저온에서 생존하려면 열 생산을 지속하고 정상 체온을 유지하기 위한 먹이가 필요하다. 충분한 먹이를 얻지 못하면, 진눈깨비가 계속되는 지역의 메추라기처럼 체온이 낮아져 빙점에 이르기 전에 죽고 만다.

항온동물의 좋은 점만 생각하고 변온동물을 측은히 여기는 사람이 있을지 모른다. 또 어떤 사람은 항온성에 무슨 의미가 있는지 반문할 수도 있다. 항온동물은 필요한 에너지를 얻기 위하여 평생 뛰어 다녀야 하는 운명이다. 어째서 변온동물의 생활이 더 못하다는 말인가? 체온은 낮아지면 몸은 비록 비활동적이지만 동시에 신체의 대사속도도 느려져서 먹이가 많이 필요 없게 된다. 겨울이 되어 먹이가 없을 때 체온은 4~5℃로 내려가고 지방 몇 g이면 겨울을 충분히 지낼 수 있으며, 비록 혼수상태이기는 하지만 아늑하게 지낸다.

변온성과 항온성은 상반된 전략이다. 변온성은 에너지 보존적이지만 힘이 없는 전략이고, 항온성은 낭비적이지만 힘이 있는 전략이다. 먹이가 풍부하고 적절한 서식지에서는 항온성이 유리하지만 변온동물이 이런 곳에서 잘 살 수 없다는 것이 아니다. 변온동물이 나뭇잎 한 장을 우적우적거리며 천천히 먹거나 굴속에 앉아 있는 동안 항온성 경쟁자가 나머지 먹이를 모두 먹어버릴 수 있다.

항온동물에게도 불리한 면은 많다. 변온동물은 주기적으로 부적당해지는 서식지에서 계속 살아야 한다. 계절적으로 먹이, 물 및 산소가 부족할 때 변온동물은 활동을 중지할 수 있지만, 항온동물은 활동을 크게 줄여도 많은 에너지, 산소 및 물이 계속 필요하다. 변온동물은 수중 환경에 적합한데 그 이유는 물의 열전도가 크기 때문이다. 물속에 오래 있는 항온동물은 지방이나 깃털로 된 단열층으로 열을 보존한다.

또한 변온동물은 항온동물과 다른 형태적 특징을 가지게 된다. 첫째, 변온동물은 크기가 아주 작을 수 있다. 항온동물의 체중이 5 g 이하이면 체표면적과 체적 관계에 따라 필요한 에너지가 너무 많아서 생존할 수 없다. 손 안에 들어가는 작은 뾰족뒤쥐와 벌새가 이 한계체중 이하인 유일한 항온동물이다. 그러나 변온동물은 크기에 따라 바위의 갈라진 틈, 자갈무더기, 토양, 그리고 다른 동식물의 내부와 같은 미소서식지에도 살 수 있다.

둘째, 항온동물은 벌레나 뱀같이 길쭉한 체형이 되기 힘든데, 체적에 비하여 체표면적이 넓은 이런 체형은 꽉 짜인 체형보다 체온 유지에 많은 에너지가 필요하다. 이런 낭비가 없는 변온동물은 벌레나 뱀 같은 체형을 자유로이 할 수 있으며, 따라서 좁은 굴속에 들어가 있는 큰 뱀이나 토양 속의 다양한 벌레 같은 생활 방식도 가능하다.

(3) 동면

항온동물과 변온동물의 이점을 어느 정도 가지는 생물로 온혈동물이면서 겨울에 동면을 하는 **이온동물**(heterotherm)이 있다. 겨울이 오면 이온 동물은 동면 장소를 찾아 머무르며 차츰 변온동물화 되는데 동면 장소의 온도가 낮아지면 체온도 낮아진다. 따라서 체온을 일정하게 유지하거나 움직이는데 소모되는 에너지를 절약할 수 있다. 이들의 동면상태는 변온동물보다 더 잘 조절된다. 만약 주위의 온도가 빙점에 이르게 되면 체내의 열 생산이 증가되기 시작한다. 그래도 기온이 계속 내려가면 깨어나 다시 항온동물이 되는데 행운이 따르면 더 깊은 구멍을 발견할 것이다.

상식과는 달리 포유동물 중 일부만이 겨울의 추위와 먹이의 부족에 대처하는 수단으로 동면한다. 미국산 마못(*Marmota manax*), 열세줄다람쥐(*Citellus tridecemlineatus*) 및 일부의 쥐(*Zapus hudsonius*)는 동면을 하지만 너구리, 여우, 다람쥐는 동면하지 않는다. 곰과 얼룩다람쥐는 비록 굴속에서 겨울을 나지만 동면을 하지 않고 겨울 내내 잠을 잔다. 그러나 이들의 체온은 사람이 잘 때와 마찬가지로 많이 떨어지지 않는다.

곰은 대사속도가 느리고 몸집이 큰 동물이며 겨울 내내 항온 상태로 잠을 자기에 충분한 지방을 저장하고, 얼룩다람쥐는 자주 잠에서 깨어나 저장한 먹이를 먹는다. 뾰족뒤쥐와 생쥐같이 아주 작은 동물은 동면하지 않고, 월동에 충분한 지방을 미리 축적한 후 과히 춥지 않은 나뭇잎 밑이나 쌓인 눈의 아래에서 산다.

고대로부터 18세기까지 사람들은 새가 동면한다고 믿었다. 그 후 새에 관한 과학적 연구에서 이주만이 관찰되었을 뿐 동면하는 새는 관찰되지 않아서 이 생각은 틀린 것으로 여겨졌다. 그런데 1946년 사막생물학자인 Jaeger (1949)가 캘리포니아의 Chuckawalla산맥의 바위틈에서 동면하는 새(*Philaenoptilus nuttallii*)를 발견한 이후 새의 동면에 다시 관심이 모아졌다. 새의 동면은 포유류보다 약하지만 월동 방법의 하나로 자연선택된 것이다.

(4) 온도와 바람의 상호관계

환경요인의 상호관계는 저온과 바람이 열 손실에 주는 효과에서 볼 수 있다. 풍속냉각지수(Siple and Passel, 1945)로 알려진 풍속 냉각 효과는 바람이 없을 때의 기온으로 나타낸다(그림 2-10). 즉 온도가 낮을 때 바람이 빠르게 불면 열 손실이 아주 커지는데, 풍속이 56 km/hr이고 기온이 −7℃인 곳의 냉각 효과는 바람이 없는 −29℃인 곳과 같다.

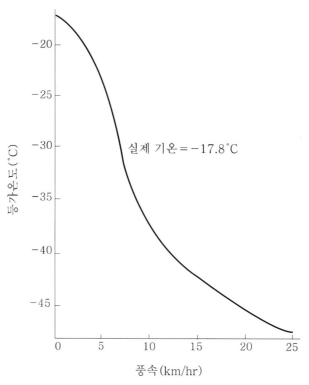

그림 2-10. 대기의 냉각력을 증가시키는 풍속 냉각 효과.

(5) 식물의 생활형

식물을 생활형은 우선 가장 추운 계절에 생존하는 방법, 특히 새로 생장이 시작될 눈 (bud)의 위치에 따라 구분된다(Raunkiaer, 1934). 이 체계는 스위스의 식물사회학자 J. Braun-Blanquet에 의하여 변형되었고 이제는 표 2-4와 같이 사용되고 있다.

식물상을 구성하는 각 생활형의 상대적 비율(Raunkiaer의 생물스펙트럼)은 기후에 따라 변한다. 사막에는 일년생식물이 많고, 북미나 시베리아의 대초원에서는 반지중식물이 우세하며, 고랭지에서는 비록 반지중식물이 더 우점하지만 지표식물이 많은데 이들은 겨울에 많이 쌓인 눈으로 잘 보호된다. 또한 열대우림에는 지상식물이 절대적으로 우세하다. 생물스펙트럼에 영향을 주는 요인은 지역적 기후 외에도 많이 있다.

표 2-4. Raunkiaer의 생활형 체계

생 활 형	생 존 방 법	예
일년생식물	종자로 겨울이나 건기를 넘기는 일년생 식물. 종자는 생장하는 식물보다 추위나 건조에 강하다.	돼지풀, 명아주
수생식물	뿌리가 있는 수중식물. 다음 해에 생장하는 겨울눈은 물 속에서 보온된다.	가래, 수련, 물옥잠
지중식물	겨울눈이 땅 속에 묻혀 보온되는 땅속줄기나 구근이 있는 식물	튤립, 고사리, 얼레지
반지중식물	지표에 인접한 겨울눈은 지중식물처럼 땅 속에서 잘 보온되지 않으나 낙엽이나 눈으로 보온됨	미역취, 다년생 벼과식물 이년생 식물
지표식물	지상 25~30 cm 미만에 겨울눈이 있으며 강풍에 노출되지 않고 눈에 덮여 보온됨	덩굴성 관목 수상 지의류
지상식물	지상 25~30 cm 이상에 달린 겨울눈은 다른 종류보다 더욱 노출됨	교목 및 관목 덩굴식물 열대 초본의 일부

2) 수분

어떤 지역의 수분 상태가 생물에 적당한지의 여부는 토양 수분과 대기의 증발력으로 결정된다. 대기의 증발력은 습도, 온도 및 바람에 의하여 결정되는데 습도가 낮고, 온도가 높으며, 바람이 셀수록 커진다.

(1) 습도

습도(humidity)는 대기 중의 수증기 상태로 존재하는 수분의 양으로 정의된다. 절대습도는 일정 부피의 공기에 들어 있는 수분의 양이며, 상대습도는 동일한 온도와 압력에서 공기가 수증기로 포화되었을 때의 절대습도에 대한 실제습도의 백분율이다. 공기가 포함할 수 있는 수증기의 양은 온도와 함께 증가한다. 온도가 각각 -34, 4 및 38℃인 공기 28리터에 포함될 수 있는 수증기는 각각 0.1, 3 및 20 g 정도이다.

만약 수분의 양이 일정하다면, 온도가 내려갈 때 상대습도는 높아지며, 반대로 온도가 높아지면 상대습도는 낮아진다. 이에 따라 겨울의 실내공기는 매우 건조한데 수분이 아주 적게 포함된 상대습도 80%인 실외의 찬 공기를 집안으로 끌어 들여 20℃로 가열하면 그 상대습도는 사막같이 10~20%로 낮아진다.

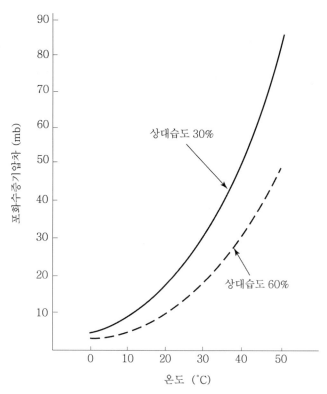

그림 2-11. 두 가지 상대습도에서 기온과 대기 증발력과의 관계.

(2) 증기압

습도는 대기에 있는 수증기의 분압(전체 공기압에 대한 물 분자의 기여도)으로도 표시하며 보통 밀리바(mb)로 나타낸다. 습도가 같아도 대기의 증발력은 고온에서 더 높기 때문에 상대습도는 대기의 증발력을 정확히 나타내지 못한다(그림 2-11).

수분이 생물의 표면에서 증발하여 유실되는 속도는 표면과 공기 사이의 증기압차(증기압 구배)에 달려 있다. 증기압은 온도 상승에 따라 지수적으로 증가하며, 상대습도가 높을수록 그 증가율은 더 크다. 생물의 증발표면에서 증기압은 항상 포화된 것으로 간주한다.

피부와 공기 사이의 증기압 구배를 계산하려면 우리 피부의 온도(32℃), 기온(24℃), 그리고 현재의 상대습도(50%)를 알아야 한다. 32℃에서의 포화증기압과 24℃에서의 상대습도 50%에 해당하는 증기압은 각각 약 48 mb(36 mmHg)와 15 mb(11 mmHg)이며, 따라서 증기압 구배는 33 mb이다.

항온동물의 체온은 대개 기온보다 높으며, 수분의 소실은 온도가 같은 경우보다 크다. 실제로 생물의 체온이 기온보다 높으면, 대기의 상대습도가 100%일지라도 수분은 계속 증발하여 소실된다.

(3) 식물의 수분 수지

식물과 동물은 잃었거나 사용한 만큼이 수분을 보충하여 수지를 맞추어야 한다. 육상식물이 뿌리로 흡수한 수분은 1%가 광합성에 이용되고, 나머지는 기공을 통하여 대기로 소실되는데 이를 **증산**(transpiration)이라 한다. 기공은 대부분 낮에 열리고 밤에 닫히는데, 수분수지가 부적당하여 시들게 되면 낮에도 닫힌다. 기공의 기능은 대기로부터 이산화탄소와 산소가 잎으로 출입하게 하는 것이며, 수분의 소실은 광합성과 호흡을 위한 기공의 개폐로 일어난다. 따라서 식물학자들은 전통적으로 증산을 필요악으로 간주하였다. 그러나 증산에 따라 물이 위쪽으로 이동할 때 무기영양소도 함께 이동하며, 증산에 의한 냉각효과는 때에 따라 식물에 유용하다는 증거도 있다.

식물은 물과의 관계에 따라 건생식물, 중생식물 및 수생식물로 나눈다. **건생식물**(xerophyte)은 건조한 곳에서 생육하며, **수생식물**(hydrophyte)은 물이나 습한 곳에서, 그리고 **중생식물**(mesophyte)은 중간인 곳에서 산다. 건생식물이나 건조기의 중생식물에게는 수분 수지가, 그리고 수생식물의 경우는 이산화탄소나 산소의 부족이 문제이다. 이들 필수 기체의 수중 농도는 대기보다 적기 때문이다. 수련의 잎에는 통기조직이 발달되어 호흡으로 생긴 이산화탄소와 광합성에서 발생한 산소가 축적되고 재순환된다.

건생식물은 종류에 따라 건조 환경에 독특한 적응을 한다. 미국 서부에 생육하는 사재발쑥(*Artemisia tridentata*)같은 다년생 관목이 진정한 의미의 건생식물인데, 잎이 작고 단단하여 토양이 건조해도 수분 소실을 줄일 수 있고 건조가 지속되면 모두 떨어진다.

선인장 같은 다육식물은 두꺼운 조직에 수분을 저장하는 건생식물이다. 다육식물은 대개 광합성의 명반응과 암반응을 같은 시간에 하지 않는다. 즉, 덥고 수분 손실이 많은 낮에는 기공을 닫고 밤이 되어 서늘해지면 기공을 열어 이산화탄소를 받아들인다. 이산화탄소는 유기산으로 전환되어 두꺼운 줄기나 잎 세포의 액포에 저장된다. 낮이 되면 그 유기산에서 이산화탄소가 다시 방출되어 정상적인 C_3 식물과 같이 처리된다. 이런 대사가 일어나는 식물을 **CAM식물**(crassulacean acid metabolism plant)이라 하는데 이 명칭은 다육식물인 돌나물과(Crassulaceae)에서 따온 것이다.

사막의 **단명식물**(desert ephemeral)은 건조하지 않은 곳에서 사는 식물과 유사하게 보이는 일년생식물이다. 이들은 구조보다는 생활사로 사막생활에 적응되어서 비가 충분히 오면 재빨리 발아, 생장, 개화 및 결실을 마치고 죽는다. 새로 생긴 종자는 다음에 또 비가 충분히 올 때까지 몇 년이고 땅속에 묻혀있다.

지하수식물(phreatophyte)도 건생식물에 속한다. 이들은 사막에서 생장하지만, 뿌리는 땅속깊이 들어가 지하수면에 닿아 있다. 콩과의 관목인 *Prosopis juliflora*는 뿌리가 50여 m 깊이까지 뻗는다.

많은 건생식물이 속해 있는 C_4 식물은 이산화탄소의 농도가 아주 낮아도 광합성을 할 수 있다. 따라서 기공이 거의 혹은, 완전히 닫혀도 이산화탄소가 남아 있기만 하면 유기물 생산이 가능하므로 건조지에서 사는 데 크게 도움이 된다. 그러나 이런 능력이 없는 C_3 식물은 기공을 계속 열어 놓아야 광합성을 지속할 수 있다. C_3 식물에 속하는 건생식물은 다른 방법으로 건조에 대처한다.

수분의 보존은 건생식물에게 중요한 문제이긴 하지만 핵심적인 문제가 아니다. 모든 생물들이 그렇듯이 건생식물도 경쟁자와 포식자가 있는 군집에서 성공적으로 사는 것이 중요하다. 구 소련의 식물생리학자 Maximov (1931)는 건생식물이 중생식물보다 줄기와 잎의 물관(도관)이 더 많다고 보고하였다. 그러나 이것은 수분 보존을 위한 적응이 아니며 실제로 수분 손실을 촉진한다.

건생식물과 중생식물이 사막에서 인접하여 살며 비슷한 양의 토양수분을 흡수하는 경우를 생각해 보자. 더운 낮 동안 중생식물은 소실되는 수분을 신속하게 공급하지 못하여 시들어 버린다. 식물이 시들면 더 이상 광합성을 할 수 없으며, 결국 뿌리 주변의 수분이 완전히 고갈되기 전에 죽고 만다. 건생식물은 시들지 않고 남아서 뿌리 주변의 수분이 모두 없어질 때까지 광합성을 한 다음 수분 보존 기작이 이용된다. 그 동안에 유기물이 계속 저장되고 꽃과 종자의 생산이 일어나게 된다.

(4) 염생식물

토양의 염분농도가 높으면 식물은 충분한 물을 얻기가 어려워진다. 사막의 염분층과 해안을 따라 발달하는 염습지에는 **염생식물**(halophyte)이 살고 있다(그림 2-12). 퉁퉁마디 같은 일부 염생식물은 건생식물 같이 다육질이다. 독일의 식물 지리학자인 Schimper가 밝힌 바와 같이 염습지는 비록 물리적으로는 습할지라도 생리적으로는 건조하다. 즉 수분이 없어서 수분수지가 문제되는 것이 아니라 삼투압이 높아서 물을 흡수하지 못하는 것이다.

보통 중생식물은 염분토양에서 물을 흡수하지 못하지만 염생식물은 자신의 삼투압을 증가시켜 대응한다. 이 과정에서는 세포의 염분 농도는 증가되는 것이 보통인데, 말산과 같은 용질도 관여하는 것 같다.

염생식물은 비염생식물(glycophyte)보다 액포 속에 있는 염분의 농도가 높아도 견딜 수 있을 뿐만 아니라 과량의 염분을 제거하기도 한다. 홍수림(mangrove)이나 위성류 같은 식

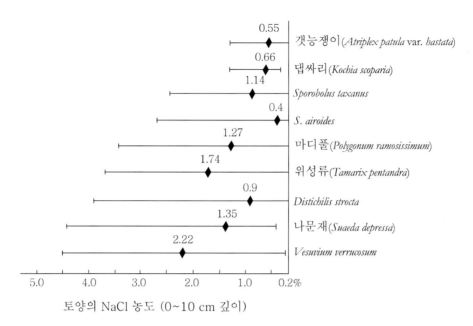

토양의 NaCl 농도 (0~10 cm 깊이)

그림 2-12. 오크라호마 주와 캔사스 주의 염습지에서 자라는 식물들의 내염성. 평균 염분 농도 (◆)와 내성의 범위 (막대줄)가 표시되어 있다.

물에는 과량의 염을 잎 표면으로 배출하는 샘(gland)이 있다. 염생식물 중에는 비가 많이 내려 염분 농도가 가장 낮아졌을 때 발아하거나 생장을 거의 마치는 종류도 있다. 모든 염생식물이 염수보다는 담수에서 잘 발아하지만, 발아하기 전에 미리 염수에 노출시키면 발아율이 증가되는 종류도 있다. 염생식물은 대개 비염분 토양에서 더 잘 자라지만 홍수림의 대부분은 염습지에서 더 잘 자라는 절대염생식물이다.

(5) 동물의 수분 수지

동물의 경우 수분의 획득과 손실은 식물보다 더 복잡하다. 동물은 보통 마시는 물, 먹이속의 물, 대사에 의한 물(먹이의 분해에서 생성되는 물 분자)의 형태로 수분을 획득하고, 소변, 대변, 그리고 피부나 허파에서의 증발로 수분이 손실된다. 건조지역에서 사는 동물은 다음과 같은 뚜렷한 두 종류의 적응을 보인다. 하나는 수분 손실을 줄이는 것으로 내장에서 물을 재 흡수하여 아주 건조한 대변을 보거나, 질소 노폐물을 소변으로 배출할 때 물을 가능한 한 적게 사용하는 것이다.

사막의 척추동물이 폐와 피부에서 수분 손실을 줄이는 것은 마치 식물이 증산을 줄이는 것과 비슷하다. 폐에서 수분이 손실되는 것은 호흡에 따른 불가피한 결과이며, 피부에서 일어나는 수분 손실도 체온 상승을 막아 준다. 야행성 동물이나 몸집이 충분히 작은 동물이 낮 동안 굴 속에 있는 것도 일종의 적응이다. 굴속은 서늘하며 습도가 높아서 폐로부터의 증발이 적어진다.

다른 하나의 방법은 수분 수지가 일시적으로 부적당하여 생기는 탈수와 체온 상승을 견디는 것이다. 낙타는 물 한 모금 마시고 8일 정도는 거뜬히 견디며, 수분 소실로 체중이 25%, 때로는 40%나 줄어들어도 견딜 수 있다. 인간은 약 20% 정도의 수분 소실을 견딜 수 있지만 10%만 잃어도 정신적, 신체적으로 자신을 돌볼 수 없게 된다.

수중동물에서는 삼투 농도의 유지가 중요하다. 대부분의 해양 무척추동물은 체내의 염분 농도가 해수와 같아서 문제가 없지만, 담수생물은 살고 있는 물보다 체액의 염분 농도가 높기 때문에 염분을 능동적으로 흡수하는 기작이 있어야 하고, 소변을 통해 체외로 배출되기 전에 재흡수해야 한다. 해양 척추동물의 체액은 해수보다 저장액이어서 해수와 함께 들어오거나 먹이에 포함된 과량의 염분을 제거하기 위해 소변을 농축시켜 배설하고 있다. 해수의 염분 농도는 3% 정도지만 고래는 이보다 더 농축된 소변을 배설한다. 그러나 건강한 사람은 2.2%가 그 한계이다. 바닷새와 파충류는 콧구멍으로 통한 비선(nasal gland)에서 몸 안에 있는 과량의 염분을 약 5%까지 농축하여 배출한다.

습도와 온도의 상호작용도 생물의 생활에 중요하다. 이런 상호 관계는 온우도(climograph)로 나타낼 수 있다. 그림 2-13에는 헝가리메추라기가 잘 자라는 유럽지역과 미주리 주 및 몬태나 주의 온우도를 비교하였다, 몬태나 주에서는 헝가리메추라기의 도입에 성공하였으나 미주리 주에서는 실패하였는데, 그 이유는 미주리 주의 겨울이 너무 추워서가 아니라 여름이 너무 습하고 덥기 때문이었다.

3) 빛

빛이란 가시파장에 속하는 전자기파방사로서 보라색(단파장)에서 붉은색(장파장)까지의 범위이다(그림 2-14). 보라색보다 짧은 파장의 방사에 속하는 것은 X-선과 자외선이 있다. 자외선은 곤충, 물고기 및 일부의 새가 볼 수 있으나 사람은 볼 수 없다. 붉은색보다 긴 파장의 방사는 적외선과 마이크로파가 있다.

보통 생태적으로 중요한 것은 햇빛, 즉 태양방사이다. 태양방사에는 가시광선 이외의 파장도 포함되어 있다. 지표에 도달하는 태양방사에너지의 약 반이 가시광선이고, 나머지 반은 근적외선에 속한다. 자외선방사의 대부분은 대기의 오존층에 흡수되고 극히 소량만이 지표에 도달한다.

태양방사는 광합성에서 동물의 비타민 D 생산에 이르기까지 매우 다양한 역할을 하는데, 여기서는 생태학적 특성 중의 내음성과 광주기성만을 설명한다.

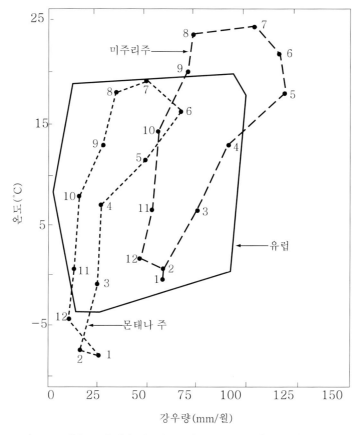

그림 2-13. 온우도. 유럽과 미주리 주 및 몬태나 주의 온우도 비교.

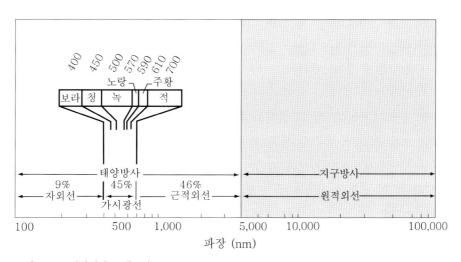

그림 2-14. 전자기파 스펙트럼.

(1) 내음성

내음성(shade tolerance)이란 음지에서 식물이 생존할 수 있는 능력을 말한다. 너도밤나무 – 단풍나무림의 수관은 햇빛의 99% 이상을 차단한다. 여름의 한낮에 삼림 외부 광도는 2 mmol m^{-2} s^{-1}를 넘지만 삼림의 내부는 0.02 mmol m^{-2} s^{-1} 이하인 경우도 있다. 또한 음지는 바람이 적고 습도가 높으며 온화하다. 식물의 내음성은 삼림의 관리에서 단순한 정원의 손질에 이르기까지 널리 응용되고 있다. 정원이 그늘에 가려 있으면 야생화나 잡초만이 자라게 된다. 식용식물은 대부분 내음성이 약하다.

(2) 광주기성

광주기(photoperiod)란 하루 중 낮과 밤의 길이가 반복되는 현상이다. 지구의 자전축이 기울었기 때문에 밤낮의 길이는 적도를 제외하고 어디에서나 계절에 따라 변한다(그림 2-15). 북반구에서 낮이 가장 긴 하지는 6월 21일 경이며, 낮이 가장 짧은 동지는 12월 21일경이고, 그리고 밤낮이 같아지는 춘분과 추분은 각각 3월 20일과 9월 23일 경이다. 북위 42도인 곳에서 연중 낮이 가장 길 때는 약 15시간, 가장 짧을 때는 약 9시간이다. 이 차이는 위도가 낮아질수록 점점 줄어들고 높아질수록 증가한다.

낮 길이의 변화는 계절 변화를 알려주는 가장 정확한 정보이다. 광주기는 생물의 생활사를 진행시키는 중요한 요인으로 작용한다. 온대지방의 새들이 산란 준비를 시작하는 것은 기온이 상승하거나 먹이 공급이 많아져서가 아니라, 광주기가 바뀌기 때문이다. 어떤 점에서 기온, 먹이 공급, 기타 다른 요인이 실제 산란 시기를 결정하는데 중요한 경우도 있다.

식물은 개화를 포함한 생활사의 단계를 광주기에 맞춘다. 단일식물이 개화하려면 낮의 길이가 임계시간보다 짧아져야 하는데, 이보다 낮이 긴 상태가 지속되면 식물의 영양체는 계속 생장할 뿐 꽃이 피지는 않는다. 단일식물에는 국화, 콩, 홍성초(poinsettia), 도꼬마리 등이 있다. 낮의 임계 길이는 식물에 따라 다르지만 보통 11 ~ 14시간이다. 반면에 장일식물이 개화하려면 임계시간보다 낮이 길어야 하는데, 그 임계시간도 식물에 따라 다르나 보통 10 ~ 13시간 사이이다. 장일식물에는 붉은토끼풀, 시금치, 큰조아재비, 밀 등이 있다. 한편 메밀, 오이, 봉선화, 옥수수 등은 조건만 적절하면 광주기와 관계없이 개화한다.

장일식물은 광주기가 12시간보다 길어야 개화하고, 단일식물은 12시간보다 짧아야 개화한다고 생각한다면 이들의 정의를 잘 모르고 있는 것이다. 종에 따라서는 장일 및 단일식물 모두가 12시간, 11시간 혹은 13시간의 광주기에서 개화할 수 있다는 것을 알아야 한다. 따라서 광주기는 식물이나 동물의 원인이 아니고 어떤 활동의 시기를 적절한 계절에 맞추는 근인이다.

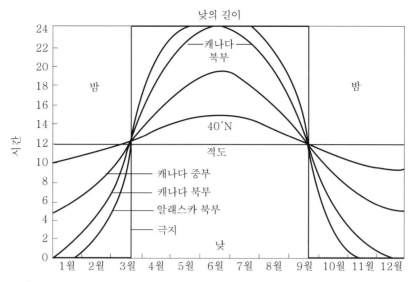

그림 2-15. 위도에 따른 연중 광주기.

온대지방은 광주기와 사계절의 변화가 뚜렷하지만 열대지방이나 사막은 광주기가 거의
변하지 않거나, 건기와 우기의 교대만이 주요 계절 변화이다. 이런 지역에는 번식이나 개화
를 유도하는 환경요인이 광주기 이외의 다른 것으로 자연 선택되어 왔다. 사막에 사는 새
는 비가 많이 온 후 몇 시간 안에 구애와 짝짓기를 시작하는데, 이 경우 강우가 방아쇠 역
할을 하는 것 같다. 건기가 되면 새의 먹이가 되는 식물에 생식을 저해하는 화합물이 농축
되기도 하는데, 비가 오면 식물의 생장이 빨라져서 이런 물질의 농도가 낮아지고 더 이상
생식이 저해되지 않아 알 낳기를 시작한다.

초기에는 광주기성의 중요한 요인이 낮의 길이라고 생각하였다. 그 후 단일상태로 유지
해 준 장일식물을 밤에 겨우 몇 분이라도 빛을 비치면 마치 장일상태가 된 것처럼 반응하
는 것이 알려졌다. 따라서 낮보다는 밤의 길이가 중요하다는 것이 밝혀졌다. 자연 상태에서
는 나타나지 않는 광주기를 인위적으로 만들어 주고 연구한 결과는 더욱 복잡하다. 간단히
말해서 빛의 자극에 대한 생물의 민감성에는 **일주율**(circadian rhythm)이 있다는 것이 밝혀
졌다. 하루 24시간 중 어떤 시간에는 빛의 자극이 효과가 없지만 나머지 시간에는 효과가
있다. 하루 종일 계속되거나 혹은 밤에 잠깐 계속되거나 빛의 효과가 있으려면 특정 시간
에 비추어져야 한다(Bünning, 1967).

4) 토양

토양(soil)은 식물이 생장하는 푸석푸석한 지표물질로서 온도나 빛과는 달리 그 자체가 복잡한 계(system)이다. 토양의 성분은 모암의 풍화산물, 분해중인 유기물, 토양수, 무기염류 및 유기화합물, 기체, 생물 등이다.

토양은 식물의 생장에 중요하다. 식물이 증산과 광합성에 이용하는 수분과, 유기물의 합성에 쓰이는 칼슘, 질산염 및 인산염, 그리고 뿌리의 호흡에 필요한 산소는 모두 토양에서 공급된다. 이외에도 토양은 많은 역할을 한다. 생물이 죽어 토양 속에 묻히면 토양생물의 활동에 의하여 분해된다. 유기물이 토양의 무기물과 섞이면 **부식질**(humus)이 되므로 결국 식물의 뿌리에 흡수된 무기물은 토양으로 되돌아간다. 토양은 두더지, 도롱뇽, 지렁이, 딱정벌레, 원생동물 등 각종 동물의 서식지이기도 하다. 이 밖에 토양에는 많은 무척추동물이 사는데 보통 $1 m^2$의 토양에는 톡토기류 10,000마리, 작은 진드기류 100,000마리, 그리고 선충류 1,000,000마리가 살고 있다.

(1) 토양의 형성

토양은 바위, 혹은 빙하, 바람, 물 등에 의하여 퇴적된 모재(parent material)가 기계적 풍화, 화학적 풍화 및 생물의 활동을 거쳐 형성된 것이다.

토양은 위에서 아래로 형성되므로 **토양단면**(soil profile)이라 불리는 수직 구조가 발달한다(그림 2-16). 토양단면은 세 층으로 구분되는데 최상부가 표토인 A층으로서 식물 뿌리의

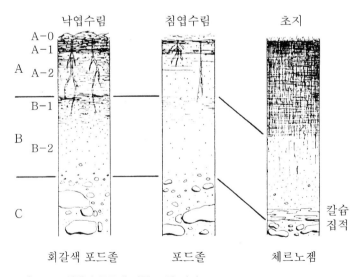

그림 2-16. 식생의 종류에 따른 토양 단면.

대부분이 있는 곳이다. 이 위에 떨어진 낙엽이 분해되면 바로 아래의 무기토양과 섞여 부식질이 된다. 모암이 덜 풍화된 B층에는 유기물질이 거의 없으나, A층에서 세탈된 물질(예 $CaCO_3$)이 집적된다. B층의 아래에 있는 C층은 거의 풍화되지 않은 모재로 구성되어 있다.

특정 지역에 형성되는 토양의 최종 상태는 모암의 성질과 기후 및 식생에 의해 결정된다. 예를 들어 사문암에서 발달된 토양에는 칼슘이 부족하고 마그네슘과 규소가 많다. 인접한 곳이라도 모암의 종류가 다르면 거기에 사는 생물의 종류가 달라진다.

강우, 증발 및 온도는 토양 발달에 강한 영향을 주므로 극지방, 열대지방, 온대지방 및 건조지방의 토양 유형은 모두 다르다. 그런데 미국의 북부와 중서부에는 같은 모재에서 유래한 토양인데도 침엽수림, 활엽수림 및 초지가 불과 몇 km 거리에서 같이 나타난다. 식생이 다르면 그 영향도 다르고, 이에 따라 전혀 다른 토양이 형성될 수도 있다.

침엽수림에서는 세탈된 점토가 B층에 집적되어 **경반**(hardpan)을 이루며 낙엽이 분해되지 않고 두껍게 쌓여 있는 강산성 토양이 형성될 수 있다. 낙엽수림에서는 낙엽층이 얇고 아래로 내려감에 따라 점차 무기토양으로 변한다. 이런 토양에서는 신갈나무, 단풍나무, 말채나무 등이 칼슘 및 기타 무기물을 흡수하여 잎이나 줄기로 동화하고 가을에 토양 표면으로 되돌려 놓기 때문에 산성도가 약하다. 초지 토양은 약산성이거나 거의 중성이고 비옥한데, 이는 무기영양소의 펌프작용이 더욱 크기 때문이다. 초본의 뿌리는 깊이 침투하고, 다량의 칼슘과 기타 영양소를 이용하며, 지상부 전체가 매년 죽고 분해되므로 영양소는 토양 표면으로 되돌아간다. 또한 토양 속에서는 해마다 가는 뿌리가 많이 죽어 분해되기 때문에 토양의 색깔은 검은 색깔을 띤다.

(2) 토성과 비옥도

토양은 자갈(gravel), 모래(sand), 미사(silt) 및 점토(clay)의 구성비에 따라 분류된다. 작은 입자로 구성된 중토(heavy soil)는 배수가 느리지만 수분이 잘 유지되며, 이러한 토양은 잠재적으로 아주 비옥하다. 그러나 사토(sandy soil)와 같은 경토(light soil)는 통기가 잘 되며 뿌리의 생육이 용이하고 수분이 자유롭게 이동할 수 있지만 중토에 비해 비옥도가 낮다. 이들 토양은 무기 영양소를 유지하는 방식이 다르므로 잠재비옥도에서도 차이가 난다. 물에 녹으면 양이온이 되는 칼슘이나 마그네슘 등은 입자의 표면에 붙어 있고 음이온은 토양수에 녹아 있다.

토양입자의 표면에 있던 양이온이 식물에 흡수되면 그 자리가 수소이온으로 대치된다. 토양의 잠재비옥도는 1차적으로 **양이온치환능**(보통 토양 100 g 당 수소이온이 양이온으로 치환될 수 있는 자리의 수)에 의해 결정되는데, 점토는 같은 무게의 다른 토양보다 표면적이 넓어서 양이온치환능이 모래의 2배에서 20배, 때로는 그 이상이 되기도 한다.

양이온치환능이 큰 토양은 잠재적으로 비옥하지만, 치환자리의 대부분을 수소이온이 차지하면 실제로는 비옥하지 못하다. 이런 토양은 산성이 되며 식물의 생육에 이용되는 칼슘도 거의 없다. 토양의 실제 비옥도는 **염기포화도**(치환능에서 칼슘, 마그네슘 등의 원소가 차지하는 백분율)로 나타낸다. 만약 염기포화도가 60%라면 치환자리의 60%는 염기성이온이, 40%는 수소이온이 차지하고 있는 것이다.

(3) 토양수

토양의 수분은 중력수, 모관수 및 흡습수로 나눌 수 있다. **중력수**(gravitational water)는 강우나 관개에 의하여 토양의 큰 공극을 채우고 있는 수분이며, 중력에 의하여 아래로 이동되는 동안에만 식물이 이용할 수 있다. 토양이 물에 완전히 젖은 1~3일 후 중력수가 제거되고 남은 물의 양을 그 토양의 **포장용수량**(field capacity)이라 하며, 이는 모관수와 흡습수로 구성된다. **모관수**(capillary water)는 작은 공극에 있는 물이며, 식물은 주로 이 물을 이용한다. **흡습수**(hygroscopic water)는 토양 입자의 표면에 흡착되어 있는 수분이며 식물이 이용할 수 없다.

토양에 들어 있는 수분의 양은 마지막 비가 온 후 경과된 시간, 식물이 이용하는 정도, 인근 지하수와의 거리 등에 따라 달라진다. 다른 조건이 동일하다면 식물이 이용할 수 있는 물의 양은 주로 토성에 달려 있다. 토성은 포장용수량과 영구조위율을 결정하는 주요한 요인이다.

영구조위율(permanent wilting percentage)이란 식물이 비가역적으로 시들었을 때(상대습도 100%에서 하룻밤을 지내도 회복되지 않는 상태)의 토양 수분량이다. 이 값은 부분적으로 식물에 따라 다르지만, 흡습수와 극히 좁은 틈의 수분만이 남을 정도이다. 토양의 수분 유지 능력은 토성에 따라 크게 달라지는데, 이는 같은 부피의 토양이라도 작은 입자로 구성된 토양일수록 표면적이 넓기 때문이다. 중토의 포장용수량이 큰 이유는 작은 입자로 구성된 토양에 공극이 많으며, 모세관 현상이 유지될 정도로 작은 공극의 비율이 크기 때문이다.

그림 2-17에서 보는 바와 같이 점토는 수분 유지능과 영구조위율이 크다. 강우와 배수가 적당할 경우 식물이 이용할 수 있는 수분이 가장 많은 토양은 포장용수량과 영구조위율의 차가 가장 큰 토양으로서 식토와 식양토가 여기에 속한다.

(4) 양토와 부식질

식물생장에 좋은 토양은 여러 크기의 입자를 고루 포함하며, 보수능, 배수능, 통기성, 뿌

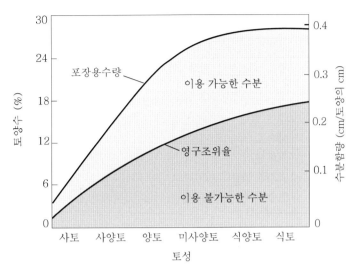

그림 2-17. 수분 이용도와 토성과의 관계.

리 생장의 용이성, 높은 잠재비옥도 등을 고루 갖춘 것이다. 크고 작은 여러 크기의 입자를 고루 포함하고 있는 토양을 양토라 하며 이 토양에서는 생산성이 크다.

모래나 점토가 주성분인 토양이라도 유기물이 첨가되면 식물 생장에 알맞은 구조를 이룰 수 있다. 유기물이 첨가된 식토에서는 부식질의 분해에서 생긴 유기화합물이나 세균 및 남조류가 만들어낸 끈적끈적한 물질, 그리고 진균과 지렁이의 활동으로 점토 입자가 서로 결합하여 통기성과 배수성이 개선된다. 부식질의 수분 및 영양분 유지 능력은 점토보다 훨씬 크기 때문에 사토에 유기물질을 첨가하면 토양 구조가 크게 개선될 수 있다.

(5) 토양의 명칭

포드졸이나 체르노젬 등의 명칭은 1960년 미국 농무성에서 채택한 새로운 체계로 대치되었다. 이 체계는 식생과 기후에 따라 토양이 형성된다는 가정과 관계없이 관찰할 수 있는 토양의 특징에 따라 나눈 것으로서 이전의 체계에 비해 더욱 경험적으로 기술하고 있다. 새로운 체계의 배열은 생물의 명명법과 비슷한 계급 구조로 되어 있는데 가장 큰 분류 단위는 목으로서 모두 10개가 있다(표 2-5). 가장 작은 분류 단위는 토양계열인데 토성의 계급과 조합하여 사용하고 있다.

5) 산불

초기 생태학자뿐 아니라 최근까지도 산불은 인간이 일으키는 파괴적이고 비자연적인 현

표 2-5. 토양의 분류

목	특 징	예
알피솔 (alfisols)	표층은 회색부터 갈색, 염기포화도는 중이상, B층에는 점토 축적	회갈색 포드졸
아리디솔 (aridisols)	유기물 함량이 낮고 연중 6개월 이상이 건조, 토색은 밝다	사막 토양
엔티솔 (entisols)	미성숙토, 층구조 미발달	사구 토양
히스토솔 (histosols)	유기토양	이탄토
인셉티솔 (inceptisols)	층구조의 발달이 미약하고 습한 미성숙토	툰드라, 충적토
몰리솔 (mollisols)	표면층에 유기물이 풍부하고 염기포화도가 높은 검은 토양	체르노젬, 평원토
옥시솔 (oxisols)	규사가 세탈되어 심하게 풍화된 토양	라테라이트
스포디솔 (spodisols)	B층에 유기물, 산화알미늄 및 산화철이 축적된 산성 토양	포드졸
울티솔 (ultisols)	염기포화도가 낮고 풍화가 심한 삼림토	황적색 포드졸 적갈색 라테라이트
버티솔 (vertisols)	점토 함량이 높아 젖으면 부풀고, 건조하면 깊게 갈라지는 토양	그루부솔

상으로 여겨왔다. 산불은 분명히 파괴적이지만 이제 대부분의 생태학자와 삼림학자는 이것을 자연 현상의 일부로 보며, 생태계에 따라서는 필요한 관리 수단으로 믿고 있다. 인간이 산불을 일으키는 경우도 많지만, 대체로 현대 인류의 활동은 산불에 의한 식생의 파괴를 감소시키는 경향이다. 산불이 발생하면 사람이 불을 끄며, 도로, 경작지, 주차장 등은 산불의 확산을 막는 역할을 한다.

인디언과 기타 원시사회에서는 대규모의 산불이 자주 발생하였는데, 이들은 이를 심각하게 여기지 않았기 때문에 산불이 번지는 것을 별로 막지 않았다. 또한 인디언은 사냥을 하기 위하여 신중하게 불을 놓았다는 증거가 있으며, 산불이 일부 유용식물이나 식생에 유리하다는 것을 알고 있었던 것 같다. 번개에 의하여 산불이 자주 일어나는 지역이 있는데 이는 일종의 자연현상이다.

(1) 산불의 유형

산불에는 세 가지가 있는데 첫째, **지표화**(surface fire)는 지상의 낙엽과 초본식물을 모두 신속히 태우고, 때로는 관목의 줄기를 죽이거나 교목의 밑둥을 그을리기도 한다. 지표면의 온도는 보통 90℃ 정도, 높아야 120℃ 정도이지만 땅속으로 몇 cm만 들어가도 열의 영향이 전혀 없다. 지표화는 선사시대에도 몇 년, 혹은 몇 십 년 주기로 여러 가지 식생에서 저절로 일어났던 것 같다.

둘째, **지중화**(ground fire)는 낙엽이 두텁게 쌓인 곳에서 일어나는데, 불꽃이 일지 않으며 오랫동안 천천히 탄다. 이 산불은 지표화보다 뜨거워서 그 지역의 타는 부위에 뿌리를 내린 식물이 대부분 죽는다. 소택지에서도 지중화가 일어날 수 있는데, 이는 지중화에서 발생한 열로 토탄이 완전히 말라버리기 때문이다.

셋째, **수관화**(crown fire)는 목본이 밀집해 있는 식생에서 일어난다. 이 불은 수관을 통해 빨리 번지면서 목본을 포함한 식생의 대부분을 죽인다. 수관화는 지표화가 너무 드물게 일어나 수관 밑에 가연성 물질이 많이 쌓일 때 잘 일어난다.

(2) 산불의 효과

지표화가 식물에 미치는 직접적인 효과는 분명하다. 초본과 관목의 지상부는 대부분 죽지만 살아남은 지하부에서 싹이 튼다. 가시참나무(*Quercus macrocarpa*), 미국낙엽송(*Larix laricina*), 폰데로사소나무(*Pinus ponderosa*) 및 대왕송(*Pinus palustris*) 같이 수피가 두꺼운 목본식물은 보통 해를 입지 않는다. 검은참나무(*Quercus velutina*), 서양측백나무 및 콘토타소나무(*Pinus contorta*) 같이 수피가 얇은 목본식물은 보통 죽지만 검은참나무, 너도밤나무류, 미국피나무(*Tilia americana*), 사시나무류 등은 다년생 초본처럼 뿌리에서 맹아가 돋아나 살아남는다. 뿌리에서 싹이 돋아나므로 여러 개의 줄기로 된 나무는 과거에 발생한 산불의 흔적으로 여기고 있다.

산불을 생식에 이용하는 식물도 있다. 콘토타소나무나 방크스소나무는 산불로 나무에 달린 솔방울이 가열되거나 그 나무가 죽으면 즉시 벌어져서 종자가 쏟아져 나와 동령림을 이루게 된다. 미국의 대초원이나 차파렐에 사는 식물 중에는 종자가 고온에 잠깐 노출되어야 휴면에서 깨어나 발아하는 것도 있다. 이런 특징은 산불이 잦은 환경에 유리하게 적응한 것이다.

산불은 간접적으로 그 지역의 식물과 동물의 미래에 중요한 영향을 준다. 식물이 불에 타 없어지면 빛이 세게 투입되고, 검게 된 토양은 빨리 더워지며, 유출수가 많아져 침식이 잘 일어난다. 낙엽이 타면 칼슘과 칼륨 같은 무기영양소가 유리되어 살아남거나 발아한 식물들이 쉽게 이용할 수 있지만, 세탈에 의한 유실도 많아진다. 약한 산불로 토양에 염기가 첨가되면 질화세균의 생장이 촉진되며, 질소를 많이 필요로 하는 분홍바늘꽃 같은 식물이 새로 침입할 수 있다. 낙엽이 제거되면 나지에서 잘 발아하는 사시나무와 같은 식물의 발아가 가능해진다.

산불에 대한 동물의 반응은 식물만큼 잘 연구되어 있지 않다. 이동성이 크거나 굴을 파는 동물은 이미 산불에 살아남도록 적응된 것이다. 산불이 난 지역의 주변에는 여러 종류의 포식자와 부육동물이 모여든다. 그러나 산불에 완전히 적응한 동물은 거의 없는 것 같다. 딱정벌레(*Melanophila acuminata*)는 산불에 잘 적응된 종으로 애벌레가 산불로 손상된 나무속에서 생장한다. 이들의 성체에는 적외선 감지기관이 있어서 몇 km 떨어진 침엽수림에서 일어난 산불에 찾아간다. 그리고 아직 연기가 채 가시기도 전에 짝짓기를 하여 그을린 나무의 수피 밑에 알을 낳는다.

(3) 산불의 빈도

산불은 발화원과 건조한 연료가 충분히 있어야 일어난다. 자연적으로 일어나는 산불의 빈도는 기후에 따라 다르다. 기후는 낙엽과 식생의 건조 시기와 마른 번개의 빈도에 직접 영향을 줄뿐만 아니라 식생의 종류와 낙엽의 분해 속도, 즉 연료의 종류와 양을 결정함으로써 산불의 빈도에 간접적인 영향을 미친다.

덥고 건조한 지역에서는 낙엽이 충분히 쌓이지 않거나, 빨리 분해되므로 산불이 잘 일어나지 않는다(그림 2-18). 춥고 습한 지역에서는 연소될 정도로 낙엽이 충분히 건조되는 경우가 거의 없으며, 마른 번개가 드물기 때문에 산불이 잘 일어나지 않는다. 중간 정도의 기후에서 낙엽, 건조, 및 번개가 합쳐지면 몇 년마다 산불이 일어난다.

중습 대초원이나 폰데로사소나무림에서 일어난 산불은 군집에 큰 변화를 주지 않는다. 이런 지역에서 우점종은 산불에 적응되어 있으며, 산불에 저항성이 없는 종은 크기 전에 죽는다. 만일 산불이 드문 서식지에서 산불이 일어나면 큰 변화가 생긴다. 그림 2-18의 상반부에 표시된 군집에서는 다음 산불이 일어나기 전까지 낙엽이 쌓이고, 이것이 타면 간신히 자랐던 여러 종류의 목본식물이 강한 열로 죽는다. 경우에 따라 그 지역은 벼과나 양치식물이 우점하는 단계로 되돌아간 후 관목이 들어오고, 다음에 교목성 양지식물이 들어오게 된다.

산불이 일어나면 자연경관도 변한다. 미국 남동부의 소나무림은 산불에 의해 유지되는데, 산불이 일어나지 않을 경우는 활엽수림으로 변화된다. 미국 중서부 대초원의 가시참나무가 산재하는 사바나는 산불에 의해 유지되며, 미국 서부의 폰데로사소나무, 전나무 및 삼나무림도 마찬가지이다. 미국 동부에서는 산불에 의해 내음성종보다 참나무류가 우세하며 삼림보다 대부분 사바나에서 참나무숲이 유지된다. 활엽수 극상림이라도 산불과 같은 교란이 빈번하게 일어나면 종이 다양해진다는 보고가 있다.

차파렐은 자연적으로 일어나는 주기적인 산불에 의해 유지되는 식생이다. 오래된 관목이 자라는 지역에서는 잎, 줄기, 수피, 도토리 등 가연성 물질이 많이 쌓인다. 산불은 낙엽과

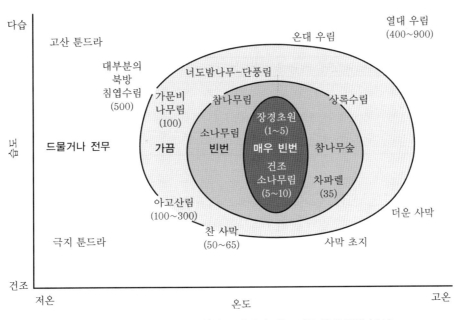

그림 2-18. 산불의 빈도와 기후의 상호관계(괄호 안의 숫자는 평균 화재 발생 년수).

관목의 지상부를 제거하여 초본을 번성하게 하지만, 이러한 현상은 일시적이어서 관목이 다시 자라면 그늘이 생겨서 초본이 감소된다. 캘리포니아 차파렐의 관목은 초본의 생장을 억제하는 화학물질을 생산하는데, 산불이 이런 물질의 생산을 억제하고 축적된 물질을 파괴한다. 차파렐에 낙엽이 쌓이고 30년 정도의 세월이 지나면 다시 산불이 일어난다.

(4) 관리 수단인 산불

산불은 1930년대부터 생태학적 관리 수단으로 이용되기 시작하였다. 대왕송림은 좋은 목재원으로 드문드문 서 있는 나무 사이에 벼과와 콩과 식물이 자라므로 좋은 사냥감인 메추라기 개체군이 잘 유지된다. 약하게 지른 지표화(surface fire)는 참나무 및 기타 활엽수를 제거하므로 그 지역에 벼과 및 콩과 식물이 우점하게 된다.

대왕송의 생활사는 주기적인 산불에 적응되어 있다. 생육 초기의 줄기는 짧고 침엽으로 촘촘히 둘러싸여서 마치 왕바랭이의 그루터기처럼 보인다. 3~7년 동안 키가 거의 크지 않으며 산불의 영향을 받지 않는데, 그 이유는 밀집된 녹색의 긴 침엽 덩어리의 중앙에 정아가 묻혀 있어서 산불이 나도 크게 타지 않기 때문이다. 비록 키는 자라지 않지만 근계는 깊고 넓게 퍼져서 이 단계가 지나면 생장이 빨라진다. 그리고 2~3년 동안은 매년 1.2~1.8 m씩 자라서 정아가 지표화의 영향이 미치지 않는 높이에 이르는데 이때가 산불에 가장 약한 시기이다. 이후에 수피가 두꺼워져서 산불에 저항성이 있는 큰 개체로 자란다.

표 2-6. 복원된 미국 대초원에서 바랭이새(*Andropogon gerardi*)의 생장과 화경 생산에 미치는 산불의 영향

마지막 산불 후 경과 연수(년)	새 줄기의 순생산량(g DW/m^2)	m^2 당 화경의 수
19	362	28
3	359	30
1	591	53
0	1,360	130

미국 중서부의 대초원은 주기적인 산불에 의해 유지되는데, 파종이나 식재로 복원된 대초원뿐만 아니라 잔존 대초원의 군반(patch)에서도 마찬가지이다. 매년 혹은 3년마다 불을 지르면 목본과 잡초가 죽으며 토착종의 생장과 개화가 증가된다(표 2-6).

산불은 방크스 소나무의 동령림을 재생하는데 필요한 수단으로 이용되는데, 이 삼림은 멸종 위기에 있는 조류(*Dendroica kirtlandii*)의 중요한 서식지이다. 1950년대 초 미연방 삼림청과 미시간 천연자원국은 미시간 북부에서 약 550 km^{2}에 이르는 지역에 조절된 산불을 일으켰다. 이 새는 펄프 생산을 위하여 벌목될 정도로 크기 전의 소나무림에서 새끼를 까고 기르기 때문에 멸종 위기의 새를 보호하려는 입장과 상업적으로 삼림을 관리하려는 입장이 상충되지 않았다.

산불은 삼림의 관리 수단으로 유용하지만 그렇지 않은 경우도 있다. 예를 들면, 에치나타소나무림(*Pinus echinata*)에 산불이 나면 목재로서 가치가 없는 활엽수의 맹아가 빽빽하게 돋아나므로 에치나타소나무의 재생이 불가능해지는 예가 알려져 있다.

6) 오염

얼마 전까지 오염이라는 용어는 물이나 대기에 오염물질이나 독성물질이 첨가되는 것을 의미하였으나 최근에 보다 넓은 의미를 갖게 되었다. **오염**(pollution)이란 인간 활동의 결과 환경이 부적합하게 변화되는 것을 의미한다.

오염은 전혀 새로운 것이 아니고, 이미 1600년대 중반에 석탄 연소로 인한 대기오염이 인류의 건강문제로 인식되기 시작하였고, 이보다 훨씬 전부터 오염에 대한 문제가 발생하였다. 고대 로마의 상류사회에서는 납으로 만든 식기와 수도관을 사용한 결과 납중독이 발생하였고, 고대 중국에서는 수은을 약으로 이용하여 수은 중독이 발생하였다. 오염에 관한 과학적 연구도 오래 전부터 시작되었다.

오염은 개체 수준에서 생물을 직접 약화시키거나 죽이며, 개체군 및 생태계 수준에도 영향을 미친다. 경쟁자나 포식자 개체군이 오염의 피해를 받으면 그 상대 개체군은 증가하게 된다. 이 결과 군집이 변화되며 때로는 다양성이 감소된다.

오염이 개체, 개체군 및 생태계에 미치는 영향은 제 12장에서 자세히 설명하겠지만 여기서 언급하는 이유는 오늘날 오염이 서식지에 대한 중요한 환경요인으로 부각되기 때문이다. 정도의 차이는 있지만 현재 대부분의 서식지가 오염되어 있다. 이제 오염이 특정 생물이나 군집에 영향을 주는지의 여부에 대하여 의심할 시기는 지났으며, 문제는 우리가 그것을 어느 정도로 인식하고 있는가에 있다.

연·습·문·제

1. 일반적으로 동물보다 식물의 내성 범위가 넓은 이유를 설명하시오.

2. 순화와 적응은 어떻게 다른가? 생태적 지표종으로 적당한 생물은 특정 환경에 적응된 것인가, 순화된 것인가?

3. 여러 환경 요인 중 어떤 것이 제한요인인지 확인하는 방법을 구체적인 사례를 들어 설명하시오.

4. 인간의 기초 대사는 1,500 kcal/day, 섭취하는 음식 에너지는 2,400 kcal/day라고 각각 가정할 때, 하루 8시간 수면에 의하여 절약되는 에너지를 계산하시오. 이에 따라 같은 양의 식량으로 부양 가능한 인구는 몇 %나 추가될 것인가?

5. 영양분의 부족뿐 아니라 과잉도 인간의 수명을 단축시킨다. 비만에 따른 수명 단축을 근인과 원인으로 각각 설명하시오.

6. 생물의 개체가 산포함으로써 얻을 수 있는 진화적 이익을 경쟁 상대의 관점에서 설명하시오.

7. 생태계에서 변화하는 규칙적인 비생물 요인에는 계절에 따른 광량, 기온, 습도의 변화, 그리고 주기적인 산불 등이 있다. 이들 요인에 대하여 생물은 단지 적응하는 데 그치지 않고 생육하고 번성하는 데 이용하기도 한다. 각각의 예를 들어 설명하시오.

8. 1960년대 한국에서 흔하지 않던 봄철 건조기의 산불이 최근 들어 특히 동해안 일대에서 흔히 발생하는 원인은 무엇인가? 이 지역의 산불은 산불의 세 가지 유형 중 어디에 속하는가? 산불이 났던 지역은 어떻게 복원이 진행되고 있는가?

제3장

개체군의 특성

제3장 개체군의 특성

같은 종의 개체들이 집단을 이뤄 사는 개체군은 개체에서 찾아볼 수 없는 여러 가지 특성을 지닌다. 개체는 한번 태어나면 반드시 죽지만 개체군은 출생률과 사망률에 따라서 크기가 달라질 뿐 오랫동안 살아남는다. 개체군에 따라 지수생장 또는 로지스틱 생장을 하고, 환경조건에 따라 생장률이 달라진다. 식물개체군은 개체성이 뚜렷하지 않고 가소성이 커서 행렬모델이 더 적합한 점에서 동물 개체군과 다르다. 개체군은 환경수용능력의 범위 내에서 크기가 정해지나 먹이, 공간, 온도, 수분 등의 환경요인에 의해서 수용능력이 영향을 받기도 한다. 개체군은 공간분포를 통해 개체 간 및 환경의 영향을 반영하며, 사회성 동물개체군은 일정 구조의 사회를 형성하여 에너지의 낭비를 줄인다. 개체군에 따라 생식에 많은 투자를 하는 그룹과 오래 살고 경쟁력을 높이는 그룹으로 구분하기도 하고, 생식, 경쟁 및 스트레스 내성으로 구분하기도 한다.

1. 개체군의 속성

개체군(population)은 한 지역 내에서 사는 동일 종의 집단을 일컫는다. 개체군은 특정 서식지에서 구성 개체 사이에 교배를 통해 긴 세월 동안 공진화를 거친 단위이다.

개체군은 개체에는 없으나 집단에만 나타나는 여러 가지 특성을 갖는다. 밀도, 출생률, 연령분포, 번식능력, 분포 및 생장형 등이 개체군의 대표적 특성이며, 각 개체군 특유의 유전적 특성인 적응성, 생식 적합도 및 영속성이 포함된다.

1) 출생률과 사망률

개체는 출생이나 이입에 의하여 개체군에 들어오고 사망이나 이출에 의하여 개체군을 떠난다. 개체군에서 출생률과 사망률은 시간의 경과에 따라 새로 태어난 개체수와 죽은 개체수의 비율로 나타낸다. 예를 들어 어떤 개체군에서 1년에 120개체가 출생한다면 **출생률**

(birth rate)은 120개체/연 또는 10개체/월이고 **사망률**(death rate)도 같은 방법으로 나타낸다. 외부 환경 조건의 제약이 없는 이상적인 조건 하에서의 출생률과 사망률은 각각 **최대출생률**(maximum birth rate)과 **최소사망률**(minimum death rate)이라고 한다. 하지만 실제 자연계에서는 환경 요인의 영향으로 출생률이 감소하고 사망률이 증가하는데, 실제 출생률과 사망률을 각각 **생태적 출생률**(ecological birth rate)과 **생태적 사망률**(ecological death rate)이라고 한다.

자연에서는 이입과 이출을 알기가 쉽지 않으므로 이를 제외하면, 개체군의 크기는 출생률과 사망률의 차에 의하여 결정된다. 즉 출생률과 사망률이 같으면 개체군의 크기는 변하지 않으며, 출생률이 사망률보다 크면 개체군이 커지고 그 반대이면 작아진다.

2) 생명표와 수명

생명표(life table)는 개체군의 사망수와 생존수를 연령구간 별로 나타낸 표이다. 이 표는 본래 생명보험회사에서 고객의 나이와 생존율의 관계를 밝히기 위하여 만든 것이다. 표 3-1은 바다오리 개체군의 생명표인데, 일반적으로 연령의 단위는 연이지만 종에 따라 일, 월 또는 시간으로 표시할 수도 있다.

표 3-1에서 x는 연령구간을, l_x는 연령구간 시작시의 생존수를, d_x는 연령구간 내에 죽은 사망수를, q_x는 각 연령구간 시작시의 사망수를 생존수로 나눈 사망률을, e_x는 각 연령구간의 생존자가 앞으로 생존할 수 있는 기간, 즉 평균 기대수명을 나타낸다.

이 표에서 개체군은 출발시점 즉, 0세일 때 100개체인데, 이와 같이 동시에 출생한 개체의 모임을 **동시출생집단**(cohort)이라고 한다. 이 개체군은 1년 동안에 55개체가 사망하였으므로 사망률이 55% (55/100×100)이고, 기대수명은 1년이 조금 넘는다. 남은 45개체 중에서 다음 해에 30개체가 사망하였으므로 2년째의 사망률은 첫 해보다 높아 67% (30/45×100)이며 이들의 기대 수명은 0.94년이다.

표 3-1. 바다오리(*Uria iocosa*) 개체군의 생명표

연령 x	생존수 l_x	사망수 d_x	사망률 q_x	기대수명 e_x
0	100	55	0.55	1.15
1	45	30	0.67	0.94
2	15	10	0.67	0.83
3	5	5	1.00	0.50
4	0	–	–	–

2005 년 우리나라의 인구통계를 보면 남아의 출생시 기대수명은 75.1 년이고, 여아는 81.9 년이다. 75 세 남자의 기대수명은 0 세가 아니고 9.4 년이며 82 세 여자의 기대수명은 7.7 년이다.

0살일 때의 기대수명은 평균 자연수명으로서 이때의 동시출생집단은 긴 생애를 사는 동안 피식, 사고, 영양 부족, 전염병 등의 환경의 제한을 받아 수명이 짧아지는데 이러한 수명을 **생태수명**(ecological longevity)이라 하고, 이상적 조건에서 환경의 제한을 받지 않고 천수를 다한 후 죽는 수명을 **생리수명**(physiological longevity)이라고 한다.

(1) 생명표의 유형

생명표는 작성하는 방법에 따라 **동적 생명표**(dynamic life table)와 **정적 생명표**(static life table)의 두 기본형이 있다. 전자는 시간경과에 따라 동시출생집단의 사망연령을 직접 추적 조사하여 작성한 표이고, 후자는 한 시점에서 연령이 다른 여러 그룹의 연령구조를 이용하여 연령구간 별로 생존수(l_x)를 계산하고 나머지 항목을 그 생존자 수에서 추정하여 작성한 표이다.

간접적인 자료로 작성한 정적 생명표는 직접적인 자료에 의한 동적 생명표와 차이가 있으나 나무나 사람과 같이 수명이 긴 생물에 적용하면 편리하다. 동물과 달리 식물은 환경에 대한 **가소성**(plasticity)이 커서 연령과 발달단계가 잘 맞지 않으므로 연령구간 대신에 나무의 직경이나 높이 또는 엽면적을 적당한 구간으로 나누어 생명표를 작성하기도 한다.

한편 여러 해에 걸쳐 들판에서 사슴 사체의 치아에서 나이를 추정한 자료를 모아 사망수(d_x)를 추정한 **복합생명표**(composite table)가 이용되기도 한다. 동적 생명표와 정적 생명표는 환경이 안정된 곳이나 출생률과 사망률이 같은 개체군에서 거의 일치한다.

3) 생존곡선

생명표의 연령을 가로축으로, 생존수를 세로축으로 표시하여 나타낸 곡선이 **생존곡선**(survivorship curve)이다 (그림 3-1).

이 곡선은 어떤 동시출생집단의 일생 동안의 생존수와 사망수의 동향을 한 눈에 볼 수 있어서 개체군의 특성을 파악할 수 있을 뿐만 아니라, 개체군간 또는 종간의 비교가 가능하다. 생존곡선은 생물의 종류에 따라 Deevey (1947)가 제시한 세 유형, 즉 볼록형(Ⅰ), 사선형(Ⅱ) 그리고 오목형 곡선(Ⅲ)으로 구분한다. 생존곡선의 세로 축에는 생존수의 대수값(log)을 표시한다.

볼록형(Ⅰ)은 어린 시기에 생존율이 높고 일정 연령에 이르러 사망률이 높아지는 개체군

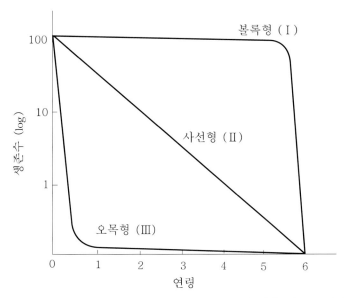

그림 3-1. 생존곡선의 유형. 가로축은 산술눈금이고 세로축은 대수눈금이다.

에서 볼 수 있다. 환경이 안정된 곳에서 사는 일년생 식물 개체군과 어린 시기에 부모의 보살핌을 받는 포유류 개체군에서 흔히 볼 수 있다. 사선형(Ⅱ)은 일생동안 사망률이 일정한 개체군, 즉 몇 단계의 변태기를 보내는 곤충개체군에서 볼 수 있다. 오목형(Ⅲ)은 어린 시기에 사망률이 높고 그 후에 낮아지는 개체군, 즉 다년생 목본식물이나 알을 낳는 어류 개체군에서 흔하다. 어린 시기에 사망률이 높은 이유는 목본식물의 씨나 열매가 동물에 먹히기 때문이고, 동물의 경우에는 어린 시기에 먹이를 구하는 능력이나, 포식자를 피하는 능력 및 병에 대한 저항성이 적기 때문이다.

조사하기가 어려워서 대상 개체군의 생존수가 일정기간 생략되는 경우가 있다. 일년생 식물은 유식물기부터 생존수를 조사하면 볼록형(Ⅰ)이 되지만 씨의 발아로부터 유식물기까지 자라는 동안 사망률이 높으므로 그림 3-2와 같이 복합적인 생존곡선이 된다.

동물과 식물의 생존곡선을 비교하면 동물은 몸집이 크고 오래 사는 종이 볼록형이고 몸집이 작고 빨리 생식하는 종이 오목형인데, 식물은 큰 목본식물이 오목형이고 크기가 작고 많은 종자를 생사하는 일년생 식물이 볼록형이다.

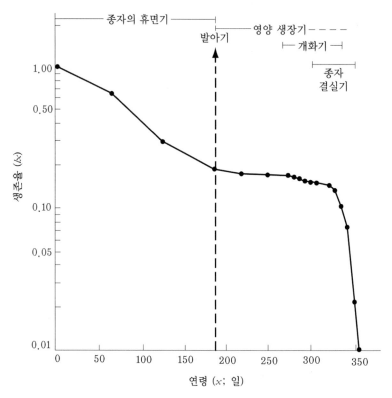

그림 3-2. 일년생 식물인 드럼불꽃 (*Phlox drummondii*)의 생존곡선.

2. 개체군의 생장

1) 개체군의 지수 생장

실험실의 최적 환경조건에서 미생물을 배양하면서 시간경과에 따라 개체수의 변화를 조사하면, 초기에는 완만하게 증가하고 후기에는 급격히 증가하는 J자형의 곡선을 보인다 (그림 3-3). 이와 같은 곡선의 생장을 **지수생장**(exponential growth)이라 한다.

개체군의 지수생장을 미분식으로 나타내면 다음과 같다.

$$\frac{dN}{dt} = rN$$

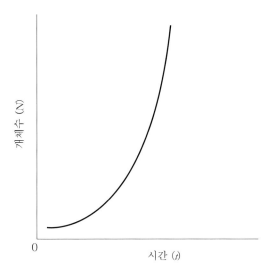

그림 3-3. 개체군의 지수생장 곡선. 지수적으로 생장하는 개체군의 생장률은 고유의
번식능력과 생식연령에 달한 개체수에 따라 결정된다.

앞의 식은 어떤 순간(dt)에 변하는 개체수(dN)를 나타낸다. 이 식에서 r은 단위 시간당
한 개체당 증가하는 개체수를 뜻하며, 개체군의 출생률(b)에서 사망률(d)을 뺀 값과 같다.

$$r = b - d$$

r이 높은 개체군은 낮은 개체군보다 단위 시간당 개체수가 많이 증가한다. 예를 들면,
100개체로 구성되는 두 개체군이 있을 때 하나는 r이 0.5이고 다른 하나는 0.1이면, 0.5인
개체군의 dN/dt는 100×0.5=50이고, 0.1인 개체군의 dN/dt는 100×0.1=10이다. 여기에
서 r은 개체군 생장의 순간계수(instantaneous coefficient)라고 한다. 개체군이 공간, 먹이,
그 밖의 제한이 없는 이상적인 환경에 있을 때 개체군 생장의 순간계수(r)는 일정하고 또
최대로 된다.

일정 시간 후의 개체군의 크기를 계산하기 위해서 식을 다음과 같이 적분식으로 바꾼다.

$$N_t = N_o e^{rt}$$

여기에서 N_t는 t시간 후의 개체수, N_o는 초기의 개체수, e는 자연대수의 밑, r은 개체
군 생장의 순간계수이다. 그리고 식의 양변에 자연대수를 취하면 다음과 같이 지수생장식
으로 된다.

$$lnN_t = lnN_o + rt$$

10개체로 구성된 개구리밥 개체군이 $r = 0.2$로 4일간 지수생장을 하면 다음과 같이 22개체나 23개체로 증가된다.

$$N_4 = 10 \times e^{(0.2 \times 4)} = 10 \times 2.22 = 22.2$$

2) 번식능력

앞에서 언급한 바와 같이 이상적인 환경 조건에서 개체군 생장의 순간계수 r은 최대이다. 이러한 이상조건 하의 최대의 r을 **내적 자연증가율**(intrinsic rate of natural increase), r_{max} 또는 흔히 **번식능력**(biotic potential)이라고 한다. 번식능력 r_{max}와 실제 자연조건하의 증가율의 차는 **환경저항**(environmental resistance)의 척도로 알려져 있다. r_{max}는 개체군의 밀도가 낮고 안정된 연령분포를 갖는 개체군에서 나타나므로, 번식능력 r_{max}는 실제값이라기보다 잠재값이다.

개체군의 번식능력에 영향을 미치는 생활사의 주요 요인들은 다음과 같다. ① 번식기의 자손의 수(예: 한 배에서 태어난 자손의 수), ② 생식연령까지 및 생식기간 중의 생존 여부, ③ 생식 개시 연령, ④ 생식이 가능한 기간의 길이(예: 연어는 일생 한번만 생식하지만 대부분의 생물은 여러 해에 걸쳐 매년 생식). 두 종 중에서 한 종은 한 배에 많은 수의 자손을 낳고 생존율이 높으며 일찍 생식을 시작하여 여러 번 생식하는데 비하여, 다른 종은 한 배에 적은 수의 자손을 낳고 생존율이 낮으며 늦게 생식을 시작하여 일생동안 한번 생식한다면 전자의 r값은 후자보다 클 것이다.

위의 네 요인 중에서 어느 요인이 r값에 더 중요한가를 알기가 어렵지만, Cole (1954)은 한 연구에서 번식능력에 가장 크게 영향을 미치는 요인을 생식개시연령이고, 다른 세 요인은 번식능력에 비슷하게 영향을 미친다고 하였다(그림 3-4). 즉, 한 종은 첫 해 생식하고 다른 종은 세 번째 해에 생식하는 두 종의 예를 들어보면, 한 종은 첫 해에 생식하여 자손을 낳고 두 번째 해에 2대 손을 낳으며, 다른 종이 겨우 생식을 시작하는 세 번째 해에 더 많은 자손을 낳으므로 r값이 훨씬 커지게 된다는 것이다.

빨리 생식하고 많은 자손을 낳는 종이라도 환경조건이 나쁘면 출생률이 낮아지고 사망률이 증가하기 때문에 r값이 작아질 수 있다. 그러므로 개체군생태학의 입장에서 볼 때 종의 지리적 분포는 r값이 0인 선에서 경계가 그어진다. 즉 경계선 밖에서는 개체군의 크기

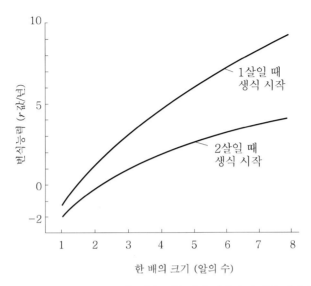

그림 3-4. 새의 번식능력에 영향을 미치는 한 배의 알의 수와 생식 개시 연령.

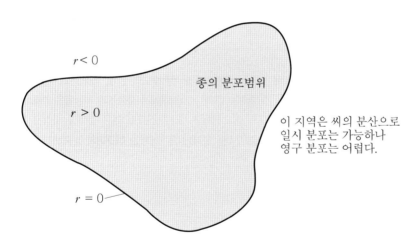

그림 3-5. 생물종의 지리적 분포. 경계선 안은 *r*값이 0 이상이다. 그러나 수명이 긴 식물은 기후가 변하여 더 이상 생식하지 못해도 그 자리에서 계속 살아 남는다.

가 작아지고, 그 안에서는 커지는 것이다(그림 3-5).

한편, 바구미의 내적 자연증가율은 온도와 습도의 두 환경요인의 변화에 따라 그림 3-6과 같이 크게 변동한다.

그러면 개체군의 내적 자연증가율, **순생식률**(net reproductive rate) 및 **세대길이**(generation time)의 관계를 알아보자. 앞서 나온 지수생장식을 r을 계산하는 식으로 재정리하면

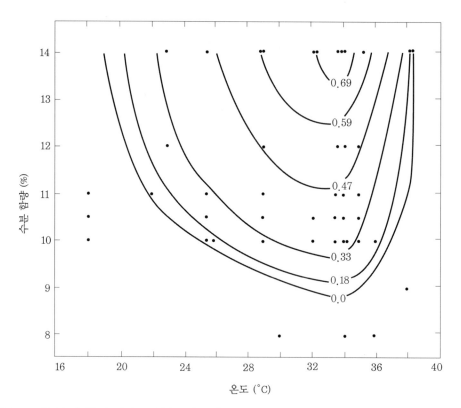

그림 3-6. 바구미 개체군의 내적 증가율(1주당 r값)과 온도 및 습도의 관계. 개체군의 연령구조가 안정하고 밀도가 높지 않으면 증가율은 일정하다. 그러나 자연계에서 출생률과 사망률은 계속 변하기 때문에 r값도 변한다. 이 그림은 지형도의 등고선처럼 r값을 선으로 이은 것이다. r값은 온도 34℃, 습도 14% 범위 내에서 최대이고, r값이 0을 벗어난 범위에서는 바구미가 분포하지 못한다.

다음과 같다.

$$r = \frac{ln\,(N_t/N_o)}{t}$$

어느 섬에서 안정한 연령분포를 가진 40마리의 꿩 개체군이 지수생장을 하여 2년 후에 426마리로 증가한다면 r값은 다음과 같이 계산된다.

$$r = \frac{ln\,(426/40)}{2} = 1.18$$

야외에서 지수생장하는 개체군에 관하여 좋은 자료를 얻기는 어렵지만, 사육하는 조건에서는 비교적 쉽게 구할 수 있다. Leslie와 Ranson (1940)은 많은 동물을 키우지 않고도 r값을 구하는 방법을 고안하였다. 이 방법에 따라 Brewer는 암꿩 10마리를 6년 동안 길러서 표 3-2의 결과를 얻었다. 표에서는 x는 꿩의 연령, l_x는 생존율, 그리고 m_x는 암꿩 1마리당 낳은 암꿩의 새끼수, 즉 출산율이다.

꿩을 기르기 시작하여, 반년 후에 9마리가 생존하였으므로 l_x는 9/10로 0.9이며, 암컷 새끼를 27마리 낳았으므로 m_x는 27/9로 3이다. 앞의 식에서 시간 t를 세대길이 T로 바꿔 보자.

$$r = \frac{ln\ (N_T/N_o)}{T}$$

세대길이 T는 한 개체가 출생 후 성숙하여 새끼를 낳을 때까지의 평균기간이다. 개체군의 정확한 세대길이를 계산해 보자. N_o는 10이고, N_T는 한 세대가 낳은 암꿩의 새끼수를 뜻하므로 N_T/N_0는 표에서 $l_x m_x$항을 더한 값인 15.70이다. 일반적으로 N_T/N_0 비를 R_o라 부른다. R_o는 순생식률로서 개체군이 한 세대 후 개체군의 증가비율 또는 암꿩 1마리가 일생 동안 낳는 암컷 새끼수를 나타낸다. 예를 들어 R_o가 2라면 한 세대에 두 개체의 자손을 낳는 것을 가리킨다. 위 식에 순생식률 (R_o)을 대입하면 다음과 같다.

$$r = \frac{ln\ R_o}{T}$$

표 3-2. 사육장에서 기른 꿩의 생명표에서 R_o를 계산한 예

연령 x	생존율 l_x	출산율 m_x	새끼수 $l_x m_x$	$l_x m_x x$
0.5	0.9	3.0	2.70	1.35
1.5	0.6	6.0	3.60	5.45
2.5	0.3	6.0	3.60	9.00
3.5	0.5	6.0	3.00	10.50
4.5	0.4	5.0	2.00	9.00
5.5	0.2	4.0	0.80	4.40
6.5	0.1	0.0	0.00	0.00
총 계			$R_o = 15.70$	39.65

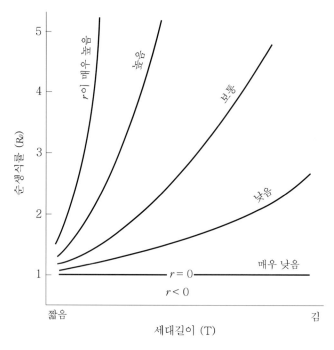

그림 3-7. 개체군의 내적 자연증가율(r), 순생식률(R_0) 및 세대길이(T)의 관계.

그리고 세대길이 T를 계산하는 식은 다음과 같다.

$$T = \frac{\sum l_x m_x x}{\sum l_x m_x}$$

표 3-2의 예시를 식에 대입하면 T는 (39.65/15.70)=2.52이고, r은 ln 15.7/2.52=1.09 가 된다. 여기에서 r은 세대길이에 반비례하고 순생식률에 비례하므로 세대길이가 길어지 면 r은 작아지고, 순생식률이 증가하면 r이 커질 것이다(그림 3-7). 그런데 중복세대의 개 체군에서 세대길이를 계산하기는 어려우므로, r값은 N_o와 N_t의 식에서 계산하는 것이 일 반적이다.

몇몇 생물 개체군의 내적 자연증가율 r을 표 3-3에서 제시하였다. 각 동물의 자료에는 많은 종이 포함되어 있으므로 예외가 있다. 예를 들어 곤충개체군 중 17년생 매미는 r이 0.4로서 다른 곤충보다 훨씬 낮다.

표 3-3. 여러 개체군의 내적 자연증가율

생물의 종류	내적 자연증가율 (r 값/년)
대형 포유류	0.02 ~ 0.5
조류	0.05 ~ 1.5
소형 포유류	0.3 ~ 8
대형 무척추동물	10 ~ 30
곤충	4 ~ 50
소형 무척추동물 (큰 원생생물 포함)	30 ~ 800
원생생물과 단세포 조류	600 ~ 2,000
박테리아	3,000 ~ 20,000

3) 개체군의 로지스틱 생장

미생물 개체군은 시간에 따라 크게 증가하여 지수생장을 하지만 우리가 주변에서 흔히 보는 생물의 개체군 생장은 변화가 그렇게 크지 않다. 인구증가는 미생물처럼 지수생장을 하고 있지만 그것은 일시적인 현상으로 해석되고 있다.

대부분의 생물개체군에서 시간 경과에 따른 개체수의 변화를 살펴보면 초기에는 지수적으로 증가하지만 시간이 지나면 일정 개체수를 유지하게 되는데 이러한 생장을 **로지스틱 생장**(logistic growth)이라 한다. 이를 그림으로 그리면 S자형이 되는데 이 곡선을 **시그모이드 생장곡선**(sigmoid growth curve)이라 한다(그림 3-8).

시그모이드 생장곡선에서 개체수는 초기에 지수적으로 증가하지만 시간이 지나면 일정 개체수를 유지하는 **환경수용능력**(carrying capacity, 보통 K로 표시)에 달하게 된다. 환경수용능력은 환경이 수용할 수 있는 개체군의 최대 크기이다. 단위시간당 개체수의 증가를 나타내는 증가율은 시간에 따라 증가하여 개체수가 환경수용능력의 약 1/2 정도일 때에 최대가 되었다가 이후 차츰 감소하여 결국 0에 가까워진다. 이때 출생수와 사망수는 같아진다.

개체군 증가율은 번식능력과 개체군의 크기에 의해서 결정되는데 밀도가 높아지면 환경저항을 받아서 개체의 생식능력이 낮아지거나, 사망률이 높아지거나, 또는 이주가 일어난다. 환경저항은 개체군의 크기가 환경수용능력에 가까워짐에 따라 커진다. 이러한 방식의 생장에 가장 적합한 대수방정식은 로지스틱 방정식(logistic equation)인데 Pearl과 Reed (1920)에 의해 생태학에 처음으로 도입되었다.

모든 생물 개체군의 생장곡선이 S자형 곡선은 아니고, 여러 가지 변형이 나타난다. 어떤 개체군은 환경수용능력의 범위를 넘었다가 짧은 시간 안에 수용능력의 수준으로 다시 낮아

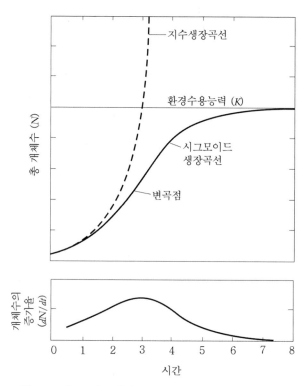

그림 3-8. 시그모이드 생장곡선.

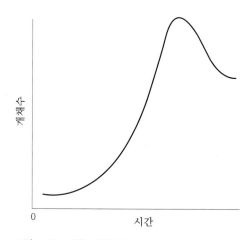

그림 3-9. J자형 생장곡선.

지는 J자형의 생장곡선을 나타낸다(그림 3-9).

생장곡선이 환경수용능력을 일시적으로 넘는 이유는 개체군이 어떤 크기에 도달하는 시간과 과밀에 따른 환경저항에 부딪치는 시간 사이에 차가 있기 때문이다. 만약 포식 때문에 환경저항이 나타난다면 포식자가 생식하거나 이주해 오는 사이에 개체군은 빨리 생장할 것이다.

그리고 어느 연못에서 이분법으로 생식하는 플랑크톤의 수용능력이 500만이라면, 그 개체군은 개체수가 400만이 될 때까지 빠른 속도로 증가할 것이며 그 때까지 빛이 제한 요인으로 작용하지 않으면 이들이 한 번 더 분열하여 800만으로 증가되어 환경수용능력을 넘게 될 것이다. 어떤 환경에서는 총 개체수가 수용능력 이하로 떨어지는 경우도 있다.

(1) 로지스틱 생장식

시그모이드 생장을 하는 개체군의 생장률은 다음의 로지스틱 생장식으로 나타낸다.

$$dN/dt = rN\left(\frac{K-N}{K}\right)$$

위 미분식에서 $(K-N)/K$ 항을 빼면 지수생장식과 같아진다. $(K-N)/K$는 환경저항, 즉 과밀의 영향으로 감소되는 개체수를 뜻하므로 개체수 N이 작으면 $(K-N)/K$은 1에 가까워져서 개체수의 증가율이 최대가 된다. 그러나 N이 커져서 K에 가까워지면 $(K-N)/K$은 0에 가까워져서 개체수가 거의 증가하지 않는다. 예를 들면, r이 1.0이고 K가 100인 개체군은 $(K-N)/K$가 N이 1에서 0.99, 50에서 25.00이지만 N이 99에서 0.99로 작아진다(표 3-4). 초기에 개체수가 적어서 환경저항이 적은 기간에는 개체수의 증가율이 커지지만 개체수가 많아져서 과밀하게 되면 부의 영향도 커져서 개체수의 증가율이 작아진다.

위의 로지스틱 생장식을 다음과 같이 적분식으로 바꾸면 어느 시점의 개체군 크기를 계산할 수 있다.

표 3-4. 개체군의 크기에 따른 환경저항치와 개체군의 생장률

r	개체군의 크기 (N)	환경저항치 $(K-N)/K$	개체군의 생장률 (dN/dt)
1.0	1	99/100	0.99
1.0	50	50/100	25.00
1.0	75	25/100	18.75
1.0	95	5/100	4.75
1.0	99	1/100	0.99
1.0	100	0/100	0.00

$$N_t = \frac{K}{1 + e^{a-rt}}$$

위 식에서 a는 초기 개체군이 환경수용능력 K에 가까운 정도를 나타내는 지수이다.

(2) 개체군 생장에 미치는 시차의 효과

앞 절의 미분식은 과밀의 영향이 개체군의 크기에 즉시 반영되는 것을 가정하고 있다. 이 식에 시간을 대입하면 $dN/dt = rN_t\,[(K-N_t)/K]$로 된다. 이 식에서 t는 현재 시각이 므로 개체군의 생장률은 현재 시각의 개체군의 크기에 달려 있다. 그런데 실제로 개체군의 크기는 어떤 요인에 의하여 즉각 변화하지 않는다. 왜냐하면 갓 태어난 개체는 자라서 생 식할 때까지 어느 정도 시간이 필요하기 때문이다.

미분식의 환경저항,$(K-N)/K$항에도 역시 **시차**(time lag)가 영향을 미친다. 예를 들면, 포식자가 높은 밀도의 곤충 개체군을 발견하여 먹은 후 포식자 개체수가 증가하기까지는 긴 시간이 걸린다. 과밀한 사슴 개체군이 과방목으로 먹이가 부족하더라도 식생이 완전히 사라지기 전까지 몇 주, 혹은 몇 개월은 살 수 있을 것이다. 한편 어떤 식물은 초식동물에 먹히는 동안 그들에게 해로운 화합물을 방출함으로써 다음 세대의 초식동물의 생식을 감소 시키게 된다.

로지스틱 미분식에 시차를 처음 도입한 Hutchinson (1948)은 시차 때문에 안정한 환경에 서도 개체군의 크기 변동이 일어난다고 하였다. 시차 효과의 크기와 특성은 시차의 길이에 따라, 그리고 개체군의 r에 따라 다르다. 시차가 짧으면 개체군의 크기는 K의 주위를 상 하로 변동하다가 안정되어 K에 접근하지만, 시차가 길면 K를 중심으로 크게 변동하여 안 정되지 않는다.

(3) 로지스틱 생장 모델

생태학에서는 계의 구성원과 그들 사이에 일어나는 상호관계와 상호 의존, 그리고 그 계 의 미래에 일어나는 현상을 예측하기 위하여 모델을 흔히 이용한다. 그러나 로지스틱 생장 식이 개체군의 생장을 잘 나타내긴 하지만, 식이 너무 단순하여 때로는 자연 현상을 설명 하는데 한계가 있는데, 그 이유는 다음과 같다. ① 밀도와 환경저항의 관계를 밀도가 낮을 때는 환경저항도 낮고, 반대로 밀도가 높아지면 환경저항도 커지는 직선의 관계로 가정하 였는데 경우에 따라 그렇지 않을 수도 있다. 실제로 어떤 종에서는 지나치게 낮은 밀도가 부적합한 환경으로 작용하기도 하기 때문이다(Allee의 효과). ② 또한 단순한 로지스틱식은 시차가 고려되지 않아서 개체군의 크기가 즉각 변하는 것으로 계산되지만, 자연계에서 포식자는 밀도가 높은 피식자에 대해 일정 기간의 시차를 가지고 이입 또는 증식을 하여 변화한다. ③ 뿐만 아니라 이 식에서 동일 개체군 내 모든 개체의 생식능력이 같다고 가정하는데, 이는 세균에는 맞지만 암수, 노소의 차가 큰 포유류에서는 맞지 않는다.

이러한 모순에도 불구하고 로지스틱 모델을 많이 이용하는 이유는 수학적으로 쉬울 뿐만 아니라 여러 가지 목적에 잘 부합하기 때문이다. 특히 중요한 이유는 여러 개체군의 생장률이 밀도에 의해 어떻게 달라지는지를 잘 표현하기 때문이다. 이러한 문제점을 극복하기 위해서는 시차 및 이입과 이출을 포함한 복합 모델을 만들어야 한다.

자연을 이해하기 위해서 수학적 모델이 그림이나 글로 표현하는 것보다 반드시 좋다고는 할 수 없지만 예측과 검증을 하기 위해서는 유용하다. 모델을 만들 때 명심해야 할 것은 앞에서 설명한 것처럼 개체군이 단순한 방정식으로 설명할 수 있는 집단이 아니라는 점이다. 예를 들어 산양 개체군은 연령과 성이 다르며 동시에 유전자와 경험이 다른 개체로 구성되며, 적을 피하면서 번식을 하는 집단이라는 것이다. 그러므로 과학에서 이용하는 모델은 자연을 좀 더 잘 파악할 수 있도록 도와주는 안내자로 이해해야 한다. 모델과 실제 자연을 혼동하는 것은 Watts가 말한 것처럼 음식을 주문하는 대신 메뉴를 먹는 것과 같다.

4) 행렬 모델

로지스틱 모델을 식물개체군의 생장에 적용하려면 맞지 않는 경우가 있다. 그 이유는 관속식물의 환경수용능력이 개체수뿐만 아니라 생물량과 관계가 있고, 식물의 생식이 대부분 1년 중의 특정 기간 내에 이루어지며, 종자수, 생물량 및 생식의 개시 시기가 환경조건에 따라 크게 다르기 때문이다. 식물의 환경에 대한 가소성은 주어진 환경 내에서 적은 수의 큰 개체를 수용하거나 많은 수의 작은 개체를 수용하게 한다. Leslie (1945)가 개발한 **행렬 모델**(matrix model)은 이와 같은 식물의 특성을 잘 반영하기 때문에 식물의 발달 단계를 이용한 개체군 생장 모델로서 많이 이용되고 있다.

행렬모델은 2개의 행렬로 구성된다. 하나는 **열행렬**(column matrix)이고, 다른 하나는 **전이행렬**(transition matrix)이다. 아래의 열행렬은 식물의 세 가지 발달 단계를 나타내는데, N_s는 종자의 수, N_r은 로제트 수, 그리고 N_f는 꽃 핀 개체수를 나타낸다.

$$\begin{bmatrix} N_s \\ N_r \\ N_f \end{bmatrix}$$

전이행렬은 한 단계의 개체수가 일정 시간 후에 다른 단계로 전이되거나 또는 같은 단계로 남는 개체수의 확률로 구성되는데 세 단계의 행렬은 다음과 같이 표시된다.

이번 조사

$$\text{다음 조사} \quad \begin{array}{c} \\ \text{종자} \\ \text{로제트} \\ \text{개화} \end{array} \begin{bmatrix} \overset{\text{종자}}{a_{ss}} & \overset{\text{로제트}}{a_{rs}} & \overset{\text{개화}}{a_{fs}} \\ a_{sr} & a_{rr} & a_{fr} \\ a_{sf} & a_{rf} & a_{ff} \end{bmatrix}$$

여기에서 a_{sr}은 이번 조사 시의 종자가 다음 조사 시에 로제트 단계로 전이되는 확률이고, a_{rf}는 이번 조사 시에 로제트 단계에 있던 식물이 다음 조사 시에 개화하는 확률을 나타낸다. 이 자료는 현재의 로제트가 일정 시간 후에 꽃이 피는지 또는 로제트로 남아 있는지를 밝힘으로써 얻어진다. 만약 이번 조사에 포함되었던 로제트가 다음 조사 시에 40%만 살아있고 나머지가 죽었다면, 그리고 남은 개체 중 75%가 개화하고 25%가 로제트로 머물러 있다면, 로제트 중에서 개화할 확률(a_{rf})은 0.4×0.75=0.3이고, 로제트로 남은 확률(a_{rr})은 0.4×0.25=0.1이다.

전이행렬 중에서 어떤 항은 이론적으로는 존재하지만 실제적으로는 없는 경우가 있다. 예를 들면, 대부분의 다년생 식물은 발아한 후 몇 해 동안 로제트로 머물러 있지만, 일년생 식물은 로제트로 월동하면 죽으므로 행렬에서 로제트열은 있을 수 없다. 따라서 가상의 일년생 식물개체군을 매년 생육기 말에 조사하였을 때의 전이행렬에서 로제트열은 다음과 같이 모두 0으로 표기된다.

제 1년의 생육기 말

$$\text{다음 2년의 생육기 말} \quad \begin{array}{c} \\ \text{종자} \\ \text{로제트} \\ \text{개화} \end{array} \begin{bmatrix} \overset{\text{종자}}{a_{ss}} & \overset{\text{로제트}}{0} & \overset{\text{개화}}{a_{fs}} \\ a_{sr} & 0 & a_{fr} \\ a_{sf} & 0 & a_{ff} \end{bmatrix}$$

한편, 다년생 식물개체군에서는 1년 동안에 종자로부터 개화단계까지 자라거나, 로제트에 종자가 맺지 않으므로 전이행렬의 a_{rs}와 a_{sf}항이 다음과 같이 0으로 표기된다.

$$\begin{array}{c} \text{제 1년} \\ \text{제 2년} \quad \begin{bmatrix} a_{ss} & 0 & a_{fs} \\ a_{sr} & a_{rr} & a_{fr} \\ 0 & a_{rf} & a_{ff} \end{bmatrix} \end{array}$$

전이확률 중에서 a_{ss}와 a_{ff}는 개체의 발달단계가 바뀌지 않고 그대로 머물러 있음을 나타내고, a_{rr}은 발달단계가 그대로 머물러 있거나 유성생식이 없이 영양생식에 의하여 생산된 라메트(ramet)가 로제트로 새로 편입될 확률을 나타낸다.

열행렬과 전이행렬을 곱한 결과는 다음 세대에 기대되는 각 단계의 개체수가 되는데 그 계산순서는 다음과 같다.

$$\begin{array}{ccccc} A & \times & B_1 & = & B_2 \end{array}$$
$$\begin{bmatrix} a_{ss} & 0 & a_{fs} \\ a_{sr} & a_{rr} & a_{fr} \\ 0 & a_{rf} & a_{ff} \end{bmatrix} \times \begin{bmatrix} N_s \\ N_r \\ N_f \end{bmatrix} = \begin{bmatrix} (N_s\, a_{ss}) + & 0 & + (N_f\, a_{fs}) \\ (N_s\, a_{sr}) + (N_r\, a_{rr}) & + (N_f\, a_{fr}) \\ 0 & + (N_r\, a_{rf}) & + (N_f\, a_{ff}) \end{bmatrix}$$

여기에서 B_2의 각 행은 다음 세대의 N_s, N_r 및 N_f의 새 열행렬이 된다. 그리고 B_2에 다시 A를 곱함으로써 제 3세대의 열행렬을 얻을 수 있다. 이와 같이 전이행렬과 열행렬을 계속 곱하면 미래의 개체군의 크기를 예측할 수 있다. 몇 세대 후(전이행렬에 사용한 확률이 변하지 않고, 또 $r > 0$이라면) 각 발달 단계의 상대 개체수는 일정하게 되고 연령구조도 안정하게 될 것이다.

행렬모델은 개체의 발달 단계가 한 단계에서 다음 단계로 뚜렷하게 변하는 개체군이나 두 종류의 다른 생육지 또는 변화하는 환경에서 서식하는 개체군에서 전이확률이 달라지는 개체군에 적용할 때 매우 효과가 크다.

Werner와 Caswell (1977)은 수명이 짧고 꽃핀 후 곧 죽는 다년생 초본인 산토끼꽃 (*Dipsacus sylvestris*) 개체군에 행렬모델을 적용하였다. 이 식물은 발아한 후 로제트가 되며 꽃피기 전까지 약 5년간 생존한다. 들판의 개방지에 사는 개체군과 관목림 밑의 그늘진 곳에서 사는 개체군에서 전이행렬의 확률을 각각 계산하여 비교하였다(표 3-5).

개체군의 내적 자연증가율은 개방지에서 0.957이고, 그늘진 곳에서 -0.465이었다. 이를 해석하면 개방지의 개체군은 기하급수적으로 증가하였고($r > 0$), 그늘진 곳의 개체군은 전이확률이 바뀌지 않는다고 가정하면 모두 사라질 것으로 예상되었다($r < 0$). 개방지의 개체군도 자원 부족에 따른 환경수용능력이나 환경의 변화 때문에 무한히 증가하지는

표 3-5. 개방지와 그늘진 관목림에서 생육하는 산토끼꽃의 전이 행렬

	개방지						
	종자	1년된 종자	2년된 종자	작은 로제트	중간 로제트	큰 로제트	꽃핀 개체
종자	-	-	-	-	-	-	635
1년된 종자	.634	-	-	-	-	-	-
2년된 종자	-	.974	-	-	-	-	-
작은 로제트	.013	.017	.011	.000	-	-	-
중간 로제트	.109	.004	.002	.077	.212	-	-
큰 로제트	.006	.003	.000	.038	.281	.000	-
꽃핀 개체	-	-	-	.000	.063	1.000	-
	관목림 밑 그늘진 곳						
	종자	1년된 종자	2년된 종자	작은 로제트	중간 로제트	큰 로제트	꽃핀 개체
종자	-	-	-	-	-	-	476
1년된 종자	.423	-	-	-	-	-	-
2년된 종자	-	.987	-	-	-	-	-
작은 로제트	.024	.009	.006	.007	-	-	-
중간 로제트	.044	.000	.000	.050	.158	-	-
큰 로제트	.001	.001	.000	.002	.006	.000	-
꽃핀 개체	-	-	-	.000	.000	.250	-

못한다. 이 연구 결과로 산토끼꽃 개체군은 관목이 침입한 지 오래 되어 그늘진 생육지에서 살 수 없는 천이 초기종이라는 사실을 알게 되었다.

3. 개체군의 밀도와 조절

매년 같은 달에 개체군 밀도를 조사하면 대부분의 종은 전년도와 꼭 같지 않지만 비슷한 밀도를 갖는다. 개체군은 매년 반드시 지수적으로 증가하지 않으며, 또 갑자기 감소하여 전 멸하지도 않으므로 대체로 비슷한 밀도를 유지한다. 미국의 어떤 너도밤나무-설탕단풍 숲 에 사는 새, 붉은눈개고마리(*Vireo olivaceus*)는 18년 동안 18마리 이하로 감소하거나 36마리 이상으로 증가하지 않았다(Williams, 1950). 이러한 사실로 보아 이 개체군은 스스로 밀도 를 조절하고 있음을 알 수 있다. 동물개체군이 밀도를 조절하는 방법은 과밀을 인식하여 그것을 피하는 것이다. 예를 들면, 새는 노래와 같은 신호로 다른 새들에게 자신의 **세력권**

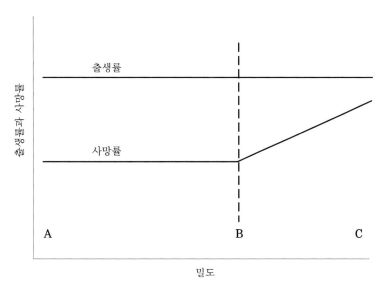

그림 3-10. 밀도에 따른 출생률과 사망률의 관계. 개체군의 생장률은 주어진 밀도에서 두 선 사이의 거리와 같다.

(territory)을 알림으로써 지나치게 밀도가 높아지는 것을 피한다.

Smith (1935)는 개체군의 조절이 **밀도의존요인**(density-dependent factor)에 의해 이루어진다고 주장하였다. 그림 3-10은 출생률이 사망률보다 크기 때문에 밀도가 증가하는 개체군을 표시하는데, 밀도 A로부터 B까지는 개체군의 생장률이 같지만, B로부터 C까지는 사망률이 증가하므로 개체군의 생장률이 사망률에 반비례하여 작아진다.

출생률과 사망률이 같으면 개체군의 생장은 정지한다. 즉 출생률(b)＋이입률(i)이 사망률(d)＋이출률(e)과 같으면 개체군의 크기는 일정해진다. 그림 3-11과 같이 출생률, 사망률, 이입률 및 이출률 중의 하나 또는 둘이 밀도에 따라 변함으로써 조절된다. 그림 3-11에서 두 선이 만나는 점의 밀도는 평형에 이른 개체군의 크기이거나 환경수용능력을 가르킨다.

밀도의존요인은 개체군이 너무 커지면 작아지게 하고, 너무 작아지면 커지도록 변화시킨다. 마치 에어컨의 온도조절 시스템에서 실온이 일정 온도 이상 올라가면 에어컨을 가동시켜서 온도를 낮추고, 내려가면 에어컨을 꺼서 실온을 조절하는 것이다. 이러한 유형의 조절 방법을 부의 되먹임 (negative feedback) 조절이라고 한다.

밀도의존요인은 개체군의 밀도가 커지면 사망률을 높이거나 출생률을 낮추거나 이출률을 높이도록 작용하고, 밀도가 작아지면 반대로 출생률을 높이거나 사망률을 낮추거나 이출률을 낮추도록 작용하여 개체군의 크기를 조절한다.

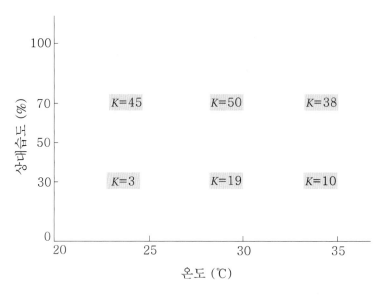

그림 3-12. 다른 온도-습도의 조건에서 이루는 카스타늄밀바구미의 평형 밀도. 8 g의 밀가루 속
에서 사육하였으며 밀도는 성체, 번데기 및 유생을 포함하여 g당 개체수로 표시했다.

1) 환경수용능력

환경요인은 출생률이나 사망률에 영향을 미치고 그 결과로서 환경수용능력을 변화시킨다. 척박한 생육지는 밀도의존에 의한 사망이 없더라도 혹독한 환경 때문에 생기는 사망이 많기 때문에 온화한 곳보다 환경의 수용능력이 작다.

이러한 사실에서 토양과 기후와 같은 요인은 밀도와 관계없이 환경수용능력에 영향을 미침을 알 수 있다. 이와 반대로 출생률을 증가시키는 요인은 환경수용능력(K)을 높이게 된다. 환경이 알맞으면 한 배의 새끼수가 많거나 교배기가 길어져서 그림 3-11A의 출생률의 선을 높여 K를 높게 할 것이다.

환경수용능력은 기후, 영양소, 적절한 공간 중에서 한 요인 또는 몇 요인에 의하여 결정된다. 기후요인의 예를 들면, 카스타늄밀바구미(*Tribolium castaneum*)는 다른 온도-습도의 조건에서 다른 K값을 갖는다(그림 3-12).

이 밖에 연못의 조류생장에 미치는 인산염과 같이 먹이 등의 영양소도 같은 결과를 가져온다. 또한 동물의 보금자리, 피난처 및 식물에 적합한 토성(soil texture)과 같은 공간도 환경수용능력에 영향을 미친다. 만약 새집을 많이 달아 주었을 때 새의 수가 증가하면 그동안 새집의 부족이 개체군 크기의 제한요인이었다고 생각할 수 있지만, 새집을 늘려도 새의 수에 변화가 없다면 다른 요인이 제한요인이었을 것이다.

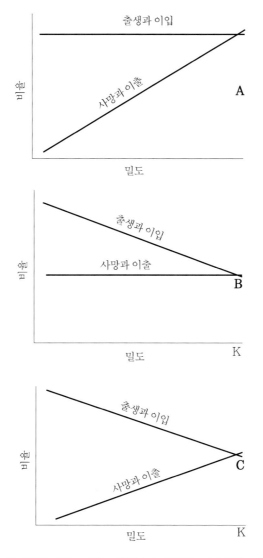

그림 3-11. 환경수용능력은 사망률+이출률(A), 출생률+이입률(B) 또는 사망률+이출률 및 출생률+이입률(C)과 같은 밀도의존요인에 의하여 조절된다.

개체군의 크기를 제한하는 다른 요인으로는 경쟁, 포식, 기생 및 질병이 있다. 예를 들면, 카스타늄밀바구미는 원생동물에 흔히 감염되는데, 감염정도에 따라서 수용능력은 밀가루 g당 10마리로부터 40마리까지 3배 이상의 큰 차를 보인다.

2) 개체군 조절에 영향을 미치는 요인

개체군의 크기의 조절에는 내적 요인과 외적 요인이 작용한다. **내적 요인**(intrinsic factor)은 밀도에 대한 개체군 자체의 반응인데, 여기에는 종내경쟁, 이입과 이출, 그리고 생식과 생존에 영향을 주는 생리적이고 행동적인 변화가 포함된다. **외적 요인**(extrinsic factor)은 다른 군집 구성원과의 상호작용, 즉 주로 포식, 기생, 질병 및 종간경쟁이 포함된다. 모든 외적 요인은 밀도 의존적으로 작용하여 항상 개체군의 크기를 조절한다. 밀도가 높은 개체군은 개체 간의 접촉빈도가 높아서 빨리 질병에 전염되고 포식자에게 포식되기 쉽다.

개체군의 밀도 조절에 미치는 외적 요인의 효과는 내적 요인에 비하여 불확실하다. 예를 들면, 포식자는 항상 피식자 가까이에서 생활하지 않으므로 피식자 개체군이 과밀상태에 이르렀을 때 포식자 역할이 불확실하다. 그러나 내적 요인은 개체군 내의 각 개체의 적합도(fitness)를 반영한 생물의 진화적 행동이다.

생태계의 교란은 외적 요인에 의해서 조절되는 개체군에게 큰 영향을 미친다. 북아메리카의 사슴개체군은 주로 외적요인인 포식자에 의해서 밀도가 제한되거나 조절되어 왔는데, 생태계의 교란이나 사람들이 포식자를 감소시킨 후 사슴개체군의 밀도가 일시적으로 크게 높아져서 굶어 죽는 개체가 많이 생긴 사례도 있다. 이러한 현상은 과밀에 대한 내적조절 요인이 진화되지 않은 상태에서 갑자기 닥쳐왔기 때문에 일어난 것이다 (Pimlott, 1967).

3) 종내경쟁

종내경쟁(intraspecific competition)은 같은 자원에 대하여 같은 종의 개체 사이에 벌어지는 경쟁을 말하는데, 자원을 선점해서 다른 개체가 이용할 자원을 빼앗는 **착취경쟁**(exploitation competition)과 다른 개체의 행동을 직, 간접으로 방해하는 **간섭경쟁**(interference competition)으로 나뉜다. 착취의 예를 들면, 어린 나무를 빽빽하게 심었을 때 처음에는 필요한 빛과 물의 요구가 적어 모두 자랄 수 있지만, 점차 개체 사이에 빛이나 물과 같은 자원을 서로 빼앗음으로써 밀도가 감소한다. 같은 연령의 식물개체군에서는 자원의 착취 때문에 **자기솎음질**(self-thinning)이 일어난다. 간섭의 예로는 동물 개체가 일정한 생물공간을 행동으로 지키는 세력권제(territoriality, 그림 3-13)와, 미생물이나 식물이 화학물질을 분비하여 다른 개체를 접근하지 못하게 하여 생활공간을 차지하는 **항생작용**(antibiosis)이나 **타감작용**(allelopathy)을 들 수 있다.

조류 중에서 수컷은 자기 세력권의 범위를 다른 새에게 노래로 알린다. 새의 세력권에는 짝을 짓는 범위, 둥지를 트는 범위, 가족의 먹이를 구하는 범위 등 여러 종류가 있다. 어떤

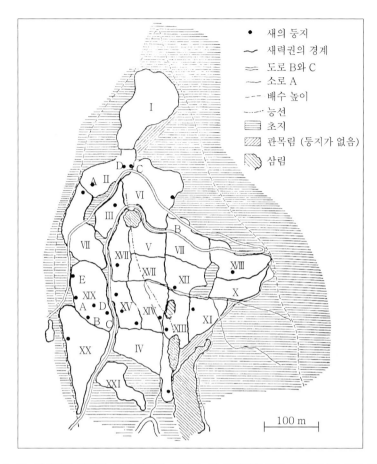

그림 3-13. 차파렐의 식생에 생긴 박새의 세력권. 이 세력권은 미국 캘리포니아 주의 한 계곡에서 4,000~8,000 m² 넓이이다.

지역에 밀도가 높아지면 개체 사이에 싸움이 벌어지는데, 그 결과 세력권을 형성하지 못한 새가 떠남으로써 며칠 후에 안정을 되찾는다. 쫓겨난 새는 적합하지 않더라도 경쟁이 없는 다른 장소로 이주한다 (Frestwell, 1972). 이런 장소조차도 찾지 못한 새는 세력권을 형성하지 못하여 새끼를 낳지 못한다. 세력권제는 개체 사이에 의사소통을 하거나 반응을 하는 사회적 행동이다.

어떤 생물은 배타적인 세력권을 형성하지 않거나 다른 개체의 침입을 허용하면서 자신의 먹이, 짝짓기, 새끼 기르기 등의 활동을 하기 위하여 집 주변을 지키는 **행동권**(home range)을 형성하기도 한다. 행동권이 중복되는 정도는 밀도에 따라 달라진다.

종내경쟁의 결과는 밀도가 높아짐에 따라 어떤 경우에는 **사회압**(social pressure)이 생겨서 개체의 행동이나 생리적 효과로 나타나기도 한다(Calhoun, 1963; Christian, 1963 a,b).

예를 들면, 병에 대한 저항성과 수컷의 정자 생산의 저하, 둥우리틀기 또는 새끼 기르기의 실패와 같은 생리적 효과와 과밀한 개체군이 교란된 다음 쪼는 순위(peck order)가 새로 정해지는 등 행동적 효과로 나타나기도 한다. 자연계에서는 사회압이 증가하여 집단 탈출 현상이 일어나고 그 결과로 밀도가 크게 낮아지기도 한다.

4) 상호보상작용

Errington (1967)은 개체군의 밀도에 영향을 미치는 요인 사이의 상호관계를 **상호보상작용**(intercompensation)이라고 하였다. 분포범위의 가장자리에서 기후가 갑자기 변하면 밀도가 감소하지만, 낮은 밀도로 인하여 경쟁이 감소하면 출생률이 증가함으로써 다시 원상으로 회복한다.

포식자가 주요한 제한요인으로 작용하는 곳에서 포식자를 인위적으로 제거하면 피식자가 일시적으로 증가하는 경우가 있지만 반드시 그렇지는 않다. 그 이유는 요인 사이에 상호보상작용이 일어나서 피식자가 굶어 죽든가 생식률이 낮아지기 때문이다.

사냥꾼이나 환경보호 당국은 상호보상작용에 대한 지식이 없이 호수나 자연보호구역에 꿩, 메추라기, 송어 등을 방사하여 수용능력을 증가시키려 하지만, 인위적으로 이주시킨 동물은 이미 그 자리에 살고 있던 다른 개체에 경쟁하여 먹이를 구해야 하고 피난처를 찾아야 하는데, 대체로 이입종인 이들은 포식자에게 먼저 잡아먹힌다.

5) Allee의 효과

개체군에는 과밀(overcrowding)과 마찬가지로 과소(undercrowding)도 역시 해롭게 작용한다. 개체군의 크기가 어느 정도 이상으로 유지되어야 비로소 개체 사이에 협동(cooperation)이 이루어져서 최적의 생장과 생존을 유지하게 된다. 이러한 개체군의 특성을 **Allee의 효과**(Allee effect)라고 한다.

만약 개체군의 생장이 로지스틱 식을 따른다면 개체당 생장률은 밀도가 낮을 때 최대이고 밀도가 높아짐에 따라 직선으로 감소할 것이다. 그런데 여기에 Allee의 효과가 적용되면 낮은 밀도에서도 생장률이 감소하게 된다(그림 3-14).

Allee의 효과는 사회생활을 하는 생물에서 주로 나타난다. 개체군이 최소 밀도보다 다소 높은 밀도에서 몸무게, 생식률 및 수명이 증가한다. 극히 낮은 밀도의 개체군에서 생식률이 흔히 낮아지는데, 그 이유는 암컷과 수컷의 성비가 맞지 않거나 밀도가 낮아 암수가 서로 상대를 찾지 못하기 때문이다.

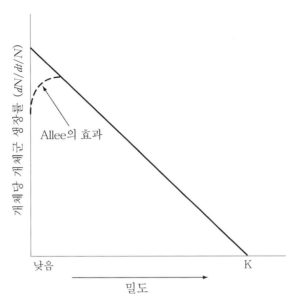

그림 3-14. Allee의 효과.

이러한 예는 북미의 초원에서 서식하다 멸종한 멧닭(*Tympanuchus cupido*) 개체군에서 찾아볼 수 있다. 멧닭은 1870년까지 미국 동부지방에서 흔히 볼 수 있었는데, 지나친 남획으로 수 십년간 50~200마리가 남아 있었다. 메사추세츠주 당국은 1908년부터 이들을 보호하기 시작하여 2,000마리까지 증가하였다. 그러나 1916년의 화재와, 혹독하게 추운 겨울 및 포식 때문에 150마리로 다시 감소하였고, 더구나 암수의 성비가 낮아져서 1932년 이후 멸종하였다.

6) 인구의 증가와 조절

출생률과 사망률은 인구변동을 설명하는 가장 단순한 척도이다. 출생률은 인구 1,000명당 출생한 사람수이므로, 만약 어느 나라에서 1년에 인구 10,000명당 250명의 아기가 태어났다면 연출생률은 25가 된다. 사망률도 같은 방법으로 계산된다.

인구 증가는 출생률이 사망률보다 클 때 생기는데, 출생률이 25이고 사망률이 15이면 인구 1,000명당 10명이 증가하는 것이다. 인구증가율은 보통 백분율로 표시하므로 1,000명당 10명의 증가는 인구 1%의 증가를 뜻한다.

인구가 안정한 상태일 때는 출생률과 사망률이 같아서 인구증가율이 0이 된다. 그러나 인구증가율이 1%, 5% 또는 0.5%와 같이 일정하다면 인구는 지수적으로 증가한다. 인구증가율은 개체군의 지수생장에서 알아 본 바와 같이 번식능력으로 예측한 것보다 더 느리거나 더 빠를 것이다. 인구가 안정한 연령분포를 갖지 않으면 인구증가는 예측한 증가율보다 더 빨리 증가하지만, 인구 증가율이 일정하게 지속되면 연령분포는 빨리 안정된다.

세계 인구가 지수생장을 하고 있다는 사실은 연증가율이 일정하다고 가정하고, 연증가율과 인구가 두 배로 되는데 걸리는 햇수의 관계를 계산해보면 알 수 있다. 표 3-6과 같이 세계 인구가 매년 1%씩 증가한다면 약 70년 만에 인구가 두 배로 될 것이다.

인류 역사상 인구는 높은 출생률이 높은 사망률로 상쇄되었기 때문에 일정했거나 느리게 증가했으며, 새로운 땅이 발견되었을 때 다소 증가하였다. 빙하기가 끝난 약 1만 년 전의 세계 인구는 약 500만 명으로 추정된다. 그런데 농업이 발달하면서 인구는 빠르게 증가하기 시작하여, 우리나라 삼국시대 이전에 세계 인구는 이미 1억이 되었고 조선 중엽의 효종 때인 1650년에 5억에 달하였다.

그 이후 산업화와 도시화 및 특히 북미, 남미 및 호주의 미개척지 개발에 의하여 인구증가는 가속화되어 1850년에 10억이 되었다. 20억이 되는 데는 80년이 걸려서 1930년에, 30억은 30년 걸려서 1960년에, 40억은 15년 걸려서 1975년에 그리고 50억은 10년이 못되어 1985년에 도달하였다. 2005년 전 세계 인구는 64억 5000만 명이며, 인구증가율은 1.14%로서 매년 9,025만 명씩 늘고 있다.

수렵사회는 인구조절이 지역적으로 잘 이루어졌다. 여성은 어린아이를 낳고 돌보는 3년간 수태하지 않았고, 임신중절, 노인 및 유아 살해, 추방이나 이주를 통하여 지역의 수용능력 이하로 인구를 유지하였기 때문이다.

그런데 농경사회에서 농업은 인구의 수용능력을 크게 증가시켰다. 농사를 짓는 마을에서 대가족이 유리해서 출산에 대한 규제가 없었기 때문에 결과적으로 인구증가는 한 단계 도약을 하게 된 것이다.

18세기와 19세기에 서유럽이 산업화됨에 따라 사회학자들이 **인구통계학적 전환기**

표 3-6. 인구의 연증가율에 따라 세계 인구가 두 배로 증가하는 데 걸리는 햇수

연증가율 (%)	인구가 두 배로 증가하는 햇수 (연)
0.5	139
1.0	69
1.5	46
2.0	35
2.5	28
3.0	23

(demographic transition)라 부르는 일련의 사건들이 일어났다. 즉 위생시설의 개선, 공중보건에 대한 관심 및 의료기술의 발전은 사망률을 현저히 낮추어 인구를 폭발적으로 증가시켰다. 1815년 영국의 인구는 약 1,000만 명이었는데 1890년에 약 2,900만 명으로 늘었고, 그 무렵에 미국과 다른 지역으로 1,100만 명이 이주하였다. 이 시대에 사망률이 낮아지면서 출생률도 서서히 낮아져 출생률과 사망률이 균형을 이루었으며, 직장 여성이 아이를 기르는 어려움 때문에 핵가족이 보편화되었다.

산업화에 따른 인구의 전환은 많은 나라에서 비슷한 양상으로 나타났다. 저개발국은 제2차 세계대전 직전까지 높은 출생률과 높은 사망률의 양상을 나타냈지만, 그 이후 위생관념이 바뀌고 의료기술과 약의 발달에 의해 사망률이 낮아지기 시작하였다. 그러나 현재까지도 개발국에 비하면 출생률이 높다. 선진국과 후진국의 인구 증가비율은 1850년부터 1920년까지 같았지만, 후진국이 세계 인구증가율의 약 85%를 차지하고 있으며 2025년에는 94%에 이를 전망이다.

4. 개체군의 구조

1) 공간분포

공간분포(space distribution)란 개체군을 구성하는 개체 사이의 상대적 위치를 가리킨다. 공간분포의 기본형에는 **임의분포**(random distribution), **집중분포**(clumped distribution) 및 **규칙분포**(uniform distribution)의 세 유형이 있다(그림 3-15).

50개의 의자가 있는 식당에 열 사람이 앉아 있고, 이들이 앉은 자리에 어떤 경향성이 없을 경우 임의분포라 한다. 열 사람이 모두 따로 와서 일정한 거리를 두고 앉을 경우 규칙분포라 한다. 만약 다섯 명씩 두 그룹이 왔다면 같은 그룹의 사람끼리 서로 가까이 앉기 때문에 집중분포를 할 것이다. 새 떼나 무리지어 핀 꽃들도 집중분포를 한다. 자연에 흔히 있는 분포형은 집중분포이며 임의분포나 규칙분포는 흔하지 않다.

개체군의 집중분포는 습도, 먹이, 그늘과 같은 환경요인이 집중분포하기 때문이거나 종자의 전파양식이나 무성생식에 의하여 나타난다. 또한 동물은 사회적 행동(social behaviour)에 의해 동일 종의 개체끼리 유대관계를 가지기 때문에 집중분포를 하는 경향이 있다.

규칙분포는 바둑판처럼 심은 과수원의 나무나 벌집의 꿀벌 유충 등의 분포에서 볼 수 있다. 규칙분포는 개체 사이의 경쟁의 결과로서도 나타난다. 예를 들면 새의 세력권제는 새를 규칙적으로 분포하게 하고, 숲의 나무들은 빛에 대한 경쟁의 결과로 규칙분포를 하기도 한다(표 3-7).

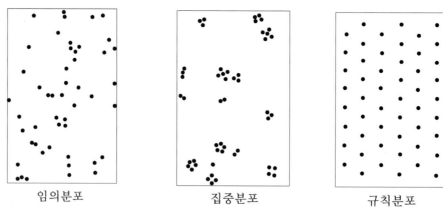

임의분포   집중분포   규칙분포

그림 3-15. 공간분포의 세 유형.

2) 사회제도

동물은 다람쥐나 벌새처럼 **고립생활**을 하는 종으로부터, 갈매기나 침팬지처럼 **집단생활**을 하는 종까지 다양하다. 집단생활을 하며 협동체제로 조직화된 같은 종의 집단에서는 사회제도가 발달하는데, 행동이나 소리 또는 화학물질을 통해서 개체끼리 의사소통을 한다. 반면 고립생활을 하는 동물은 세력권제나 어미와 새끼 사이의 의사전달과 같은 사회행동을 한다.

생태학적 관점에서 과밀(overpopulation)은 환경저항을 유도하므로 집단생활은 포식자에 대한 노출, 병의 빠른 전파, 사회적 스트레스, 먹이의 과잉 소비 및 서식지의 부적합한 변화와 같은 나쁜 효과가 있고, 포식자로부터의 보호, 쉬운 먹이 발견, 서식지의 적합한 변화와 같이 좋은 효과도 있다.

표 3-7. 클로오사소나무(*Pinus clausa*)림의 밀도와 공간분포.
이 소나무림은 차파렐 식생과 비슷한 관목림으로서 불에 의하여 유지된다. 불이 난 다음 같은 연령의 어린 나무가 밀생할 때는 임의분포를 하지만 점차 경쟁이 일어나서 밀도가 낮아지면 규칙분포를 한다.

산불 후 경과년수	밀도 (개체수/m²)	공간분포 유형
12	2.6	임의분포
20	0.5	임의분포
25	0.2	규칙분포
51	0.08	규칙분포
66	0.04	규칙분포

(1) 포식자로부터의 보호

함께 먹고 생활하며 무리를 지어 이동하는 동물은 여러 가지 방법으로 포식을 피하는 능력을 가지고 있다. 여러 마리의 새나 포유동물이 함께 먹이를 먹을 때는 적어도 그 중의 한 마리가 망을 보아 접근하는 포식자를 무리에게 알려서 위험을 피하게 한다. 한 마리의 새보다 집단생활을 하는 새가 포식자로부터 더 빨리 피한다는 실험 결과가 있다(Powell, 1974).

집단생활을 하는 새가 포식자에게 공격을 받았을 때 새의 무리는 먼저 포식자를 혼란에 빠트린다. 예를 들면 여우나 매가 나타나면 메추라기 떼가 둥지에서 동시에 날아오르므로 포식자를 놀라게 하여 한 마리도 잡히지 않을 가능성이 높다. 어떤 동물은 포식자에게 대항하는 물리적 방어(physical defence)를 한다. 개미와 흰개미는 집단을 지키는 병정이 포식자를 물거나 찌르며, 산이나 점액질을 뿌린다. 사향소의 집단이 이리 떼의 공격을 받으면 암컷들은 새끼를 거느리고 집단의 안쪽에서 원을 만들고, 수컷들은 그 밖을 에워싸 방어한다.

영국의 Kenwood(1978)는 집단행동이 포식자에 대한 방어력을 높인다는 것을 밝히기 위하여 훈련된 참매(*Accipiter gentillis*)를 이용하여 멧비둘기류(*Columba palumbus*)를 공격하게 하였는데, 멧비둘기류 집단의 크기가 클수록 참매의 공격을 적게 받았다(그림 3-16).

(2) 섭식효율의 증가

무리를 이루는 개체군은 고립생활을 하는 개체보다 먹이를 효율적으로 얻는다. 무리를 짓는 개체군은 여러 개체가 상호 감시하여 주변을 경계하는 시간이 짧아지므로 먹이 효율이 높아진다(그림 3-17).

딱따구리는 먹이를 먹을 때 주변에 포식자가 접근하는지 고개를 들어 살피는데 혼자 먹을 때는 1분에 약 18회 경계하는 반면에, 3마리 이상일 때는 약 7회만 경계하기 때문에 무리를 이루면 먹이를 먹을 수 있는 시간이 길어진다.

또한 혼자 상대하기 어려운 먹이감이라도 집단이 힘을 합쳐서 잡는 **몰이꾼 효과**(beater effect)도 섭식효율을 높이게 된다. 집단생활을 하는 사자, 이리 및 들개와 같은 육식성 포유류는 흔히 힘을 합쳐서 사냥한다. 하이에나가 영양 떼를 공격할 때 혼자하면 역으로 공격을 받을 수 있으므로 1~2마리가 어미를 공격하는 동안에 다른 1마리가 새끼를 사냥하는 방법을 사용한다. 사자가 무리를 이루면 독수리나 하이에나와 같은 **부육동물**(scavenger)로부터 먹이를 지킬 수 있지만, 반대로 부육동물이 무리를 지으면 사자의 먹이를 쉽게 훔칠 수도 있다.

한편, 집단생활을 하는 개체는 모방이나 학습과 같은 사회적 편익(social facilitation) 때

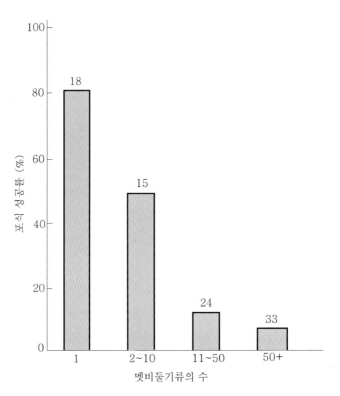

그림 3-16. 멧비둘기류 집단을 공격하는 참매의 포식 성공률. 막대 위의 숫자는 공격 횟수이다.

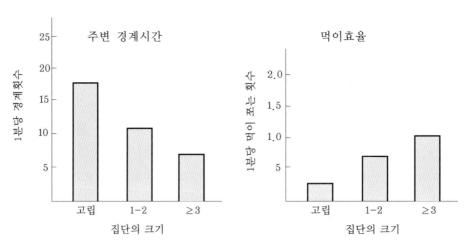

그림 3-17. 집단생활을 하는 딱따구리의 이점.

문에 먹이 찾는 기술을 더욱 증진할 수 있다. 예를 들면, 북방쇠박새는 말린 잎을 쪼면 그 속에 벌레 유충이 있다는 것을 친구로부터 배운다. 그리고 집단생활은 먹이와 그 밖의 자원의 위치나 양을 개체 사이의 의사 전달을 통하여 서로 알게 한다.

꿀벌은 **신호춤**(waggle dance)을 추는데 일벌은 꿀이 있는 곳을 발견한 다음 8자 춤을 추어서 다른 벌에게 위치를 알려준다. 벌통으로부터 8자의 직진방향이 꿀의 위치이고 춤의 속도는 벌통으로부터의 거리로서 춤의 속도가 빠를수록 꿀이 가까운 거리에 있음을 나타낸다.

(3) 환경의 변형

개체군의 밀도가 높아지면 대체로 물리적 환경이 나빠지지만 집단생활을 하는 생물은 환경을 자신에게 적합하도록 변형시킨다. 사람은 사회적 동물로서 환경을 대규모로 변형시키고 있다. 소규모로 환경을 변형시키는 동물 즉, 꿀벌은 벌통의 온도를 여름에 약 35℃로 조절하는데, 겨울에는 주로 운동을 하여 발산열로 벌통을 덥히고, 여름에는 물을 뿌리거나 환풍기와 같은 날개짓으로 시원하게 한다.

(4) 분업화

일부 곤충과 포유동물은 역할 분담이나 의사소통을 통해 집단의 이익을 도모한다. 사회화된 곤충은 흰개미, 개미, 몇 종의 벌 및 말벌이 있는데 이들은 일을 분업하며 어린 새끼를 함께 돌보며 무리를 오래 유지한다. 특히 불임계급과 생식계급이 분리되는 특징이 있다.

꿀벌은 생식계급인 여왕벌과 수벌, 불임계급인 일벌로 분업화되어 있다. 여왕벌이 결혼비행을 하는 동안 수정을 함으로써 무리 형성을 시작한다. 여왕벌은 집을 짓고 정착한 뒤 알을 낳아 키우는데, 이들이 일벌이 되어 먹이를 찾아 나르고 침입자를 막으며, 알, 유생 및 번데기를 돌본다. 생식은 여왕벌에 의해 이루어지므로 계속 산란하는데, 미수정란은 수벌이 되고 수정란은 일벌이 된다.

집단의 규모가 커지거나 여왕벌이 죽거나 또는 결혼비행시 사라지면, 일벌은 수정란 중에서 어느 한 개를 로열젤리로 키워 새 여왕벌을 탄생시킨다. 사회성 곤충류에서 불임계급은 진화로 설명하기 어렵다. 왜냐하면 적합도가 높은 개체군은 다음 세대에 자손을 많이 남기는데, 불임인 채로 일생을 마치는 일벌은 자손을 전혀 남기지 못하기 때문이다.

포유동물은 사회성이 매우 발달되어 있다. 특히 사람이 속한 영장목(Primate)은 놀랄만큼 사회화의 정도가 다양하다. 나무에 사는 오랑우탄은 보통 고립생활을 하다가 짝짓기할 때만 무리생활을 하지만, 대부분의 동물은 항상 무리생활을 한다.

3) 짝짓기 방식

동물의 짝짓기 방식에는 **일부일처제**(monogamy), **일부다처제** 또는 **일처다부제**(polygamy) 및 **자유혼제**(promiscuity)가 있다. 일부일처제는 교배기간, 새끼의 양육기간, 또는 일생 동안 유지되는데 주로 조류에서 볼 수 있다. 매, 백조, 거위, 까마귀, 북방쇠박새 등은 수 년, 또는 일생 동안 일부일처의 부부관계를 지속한다. 포유류 중에서 육상생활을 하는 육식동물도 일부일처의 생활을 한다.

일부다처제는 쌀먹이새, 대부분의 꿩류 및 타조와 같은 조류, 비비원숭이와 같은 영장목, 사슴과 같은 초식동물에서 이루어진다. 일처다부제는 몇 종류의 새에서 볼 수 있는데 숫새가 알을 품고 새끼를 돌본다. 자유혼제는 교배기간에만 만나고 그 이후에는 관계를 지속하지 않는 것으로써 작은 포유류나 몇 종의 조류에서 볼 수 있다. 뇌조의 수컷이 구애장소(lek)에 모여 갖가지 구애 행동을 하면 암컷이 그곳에 모여서 교배를 한 다음 근처에 둥우리를 튼다.

짝짓기 방식은 생태학적으로 또는 진화학적으로 형성된 산물이다. 조류는 알을 낳고 품으며 먹이를 구하고 포식자로부터 둥우리를 지켜야 하기 때문에 일부일처제가 발달하였고, 이와 대조적으로 포유류는 새끼를 낳자마자 젖으로 키우고 수컷이 함께 있으면 포식자의 눈에 오히려 쉽게 띄어 수태가 된 후에는 자유롭게 행동하는 것이 이로우므로 자유혼제가 발달하였다. 포유류 중에서 수컷이 암컷과 새끼를 위하여 먹이를 사냥하는 종류는 일부일처제가 발달하였다.

4) 연령분포

개체군의 **연령분포**(age distribution)는 연령구간별로 개체수를 구분하여 나타낸 것이다. 연령구간은 일, 월 및 연으로 나타내거나, 생식전기, 생식기 및 생식후기로 표시하기도 한다.

(1) 동물의 연령분포

동물의 연령은 개체군 내에서 각 개체의 역할을 짐작하는 좋은 자료가 된다. 개체의 연령을 알면 기대수명, 생식률, 에너지 요구 등에 대한 정보를 얻을 수 있기 때문이다.

안정된 연령분포를 나타내며 증가율이 0인 개체군은 정체형 연령분포라 한다. 지수적으로 증가하는 개체군은 피라미드형의 연령분포를, 안정한 개체군은 종형의 연령분포를 나타낸다(그림 3-18).

우리나라 인구의 연령분포는 1960년대 피라미드형에서 현재 종형으로 바뀌었다(그림

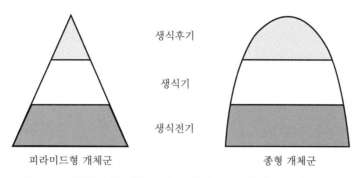

생식후기

생식기

생식전기

피라미드형 개체군   종형 개체군

그림 3-18. 개체군이 증가하는 피라미드형과 안정된 종형의 연령분포.

3-19). 2000년 우리나라의 인구는 남자 23,068,000명, 여자 22,917명으로 총 45,985,000명이었고 2007년 1월 기준으로는 총 4,838만 2천명이다. 2007년 현재 인구증가율은 0.33%인데 1960년대 인구증가율 3%대 및 1970년대 2%대와 비교하면 현저히 낮아진 것이다. 이 추세대로라면 2019년에 인구증가율은 0%로 떨어지고 인구 4,933만 8천명을 정점으로 감소세로 접어들 전망이다.

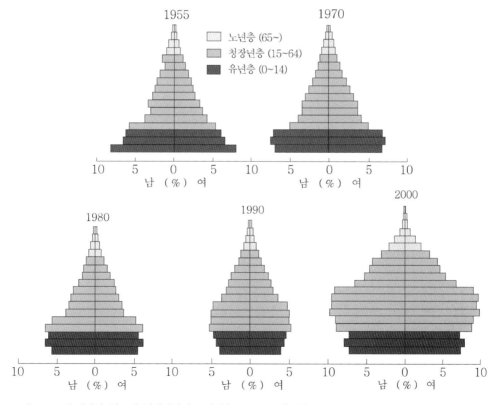

그림 3-19. 우리나라 인구의 연령피라미드 변화(1955~2000). 막대그래프의 간격은 각각 5년이다.

(2) 식물의 연령분포

식물은 동물과 달리 연령으로 생식률이나 생존율을 추정하기 어렵다. 식물의 연령과 그 크기 사이에는 밀접한 상관관계가 없을 뿐만 아니라 연령에 관계없이 일정한 크기에 달하면 꽃이 피기 때문이다. 예를 들면 이년생인 식물은 일정한 크기에 달해야 만 2년째에 꽃이 피며, 광합성 가능 엽면적과 탄수화물 저장능이 꽃을 유도할 만큼 충분히 크지 않으면 로제트로 머물러 있다.

반면, 수관이 개방된 곳에서 겨우 몇 년 자란 당단풍나무와 수관이 밀폐된 곳에서 오래 자란 나무는 외관이나 여러 가지 특징으로 볼 때 같은 연령의 나무처럼 보인다. 따라서 식물에서는 크기 또는 생장단계의 특징에 따라 구분한 **연령상태**(age state) 또는 **발달단계**(development stage)가 시간적 의미의 연령보다 더 많이 쓰이고 있다.

그림 3-20은 미국 뉴햄프셔 주의 극상림인 붉은가문비나무(*Picea rubens*)림의 흉고직경에 따른 연령분포인데 역 J형으로서 어린 식물이 많고 성숙한 개체가 상대적으로 적다. 이와 같은 연령분포 특성은 이 개체군이 극상림으로 계속 유지될 수 있음을 나타낸다. 대부분 고등식물은 유식물기에 사망률이 높은데 유식물의 밀도가 높은 역 J형이어야 안정한 개체군을 유지하기 때문이다. 그러나 동물개체군에서는 하등동물일수록 어렸을 때 사망률이 높아서 역 J형을 나타낸다.

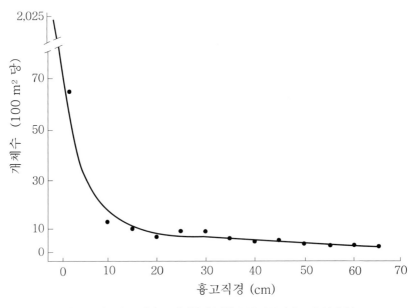

그림 3-20. 미국 뉴햄프셔 주에서 극상림을 형성한 붉은가문비나무의 연령 분포.

5. 개체군의 생활사

1) *r*-선택 및 *K*-선택 생물

생활사에 따라 생물을 *r*-선택 생물과 *K*-선택 생물의 두 가지 유형으로 구분한다. 극상림, 동굴 및 심해 같이 안정한 서식지에 사는 개체군은 환경수용능력인 *K*에서 혹은 그 부근에서 오랫동안 유지되므로 이들을 ***K*-선택**(*K*-selelction) 생물이라 한다. 이와 대조적으로 불안정하고 일시적이며 변동하기 쉬운 서식지에서 일시적으로 환경 조건이 좋을 때 최대 번식능력 *r*로 증가하여 *K* 가까이 접근하다가 다시 환경이 나빠지면 개체수가 감소하는 생물을 ***r*-선택**(*r*-selelction) 생물이라 한다. 최대 번식능력 *r*로 증가하는 환경 조건은 천이 초기 군집의 서식지, 새로 형성된 강의 사주, 숲속의 빈터, 새로 만든 연못 등이다(그림 3-21).

MacArthur와 Wilson (1967)은 개체수가 환경수용능력에 가깝도록 증가하는 환경을 *K*-선택 환경, 그리고 생물의 번식능력 *r*을 발휘하는 환경을 *r*-선택 환경이라 불렀다. *K*-선택 환경에서는 공간, 물, 빛 또는 영양소와 같은 자원에 대한 종내경쟁의 중요한 요인이고, *r*-선택 환경에서는 이들 공간을 먼저 점유하는 것이 중요하다.

(1) 낮은 생식률의 선택

개체군의 생식률은 *r*-선택 환경에서 높고 *K*-선택 환경에서 낮은 경향이 있다. 자연선택은 생물 번식능력(*r*)이 최대인 환경에서 일어남에도 불구하고 *K*-환경에서는 생식률이 낮은 개체군으로 진화한다. 이러한 현상은 한 개체군 내에서 빠르게 생식하는 유전자와 느리게 생식하는 유전자를 가정함으로써 설명할 수 있다. 예를 들어 콘도르나 바다새와 같이 몸집이 큰 새는 1년에 1개의 알을 낳고 다시 생식할 때까지 수년이 걸리는 데도 소멸되지 않고 진화하고 있다.

개체군의 *K*-선택은 그림 3-22와 같이 낮은 생식률의 유전자가 높은 비율로 선택됨으로서 진화한다. 즉 *r*이 낮은 개체는 저장에너지, 자원 또는 시간을 어린 새끼를 부양하는 데 많이 쓰므로 자손의 생존율이 높아서, 개체군은 생식률이 낮은 쪽으로 진화하는 것이다.

(2) *r*-선택 및 *K*-선택 생물의 특징

그림 3-23은 *r*-선택과 *K*-선택의 주요한 경로를 나타내고 있다. 환경의 변동이 큰 곳에서는 생식률이 높고 몸집이 작으며 수명이 짧고 개체수가 쉽게 조절되는 개체군이 선택되지만, 안정한 환경에서는 안정하고 고밀도의 개체군이 형성되고, 수명이 길고 생식을 느리게

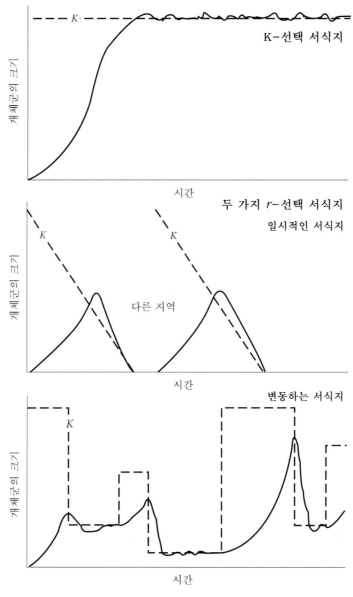

그림 3-21. K-선택 환경과 r-선택 환경.

반복하며 몸집이 큰 개체군이 선택된다(표 3-8).

　　r-, K- 선택 이론을 뒷받침하는 예는 미국 동부의 낙엽수림에 서식하는 새의 생활사에서 찾아볼 수 있다. 그 지역의 가장 안정된 군집은 극상림이고 가장 변화가 심한 군집은 초지와 습지이다. 철새의 한 배 알 수를 조사한 결과 극상림에서는 세 개 이하, 극상림이 아닌 다른 숲에서는 네 개의 알을 낳았다(표 3-9). 특히 습초지의 새는 네 개가 46%이고, 다섯

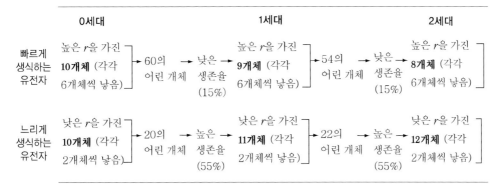

그림 3-22. 개체군에 빠르게 생식하는 유전자와 느리게 생식하는 유전자가 있다고 가정해보자. 느리게 생식하는 유전자는 생식률이 낮으므로 저장한 에너지와 시간을 어린 개체를 부양하는데 소비할 수 있다. 이러한 결과로써 빠르게 생식하는 유전자보다 느리게 생식하는 유전자를 가진 자손이 다음 세대에 더 많이 증식하기 때문에 개체군은 생식률이 낮은 쪽으로 진화한다.

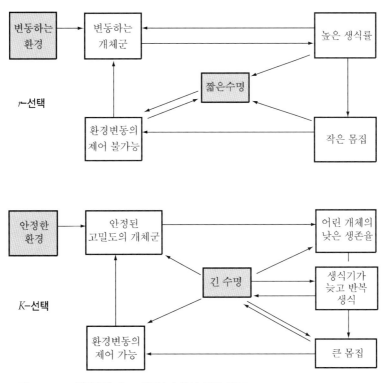

그림 3-23. *r*-선택(위)과 *K*-선택(아래)의 주요 경로.

표 3-8. r-선택과 K-선택생물의 특징 비교

r-선택 생물	K-선택 생물
일찍 성숙하여 r을 높임	늦게 성숙함
크기가 작은 다수의 자손 생산	크기가 큰 적은 수의 자손 생산
짧은 생활사	긴 생활사
일년생	다년생
부모로부터의 자원의 분배 적음 (어린 자손의 생존율 낮음)	부모로부터의 자원의 분배가 많음 (어린 자손의 생존율 높음)
낮은 경쟁력	높은 경쟁력
적합한 서식지에 도달하기 위해 산포력이 매우 좋음	경쟁이나 근친교배를 피하기 위해 산포력이 좋음
천이 초기종	천이 후기종

개 이상이 46%이었다. 또한 숲에서 사는 새들은 대부분 1년에 1회, 즉 한 배 만을 낳는데 비하여 초지나 습지의 새들은 규칙적으로 두 배 이상 낳는 예가 많았다(표 3-10).

어떤 생물은 1년의 짧은 기간 내에 성장하고 생식하여 일생을 마치는 **일년생 생물** (annual organism)이고 다른 생물은 여러 해 살며 여러 번 생식하는 **다년생 생물**(perennial organism)이다. 생식 횟수를 기준으로 생물을 **1회 생식생물**(semelparous organism)과 **반복 생식생물**(iteroparous organism)로 나누기도 한다.

얼핏 생각하면 여러 번 생식하는 다년생 생물이 일년생 생물보다 높은 r값을 가질 것으로 예상되지만 다년생생물은 순생식률(R_o)이 높고 세대길이(T)가 길기 때문에 일생동안 낳은 자손수를 계산하는 것이 간단하지 않다(번식능력 참조).

다년생 식물이 우세해지는 환경은 자손의 생존율에 좌우된다. 다년생 식물은 영양분을 가진 씨를 소수 생산하지만, 발아하고 생장하는 과정에서 어미 개체와 경쟁을 해야 한다. 이와 대조적으로 일년생 식물은 어미 개체와 경쟁 없이 생장할 수 있지만 혹독한 환경변화를 겪어야 한다.

일년생 식물의 씨는 다년생보다 항상 다수를 생산하기 때문에 다년생 식물은 성숙한 개체의 생존율이 높고 어린 개체의 생존율이 낮은 환경에서 유리하다. 즉 안정하고 K-선택이 작용하는 환경에서 다년생식물은 선택될 것이다.

천이 초기종과 후기종의 비교는 r-선택종과 K-선택종을 비교하는 것과 같다. 묵밭에서 천이가 진행되는 과정은 초기에 반드시 많은 씨를 생산하는 초본으로 구성되고, 후기 극상

표 3-9. 미국 동부의 낙엽수림에 서식하는 새의 종 수와 한 배의 알 수의 백분율(%)

군집	종수	한 배의 알 수(%)		
		1~3	4	5 이상
극상림	7	57	29	14
극상림 이외의 다른 숲	8	0	87.5	12.5
습초지	12	8	46	46
숲 가장자리	20	15	70	15

표 3-10. 미국 동부의 낙엽수림에 사는 새의 알 낳는 횟수의 백분율(%)

군집	종수	산란계절에 산란하는 횟수(%)	
		1회 또는 가끔 2회	2회 그 이상
극상림	11	82	18
극상림 이외의 다른 숲	10	90	10
습초지	16	50	50
숲 가장자리	23	43	57

림은 크기가 크고 오래 살며 매년 씨를 생산하는 목본식물이 차지한다. 그리고 극상림 속의 초본식물도 오래 살며 적은 수의 씨를 생산하지만 이들은 대부분 지하경이나 인경으로 영양생식을 한다.

천이 초기 식물종은 뚜렷한 산포 수단이 없지만, 대신 수명이 긴 씨를 갖는다. 이는 산포 수단과 같은 효과를 얻는 훌륭한 전략이다. 일년생 쑥갓속 식물의 씨의 수명은 40년생, 앵초류는 80년, 현삼과 식물류는 90년이나 된다. 이들은 땅속에 묻혀서 **종자은행**(seed bank)을 형성하였다가(표 3-11), 숲이 노출되거나 교란되어 생존에 좋은 조건이 되면 발아하고 생장하는 이른바 **매토종자전략**(buried seed strategy)을 나타낸다.

2) *R*-선택, *C*-선택 및 *S*-선택 생물

앞에서 다룬 *r-K* 선택 모델은 환경요인에 반응하는 생물의 생활사를 잘 나타내지만 너무 단순화하였다. Grime(1979)은 스트레스가 식물의 생활사에 큰 영향을 미치는 주요 요인임을 제시하면서 *r-K* 선택 모델을 확대하여 식물을 *R*-선택, *C*-선택 및 *S*-선택 종의 세 그룹으로 분류하였다. 여기에서 스트레스는 생산력을 제한하는 낮은 온도, 수분 부족, 영양염류 부족, 그늘 등의 환경요인을 말한다.

표 3-11. 미국 화이트산맥에서 5년된 벌목지와 95년된 낙엽활엽수림의 종자은행

종	1m² 당 종자수	
	5년된 벌목지	95년된 낙엽활엽수림
초본	407	13
관목		
나무딸기 (*Rubus* spp.)	1,016	68
검은딸기 (*Rubus* spp.)	31	21
딱총나무 (*Sambucus pubens*)	42	3
기타 관목	14	15
교목		
사시나무속 (*Populus grandidentata*)	13	8
자작나무속 (*Betula lutea*)	181	961
자작나무 (*Betula papyrifera*)	87	445
벚나무속 (*Prunus pensylvanica*)	2	52
기타 교목	4	26

이러한 관점에서 스트레스를 받는 생육지에서는 **스트레스 내성형 식물**(stress tolerator, S)이 번성하는 경향이 있는데, 이들은 느리게 생장하고 오래 살며, 조건이 좋을 때 생식한다. 자주 교란되는 생육지에서는 **교란지 식물**(ruderal, R)이 번성하는데 이들은 r-선택종처럼 빨리 자라고, 생식에 자원을 많이 투자하는 일년생식물이다. 스트레스나 교란이 적은 생육지에서는 **경쟁형 식물**(competitor, C)이 번성하는데, 이들은 K-선택식물처럼 크기가 크며 오래 사는 식물이다. 중간 정도의 교란이나 스트레스를 받는 생육지에서는 생활사의 특징이 중간 정도인 식물이 번성한다(그림 3-24).

직관적으로 경쟁력이 큰 식물이 스트레스가 있는 생육지에서도 유리할 것으로 생각할 수 있다. 하지만 경쟁형 식물은 환경이 좋을 때 자원을 빨리 이용하여 생장이 빠르지만 자원에 대한 스트레스가 많은 곳에서는 자원이 있는 짧은 기간에만 빠르게 생장할 뿐, 자원이 고갈되면 피해를 입은 조직이 남게 된다. 이에 비해 스트레스 내성형 식물은 자원이 풍부한 환경에서도 느리게 자라서 작은 크기를 유지하며, 스트레스에 견디고 순화 능력이 잘 발달한 조직을 남기므로 유리하다.

이 모델은 식물에 적용하기 위해 개발되었지만 동물에도 적용할 수 있다. 사막의 동물은 오래 살고, 부적합한 기후일 때 휴면하고 간헐적인 생식을 함으로써 스트레스 내성형 식물과 유사한 생활사를 보인다.

이 모델은 유사한 환경에서 사는 종 간 또는 개체군 간을 비교하는데 매우 편리하다. 극

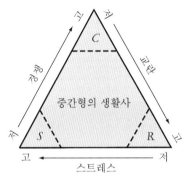

경쟁형 식물 (*C*)
- 초본, 관목, 교목
- 빠르고 크게 생장
- 다양한 수명
- 다소 일찍 생식
- 생식에 적은 투자
- 간혹 종자은행 유지
- 영양생식 중요

스트레스 내성형 식물 (*S*)
- 지의류, 초본, 관목, 교목
- 보통 상록성
- 매우 느리게 생장
- 생식에 적은 투자, 다소 늦게 생식
- 영양생식 중요

교란지 식물 (*R*)
- 초본, 보통 일년생
- 매우 빠르게 생장
- 일찍 생식
- 생식에 많은 투자
- 항상 종자은행 유지, 이동성 증가

그림 3-24. *R*-, *C*- 및 *S*-선택 식물 모델. 식물의 생활사를 스트레스, 교란 및 경쟁의 정도에 따라 구분한다 (Grime, 1979).

상림의 곤충은 농경지의 곤충에 비하여 *K*-선택종이 많지만, 이들을 극상림의 새와 비교하면 *r*-선택종이 많아진다. 이같은 사실은 어떤 종에게 불안정하고 스트레스를 받는 환경이 다른 종에게 오히려 안정하고 스트레스가 적은 환경임을 시사하는 것이다.

갈퀴덩굴은 활엽수 극상림에서 생육하며 많은 씨를 생산하는 일년생 초본인데, *K*-선택식물인 극상림 속에서 사는데도 불구하고 *r*-선택식물이다. 대부분의 생물은 환경 조건에 따라 생활사에서 상당히 유연성을 보인다. 예를 들면 북방침엽수림의 고유종인 휘파람새 (*Dendroica castanea*)는 먹이인 곤충의 수가 증가하면 한 배에 낳는 알의 수가 보통 5개로부터 6개로 증가한다 (MacArthur, 1958). 미국 카스케드 산맥의 고지에서 생육하는 일년생의 마디풀은 온화한 환경에서는 생물량의 40%를 종자에 투자하지만 나쁜 환경에서는 60%를 투자한다 (Hickman, 1975).

생물의 가소성 (plasticity)은 변화가 심한 환경에서 사는 *r*-선택생물에서만 나타날 것 같지만, 비교적 안정된 환경에서 사는 *K*-선택 생물에서도 나타난다. 많은 종류의 새는 밀도가 높을 때 교배 시기를 늦추지만 밀도가 낮아지면 교배를 일찍 시작한다.

1. 식물과 동물은 연령과 발달 단계와의 관계가 다르다. 어떻게 다른가? 그 차이에 따라서 개체군의 생장 동태를 연구하는 방법도 차이가 있다. 연구 방법이 어떻게 달라야 하는지 설명하시오.

2. 일반적으로 생존곡선의 유형이 오목형 (III형)인 생물은 연령분포가 피라미드형이며, 볼록형 (I)인 생물은 연령분포가 종형을 나타낸다. 그 이유를 설명하시오.

3. 다음은 다람쥐 개체군의 생명표 작성을 위한 값이다. 이를 토대로 생명표를 만들고, 생존율 (l_x)과 순생식률 (R_0)을 계산하라. 또한 이 개체군 동태의 미래를 설명하시오.

연령 (x)	=	0,	1,	2,	3,	4,	5,	6,	7,	8,	9
생존 개체수 (N_x)	=	410,	164,	85,	44,	21,	12,	8,	4,	2,	1
출산율 (m_x)	=	0.0,	0.1,	2.2,	2.4,	3.2,	1.8,	1.7,	2.0,	1.4,	1.4

4. 로지스틱 생장모델의 장점과 단점은 무엇인지 설명하시오.

5. 몇 종류의 동물 개체군은 개체 수준에서 생식하는 것을 희생하고 동생을 돌보며 일생을 독신으로 보내는 경우가 있다. 이 경우는 개체 수준의 자연선택의 원리와 배치되는 사례이다. 이 사례를 진화의 관점에서 설명하시오.

6. 개체군의 생장을 제한하는 요인들을 설명하시오.

7. 종마다 생식에 일정량의 에너지를 투자하는데, 이는 종의 중요한 생존 전략이다. R-선택, C-선택 및 S-선택 생물 중에서 어떤 전략형의 생물이 생식에 가장 많은 에너지를 투자하며 왜 그런지 설명하시오.

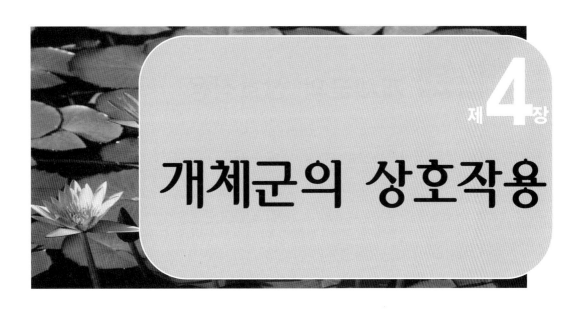

제4장

개체군의 상호작용

 # 제4장 개체군의 상호작용

두 종 개체군 사이의 상호작용은 생태학의 중요한 과제이다. 종간 상호작용의 유형은 한 개체군이 이익을 얻는가, 해를 받는가 혹은 이해관계가 없는가에 따라 중립, 경쟁, 편해작용, 기생, 포식, 편리 공생, 상리공생 및 원시협동으로 분류된다. 이러한 상호작용은 두 종 개체 사이와 두 개체군 사이에 서 다 같이 적용되고, 조그마한 환경의 변화에 따라 그 유형이 달라질 수 있다. 두 종 개체군 사이의 종간 상호작용의 유형은 군집을 통한 에너지흐름을 기초로 하여 영양상의 상호작용과 비영양상의 상 호작용으로 구분된다. 영양상의 상호작용은 초식, 포식, 기생, 질병, 부생 등을 통하여, 비영양상의 상 호작용은 편리공생, 경쟁, 중립, 편해작용, 타감작용 등을 통하여 복잡한 상호작용이 일어나고 있다. 상호작용 중에서 가장 강도가 강한 경쟁과 포식은 여러 가지 모델로서 설명되고, 장기간에 걸쳐서 꾸준히 진행하는 기생은 자연의 평형을 유지하는 체계로 이해되고 있다. 생물은 오랜 진화를 통하여 영양 섭취 방법, 서식지 변화 및 형태와 구조 변화가 일어나서 생태적 지위가 달라진다.

1. 두 종 개체군의 상호작용

1) 상호작용의 유형

대부분의 자연환경에서 생물은 단일 개체로 존재하는 경우가 매우 드물고, 개체군 (population)으로 존재한다. 또한 여러 개체군들이 모여서 군집 (community)을 형성한다. 한 군집 내에 여러 개체군이 존재할 때, 각 개체군들은 여러 가지 상호작용을 하는데 경우에 따라서는 이로울 수도 있고 또한 해로울 수도 있다. 이러한 원리는 단일 생물체에게도 동 일하게 적용될 수 있다.

단일 개체군 내에서 개체들 간에는 긍정적인 상호작용 (positive interaction)과 부정적인 상호작용 (negative interaction)이 일어난다. 전자는 보통 개체군의 밀도가 낮을 때 일어나고 이때 개체군의 생장률이 증가한다. 후자는 어느 정도 이상으로 밀도가 증가할 때 일어나고 이때 개체군의 생장률이 감소한다. 개체들 간의 긍정적인 상호작용으로 협동(cooperation), 부정적인 상호작용으로 경쟁을 들 수 있다.

자연환경에서 소수의 개체가 새로운 환경에 집단을 형성하는 것이 쉽지 않지만 어느 정도의 밀도를 갖는 생물은 집단을 형성하기 용이하다. 같은 집단을 구성하는 개체들은 모든 개체들이 동일한 자원을 요구하기 때문에 경쟁이 일어난다. 먹이 또는 기질, 전자 수용체, 생장인자 등 이용하는 물질뿐만 아니라 심지어 서식처에 대한 경쟁도 일어난다.

자연환경에서 인접한 다른 종 개체군 사이에는 상호작용이 활발하게 일어난다. 즉 두 개체군 사이에는 이해관계가 없는 0, 이익을 얻는 +, 해를 받는 −를 조합하여 각각 두 개체군 사이에 아무 이해관계가 없는 **중립**(neutralism, 0 0), 서로 해를 입는 **경쟁**(competition, − −), 한 편은 해를 받지만 다른 편은 아무런 이해가 없는 **편해작용**(amensalism, − 0), 한 편은 이익을 얻고 다른 편은 아무런 이해가 없는 **편리공생**(commensalism, + 0), 한 편은 이익을 얻고 다른 편은 해를 받는 **기생**(parasitism, + −), **포식**(predation) 및 **초식**(herbivory), 두 개체군이 모두 이익을 얻으며 서로 상호작용을 하지 않으면 생존하지 못하는 **상리공생**(mutualism, + +)과 두 개체군이 모두 이익을 얻으며 서로 상호작용을 하지 않아도 살 수 있지만 상호작용을 하면 서로 이익을 얻는 **원시협동**(protocooperation, + +) 등 아홉 가지의 조합이 형성된다(표 4-1).

두 개체군 사이의 상호작용은 환경의 변화에 따라 그 유형이 달라질 수 있다. 예를 들면, 사람의 소화기관 속에 있는 균은 미량의 항생물질을 먹었을 때 병원균으로 돌변할 수 있고, 대합의 외투강 속에서 사는 속살이게는 빈약한 영양 조건에서 기생생물이지만 풍부한 영양조건에서는 대합의 생장을 다소 억제할 뿐 큰 영향을 주지 않는다(Bierbaum and Fersor, 1986). 따라서 두 종 개체군 사이의 상호작용은 표 4-1에 표시한 유형으로만 분류

표 4-1. 두 종 개체군의 상호작용을 분류한 행렬표

강한 종에 미치는 영향	약한 종에 미치는 영향		
	−	0	+
−	경 쟁	편해작용	기 생
0	편해작용	중 립	편리공생
+	포식, 초식	편리공생	상리공생 원시협동

할 수 없고, 보다 융통성을 가지고 해석할 필요가 있다.

두 종 개체군 사이에 일어나는 상호작용은 다음과 같이 먹고 먹히는 관계로 이루어진 영양상의 상호작용과 그렇지 않은 비영양상의 상호작용으로 구분할 수 있다. 영양상의 상호작용은 군집 내에서 에너지 흐름의 기능에 큰 영향을 미친다.

(1) 한 종이 다른 종을 먹이로 이용하는 영양상의 상호작용

① 초식 (herbivory)
    a. 방목 (grazing)과 새싹 먹기 (browsing)
    b. 과실먹기 (frugivory)
    c. 종자먹기 (seed predation)
② 포식 (predation)
③ 기생 (parasitism)과 질병 (disease)
④ 부생 (saprobism)

(2) 비영양상의 상호작용

① 편리공생 (commensalism)
② 경쟁 (competition)
③ 중립 (neutralism)
④ 편해작용 (amensalism)과 타감작용 (allelopathy)
⑤ 상리공생 (mutualism)
    a. 균근 (mycorrhizae)
    b. 수분 (pollination)

2) 영양상의 상호작용

생물 사이의 섭식관계는 복잡한 문제로서 첫째, 섭식은 군집 내에서 에너지 흐름의 기초이며 둘째, 동물이 먹이를 찾아서 잡는 방법과 기술 및 피식을 피하는 동식물의 행동과 구조가 다양하다. 셋째, 상호관계의 결과로 포식자와 피식자의 개체군의 크기가 변화하고 넷째, 포식이 피식자에게 그리고 먹이의 결핍이 포식자에게 각각 선택적으로 작용하는 진화적 효과가 있다. 생물의 섭식 방법은 물을 여과하여 현미경적 생물을 먹는 대합, 말과 사슴을 잡아먹는 늑대, 풀을 뜯어먹는 물소, 잎에서 수액을 빨아먹는 진딧물, 깃털을 먹는 조류의 이, 주혈흡충, 간흡충, 장흡충 등 매우 다양하다.

섭식 방법을 크게 두 가지로 구분하면, 첫째는 곤충을 먹는 조류, 쥐를 먹는 뱀, 종자를 먹는 조류, 소형 포유류 및 곤충 등과 같이 다른 생물을 죽이는 경우이고, 둘째는 방목, 새싹 먹기, 동물체 내외의 기생동물 등과 같이 다른 생물을 죽이지 않고 먹이를 얻는 경우이다.

동물은 먹이의 이용도나 선호도에 따라 이, 다리 및 소화기관의 구조가 달라진다. 이러한 구조상의 변화는 오랜 세월에 걸친 진화의 산물이다. 여름철에 붉은여우는 풀밭쥐를 잡아먹지만, 눈이 깊게 쌓인 겨울철에 그들이 구할 수 있는 먹이는 사과이기 때문에 썩은 사과를 먹는다. 먹이의 이용도는 주로 먹이의 양에 달려 있지만 반드시 그렇지도 않다. 풀밭쥐는 여름철보다 겨울철에 그 수가 적은데 눈 속에 숨어서 잘 발견되지 않기 때문에 먹이 이용도는 훨씬 더 적어진다.

한편, 먹이는 피식자의 위장, 독성 물질과 기피제, 보호색, 보호 형태, 가시, 돌기 및 침 때문에 이용되지 못하는 경우가 있다. 예를 들면 과방목된 초원에서는 다른 식물들이 먹히고 가시가 억센 엉겅퀴류만 남게 된다. 두꺼비와 왕나비(*Danaus plexippus*)는 독성이 있고, 노래기는 시안화물을 내며, 식물은 니코틴, 카페인, 피레드린(pyrethrin), 로티논(rotenone) 등의 방어물질을 함유하여 초식자를 기피한다.

2. 초식

1) 초식의 유형

초식동물이 식물을 먹는 것을 **초식**(herbivory)이라고 한다. 초식동물로는 곤충과 포유류가 많다. 조류 중에서는 종자, 과실 혹은 꿀을 먹는 종류가 있고, 무척추동물 중에서는 연체동물, 윤충류, 요각류 등 다양한 생물이 초식을 한다. 북미의 온대지방에서 수집한 곤충의 식성을 조사하면 대략 절반 정도가 초식성으로 분류된다(표 4-2).

소나 메뚜기처럼 풀과 작은 나무를 뜯어먹는 초식동물은 **방목자**(grazer)라 하고 어린 싹

표 4-2. 북미 온대지방에서 수집한 곤충의 식성

식성	백분율 (%)
초식성	52
부육성	19
육식성	18
기생성	11

이나 가지와 같이 특수한 부분을 먹는 동물은 **새싹먹기동물**(browser)이라고 구별하지만 그 경계는 분명하지 않다. 물속의 조류를 먹는 동물도 방목자에 넣는다. 초식동물 중에는 잎의 표피를 남기고 엽육만을 먹는 곤충, 뿌리, 줄기 및 씨 등에 구멍을 뚫어 먹는 곤충, 뿌리만을 먹는 선충과 매미 유충, 진을 빨아먹는 진딧물, 식물체에 혹(gall)을 만들고 그 속에서 파먹는 솔잎혹파리 등 동물의 섭식 방법은 매우 다양하다.

2) 초식에 대한 식물의 방어

초식에 대한 식물의 방어양식은 가시나 털과 같은 **형태적 방어**뿐만 아니라 물질을 분비하거나 방출하는 **화학적 방어**가 있다.

화학적 방어는 식물체 내에 화합물을 합성하여 맛을 없게 하거나 소화가 안 되도록 함으로써 방어하는 것이다. 유럽의 서부에 분포하는 붉은참나무(*Quercus robur*) 잎을 먹는 200여 종의 나비목 곤충은 봄에 크게 증가하고 가을에 감소한다(그림 4-1). 5월에 유충이 즐겨먹는 어린잎은 얇고 연하지만 여름 이후의 잎은 두껍고 단단하게 되는데, 특히 봄부터 가을로 감에 따라 잎 속의 단백질 함량과 탄닌 함량이 증가한다. 탄닌은 식물이 합성하는 부산물인데, 1% 이하의 농도에서도 유충의 입맛을 떨어뜨리고 생장을 저해하며 위 속에서 단백질과 복합체를 만들어 소화불량을 일으킨다.

그런데 여름이나 가을에 붉은참나무 잎을 먹는 곤충 중에는 천천히 자라서 유충으로 월

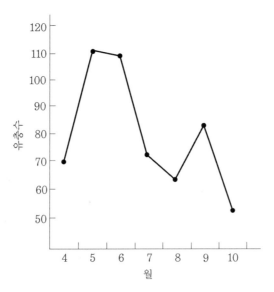

그림 4-1. 붉은참나무 잎을 먹는 나비목 곤충 유충수의 계절 변화.

동하고 다음 해 봄에 어린잎을 먹고 성충이 되는 종류, 잎에 굴을 파고 탄닌이 적은 부분만을 먹는 종류, 그리고 유충의 소화관에 특이한 중장(midgut)이 발달하여 소화과정을 통해 탄닌의 영향을 줄이는 종류 등으로 진화한 경우도 있다.

식물은 극히 역겹거나 독성이 있는 알카로이드, 글리코시드 등과 같은 화학물질을 생산한다. 특히 십자화과, 가지과 등이 이러한 물질을 부산물로 생산하여 저장한다. 이러한 부산물은 우연히 만들어지는 것이 아니고 식물과 초식동물 사이에서 자연선택의 결과로 생산된 것이다. 즉 초식동물에 대한 방어물질을 생산하는 유전자의 발현에 의한 것이라고 생각된다. 알카로이드나 글리코시드는 교란된 생육지나 천이 초기의 식물군집(r-선택식물)에서 흔히 생성되지만, 탄닌은 안정된 군집의 장수하는 식물(K-선택식물)에서 흔히 생성된다.

이 밖의 방어물질 중에는 빠르게 강한 독성을 나타내지 않고 서서히 효과를 나타내는 호르몬과 그 유도물질이 발견되고 있다. 예를 들면, 고사리(*Pteridium aquilinum*)에서는 엑디손(ecdysone)이 발견되었는데, 이 호르몬은 곤충의 탈피를 촉진하여 번데기로 빨리 변태하도록 하여 유충기를 단축시킴으로써 자신을 보호하고 있다. 몇 종의 송백류에서는 유충호르몬과 유사한 물질이 발견되고 있는데, 이 호르몬은 엑디손과는 반대로 유충 시기를 연장시키는 작용을 한다. 한편 불로화(ageratum)에서 발견된 항유충호르몬(antijuvenile hormone)은 유충호르몬의 기능을 상쇄하는 것으로 해석되고 있다.

식물의 방어 작용은 동물에 대하여 방벽이 될 수도 있고 좋은 기회가 될 수도 있다. 즉 한 물질이 A에게는 약이 되지만 B에게는 독이 되며 그 반대로 뒤바뀌는 경우도 있다. 식물이 합성한 기피제나 독성물질에 대하여 회피하거나 내성을 가진 동물은 다음과 같은 이익을 얻는다.

열대낙엽수림에서 생육하는 콩과식물의 한 종(*Dioclea megacarpa*)은 종자 속에 비단백질성 아미노산인 카나바닌(canavanine)을 가지고 있음으로써 자신의 종자를 보호한다. 이 카나바닌은 아르기닌과 유사하여 단백질 합성에 이용된다. 그러나 이 단백질은 생리적 기능이 없기 때문에 곤충이나 포유동물이 먹으면 유독하다. Rosenthal (1983)이 연구한 딱정벌레(*Caryedes brasiliensis*)는 그 종자를 먹는 특이한 곤충인데 이 곤충은 카나바닌이나 그 분해산물을 무독화시키는 능력을 발전시켜 온 것으로 풀이되고 있다. 그리고 어떤 특이한 바구미(*Callosobruchus* spp.)는 다른 곤충과는 달리 카나바닌을 암모니아로 변화시켜서 새 아미노산을 합성하는 질소원으로 사용하고 있다.

독성물질을 지닌 곤충은 자신이 직접 해로운 독을 만들지 않고 오히려 자신이 먹고 있는 식물로부터 독성 물질을 모은다. 앞에서 예로 든 바구미 유충은 해녀콩의 씨나 꼬투리의 카나바닌을 모아서 자신의 체내에 저장한다. 초식동물은 식물의 방어물질을 자신의 먹이를 추적하는 물질로 이용한다. 즉 배추흰나비는 배추에 들어있는 겨자유인 시니그린(sinigrin)에 유인되는데 시니그린 용액에 담근 여과지에 성충이 알을 낳는 것을 볼 수 있다.

3) 과실먹기와 종자먹기

동물이 유독 신선한 과실만을 먹는 식성을 방목이나 새싹먹기와 구별하여 **과실먹기**(frugivory)라고 부른다. 과실먹기를 하는 동물은 조류, 포유류 및 곤충류이며, 이들은 50~90%의 나무가 육질성 과실을 생산하는 열대지방에 흔히 살고 있다. 싹트기 전의 종자를 동물이 먹는 것을 **종자먹기**(seed predation)라고 부른다. 과실먹기는 대부분 영양분이 풍부한 과육을 먹는데 비하여 종자먹기는 씨 속의 배와 배유를 먹는다. 먹은 종자가 소화되지 않고 창자 속을 통하여 배변되면 종이 전파된다.

종자의 생산량은 해마다 같거나 규칙적 또는 불규칙적으로 변동하는 동물의 개체수에 영향을 미친다. 12년간 조사한 흰참나무(*Quercus alba*)의 열매 생산량은 3년이 풍년이고 6년이 흉년이며 나머지 3년이 평균 수확이었다(그림 4-2). 이와 같은 변동은 기후가 좋은 해에 많은 유기물을 합성하고 개화와 수분이 적당히 일어남으로써 풍년이 들고 다음 해에 흉년이 들기 때문에 기후요인과 생물요인의 조합으로 해석된다. 풍년이 든 해에 많은 에너지를 종자 생산에 소비함으로서 그 다음의 1~2년은 흉년이 들어 해거리를 하게 된다.

평균 수확이 해마다 계속되면 동물 개체군은 안정되지만, 풍년든 해에는 개체수가 크게 증가하고, 그 다음에 이어지는 흉년에는 죽거나 감소되거나 다른 곳으로 이동한다. 예를 들면, 스웨덴의 너도밤나무숲에서 종자를 먹는 조류, 포유류 및 나방은 풍년든 해에는 11월까지 종자의 50%를 먹어치우지만 흉년든 해에는 9%만 먹었다.

종자를 먹히는 식물과 종자를 먹는 동물 개체군의 관계는 진화로 설명되고 있다. 식물이 동물을 방어하기 위해서 개개의 나무는 **동시결실**(synchronized fruiting)을 하는데, 풍년이 드는 해나 흉년이 드는 해나 동시결실을 한다. 기후가 어떤 식물 종의 생식에 적합하면 모든 개체가 많은 종자를 동시에 결실한다. 식물이 동물을 방어하는 일이 종자 생산량의 불규칙성에 있다면 동시결실은 동물에 대한 방어 효과를 높이게 될 것이다. 수많은 개체들이 종자 생산량을 결정하는 어떤 신호를 가지고 있어야 하는데, 신호를 따르지 않는 나무는 다른 나무가 흉년이든 해에 종자를 많이 생산하여 자신의 다음 세대가 아니고 생쥐나 바구미 같은 동물의 생존을 돕는다(그림 4-3).

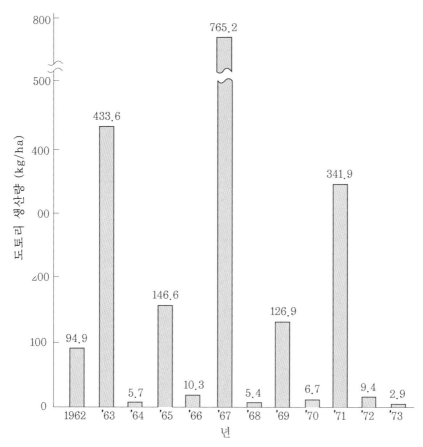

그림 4-2. North Carolina의 흰참나무 숲의 도토리 생산량. 대풍년의 생산량은 대흉년의 약 300배에 달한다.

3. 포식

포식자(predator)는 동물을 죽여서 섭취하는 생물로서 현미경적인 원생동물로부터 몸무게가 4,500 kg에 달하는 고래(killer whale)에 이르기까지 그 크기가 다양하다. 피식자(prey) 역시 세균이나 거미로부터 개미핥기에 이르기까지 몸 크기가 천차만별이다.

풀쐐기를 찾기 위해 수목 사이를 날아다니는 휘파람새, 연못 위 창공에서 모기나 하루살이를 찾아 날아다니는 잠자리 등과 같이 활발하게 피식자를 탐색하고 있는 포식자와 개미지옥(antlion)과 같이 앉아서 기다리는 포식자가 있다. 전자는 많은 수의 피식자를 잡아먹지만 사용되는 에너지가 많고, 후자는 하루에 많은 에너지를 얻지 못하지만 사용되는 에너지가 또한 많지 않다. 활발하게 먹이를 탐색하는 포식자는 주로 정착형의 피식자를 이용하고, 앉아서 기다리는 포식자는 주로 활발하게 움직이는 피식자를 이용하여 자신보다 큰 피

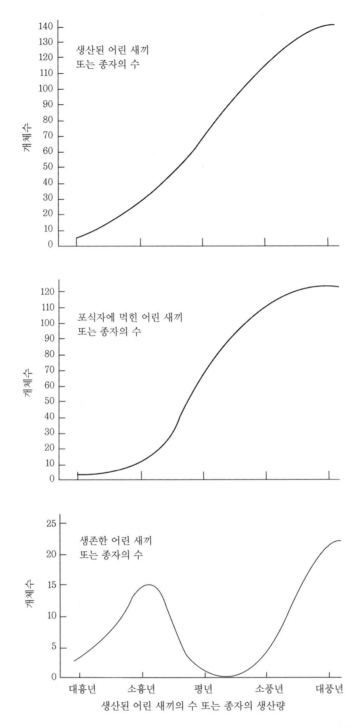

그림 4-3. 초식 및 포식에 의한 생존 개체수의 변화. 생존한 어린 새끼나 종자 수는 대풍년 때 가장 많고 소흉년 때 두 번째로 많다. 따라서 환경의 영향을 받으면 이에 반응하여 개체군은 주기적으로 변화된다.

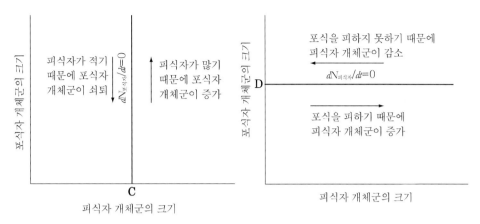

그림 4-4. Lotka-Volterra 모델에 따른 포식자 개체군(왼쪽)과 피식자 개체군(오른쪽)의 경향.

식자를 취할 수 있다.

1) 포식자-피식자의 모델

Lotka-Volterra 모델(Lotka, 1925; Voltera, 1931)은 포식자 개체군의 개체수가 그 출생률을 결정하는 피식자 개체군에 의존하고 있음을 나타내는 단순한 모델이다. 예를 들면 쥐 개체군이 커지면 여우가 쥐를 잡아먹어 많은 새끼를 낳게 되지만, 쥐 개체군이 작으면 여우가 생식하지 못한다. 한편 어떤 피식자의 수는 그 사망률을 결정하는 포식자 개체군에 의존하므로 여우 개체군이 작아지면 쥐의 개체수가 증가하고 또 장수하게 될 것이다. 즉, 피식자는 포식자를 제한하고 이와 반대로 포식자는 피식자를 제한하는 것이다.

Lotka-Volterra의 포식자-피식자 모델은 그림 4-4의 왼쪽과 같이 포식자 개체군의 증감이 피식자의 양에 의존하고 있음을 나타내고 있다. 그림에서 직선 C 위의 어떤 점에서도 포식자 개체군의 증가나 감소가 일어나지 않는다($dN_{포식자}/dt = 0$).

Lotka-Volterra의 포식자-피식자 모델에 따르면 피식자 개체군에 대해서도 비슷한 그래프를 그릴 수 있다(그림 4-4의 오른쪽). 그림 4-4의 오른쪽에서 D선 상의 어느 점에서도 피식자 개체군의 크기는 변화하지 않는다($dN_{피식자}/dt = 0$). 피식자인 쥐는 포식자인 여우의 포식을 피할수록 증가한다.

포식자와 피식자 개체군의 동태 변화를 검토하기 위하여 그림 4-4의 왼쪽과 오른쪽의 두 그림을 결합하면 그림 4-5와 같이 그려진다. 그림의 점 E에서 $dN_{포식자}/dt = 0$이고, $dN_{피식자}/dt = 0$이 되어 개체군의 크기가 변하지 않고 평형을 이룬다. 우연히 포식자와 피식자 개체군의 크기가 좌표 상의 E로부터 멀어질 수 있는데, 그 경우에 포식자와 피식자의 개체군 크기는

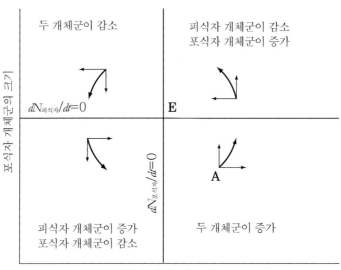

두 개체군이 감소

피식자 개체군이 감소
포식자 개체군이 증가

$dN_{피식자}/dt=0$

E

$dN_{포식자}/dt=0$

A

피식자 개체군이 증가
포식자 개체군이 감소

두 개체군이 증가

포식자 개체군의 크기

피식자 개체군의 크기

그림 4-5. 그림 4-4의 왼쪽과 오른쪽을 결합시킨 Lotka-Volterra 모델에
따른 포식자-피식자 개체군의 변화 경향.

굵은 화살표 방향으로 이동하므로 전체적으로 순환하게 된다.

즉, 좌표의 A로 표시한 지점에서는 두 개체군의 크기가 커짐에 따라 포식자와 피식자는 똑같이 오른쪽 위 상한으로 이동한다. 오른쪽 위 상한에서는 피식자의 수가 감소하며 포식자 개체군은 증가한다. 그 결과 왼쪽 위 상한으로 이동하고, 두 개체군이 모두 감소하면 왼쪽 아래 상한으로 이동하며, 마지막에 오른쪽 아래상한의 점 A로 되돌아온다(그림 4-5).

이 모델에 따라 포식자와 피식자 수의 변화를 시간 경과에 따라 그래프로 그리면 그림 4-6과 같은 주기적 변동이 그려진다.

Rosenzweig와 MacArthur (1963)는 Lotka-Volterra의 모델을 기초로 하여 보다 실제적인 모델을 개발하였다. 그들은 포식자의 밀도가 너무 높으면 비록 먹이가 충분히 공급되더라도 사회적 상호작용과 같은 문제가 일어나서 개체수의 증가가 제한된다는 것에 착안하여 포식자 개체군에 대한 환경의 수용능력 K를 적용하였다(그림 4-7 왼쪽).

환경의 수용능력은 피식자 개체군에도 역시 적용된다. 포식자가 없을지라도 피식자 자신의 먹이량의 제한에 의해 K가 적용된다. 따라서 그림 4-7의 오른쪽에서 피식자의 $dN_{피식자}/dt =$ 0의 선은 오른쪽에서 아래로 내려온다. 그리고 극히 낮은 밀도에서는 Allee의 효과가 작용하기 때문에 피식자의 $dN_{피식자}/dt = 0$선은 왼쪽에서도 아래로 내려올 것이다. 왜냐하면 아주 낮은 밀도 때문에 피식자 개체군 중의 어떤 개체는 짝을 찾지 못하여 교접하지 못하기 때문에 피식자의 $dN_{피식자}/dt = 0$선은 그림 4-7의 오른쪽처럼 그려진다. 포식자와 피식자의 개체군 변

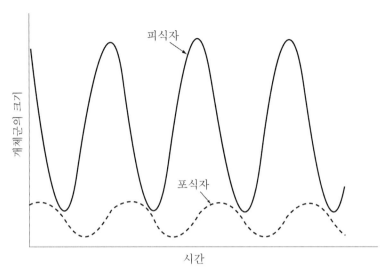

그림 4–6. 시간 경과에 따른 포식자–피식자의 주기. 이 그래프에서는 포식자가 피식자 수의 약 1/6로 변동한다.

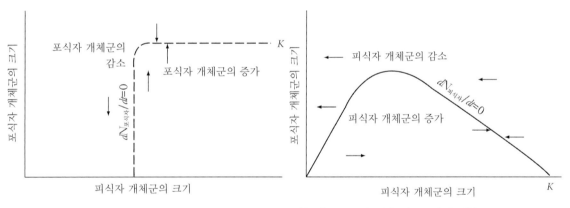

그림 4–7. Rosenzweig–MacArthur 모델에 따른 포식자 개체군 (왼쪽)과 피식자 개체군 (오른쪽)의 경향.

동을 함께 그리면 그림 4-8과 같이 된다.

그림 4-8에서 피식자의 밀도가 낮아도 포식자가 피식자를 효율적으로 잡아먹는다면 그 결과는 그림 4-9의 위와 같이 그려지고 시간 경과에 따라 한 종이나 두 종이 멸종됨으로써 개체군의 크기가 크게 변동된다. 대체로 실험실에서 포식자−피식자의 관계를 연구한 결과는 이러한 변동곡선을 따른다. 그러나 피식자가 포식을 효과적으로 피한다면 포식자 개체군의 크기는 그림 4-9의 아래와 같이 피식자가 K에 도달할 때만 증가한다. 개체군 크기의 변동을 완화시키는 이러한 상태에서는 두 종의 밀도가 안정되게 된다.

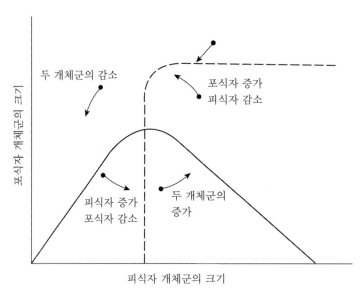

그림 4-8. 그림 4-7의 왼쪽과 오른쪽의 조합. Rosenzweig-MacArthur 모델에 따른 포식자-피식자 수의 변화.

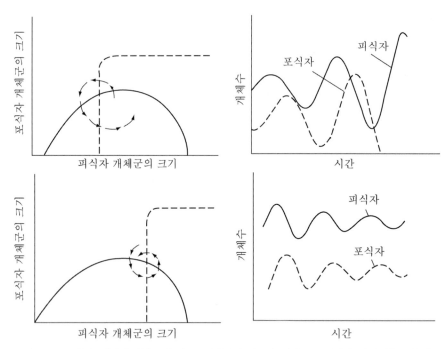

그림 4-9. 포식자-피식자 개체군의 변동. 피식자의 밀도가 낮아도 포식자가 피식자를 효율적으로 잡아 먹는 경우(위)와 피식자가 효과적으로 포식을 회피하는 경우(아래)의 두 개체군의 크기 변동. 위에서는 포식자의 $dN_{포식자}/dt = 0$선이 피식자 곡선 정점의 왼쪽에 있고 아래에서는 오른쪽에 있다.

Gause (1934)는 피식자인 짚신벌레(*Paramecium caudatum*)와 포식자인 물벼룩(*Didinium nasutum*)을 같은 배양기 속에 넣었을 때 포식자가 피식자를 모두 잡아먹어 멸종시키는 것을 관찰하였다. 그러나 배양기 속에 침전물(짚신벌레의 피난처)이 가라 앉아 있으면 그 속에 피식자가 숨어서 살아남기 때문에 소수의 피식자가 안전하게 살아남았다.

2) 포식자-피식자의 주기성

그림 4-10은 자연 상태에서 포식자-피식자의 주기성을 보여준다. 이는 사냥꾼들에 의해 Hudson's Bay 회사에 팔린 캐나다 스라소니(*Lynx canadensis*)와 눈신토끼(*Lepus americanus*)의 모피 수량으로부터 얻어진 자료에 기초한 것이다. 앞 절의 Lotka-Volterra 모델, Rorenzweig-MacArthur 모델 그리고 그림 4-10은 포식자-피식자 상호작용이 주기성을 유발하며 이 주기성은 심할 경우 피식자와 포식자 모두 또는 어느 한쪽의 소멸을 이끌 수 있다는 것이다.

그러나 명확한 포식자-피식자 주기성은 자연계에서는 흔하지 않은 현상이며, 많은 종들이 지속적으로 포식에 의해 고통을 받고 있음에도 불구하고 생존하고 있다. 앞서 살펴본 그림 4-10의 눈신토끼는 스라소니가 없는 곳에서도 유사한 주기성을 나타내었다(Keith, 1963).

자연계에서 포식자-피식자의 주기성이 잘 나타나지 않는 이유는 개체군 생태학의 주요 주제이지만 이에 대하여 밝혀진 것이 거의 없다. 그것에 대한 가장 큰 이유 중의 하나는 포식자-피식자 주기성을 파악하는데 필요한 정밀한 자료가 없기 때문이다. 최근의 장기적인 자료에 의하면 많은 생물종 개체군들이 다양한 주기성을 나타내고 있다는 것이 밝혀졌

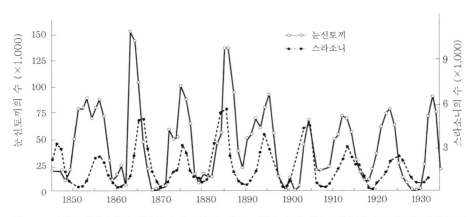

그림 4-10. 북부 캐나다에서 가죽의 수를 기초로 하여 그린 눈신토끼와 스라소니 개체군의 주기적 변동.

표 4-3. 개체군 크기의 주기적 변화를 보여주는 조류와 포유류

종	서식지
3~4년 주기	
눈올빼미 (snowy owl)	툰드라
버드나무뇌조 (willow ptarmigan)	툰드라
유럽나그네쥐 (European lemming)	툰드라
칼라나그네쥐 (collared lemming)	툰드라
유럽풀밭두더쥐 (European meadow vole)	초 지
북극여우 (arctic fox)	툰드라
9~10년 주기	
목도리들꿩 (ruffed grouse)	혼합한대림
버드나무뇌조 (willow ptarmigan)	툰드라
눈신토끼 (snowshoe hare)	북방삼림
사향뒤쥐 (muskrat)	소택지
캐나다스라소니 (Canada lynx)	북방삼림

다. 표 4-3은 개체군 크기의 주기적 변화가 밝혀진 조류와 포유류의 예이다. 장기간에 걸친 자료에서 개체군의 주기성에 대한 예는 증가하고 있지만 이러한 주기성이 포식작용에 기인 한다고 판단할 수 없다.

자연계에서 명확한 포식자-피식자 주기성이 잘 관찰되지 않는 또 다른 이유는 대부분 의 생물 종들이 다수의 포식자로부터 공격을 받으며 포식자 또한 다수의 피식자를 공격 한다는 것이다. 상호작용의 이러한 확산으로 포식자-피식자의 주기성이 사라질 수 있다.

3) 최적 채식의 원리

먹이를 효율적으로 찾아 먹는 동물은 그렇지 못한 동물보다 훨씬 더 잘 사는데, 이러한 현상은 먹이가 부족한 상황에서 더욱 뚜렷하다. 시간과 에너지를 최소로 들여서 최대의 먹 이를 찾아 먹는 활동을 **최적 채식**(optimal foraging)이라고 한다. 최적 채식의 이론은 자연 선택이 최대의 순이익, 즉 행동의 이익에서 비용을 뺀 것이 최대가 되는 행동을 선호한다 는 것이다.

먹이를 찾는 동물은 어떤 서식지를 탐색할지, 언제 할지, 얼마나 오랫동안 각 지역에서 시간을 보낼지, 어떤 종류의 먹이를 선택할지, 특정한 먹이만 먹을지, 아니면 만나는 모든 먹이를 먹을지 등 다양한 결정을 해야 한다. 자신이 선택할 수 있는 다양한 선택 중에서

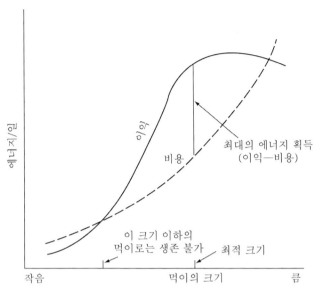

그림 4-11. 최적의 먹이 크기를 결정하는 예.

자신의 적응도(fittness)를 최대로 높일 수 있는 행동을 해야 하는 이유는 모든 생물들이 이용할 수 있는 에너지와 자원의 양에 대한 생리적 한계가 있기 때문이다.

그림 4-11은 포식자가 최적의 먹이 크기를 결정하는 하나의 예이다. 큰 먹이는 수가 적고, 그것을 찾아 먹으려면 보다 긴 시간과 많은 에너지를 투자하여야 한다. 즉, 먹이 크기가 커짐에 따라 포식자의 에너지 소비(비용곡선)는 지수적으로 증가한다. 또한 큰 먹이가 에너지를 보다 많이 가지고 있기 때문에 이익곡선도 먹이의 크기에 따라 증가하지만 일정한 정점을 지나면 먹이 수와 먹이 속의 뼈 때문에 오히려 다소 감소한다. 따라서 이익곡선과 비용곡선이 가장 떨어진 점에 해당하는 크기의 먹이를 먹을 때 가장 효율적으로 에너지를 섭취하는 최적 채식이 된다.

포식자가 피식자를 발견하면 그것을 잡아먹으려고 시도하거나 포기하고 계속해서 탐색을 한다. MacArthur는 포식자가 다음의 조건에서 특정 피식자를 추적한다고 주장하였다.

특정 피식자 추적시간 < (평균 추적시간 + 평균 탐색시간)

위의 조건은 피식자가 거의 평균 에너지 함량을 가졌을 때이고, 피식자가 대단히 크거나 포식자가 상당히 굶주렸을 경우에는 다를 수 있다. 이 모델은 자연계에서 포식자의 피식자 탐색시간은 추적시간보다 길다는 사실을 설명해주고 있다.

Heinrich(1979)는 꿀을 먹는 땅벌의 최적 채식을 연구하였다. 그는 몇 종류의 꽃이 분포

표 4-4. 망으로 덮은 풀밭에서 땅벌이 채식한 여러 종류의 꽃의 특성

종	꿀 함량 (mg)/꽃	채식시간 (꽃 수/분)	잠재 이익 (mg/분)
봉선화	2.8	10.7	30
Turtlehead	3.3	2.8	9
붉은토끼풀	0.05	44.0	2
기타	-	-	0.01 또는 이하

하는 풀밭에 망을 덮고 그 속에 한 종류의 땅벌을 넣어 꽃 한 송이 당 꿀의 양과 꿀을 뽑아내는 데 소요된 시간을 측정하고 이들을 곱하여 잠재이익 [꿀의 무게(mg)/분(min)]으로 표시하여 표 4-4와 같은 결과를 얻었다. 그림 4-12는 망으로 덮은 풀밭에 넣은 땅벌을 반복적으로 망에 넣었을 때 방문하는 꽃의 종류를 기록한 그림이다. 초기에는 땅벌이 여러 종류의 꽃을 탐색하다가 여섯 번째 방문부터는 가장 이익이 많은 봉선화만을 방문함으로써 최적의 꽃을 선택하였다.

많은 땅벌들은 꿀이 많은 꽃에서 오래 머물고 꿀이 적은 꽃에서는 곧 떠난다. 또한 꿀이 많은 꽃이 많이 피어 있는 곳에서는 오래 머물고 적게 피어 있는 곳에서는 빨리 떠난다. 대부분의 포식자는 먹이를 얻을 수 있는 여러 **집중반**(patch)에서 정보를 얻고 특정 집중반에 머무를 것인지 떠날 것인지, 그리고 머문다면 얼마나 머무를 것인지를 결정한다.

그림 4-13은 채식을 위하여 현재의 집중반으로부터의 이동 시간 및 새 집중반에서의 거주 시간과 에너지 획득률과의 관계를 나타낸다. 새 집중반에서 얻는 에너지 획득률은 새 집중반에 도착한 A로부터 빠르게 증가하고 새 집중반에서 보내는 시간이 길어질수록 점차 감소한다.

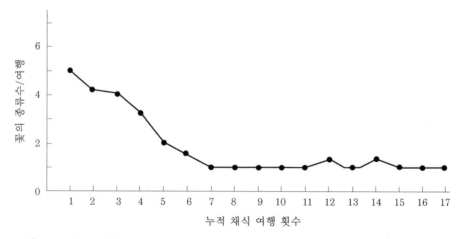

그림 4-12. 망으로 덮은 풀밭에서 땅벌이 방문하는 꽃의 종류 수.

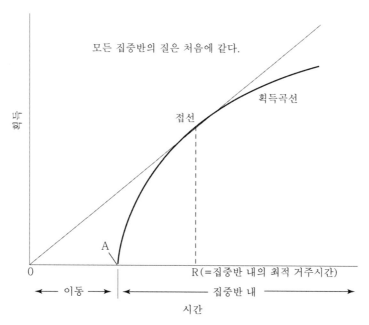

그림 4-13. 채식에 이용되는 가장 적합한 집중반.

획득곡선에 그어진 접선은 어떤 시각에서의 에너지 획득률을 나타내는데, 이동 시간을 고려하여 최대 에너지 획득률은 현재의 집중반을 떠났을 때의 시각 0을 통과하는 접선과 접하는 점으로 주어지며, 이 점을 지나면서부터는 시간당 에너지 획득률이 감소한다. 즉, 최적 채식을 위해서는 새 집중반에서 최대의 이익을 얻을 수 있는 R만큼의 시간을 보낸 다음 다른 집중반으로 이동하여야 한다. 이 때 집중반에서 최대 에너지 획득률에 도달할 때까지 보내는 시간 R을 **최적 집중반 거주시간**(optimal patch residence time)이라 한다.

집중반을 너무 일찍 떠나면 이동 시간을 너무 많이 소모하므로 순 에너지 획득률이 적어지고, 너무 늦게 떠나면 자원이 적은 집중반에서 시간을 많이 소모하므로 순 에너지 획득률이 적어진다.

집중반의 질이 다를 경우 최적 거주시간은 평균 집중반의 접선과 평행한 접선을 그음으로써 구할 수 있다(그림 4-14). 즉, 메마른 집중반에서는 빨리 떠나고 풍요한 집중반에서는 오랫동안 머물러야만 최적 채식을 할 수 있다.

4) 포식자에 의한 피식자 수의 조절

특정 집중반에서 피식자 개체군의 크기가 커지면 어떤 일이 생길까? 일단 특정 집중반에서 피식자 개체군의 수가 증가하게 되면 이입과 생식의 증가로 인하여 포식자 개체군의 수

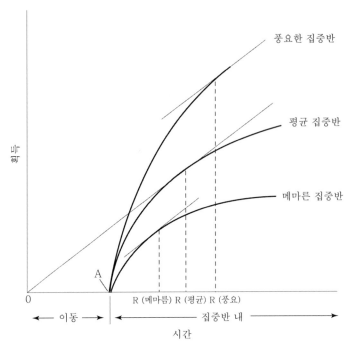

그림 4-14. 질이 다른 집중반에서의 최적 거주시간. 메마른 집중반에서 빨리 떠나고 풍요한 집중반에서 오래 머물러야 최적 채식을 하게 된다. 각 집중반에서의 최적 거주시간은 평균 집중반에서의 접선과 평행한 접선으로 그려진다.

도 증가하게 될 것이다. 이와 같이 피식자의 밀도 증가에 따른 포식자의 증가 현상을 **포식자의 수적 반응**(numerical response)이라 한다. 또한 피식자 밀도가 증가하게 되면 포식자 섭식률이 최대가 될 때까지 증가한다. 이와 같이 피식자의 밀도에 따라 포식자의 섭식률이 증가하는 현상을 **포식자의 기능적 반응**(functional response)이라한다(Solomon, 1949; 그림 4-15).

　　포식자의 기능적 또는 수적 반응의 결과는 복합적으로 나타난다. 즉, 낮은 피식자 밀도에서 10마리의 포식자가 개체당 매일 10마리씩 잡아먹으면 피식자는 하루에 100마리씩 소비되지만, 높은 밀도에서 포식자의 수가 20마리로 증가하고 포식자가 개체당 매일 20마리씩 피식자를 잡아먹으면 피식자는 하루에 400마리씩 소비된다.

　　그림 4-16은 소나무톱파리를 잡아먹는 소형 포유류 세 종의 기능적 및 수적 반응의 복합 효과를 나타낸 것이다(Holling, 1959). 피식자의 밀도가 낮을 경우에는 피식자의 밀도가 증가함에 따라 포식자의 수적 및 기능적 반응으로 인하여 피식률이 크게 증가한다. 그러나 피식자의 밀도가 일정 크기 이상일 때에는 피식자의 개체군 증가율이 포식자에 의한 피식율보다 높아질 수 있다. 따라서 피식자 개체군 밀도가 낮을 경우에는 포식자에 의해 피식

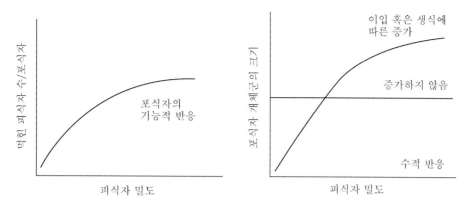

그림 4–15. 기능적 반응곡선 (왼쪽)과 수적 반응곡선 (오른쪽).

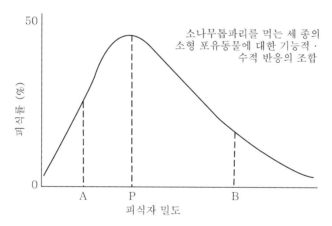

그림 4–16. 기능적 반응과 수적 반응의 복합 효과. 피식자의 밀도가 증가함에 따라 피식률이 증가
하므로 소형 포유류들은 밀도 의존적으로 작용하여 피식자의 수를 조절한다. 정점 P의
오른쪽에서 피식자의 피식률과 생식률이 비슷하면 역시 밀도 의존적으로 조절된다. 그
러나 A와 B 사이에서 피식자가 폭발적으로 증가하면 포식자에 의한 조절이 불가능해
진다.

자 개체군의 크기가 조절되지만 일정 크기 이상의 밀도에서는 피식자 개체군 자체의 밀도
조절 요인에 의해서 조절된다.

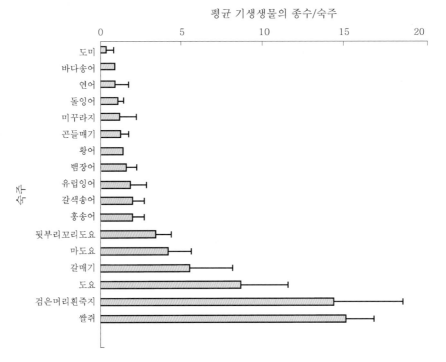

평균 기생생물의 종수/숙주

그림 4-17. 여러 종류 동물의 장내 기생생물인 선형동물의 종 수.

4. 기생과 질병

1) 기생의 유형과 기생생물

기생(parasitism)은 숙주(host)로부터 일방적으로 영양을 얻는 기생생물(parasite)과 숙주의 상호작용이다. 기생은 생물의 흔한 생활 방식 중의 하나인데, 그림 4-17은 거의 모든 생물에 기생생물이 살고 있음을 보여주고 있다. 특히 어류보다 조류와 포유류에서 많은 기생생물이 살고 있다. 기생생물로 생활하는 분류군 중 가장 일반적인 것은 바이러스, 세균, 원생동물, 편형동물, 선형동물, 요각류, 곤충류, 균류 등이다.

식물 중에도 다른 식물의 줄기나 뿌리로부터 양분을 빼앗는 새삼, 겨우살이, 오리나무더부살이, 개종용, 초종용 등의 기생식물이 있다. 수마트라와 보르네오의 열대우림에 서식하고 세계에서 가장 큰 꽃을 피우는 것으로 알려진 라플레시아 *(Raflesia arnoldii)*도 대표적인 기생식물이다. 척추동물 중 다른 어류에 부착하여 흡반과 같은 입으로 체액을 흡수하는 칠

성장어도 잘 알려진 기생동물이다. 남의 둥지에 **탁란**(brood parasitism)을 하여 자신의 새끼를 기르도록 하는 뻐꾸기의 경우에도 기생동물이라고 할 수 있다.

기생생물은 숙주 내부나 표면에서 번식하는 바이러스, 세균, 균류, 원생동물 등과 같은 소형 기생생물(microparasite)과 숙주의 체내 혹은 표면에 사는 선충, 절지동물 등과 같은 대형 기생생물(macroparasite)로 구분된다. 대형 기생생물에 속하는 많은 곤충들은 숙주에 알을 낳고 결과적으로 숙주를 죽임으로서 기생과 포식을 겸하는 포식기생자(parasitoid)이다.

남의 둥지에 탁란을 하는 뻐꾸기나 다른 종의 일개미로 하여금 자신의 새끼들을 돌보도록 강제하는 몇몇 개미의 예와 같이 기생생물이 직접 숙주의 조직을 먹지는 않지만 음식이나 다른 편리성을 제공하도록 강제하는 기생 양식을 **사회적 기생자**(social parasites)라고 한다.

2) 기생생물과 숙주의 상호작용

기생생물의 전파 양식은 개체군 내 구성원간에 직간접적으로 전파되는 수평적인 전파와 어머니로부터 자식에게 전파되는 수직적인 전파가 있다. 직접적인 수평 전파는 신체 접촉(홍역, 감기), 성적 접촉(HIV, 매독), 오염된 식수(콜레라) 등으로 일어나고, 간접적인 수평 전파는 모기(말라리아)와 같은 매개동물을 통하여 일어난다. 어머니로부터 자식에게 전파되는 수직 전파는 HIV와 풍진이 대표적이다. 때때로 기생생물의 전파는 다른 종간에 일어나기도 하는데 광견병과 조류독감이 대표적이다.

척추동물에서 소형 기생생물의 감염은 강한 면역반응을 일으킨다. 이러한 면역반응은 특수화된 세포에 의하여 직접 병원균 세포를 공격하는 세포성 반응과 항체 형성을 일으키는 체액성 반응으로 나타난다. 병원균에 의한 첫 번째 감염 이후에는 같은 병원균에 대한 2차 침입에 대비하여 면역기억이 일어나 면역이 오래 지속된다. 대형 기생생물의 감염에서는 면역이 생기는 일이 거의 없다. 그 이유는 주혈흡충의 경우, 그 성충이 숙주의 단백질 분자로 덮여서 숙주의 면역체계가 교란되기 때문이다(Kolata, 1985).

아프리카에서 기원한 후천성 면역결핍증후군(acquired immunodeficiency syndrome, AIDS)은 병원체가 바이러스(human immunodeficiency virus, HIV)인 인간의 새로운 질병이다. AIDS는 체액, 특히 정액이나 혈액으로 전염되는 HIV가 숙주인 인간의 면역체계를 파괴하는 데서 비롯된다. 감염된 혈액의 수혈과 주사바늘을 나누어 쓰는 정맥주사에 의해 일어나기도 하지만, 주로 성적 접촉에 의해 일어난다.

그림 4-18. 밤나무순혹벌 (왼쪽)과 솔잎혹파리 (오른쪽)에 의한 피해.

3) 기생이 숙주의 수와 분포에 미치는 영향

어떤 기생생물은 숙주의 수를 제한하거나 조절하며 분포와 군집 구조를 변화시킨다. 기생에 의해서 숙주의 수가 감소되어 숙주가 전멸할 수 있으나 반대로 숙주의 수가 너무 적어 기생생물이 전멸하는 경우도 있다. 한국에서는 1950년대에 밤나무혹벌(*Dryocosmus kuriphilus*)이 침입하여 밤나무의 새 순이나 열매에 알을 낳아 혹처럼 부풀거나 열매를 맺지 못하게 되어 나무가 죽거나 번식을 하지 못하게 된 사례가 있다(그림 4-18).

또한 우리나라에 널리 자생하는 소나무 숲에 1929년에 침입한 솔잎혹파리(*Thecodiplosis japonensis*)는 소나무의 새 가지나 잎의 밑 부분에 혹을 만들어 가지와 잎이 자라지 못하게 하여 영양 부족으로 인한 겨울철의 동사를 일으킨다(그림 4-18). 솔잎혹파리 피해지의 임상에는 소나무가 없어져 햇빛이 많이 비치게 되고, 결과적으로 소나무에 피압되어 있던 졸참나무, 굴참나무, 신갈나무 등의 참나무류가 빠른 속도로 자라서 소나무 숲을 대체하게 된다.

북미 동부지역의 낙엽수림에서는 1940년경 중국으로부터 밤나무동고병(chestnut blight)이 침투하여 교목층의 중요 구성종인 밤나무를 전멸시키고 이들이 임상식물로만 자라게 함으로써 군락의 구조를 바꾸었다.

기생생물은 숙주의 지리적 분포에도 영향을 미친다. 1778년 Cook 선장이 하와이 군도에 도착할 당시 이 군도에는 6과의 육상 조류가 분포하고 있었는데, 1800년대 말에 이들 육상 조류의 많은 종이 멸종된 것을 알았다. 현재 하와이 섬에 한정되어 분포하던 8종의 벌새는 멸종되었고, 남아 있는 종들도 표고 600~700 m 이상에서만 분포하고 있다(Warner, 1968).

이렇게 야생조류가 멸종된 것은 자연식생의 파괴나 도입된 조류와의 경쟁도 한 요인이 될 수 있지만 질병 특히 조류의 천연두와 말라리아가 주요한 요인임이 밝혀졌다.

원래 하와이 군도를 찾는 철새들은 이 질병을 가지고 있었지만 병원체(조류 천연두는 바이러스, 말라리아는 원생생물이 병원체)를 전파시키는 곤충이 없었기 때문에 텃새에게 전파되지 않았다. 하와이 군도에는 모기가 없었다. 그런데 1826년 Wellington호로 입국한 선원이 Maui섬에서 배의 물탱크에 들어있던 모기 유충을 개울에 버림으로써 야행성 모기가 도입되었다. 멕시코의 열대성 모기 유충이 도입됨으로써 말라리아가 하와이 군도에서 창궐하였고, 이로 인해 낮은 온도 때문에 야행성 모기가 서식하지 못하는 표고 600~700 m 이상에서만 벌새가 분포하게 되었다. 멸종된 벌새들은 본래 그 표고 이하에서 서식하였거나 저지대로 주기적 이주를 하였던 종이었다.

4) 기생생물과 숙주의 공진화

종간경쟁이 일어나고 있는 콘휴줌밀바구미(*Tribolium confusum*)와 카스타늄밀바구미(*Tribolium castaneum*)에 대한 기생충 감염의 영향에서 보는 바와 같이(표 4-5), 기생생물과 숙주 사이에 어느 한 편이 크게 감소하거나 죽는 예는 밤나무에 밤나무순혹벌이, 소나무에 솔잎혹파리가, 미국밤나무에 동고병이 그리고 하와이군도의 벌새에 말라리아병원충이 기생하였을 때처럼 기생 초기이거나 환경의 변화에 의해서 기생생물-숙주의 상호작용이 변화하는 경우이다.

기생생물과 숙주 사이의 공진화에서 숙주는 진화를 통해 기생생물에 대한 저항성이 증가하고, 기생생물은 독성이 약화되는 쪽으로 발전한다. 기생생물과 숙주 사이의 공진화 과정의 좋은 사례로 호주의 토끼 개체군을 조절하기 위해 도입한 믹소마 바이러스의 경우를 들 수 있다(Fenner and Myers, 1978). 1859년 호주에는 유럽산 토끼들이 도입되었는데, 이들이 엄청난 숫자로 증식하여 큰 생태적 문제를 일으키므로 호주정부에서는 다양한 토끼 개체군 조절 방식을 도입하였다.

이 중 가장 성공적인 방법은 1950년 토끼에 기생하는 믹소마 바이러스를 영국으로부터

표 4-5. 두 종의 밀바구미의 경쟁에 미치는 기생충(*Barbershop coccidian*)의 영향

	기생충 감염 (74반복 실험)	기생충 비감염 (18반복 실험)
콘휴줌밀바구미 이김	11%	67%
카스타늄밀바구미 이김	89%	33%

도입한 것이었다. 믹소마 바이러스는 모기를 통해 토끼에게 전염되는데, 호주에 도입된 바이러스는 감염된 토끼의 99.8%를 죽일 정도로 치사율이 높아서 토끼 개체군의 문제가 해결될 것처럼 보였다. 그러나 토끼 개체군은 곧 다시 증가하기 시작하였고, 새로운 바이러스가 도입되었다. 새로 도입된 바이러스에 감염된 토끼의 치사율은 90%이었다.

토끼 개체군이 다시 증가하기 시작해 세 번째 바이러스가 도입되었는데, 세 번째 도입된 믹소마 바이러스의 치사율은 40~60%로 낮아졌다. 바이러스가 감염된 토끼를 죽이는데 소요되는 시간에도 변화가 있었는데, 1950년 처음으로 믹소마 바이러스가 도입되었을 때는 평균 13일 만에 감염된 토끼가 죽었지만 1958년과 1963년에는 각각 22일과 28일로 그 시간이 늘어났다. 결국 이러한 패턴이 반복되어 믹소마 바이러스에 전염된 토끼 중 매우 적은 수만이 죽게 되었다. 이러한 현상의 원인은 토끼 개체군이 믹소마 바이러스에 대한 저항력이 커진 것과 바이러스 자체가 점차 그 독성이 약화되었기 때문이다.

숙주가 가질 수 있는 저항성 중에는 세포 또는 항체가 기생생물을 멸종시키는 면역학적 방법과 그 밖의 방어 기작으로 구분된다. 예를 들면, 하와이 군도의 벌새와 모기의 관계에서 저지대의 벌새가 밤에 잠을 자는 동안에 다리, 부리 및 눈을 깃털 밖으로 노출시킨 종은 모기에 물려서 말라리아에 걸려 죽게 되는 경우이다.

독성이 약화된 기생생물은 숙주의 수명을 연장시킴으로써 오랫동안 생식을 하여 진화할 수 있는 기회를 갖게 되고, 독성이 강해 숙주의 수명을 단축시키면 기생생물의 생식 및 다른 숙주로의 전파할 기회가 적어져서 진화하지 못하게 된다. 장구한 세월에 걸쳐 이루어진 숙주와 기생생물 사이의 공진화를 통해 숙주는 생활 양상이 크게 교란되지 않은 채 오랫동안 살아남을 수 있다.

건강과 질병을 생물과 환경의 측면에서 생태학적으로 고찰할 필요가 있다. 질병의 **배종설**(germ theory)을 단순화하면 숙주의 조직 속에 병균이 들어와 증식해서 일련의 독특한 증세가 나타난다고 볼 수 있다. 그러나 Dubos (1955)가 지적한 바에 의하면, 질병은 병원체와 숙주 사이에서 일어나는 상호작용이라는 것이다. 이들 사이에는 편리공생, 중립, 심지어는 상리공생도 가능하며, 병이 악화되는 정도는 이들 생물과 환경과의 관계에 달려 있다. Dubos의 이러한 생태학적 개념은 단순한 이론이 아니고 미생물에 의한 질병과 그 치료 방법을 연구하는데 중요하다.

5. 편리공생

편리공생(commensalism)은 한 생물이 다른 생물(숙주)과 함께 살거나 가까이 살면서 이익을 얻는 상호관계이다. 숙주가 피해를 받지 않는 편리공생과 피해를 받는 기생 사이의 구별은 모호하고 또 시간에 따라 변화한다. 이와 마찬가지로 편리공생과 다음에 기술하는 상리공생 사이의 구별도 모호한 경우가 있다.

Beneden(1876)은 **편리공생자**(commensal)를 '식사를 함께 하는 동료'라고 표현하였는데, 이러한 관점에서 볼 때 사자와 같은 육식동물이 먹고 남긴 찌꺼기를 먹는 부육동물인 독수리를 예로 들 수 있다. 머리에 흡반을 가지고 상어의 몸에 붙어 이동하면서 상어가 먹고 남긴 찌꺼기를 먹는 빨판상어와 척추동물의 창자 속에서 음식물 찌꺼기로 사는 대장균도 편리공생자이다. 넓은 의미의 편리공생은 숙주로부터 먹이를 얻는 이익뿐만 아니라 지탱, 운반 또는 주거의 이익을 얻는 것도 포함된다.

굴을 파는 올빼미(*Athene cunicularis*)는 초원의 이리(*Cynomys ludovicianus*)의 굴을 둥지로 이용하고, 사슴생쥐(*Peromyscus* spp.)는 조류의 묵은 둥지를 이용한다. 한 식물이 다른 식물 위에서 몸을 지탱하는 **착생생활**(epiphytism), 예를 들면 공중 습도가 높은 제주도나 흑산도의 상록수에 붙어사는 난과식물은 편리공생을 하고 있다.

동물에 의한 종자 산포, 즉 왜가리의 다리에 붙어 운반되는 수생식물의 종자, 제비의 깃털에 묻어서 사는 조류(algae)는 편리공생을 하고 있다. 해양의 다모류의 굴에는 갑각류와 다른 생물들이 살고, 고래의 몸 표면에는 따개비가 붙어살면서 일방적으로 이익을 얻는다. 플로리다의 해안에 쓸려 올라온 한 마리의 대합에는 25종, 100개체 이상의 동물이 붙어 있었고(Perry, 1936), 캐나다 Tortugas 해역에서 한 마리의 붉은거북해면(*Spongia officinialis*)에는 10종, 17,000개체 이상의 동물이 살면서 이익을 얻고 있었다(Pearse, 1939).

한 동물이 다른 동물에 의해서 운반되는 것을 **편승**(phoresy)이라 한다. 곤충이나 연체동물은 다른 동물에 편승하며, 특히 거미강에 속하는 진드기에서 편승은 가장 잘 발달하였다. 예를 들면, 어떤 진드기는 곤충이나 벌새의 부리에 붙어서 이동한다. 진드기는 자신을 운반해주는 곤충에게 이익을 준다. 즉 북방송장벌레(*Necrophorus humator*)는 유충의 먹이원으로 매장한 쥐의 사체에 산란하는데, 북방송장벌레에 편승한 진드기는 쥐의 사체 위를 뛰어 다니면서 금파리 알을 먹는다. 이렇게 하여 진드기는 북방송장벌레의 경쟁자인 금파리 유충의 부화를 억제한다(Springett, 1968; Wilson, 1983).

6. 부생

부생(saprobism)은 죽었거나 죽어가는 생물로부터 에너지를 얻는 상호작용이다. **부생생물**(saprobe)에는 부육동물(scavenger), 부패생물(decay organism), 분변식자(coprophage) 및 부니식자(detrivore)가 포함된다. 부생생물이 이용하는 물질은 동물의 사체, 배설물과 분비된 유기화합물, 고사목(통나무, 그루터기 및 나무뿌리), 낙엽과 낙지, 나무 조각, 과숙한 과일 등이다.

동물의 사체는 단백질이 풍부한 영양원으로 몸집이 큰 동물이 죽으면 부육동물 사이에 경쟁이 벌어진다. 조류와 포유류는 사체를 먹는 속도가 빠르므로 곤충과의 경쟁에서 이기며, 세균과 곰팡이도 그 일부를 얻는다. 육상 척추동물의 사체는 주로 콘도르, 독수리, 하이에나 및 재칼(들개)이 먹는다. 해안에서는 갈매기가 주요한 부육동물이다. 살아 있는 먹이와 죽은 먹이의 이용도에 따라 많은 동물이 포식동물과 부육동물 사이를 전환한다.

곤충 중에는 동물의 사체에 산란한 다음 그 곳에서 부화하고 유충이 그것을 먹고 성충까지 변태하는 종류가 있다. 이러한 생활사를 갖는 것으로는 쉬파리, 금파리, 북방송장벌레 등이 있다. 북방송장벌레는 대개 두더지보다 작은 동물의 사체를 이용하지만, 사체가 모자랄 경우에는 사슴같이 큰 동물의 사체도 이용한다.

곤충, 조류, 소 등이 배설한 분변(dung)에는 제각기 다른 분변을 이용하는 생물들이 분화되어 발달하게 된다. 파리와 쇠똥풍뎅이는 중요한 **분변식자**(coprophage)들이다. 분변을 이용하는 분변식자들은 새 분변의 화학물질에 반응하여 30분 이내에 모여든다(그림 4-19). 분변 속에는 소화되지 않은 먹이 찌꺼기, 소화관의 분비물과 배설물, 벗겨진 상피세포, 세

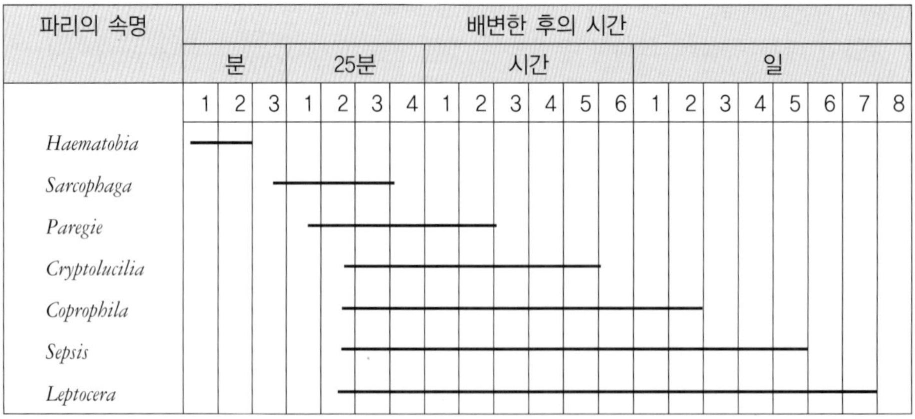

파리의 속명	배변한 후의 시간																					
	분			25분				시간						일							
	1	2	3	1	2	3	4	1	2	3	4	5	6	1	2	3	4	5	6	7	8
Haematobia	━	━																			
Sarcophaga				━	━	━															
Paregie				━	━	━	━	━													
Cryptolucilia					━	━	━	━	━	━	━	━									
Coprophila					━	━	━	━	━	━	━	━	━	━							
Sepsis					━	━	━	━	━	━	━	━	━	━	━	━	━	━	━	━	
Leptocera					━	━	━	━	━	━	━	━	━	━	━	━	━	━	━	━	━

그림 4-19. 소의 분변에 모이는 파리 성충의 천이.

균, 효모 및 곰팡이 등이 들어 있는데, 파리의 유충은 이 물질이나 미생물을 먹는다. 분변의 바깥 부분은 빨리 마르기 때문에 파리의 유충은 안에서 산다.

쇠똥풍뎅이 중에는 육식성인 것이 있어서 성충과 유충이 파리와 다른 쇠똥풍뎅이의 유충을 잡아먹는다. 쇠똥이 건조해짐에 따라 토양 미생물이 침입하여 최종 분해되는데, 그 자리에는 질소 함량이 많아서 가축의 입맛에 맞지 않는 풀이 무성하게 자라 흔적을 남긴다.

소 한 마리는 하루에 12개의 변 무더기를 누는데 그 무게는 23 kg이나 된다. 대형 초식동물이 많은 초원이나 사바나에서는 분변이 중요한 미소서식지이며 토양과 식생에 중요한 영향을 미친다. 물론 모든 생태계에서 분변은 생물지화학환의 중요한 사실을 형성한다.

고사목의 분해와 부패 과정은 줄기의 굵기, 서 있는가 누워 있는가 또는 양지와 음지에 따라 다르다. 고사목의 미소 천이계열에서 초기의 침입자는 수피와 목질부를 부드럽게 하여 다른 생물들이 이용할 수 있는 환경을 제공한다. 다음 단계의 생물은 수목의 종류에 따른 차이가 없는데, 홍날개과, 등각류 및 지네류와 같이 몸이 납작한 무척추동물이 들어온다. 이 단계는 수피가 남아있을 경우 안에서 목질부의 부패가 수년간 지속된다. 수피 밑의 목질부 표면은 침투한 균사 덩어리로 싸이고 그 속에서 딱정벌레, 말벌, 파리, 바퀴벌레, 거미, 톡토기, 진드기, 노래기 및 달팽이와 같은 토양 소동물이 산다. 이들 벌레의 일부는 목질부를 먹고, 일부는 곰팡이를 먹으며, 다른 종류는 벌레를 잡아먹는다. 삼림의 고사목은 날다람쥐, 박쥐, 뱀, 도마뱀, 조류 등과 같은 척추동물의 서식지나 숨는 장소로도 이용된다.

식물군락에서 생산되는 대부분의 유기물은 매년 죽어서 떨어지는 낙엽과 낙지이다. 이들은 임상의 토양 위에 비교적 균질하게 깔려 분해됨으로써 수분을 보존하고 무기영양소의 순환에 중요한 역할을 하며 토양 소동물의 서식지가 된다.

죽은 유기물은 수중생태계의 먹이사슬에서 중요한 에너지 공급원이다. 사체, 낙엽, 분변 등은 생물 및 비생물 과정을 거쳐 입자상 유기물이나 용존성 유기물로 전환되는데, 용존성 유기물은 0.5 μm 여과지를 통과하는 크기이다. 수중생태계에서는 사체, 분변, 통나무 등을 직접 먹는 동물이 거의 없고 대부분 부니식자로서 분해된 유기물이나 부생세균을 먹고 산다.

7. 경쟁

경쟁(competition)은 한 종류의 한정된 자원 혹은 생태적 지위를 두고 두 생물종간에 자원을 차지하려고 벌이는 상호작용이다. 흔히 경쟁의 유형은 착취경쟁과 간섭경쟁으로 구분한다. **착취경쟁**(exploitation competition)은 직접적인 다툼이 없이 한정된 자원을 소모함으로써 다른 종의 적응도를 감소시키는 간접적인 형태의 경쟁관계이다.

간섭경쟁(interference competition)은 직접적인 신체적 접촉을 통한 경쟁으로 세력권이나 먹이 등을 위해 싸우는 것을 말한다. 간섭경쟁은 경쟁자에게 독성물질을 분비하는 형태로 일어나기도 한다. 식물이 화학물질을 주변 환경에 방출하여 다른 식물의 발아, 성장, 성숙 등을 억제하는 것을 타감작용(allelopathy)이라고 한다. 소나무과 식물, 호두나무, 쑥, 개망초 등은 타감물질을 분비하는 식물로 잘 알려져 있다.

1) 종간경쟁과 종내경쟁

경쟁은 다른 종의 생물 사이에서 한정된 자원을 차지하려는 종간경쟁(interspecific competition)과 같은 종의 다른 개체 사이에서 일어나는 종내경쟁(intraspecific competition)으로 구별된다. 예를 들면, 여러 종류의 임상식물이 햇빛, 물, 무기영양소 등의 자원을 서로 많이 차지하려는 것은 종간경쟁이고, 소나무 개체군의 개체 사이에서 일어나는 것은 종내경쟁이다. 대체적으로 한 자원에 대하여 종간경쟁보다 종내경쟁이 혹독하게 일어나는 경우가 많다.

고착성 개체군 내에서 경쟁하는 개체들은 서로 피할 수가 없기 때문에 경쟁의 결과로 보다 몸집이 큰 소수의 개체들만이 살아남게 된다. 이러한 과정이 반복되면 더욱 큰 소수의 개체들이 남게 되는데, 이러한 과정을 자기솎음질(self-thinning)이라고 한다. 자기 솎음질 과정은 개체군 밀도와 개체 무게의 관계를 양대수 그래프에서 -3/2의 기울기로 표현할 수 있고, 이를 Yoda의 -3/2법칙이라고 한다(그림 4-20). 이 법칙은 따개비나 삿갓조개와 같은 고착성 동물과 대부분의 식물에서 일어나는 경쟁관계에 잘 적용된다.

2) 경쟁배타의 원리

한 자원에 대하여 종간경쟁이 심하게 일어나면 한 종이 멸종하고 다른 종은 살아남는다. 이러한 사실을 실험적으로 밝힌 학자는 러시아의 Gause(1934)이다. 그 후 Hardin(1960)이 그 결과를 Gause의 법칙 또는 경쟁배타의 원리(competitive exclusion principle)라고 불렀다. 경쟁배타의 원리에는 생태적 지위의 개념이 들어 있다. 즉, 두 종이 똑같은 생태적 지위를 점유할 수 없다는 것이다. 두 종의 생물이 똑같은 먹이를 먹거나 생활공간을 점유하면 한 종이 멸종되고 다른 종이 이득을 얻게 된다.

그림 4-21은 실험실에서 카스타늄밀바구미(*Tribolium castaneum*)와 콘휴줌밀바구미(*Tribolium confusum*)를 사육하면서 이들 개체군의 생장과 경쟁배타를 연구한 결과이다. 밀가

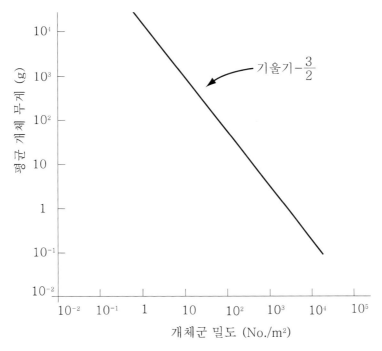

그림 4-20. Yoda의 −3/2 법칙에 따른 식물의 밀도와 평균 개체 무게와의 관계.

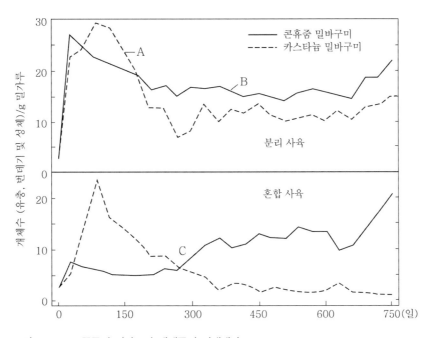

그림 4-21. 두 종류의 밀바구미 개체군의 경쟁배타.

루 주머니 속에서 두 종을 혼합 사육한 실험에서 한 종이 멸종되는 현상이 어김없이 나타났지만 멸종은 환경조건에 따라 달랐다(Park, 1954). 저온 건조한 환경에서 콘휴줌밀바구미는 항상 생존하였으나 카스타늄밀바구미는 고온 다습한 환경에서 생존하였다.

이처럼 고도로 단순화된 환경 속에서 유사한 두 종중에서 한 종이 멸종되기까지는 2년 이상의 오랜 시간이 걸렸는데, 콘휴줌밀바구미 한 세대의 길이가 약 60일이므로 이 종이 멸종되는데 10세대 이상이 걸렸다(그림 4-21). 따라서 실험실처럼 단순한 환경에서 한 자원을 이용하는 유사한 두 종은 공존할 수 없다고 말할 수 있다.

어떤 지역에서 한 종이 다른 유사한 종에 의하여 완전히 대체(replacement)되는 예가 자주 관찰된다(Diamond and Case, 1986). 그러한 종의 대체가 경쟁배타의 원리로 설명되지만 과거의 기록이 확실하지 않기 때문에 뚜렷하게 제시될 수 있는 예가 흔하지 않다.

Debach와 Sundby (1963)는 야외에서 얻은 관찰과 실험의 결과를 보충하여 종의 대체에 대한 기록을 발표하였다. 캘리포니아의 오렌지 과수원에 해를 입히던 붉은개각충(*Aonidiella aurantii*)의 비늘 밑에 알을 낳고 그 유충의 체액을 빨아먹어 죽이는 크리솜팔리말벌(*Phytis chrysomphali*)은 1940년대 초에 급격히 증가하여 붉은개각충을 억제하였다. 이 말벌은 특히 해안지방에서 붉은개각충을 억제하는데 효과가 있었다.

그런데 중국으로부터 링그난말벌(*Aphytis lingnaensis*)을 도입하여 오렌지 과수원에 방사하였더니 1년 이내에 링그난말벌은 크리솜팔리말벌을 억제하여 연구지역의 약 2/3가 링그난말벌로 대체되었고, 4년 이내에 전 지역에서 붉은개각충의 95%를 죽였으며, 11년 이내에 $10,000 \text{ km}^2$의 면적에서 대체가 이루어졌다.

그 후 인도와 파키스탄으로부터 세 번째 말벌을 도입하여 방사하였더니 내륙지방에서 링그난말벌이 세 번째 종에 의하여 대체되어 붉은개각충이 더욱 억제되었다. 실험실에서의 말벌 혼합 사육에서 경쟁배타는 8세대 이내에서 일어났으며, 사육상자 속에서 승자는 생식적으로 우세하여 패자를 누르는 것이 관찰되었다.

경쟁자가 살기 때문에 어느 지역에 다른 종이 침입하지 못하는 경우가 경쟁배타에 의해서 일어난다. 이처럼 경쟁은 지리적 분포를 결정하는 요인으로 작용한다. 예를 들어 미국 일리노이 주의 검은머리박새(*Parus atricapillus*)와 캐롤라이나박새(*Parus carolinensis*)가 분포하는데, 하천과 접해 있는 삼림에 사는 검은머리박새는 남부종인 캐롤라이나박새가 둥지를 틀지 못하도록 방해하므로 검은머리박새만이 북위 39° 이북의 캐스카스키아강을 따라 분포한다(그림 4-22).

그곳으로부터 동쪽으로 약 30 km 떨어진 다른 하천에서는 검은머리박새가 살지 못하고 캐롤라이나박새가 북쪽 방향으로 110 km까지 분포한다. 한편 표고에 따라 캐롤라이나박새

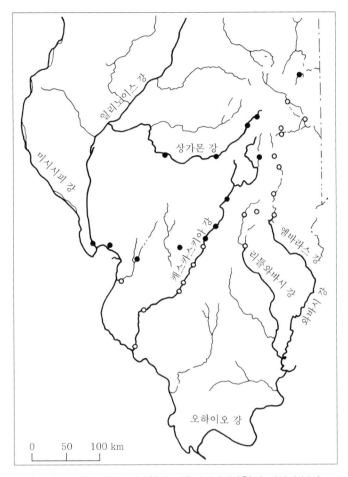

그림 4-22. 캐롤라이나박새 (○)와 검은머리박새 (●)의 서식지 분리.

는 스모키산의 약 1,000 m 높이 이하에 분포하고 검은머리박새는 1,200 m 높이 이상에서 번식한다(Tanner, 1952).

3) 경쟁종의 공존

경쟁배타의 원리는 실험실 조건처럼 단순한 환경에서 일어날 수 있지만 자연환경처럼 복잡한 환경에서는 완전한 경쟁이 일어나기 어렵다. 왜냐하면 자연생태계는 복잡하여 두 종의 먹이와 서식지가 정확히 일치하는 경우가 적기 때문이다. 당면한 과제는 얼마나 치열한 경쟁이 벌어졌을 때 두 종이 공존하지 못하는가를 해결하는 것이다. 이 문제는 1920년 대에 Lotka와 Volterra가 제시한 수학 모델로 표시하면 단순하지만 실제로는 단순하지 않

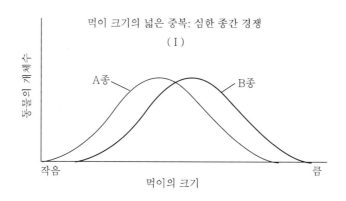

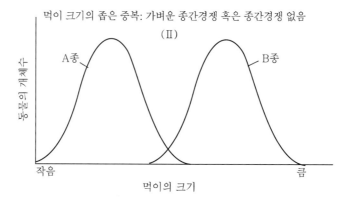

그림 4-23. 먹이 크기의 중복을 줄임으로써 경쟁을 줄이는 자연선택.

　　Ⅰ: 두 종의 동물 중에서 중간 크기의 먹이를 먹는 종의 개체보다 작은 먹이를 먹는 A종
　　　이나 큰 먹이를 먹는 B종이 더 많은 자손을 낳고 장수한다.

　　Ⅱ: 오랜 시간이 경과됨에 따라 작은 인자형의 A종과 큰 인자형의 B종이 각각 증가하고
　　　먹이 크기가 두 방향으로 분기한다.

다. 밀집의 효과가 종간보다 종내에서 더 크게 일어나면 두 경쟁 종은 공존한다. 그렇지 않으면 두 종중에서 한 종이 멸종된다. 다시 말해 종내경쟁이 종간경쟁보다 더 치열한 곳에서는 두 종이 공존하는 것이다.

　경쟁하는 두 종의 이러한 공존은 이용하는 자원의 차이에서 비롯된다. 예를 들면, 두 종류의 조류 중에서 한 종은 줄기에 사는 곤충을, 다른 종은 가지에 사는 것을 잡아먹으면 두 종이 모두 공존한다. 버드나무박새와 소택지박새가 서로 다른 서식지를 차지함으로써 공존하는 것과 같이 자원 이용의 차이는 공존에 대단히 크게 작용한다.

　종간경쟁을 제한함으로써 공존하도록 하는 자원 이용의 차이는 주요한 자연선택압이다. 여러 가지 크기의 먹이를 먹는 두 종의 새가 경쟁관계에 있을 때, 중간 크기의 먹이를 먹는 개체들이 생존과 생식에 불리하고, 작은 부리를 가지고 작은 크기의 먹이를 먹는 개체

나 큰 부리를 가지고 큰 먹이를 먹는 개체가 자연선택에서 유리하다(그림 4-23). 이 경우 한 종의 섭식효율이 높으면 그 종은 생존과 생식에서 다른 종보다 훨씬 유리하게 된다. 이렇게 하여 종들은 다소 분화하고 종내경쟁이 종간경쟁보다 더 중요하게 되며, 두 종이 안정하게 되어 군집을 형성한다.

4) 종간경쟁의 수학 모델

(1) Lotka-Volterra 모델

로지스틱 곡선으로 표현되는 개체군의 생장은 다음 식과 같이 나타낼 수 있다.

$$\frac{dN}{dt} = rN\left(\frac{K - N}{K}\right)$$

여기서 N은 개체군 크기이고 r은 내적자연증가율(intrinsic rate of natural increase)이며, K는 환경수용능력이다. 한 종이 다른 종의 자원의 일부를 이용하는 경쟁이 일어난다면, 두 종에 대하여 다음과 같이 방정식을 고쳐 쓸 수 있다.

$$\text{종 1에 대해 :} \quad \frac{dN_1}{dt} = r_1 N_1 \left(\frac{K_1 - N_1 - \alpha N_2}{K_1}\right)$$

$$\text{종 2에 대해 :} \quad \frac{dN_2}{dt} = r_2 N_2 \left(\frac{K_2 - N_2 - \beta N_1}{K_2}\right)$$

여기에서 변화된 것은 각 종에 대하여 αN_2 또는 βN_1의 기호가 추가된 것이다. 계수 α와 β는 각각 종 1에 미치는 종 2의 영향과 종 2에 미치는 종 1의 영향이며 이들을 **경쟁계수**(competition coefficient)라고 한다. 한 종에 대하여 추가되는 새 개체는 미래의 개체군 생장에 억제 효과로 나타난다. 종 1 자신에 미치는 한 개체의 억제 효과는 $1/K_1$이고, 종 2 자신에 미치는 한 개체의 억제 효과는 $1/K_2$이다. α와 β는 경쟁관계에 있는 종들의 억제 효과를 개체수로 나타내는 계수이다. 종 1의 생장에 미치는 종 2새 개체의 억제 효과는 α/K_1이다. 예를 들면, 두 종이 풀을 먹기 위하여 경쟁을 하는데 종 2가 종 1의 3배를 먹으면 α는 3이다. 즉, 종 1 자신에 의한 억제 효과는 $1/K_1$이지만 종 1에 미치는 종 2의 억제 효과는 $3/K_1$이다.

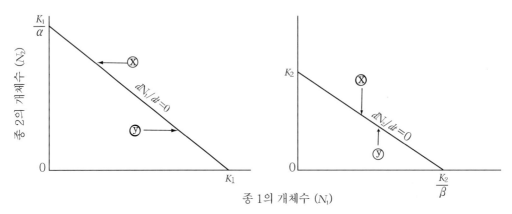

그림 4-24. 종 1과 종 2 두 개체군의 종간경쟁. 두 종이 경쟁할 때 종 1의 개체군 크기의 변화 (왼쪽)와 종 2의 개체군 크기의 변화 (오른쪽).

어느 종의 개체군은 자신의 개체수와 다른 종의 개체수(적당한 경쟁계수를 곱해 준)가 합해져서 환경의 수용능력에 도달하였을 때 생장이 정지될 것이다. 즉, 종 1과 종 2는 다음의 조건에서 개체군의 생장이 정지된다.

$$종\ 1\ :\ N_1 + \alpha N_2 = K_1$$
$$종\ 2\ :\ N_2 + \beta N_1 = K_2$$

두 종 개체군의 생장은 $dN_1/dt = dN_2/dt = 0$과 같을 때 평형에 도달하게 된다. 그렇지 않고 한 종이 계속 생장하면 다른 종은 감소될 것이다.

종간경쟁은 그래프로 그려보면 보다 쉽게 이해 할 수 있다(그림 4-24). 먼저 X 축에는 종 1의 개체 수(N_1), Y 축에는 종 2의 개체 수(N_2)를 그리고 종 1의 개체군 생장의 정지선($dN_1/dt = 0$)을 그리면 그림 4-24의 왼쪽과 같다. $dN_1/dt = 0$인 종 1 개체군의 정지선을 보다 쉽게 그리기 위해서 X 절편과 Y 절편을 먼저 구한다. X 절편은 종 2(N_2)가 0이고 종 1만 존재하는 경우이므로 종 1의 환경수용능력인 K_1 값이다. Y 절편은 종 1(N_1)이 0이고 종 2만 존재하는 경우이므로 종 1의 환경수용능력 K_1을 종 2의 경쟁계수 α로 나누어준 K_1/α가 된다. 왼쪽 그림에서 X 절편과 Y 절편을 연결하는 직선(대각선)은 종 1의 생장이 정지되었을 때 종 1(N_1)과 종 2(N_2)의 개체수를 동시에 나타낸다. 대각선 윗부분의 점 ⓧ에서 N_1과 N_2의 개체군이 섞여서 경쟁할 경우 N_1은 화살표와 같이 수평 방향으로 감소하고, 대각선의 아랫부분 ⓨ에서 경쟁하면 N_1은 수평 방향으로 증가하게 된다.

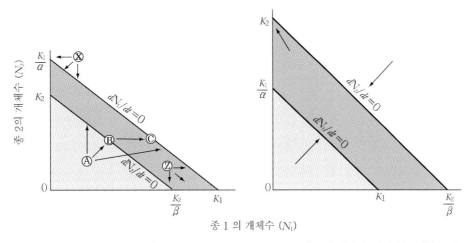

그림 4-25. 두 개체군의 경쟁(그림 4-24의 왼쪽과 오른쪽 그림)에서 나타난 대각선을 겹친 그림. 종 1의 대각선이 종 2의 바깥에 위치할 경우. 종 2가 증가능력을 잃은 다음 종 1이 증가하므로 마지막에 종 2가 소멸된다(왼쪽). 종 2의 대각선이 종 1의 바깥에 위치하면 종 1이 소멸된다(오른쪽).

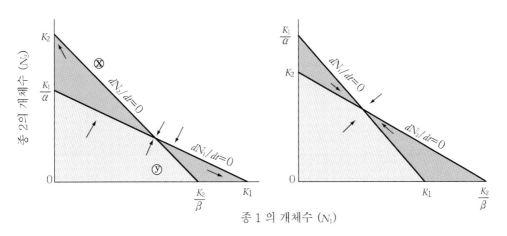

그림 4-26. 종 1과 종 2 개체군의 생장정지선(대각선)의 교차. 교차로 생긴 삼각형 부분에서 어느 한 종이 멸종하거나(왼쪽), 교차점 쪽을 향하여 두 개체군이 공존한다(오른쪽).

종 2에 대한 개체군 생장 정지선도 같은 과정을 통해 그릴 수 있다(그림 4-24의 오른쪽). 대각선 윗부분의 점 ⓧ에서 N_1과 N_2의 개체군이 섞여서 경쟁할 경우 N_2는 화살표와 같이 수직 방향으로 감소하고, 아랫부분 ⓨ에서 경쟁하면 N_2는 수직 방향으로 증가하게 된다.

경쟁의 결과를 알아보기 위하여 그림 4-24의 두 그래프를 겹쳐서 그리면 두 종의 밀도가 어떤 점으로부터 어떤 방향으로 이동하여 변하는지를 쉽게 이해할 수 있다(그림 4-25와

4-26). 종 1의 개체군 생장 정지선인 $dN_1/dt = 0$인 대각선이 종 2의 개체군 생장 정지선인 $dN_2/dt = 0$인 대각선보다 바깥쪽에 있을 경우(그림 4-25의 왼쪽)에는 종 2는 소멸하고 종 1이 최종적으로 종 1의 환경수용능력 K_1에 접근해 감으로써 경쟁의 승리자가 된다.

그림의 A 지점에서 출발할 경우 초기에는 종 1과 종 2 모두 증가하여 B 지점에 도달하게 되고, B 지점 위에서는 종 2는 점차 감소하고 종 1만 $dN_1/dt = 0$인 대각선까지 증가할 수 있으므로 최종적으로는 종 1만 K_1에 도달할 때까지 성장하게 된다. 이 경우에는 어떤 지점에서 출발하던지 항상 종 1이 승리하게 된다. 즉 이 그림에서 모든 화살표는 결국 한 점에 모이는데, 그 점은 $N_1 = K_1$이고 $N_2 = 0$인 경우이다

반대로 종 2의 개체군 생장 정지선인 $dN_2/dt = 0$인 대각선이 종 1의 개체군 생장 정지선인 $dN_1/dt = 0$인 대각선보다 바깥쪽에 있을 경우(그림 4-25의 오른쪽)에는 종 1은 소멸하고 종 2가 최종적인 승리자가 된다.

그 다음, 종 1의 개체군 생장 정지선인 $dN_1/dt = 0$인 대각선과 종 2의 개체군 생장 정지선인 $dN_2/dt = 0$인 대각선의 교차는 두 가지 경우를 생각해 볼 수 있다. 그림 4-26의 왼쪽 그림에서 교차점의 아래 부분에서는 두 종이 모두 증가할 수 있으나 왼쪽 삼각형에서는 종 2만, 그리고 오른쪽 삼각형에서는 종 1만 증가하게 된다. 따라서 출발점이 어디이냐에 따라 승리하는 종이 달라진다. 그림 4-26의 오른쪽 그림에서는 출발점에 상관없이 두 종이 교차점으로 수렴되므로 두 종이 공존하게 된다.

위의 여러 가지 결과는 다음과 같이 요약할 수 있다.

종 1	종 2	상 황	결 과
$K_1 > K_2/\beta$	$K_2 < K_1/\alpha$	종 1은 자신이 증가하는 동안 종 2의 증가를 억제함	종 1은 승리하고 종 2는 소멸됨
$K_1 < K_2/\beta$	$K_2 > K_1/\alpha$	종 2는 자신이 증가하는 동안 종 1의 증가를 억제함	종 2는 승리하고 종 1은 소멸됨
$K_1 > K_2/\beta$	$K_2 > K_1/\alpha$	두 종이 모두 많을 때 자신이 증가하는 동안 다른 종의 증가를 억제함	최초의 개체수에 의하여 어느 한 종 또는 다른 종이 승리함
$K_1 < K_2/\beta$	$K_2 < K_1/\alpha$	두 종이 모두 많을 때 다른 종보다 자신의 증가가 더 억제됨	두 종 모두 공존함

이 모델에서 종간경쟁의 결과는 한 종이 다른 종에 미치는 억제 효과뿐만 아니라 K의 상대적 크기에 의해서도 좌우된다. 경쟁계수만을 고려하면 어떤 한 종이 이로울 수 있지만 그 종의 K가 다른 종의 K보다 훨씬 작으면 불리하게 된다.

(2) Tilman의 모델

Tilman (1988)은 Lotka-Volterra의 경쟁 모델에 대하여 경쟁하는 두 종의 개체군 크기 변화에 따른 경쟁의 결과만을 설명할 뿐 경쟁의 메카니즘을 설명하지 못한다고 비판하고, 자원의 이용에 기초한 경쟁의 메카니즘을 설명할 수 있는 수학적 모델을 개발하였다. 그림 4-27은 A종의 생존에 필요한 두 가지 필수 자원의 변화에 대한 생물의 반응을 나타낸다. 예를 들면 육상식물의 경우 토양의 질소 함량과 빛이 될 수 있다.

이 그림에서 자원 1과 2중 어느 하나라도 그 양이 부족하면 A 종개체군은 소멸할 것이다. 반대로 두 자원의 양이 풍부하다면 A 종개체군의 크기가 증가할 것이다. 개체군의 성장과 소멸 사이의 경계선이 이 종의 **제로 순생장 등구배곡선**(zero growth isocline)이다. 또한 두 가지 필수 자원 각각에 대한 생물의 **소비율**(rate of consumption of the essential resource)을 측정할 수 있다. 각 생물 종은 자원의 종류에 따라 소비율이 다르다. 자원에 대한 소비율은 그림 4-27에 나타낸 바와 같이 **소비 벡터**(consumption vector)의 기울기를 결정할 것이다. 소비 벡터의 기울기는 두 자원 중 어떤 자원을 보다 빠르게 소모하는가를 나타내 준다. A종과 경쟁하는 B종에 대해서도 그림 4-27과 같은 제로 순생장 등구배곡선과 소비 벡터를 구할 수 있다.

이제 경쟁의 결과를 파악하기 위하여 A, B 두 종의 제로 순생장 등구배곡선을 겹쳐보자. 제한된 두 가지 필수 자원에 대한 두 종의 경쟁의 결과는 그림 4-28과 같이 네가지 경우가 있다. 만일 A종의 등구배곡선이 B종의 그것보다 안쪽에 있다면 A종의 자원에 대한 요구량이 B종보다 적을 것이다. 따라서 A종은 두 종이 생존할 수 있는 모든 서식지에서 경쟁을 통해 B종을 교체할 것이다(그림 4-28의 A). 반대로 B종의 등구배곡선이 A종의 그것보다 안쪽에 있다면 모든 서식지에서 A종을 몰아내고 B종이 승리할 것이다(그림 4-28의 B).

A종과 B종의 등구배곡선이 교차할 경우에는 두 종의 평형점(equilibrium point)이 생긴다. 이 점은 그림 4-28에서 안정된 공존 C의 두 등구배곡선이 만나는 점이다. 이러한 평형이 안정적인 것인지 불안정한 것인지를 판단하기 위해서는 두 종의 소비 벡터에 대한 정보가 필요하다. 그림 4-28 C의 평형점에서 A종이 자원 2에 의해서 제한되고 B종이 자원 1에 의해서 제한된다면 평형점은 안정하다고 할 수 있다. 즉, 평형점을 지나는 A종의 소비 벡터가 B종의 소비 벡터보다 기울기가 크다면 두 종이 안정적으로 공존할 수 있는 서식지(A

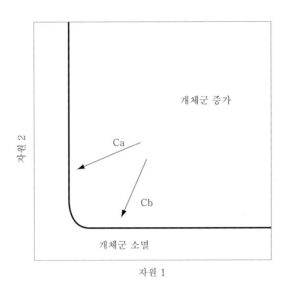

그림 4-27. 두 가지 필수 자원의 변화에 대한 생물의 반응. 그림에서 굵은 선은 제로 순생
장 등구배곡선을 나타낸다. 이 곡선 안쪽(오른쪽의 위쪽)에서는 개체군이 증가하
고 바깥쪽(왼쪽의 아래쪽)에서는 소멸한다. 그림에서 가상적 소비 벡터 Ca는 자
원 1을 자원 2보다 빨리 소모함을, 그리고 Cb는 자원 2를 자원 1보다 빨리 소모
함을 나타내고 있다.

종과 B종의 소비벡터 라인 사이)가 분포한다(그림 4-28 C). 반대로 평형점을 지나는 A종
의 소비 벡터가 B종의 소비벡터보다 기울기가 작다면 평형점은 불안정하다고 할 수 있고,
두 벡터 라인 사이에서는 A종이 이길 수도 있고, B종이 이길 수도 있다.

Tilman의 모델은 Lotka-Volterra 모델과 마찬가지로 경쟁의 최종 결과를 나타내지만,
Lotka-Volterra 모델과는 달리 군집 수준 (여러 종간의 경쟁 혹은 천이)의 경쟁 결과를 예측
할 수 있다. 또한 제한자원에 대해 경쟁하는 종간에 일어나는 과정을 세밀하게 파악할 수
있게 해주는 장점을 가지고 있다. 그림 4-29는 천이과정에서 흔히 볼 수 있는 예로서 토양
자원과 햇빛에 대한 다섯 종의 경쟁관계를 나타낸 것이다. 이 종들의 등구배곡선에 의하면
각 자원에 대한 이들의 경쟁 능력이 분화되어 있음을 알 수 있다. 각각의 종은 자원의 특
정한 상대적인 이용도에서 각기 경쟁력이 가장 높다.

이러한 종들은 토양 자원과 광 자원의 구배에 따라 분리된다. 즉, 광 자원이 풍부하고 토
양 자원이 부족한 곳에서는 A종이, 중간인 곳에서는 C종이 그리고 광 자원이 적고 토양자
원이 풍부한 곳에서는 E종이 우점하게 된다. 묵밭의 천이과정에서 보는 것처럼 특정 지역
에서 시간에 따라 광 자원이 점차 감소하고 토양 자원이 증가한다면 A종 → B종 → C종
→ D종 → E종의 순으로 우점종이 바뀌는 것을 예측해 볼 수 있다(그림 4-29).

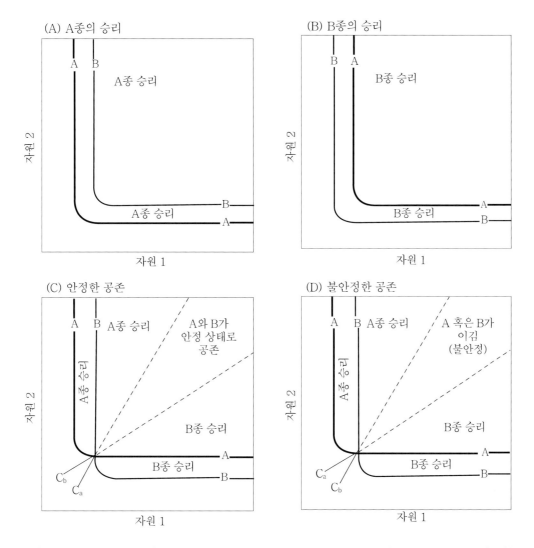

그림 4-28. 두 가지 필수 자원에 대한 두 종의 경쟁의 결과. A와 B로 표시된 굵은 실선은 A종과 B종의 자원 의존적 제로 순생장 등구배곡선이다. 이들 등구배곡선의 위치와 소비 벡터의 위치가 각 서식처에서 경쟁의 결과를 결정한다.

(A) A종은 두 종 모두 생존할 수 있는 서식처(자원 공급점)에서 두 자원에 대한 경쟁 우세종이며, B종을 교체한다.

(B) B종은 두자원에 대한 경쟁 우세종이며, A종을 교체한다.

(C) 등구배곡선들이 두 종의 평형점에서 교차한다. 두 종의 자원 소비 벡터와 조합하여 이 등구배곡선들은 A종이 이기는, 두 종이 공존하는 혹은 B종이 이기는 서식지 조건을 결정한다. 각 서식처는 그것의 자원 공급점에 의하여 특징지어진다. 부호가 붙은 지역은 각 지역에 해당하는 공급점에서 예상되는 경쟁의 결과를 보여준다. 이 경우 평형점은 안정하다.

(D) 여기에서는 소비 벡터가 C와는 반대로 되어 있다. 이것은 두 종의 평형점을 불안정하게 만든다. 이 지역에서는 두 종중 어느 한 종이 이기는데, 이때 그 승패는 초기 조건에 의해서 결정된다.

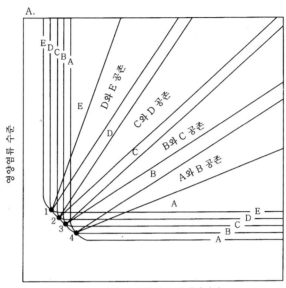

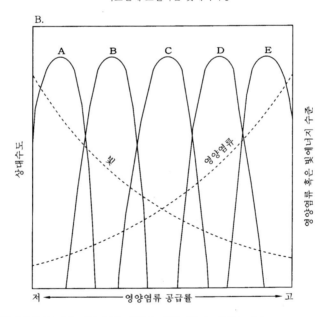

그림 4-29. 군집 수준에서 토양 자원과 광 자원에 대한 5종의 경쟁의 결과.

(A) A에서 E까지 표시된 선들은 A-E종의 제로 순생장 등구배곡선들이다. 번호가 붙어있는 4개의 점은 두 종의 평형점이다. 여러 종이 우점하거나 공존할 서식처의 유형이 나와 있는데, 이것은 자원의 최적 획득의 가정에 기초를 둔 것이다.

(B) 이들 다섯 종은 평형 상태에서 토양의 영양염류 구배를 따라 그림에서 보는 것처럼 분리된다. 영양염류 공급률이 낮은 서식처에서는 A종이 우점하며, 영양염류 수준은 낮지만 지표면에 입사되는 빛에너지의 양은 많다. 영양 공급률이 높은 서식처에서는 E종이 우점하며, 영양염류 수준은 높지만 지표면에 입사되는 빛에너지의 양은 적다.

8. 편해작용과 타감작용

편해작용(amensalism)은 한 종이 해를 입고 다른 종이 아무런 영향을 받지 않는 0/−의 상호관계이다. 우리 속담에 '고래 싸움에 새우 등 터진다'는 말이 바로 편해작용을 나타내고 있다. 즉 한 생물의 활동 결과가 다른 생물에 해를 주는 상호관계이다.

한 식물이 화학물질을 주변 환경에 방출하여 자신은 아무 영향을 받지 않은 채 다른 식물에 해를 끼치는 편해작용을 **타감작용**(allelopathy)이라 한다. 이 용어는 오스트리아의 식물학자인 Molish(1937)가 제창한 이래 오늘날까지 널리 사용하고 있다. 호두나무 밑에는 몇 가지 특정한 식물만 자랄 뿐 다른 식물이 살지 못한다. 호두나무 뿌리에서 추출한 쥬글론(juglone)이라는 물질이 다른 식물의 발아와 생장을 억제한다는 사실이 밝혀졌다.

이 밖에도 쥬글론은 호두나무 잎을 곤충이 먹지 못하게 하고 설익은 호도를 다람쥐나 들쥐가 먹지 못하게 하는 효과가 있다. 호두나무 밑에 다른 식물이 자라지 못하도록 하는 것은 쥬글론의 부수적인 작용이라고 해석된다. 쥬글론과 같이 편해작용을 야기시키는 화학물질을 통틀어 **타감물질**(allelochemicals)이라고 하는데 이들은 잎으로부터 방출되는 휘발성 물질, 뿌리에서 스며 나오는 삼출액, 빗물, 안개 및 이슬에 의하여 잎이나 낙엽으로부터 추출되는 세탈액 등으로 환경에 방출된다.

대부분의 타감물질은 테르페노이드 또는 페놀 화합물이지만 다른 종류의 화합물들도 관계하고 있다. 한 종류의 식물이 방출하는 타감물질은 다른 식물의 영양소 흡수, 호흡 및 생장호르몬의 대사를 억제하여 발아와 생장을 저해함으로써 생존을 위협한다. 또한 타감작용은 그 영향이 크든 혹은 적든 간에 극상군집의 피음, 영양소 고갈, 물에 대한 경쟁 혹은 선택적 초식(selective herbivory) 등 다양한 상호작용에 영향을 미칠 수 있다.

식물군집 내에서 한 종류의 식물이 주변에 다른 종류가 살지 못하게 하는 타감작용 효과가 나타나는 경우가 있다. 캘리포니아의 차파렐 군계에서는 관목성인 사재발쑥(*Artermisia tridendata*)의 덤불 둘레에 일년생 초본(*Adenostoma fasciculatum*)이 자라지 못하여 1 m 또는 그 이상의 빈터가 생기는 것이 관찰되었다. 사재발쑥의 덤불에 가까운 곳은 일년생 초본이 전혀 살지 못하지만 멀어짐에 따라 서서히 생장이 회복된다. Müller(1965)는 오랜 연구 끝에 사재발쑥의 타감물질이 테르펜임을 밝혔고 이 물질은 방향성 물질로서 공기 중으로 방출되어 토양에 흡착되었다가 초본의 발아와 생장을 억제한다는 사실을 밝혔다. 차파렐의 식생은 20~30년마다 정기적으로 산불이 나서 타고 있다.

사재발쑥의 덤불이 불에 탄 다음 해에는 일년생 초본이 발아하여 무성하게 자라는데, 그 이유는 토양에 흡착된 테르펜이 높은 온도에 의하여 휘발되거나 분해되어 일시적으로 타감물질의 작용이 없어진 것으로 해석되고 있다.

타감작용은 농업에서 응용할 수 있는 잠재력을 가지고 있다. 복숭아 과수원이 수명을 다한 다음 다시 복숭아 묘목을 심으면 자라기 어렵거나 밭에서 인삼이나 가지과 식물을 연작하면 수확량이 감소하는 사실을 농민들은 경험을 통하여 알고 있다. 농작물의 병해 방제에 다른 식물에서 뽑아낸 즙을 뿌려줌으로써 효과를 거두는 연구가 진행되고 있다. 타감작용의 응용은 환경에 해로운 제초제를 대신할 수 있다. 윤작이나 동반식물의 식재를 통하여 잡초의 번성을 억제할 수 있다.

9. 상리공생

1) 공생적 상리공생

상리공생(mutualism)은 두 생물이 다 같이 이익을 얻는 상호관계이며, 떨어져 있으면 두 생물이 모두 생존하지 못한다. 지의류(lichen)는 조류와 균류의 공생체인데 이들이 떨어져 있으면 양자가 살지 못한다. 균사가 조류 세포를 둘러싸서 **구상체**(soredia)를 형성하여 생식하는데 균류는 물과 영양소를 흡수하고 조류는 광합성을 하여 서로 보완하여 살고 있다. 지의류는 균류나 조류가 단독으로 살 수 없는 바위 표면이나 북방 툰드라와 같은 혹독한 환경에서 생육한다.

해양성 편형동물인 로스코프촘벌레(*Convoluta roscoffensis*)와 단세포성 조류는 결합하여 상리공생을 한다(Muscatine *et al*., 1974). 로스코프촘벌레가 알에서 부화하자마자 곧 몇 종류의 조류가 침입한 다음 알맞은 종이 나타나면 다른 종이 제거되고 녹조류인 *Platymonas convoluta*만 남는다. 이 녹조류는 로스코프촘벌레의 몸속으로 들어온 후 편모와 안점을 소실하고 그 세포 속에서 공생한다. 이렇게 결합한 녹색의 편형동물은 곧 섭식을 멈추고 녹조류가 합성한 먹이로 살아간다. 조간대에서 살고 있는 이 공생체는 기능적으로 해조와 같지만 모래 위를 기어 다니거나 굴을 파고 산다. 재미있는 일은 이 편형동물−녹조류 공생체에서 녹조류가 편형동물에 넘겨주는 영양분이 탄수화물이 아니고 아미노산의 일종인 글루타민이다(그림 4-30). 또한 이 공생체의 녹조류는 편형동물로부터 서식처, 이산화탄소 및 질소화합물을 얻는다.

비교적 잘 알려진 공생적 상리공생의 예로 흰개미나 하마 등의 초식동물 창자 속에서 섬유소를 분해하는 미생물, 콩과식물과 질소고정균(*Rhizobium*), 해저 열수구의 환형동물과 대

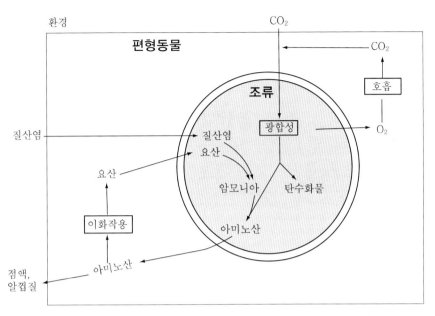

그림 4-30. 편형동물인 로스코프춤벌레(*Conovoluta roscoffensis*)와 녹조류(*Platymonas convoluta*)의 상리공생적 대사. 편형동물은 녹조류로부터 아미노산을 받아 생활하고 녹조류는 편형동물의 세포 속에서 안정된 생활 공간을 얻는다.

합 속 화학합성세균 및 고등식물에 균근(mycorrhizae)를 형성하는 균류(접합균류와 담자균류) 등을 들 수 있다.

자연계에서 양치식물이나 종자식물과 같은 관속식물의 뿌리는 균근균(mycorrhizal fungi)과 결합한 상리공생 계를 형성한다. Wilhelm(1966)이 자연계의 식물은 엄격히 말해서 뿌리를 가지지 않고 균근(mycorrhizae)을 가지고 있다고 말할 만큼 대부분의 식물이 균근을 형성한다. 뿌리의 기능은 실제로 뿌리-균 공생체(균근)에 의해 일어나고 있으므로 균이 없다면 뿌리의 기능은 빈약하거나 전혀 일어나지 못할 것이다.

균근은 해부학적 구조에 따라 두 가지 유형, 즉 균류의 균사가 뿌리의 피층세포 세포 속에 분포하는 **내생균근**(endomycorrhizae)과 뿌리의 표피세포 사이에 분포하는 **외생균근**(ectomycorrhizae)으로 구별된다. 내생균근과 외생균근의 특징적인 공생 형태를 그림 4-31에 표시하였다.

내생균근은 **V-A 내생균근**(vesicular-arbuscular endomycorrhizae), 진달래과 내생균근 및 난초과 내생균근으로 나눌 수 있는데, 특히 V-A 내생균근은 습지식물과 수생식물을 제외한 모든 육상식물의 뿌리에서 발견된다. 내생균근은 단풍나무, 느릅나무, 양물푸레나무, 북미산 풍향(*Liquidamber styraciflua*) 및 버즘나무에서 공생체를 형성하고, 외생균근은 소나무,

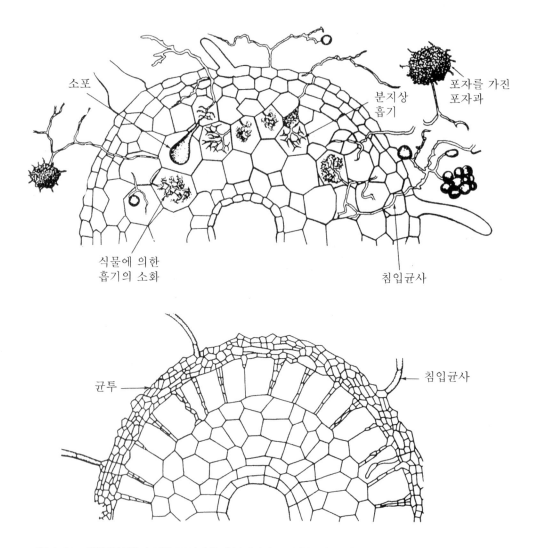

소포

분지상
흡기

포자를 가진
포자과

식물에 의한
흡기의 소화

침입균사

균투

침입균사

그림 4-31. 내생균근(위)과 외생균근(아래)의 특징적인 공생 형태의 모식도.

가문비나무, 솔송나무, 백양나무, 참나무, 너도밤나무 및 유칼리나무에서 공생체를 형성한다. 그런데 히이드(heaths), 콩과식물 및 장미과식물에는 내생균근과 외생균근이 함께 공생체를 형성하는 **내외생균근**(ectendomycorrhizae)이 있다.

내생균근의 균류는 주로 조균류(phycomycetes)이고 외생균근의 균류는 담자균류(basidiomycetes)이다. 관속식물에 대한 균류의 종 특이성(species specificity)은 거의 없는데, 실제로 한 개체의 나무에는 여러 종류의 균류가 공생체를 형성하고 있다. 이와 같이 관속식물과 균류 사이에는 특이성이 없이 느슨한 관계를 가지지만 일단 형성된 공생체의 기능은 식물과 균류의 양자에게 대단히 중요하다.

예를 들면 실험적으로 풍향수 유식물에 균근균을 접종한 구와 접종하지 않은 구를 만들어 그들의 생장을 관찰한 결과 균근균을 접종하지 않은 구는 생장이 정지하였고 24주가 지난 다음에 접종한 구의 건물량이 5,000% 이상 증가하였다(Bryan and Kormanik, 1977). 이와 마찬가지로 균근균은 관속식물 없이 자실체를 형성하지 못한다. 그리고 모든 V-A 균근균은 인공배지 속에서 자라지 못한다.

균근 공생체가 형성되면 균근균은 스스로 영양소를 합성하는 능력이 없으므로 관속식물로부터 광합성산물을 공급받고, 관속식물은 균근균으로부터 무기 영양소를 공급받으며, 무기영양소의 균형이 맞음으로써 수분 스트레스에 견디고 또 병원성 균류 침입으로부터 보호된다. 균근을 형성한 식물에서 영양소의 흡수가 개선되는 이유는 균사가 식물체로부터 수 m 거리까지 뻗음으로 실제로 뿌리가 차지하는 토양 용적이 크게 증가되기 때문이다. 균근균은 특히 인산염을 많이 흡수하는데, 인산염이 많은 토양에서는 오히려 균근이 잘 형성되지 않는다. 실험적으로 다량의 인산염을 균근 형성식물에 공급하여도 비균근 식물에 비하여 인산염을 많이 흡수하지 않는다(Kormanik et al., 1977).

균근균이 없는 토양에서는 관속식물이 잘 살지 못하여 분포가 제한된다. 다만 내생균근균은 다양한 서식지에 분포하기 때문에 관속식물의 분포를 제한하는 일이 드물다. 사막, 스텝 및 고산 툰드라에서는 외생균근균인 담자균류가 없으므로 균근이 형성되지 않아 식물의 분포가 제한된다. 깊은 땅 속에서 흙을 파낸 폐광지에는 균근균이 없으므로 식물을 심어도 자라지 못하는데, 지난 20년간 균근균을 접종한 묘목을 폐광지에 조림하여 성공한 사례들이 알려져 왔다.

균근균은 생육 장소를 얻지 못하거나 물리적 환경이 알맞지 않아서 생존하지 못하지만 생물학적 방법에 의하여 제거되는 경우도 있다. 예를 들면, 영국의 넓은 지역에 형성된 히이드(Calluna vulgaris) 식생의 관목림에 자작나무와 그 밖의 교목이 침입하지 못하는 이유는 관목이 교목의 균근 형성을 억제하기 때문이다. 이 식생에서 교목에 이로운 균근균이 존재하지 않는 까닭은 관목에서 타감물질이 나오기 때문이다. 즉 히이드는 자신의 균근균에게는 독성이 없고 교목의 외생균근균에만 독성을 주는 타감물질을 생산하고 있다(Robison, 1972).

삼림의 지상부는 모든 교목, 관목 및 초본의 종류를 쉽게 구별할 수 있지만 지하부는 구별하기 어렵다. 실제로 삼림의 지하부에는 균근균의 균사가 먼 거리에 뻗혀서 있을 뿐 아니라 다른 식물의 균사와 연결되어 방사상의 망상조직을 형성하고 있음이 밝혀졌다. 삼림 생태학자인 Woods와 Brock(1964)은 북 캐롤라이나 주의 혼합활엽수림에서 꽃단풍(Acer rubrum) 그루터기의 절단면에 방사성 인(^{32}P)을 주입한 결과 8일 후에 그루터기로부터 반경

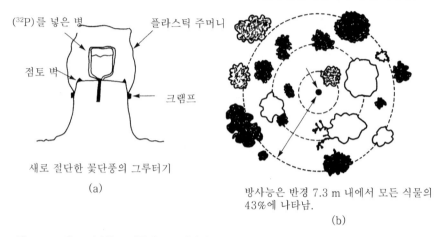

8일 후 그루터기로부터 떨어져 있는 다른
식물의 잎을 채집하여 ^{32}P를 측정함.

(^{32}P)를 넣은 병   플라스틱 주머니

점토 벽

크램프

새로 절단한 꽃단풍의 그루터기

(a)

방사능은 반경 7.3 m 내에서 모든 식물의
43%에 나타남.

(b)

그림 4-32. 새로 절단한 꽃단풍의 그루터기에서 방사성 인의 주입(a)과 주입 8일 후의 방사성 인
의 전이(b).

2.5 m 내에 있는 교목의 72%에, 그리고 7.3 m 내의 43%의 교목에서 방사능 인이 검출되
었고(그림 4-32), 꽃단풍 이외에도 18종류의 교목에서 검출되었다.

삼림에서 같은 종, 다른 종 또는 다른 속의 식물 뿌리 사이의 뿌리접(root graft) 현상은
널리 알려져 있다. 식물 뿌리 사이의 뿌리접과 식물–균 사이의 균은 삼림의 지하부가 밀
접하게 연결된 유기체적 실체임을 말해주고 있다. 삼림 생태계 내의 식물 사이에 균근과
뿌리접을 통해 탄수화물, 무기염류, 그 밖의 화합물이 교환되는 현상은 **근권**(rhizosphere)이
각각 독립된 형태적 단위가 아니고 혼합된 기능적 단위임을 말해주고 있다.

2) 비공생적 상리공생

수분(pollination)은 비공생적 상리공생의 좋은 예이다. 수분은 종자식물의 화분이 암술머
리에 운반되는 과정으로 유성생식의 중요한 기능 중 하나이다. 수분 과정에서 동물은 화분
과 꿀을 얻는 이익을 받고 식물은 수분을 하는 이익을 받음으로써 상리공생을 한다. 수분
이 식물과 동물의 상리공생으로 이루어지지 않고 바람이나 물에 의해서 이루어지는 풍매화
나 수매화도 상당히 많다. 대부분의 수분은 곤충에 의해서 이루어지지만 새와 박쥐에 의하
여 이루어지는 식물도 있다. 충매화는 보통 꽃이 크고 아름다우며, 화분 수가 풍매화보다
적으며 끈적한 물질이 화분을 둘러싸고 있다.

지난 20년간 수분에 관한 연구는 생태학적 또는 진화론적 방향으로 진행되어 왔다. 충매

그림 4-33. 크고 폐쇄된 wild indigo의 꽃이 땅벌에 의해 수분되고 있는 모습.

화는 수분동물의 형태, 생리 및 행동의 특성에 적응하는 경향이 있다. 예를 들면, 땅벌이 매개하는 꽃들은 크지만 닫혀 있어 이들 꽃을 열만큼 강한 곤충이 땅벌 이외에는 많지 않으며(그림 4-33), 땅벌보다 작은 꿀벌이 꽃을 열더라도 밀선에 도달하지 못한다. 주행성이며 색깔을 구분할 수 있는 나비에 의하여 매개되는 꽃들은 붉은색이며 낮에 개화하고, 야행성 나방에 의하여 매개되는 꽃들은 흰색이며 밤에 개화한다.

한편 박쥐에 의하여 매개되는 선인장 꽃은 흰색이며 밤에 개화하지만, 나방이 매개하는 길고 가느다란 화관보다 짧고 굵은 화관을 갖는 경향이 있다. 수분에서 동물과 꽃 중에서 어느 쪽의 특성이 우선하는가를 판정하는 일은 쉽지 않고, 다만 매개 동물과 식물의 역할에 관한 진화적 변화에 초점이 맞춰지고 잇다.

수분을 통하여 한 개체의 식물이 많은 다른 개체에게 수정시키는 이른 바 이계교배가 가능하여 식물개체군은 유전적 다양성(genetic diversity)을 유지하는 이익을 얻고 동물은 화분에서 단백질, 꿀에서 탄수화물을 얻는다. 새 중에는 꽃의 한쪽 구멍을 뚫고 꿀만 빼앗고 화분은 매개하지 않는 종류가 있다. 또 꿀을 좋아하지만 털이 없어서 화분을 운반하는 기능이 적은 개미에게 식물은 꿀을 빼앗기고 있다. 식물은 개미의 입보다 긴 털을 꽃에 가지고 있거나 줄기와 밀선 위에 점액물질을 분비하여 개미를 방어한다.

사체파리에 의하여 수분되는 꽃들은 곤충에게 화분이나 꿀을 주지 않고 속임수를 써서 사체파리를 유인한다. 이 꽃들은 고기 빛깔을 내며 악취를 풍기는데 마침 산란 장소를 찾던 사체파리가 그 꽃에 들어가서 몸에 화분 투성이가 되어 날아 나온다. 이런 현상은 상리공생이 아니고 일종의 **사체의태**(carrion mimicry)이다.

이러한 의태는 난과 식물의 오프리스속(*Ophrys*)의 꽃과 장수말벌 사이에서도 관찰되고 있다. 이 꽃의 입술꽃잎의 크기, 모양, 색 및 표면 구조가 암 말벌의 등 모습과 꼭 닮아 있다. 그래서 수 말벌이 교미하기 위하여 암 말벌을 찾던 참에 오프리스 꽃을 암컷으로 착각하고 그 입술꽃잎에 앉게 된다. 수 말벌은 곧 자신의 잘못으로 깨닫고 다른 꽃으로 날아가는 행동을 되풀이 한다. 이렇게 하는 동안 한 꽃에서 다른 꽃으로 화분을 매개하는 것이다. 의태는 시각과 촉각으로 일어날 뿐 아니라 화학적 의태도 일어난다.

농어(*tiger grouper*)의 눈에 사는 나비고기의 입 속 기생충을 제거해 주는 청소고기 (Labridae), 도토리를 땅속에 저장하여 좋은 종자상(seed bed)을 이루게 하여 종의 분산 효과를 이루는 다람쥐의 행동, 진딧물을 보호하여 단물을 얻는 개미의 행동 등도 비공생적 상리공생의 범주에 해당한다.

초식과 포식도 또한 비공생적 상리공생의 특성을 보여준다. 물소나 다른 초식동물에 의해 방목된 목초지가 방목되지 않은 초지에 비하여 생산성이 높다. 이러한 사실은 초식동물에 의해 풀 부스러기, 배설물을 초지에 축적시켜 토양으로 더 빠른 영양소를 되돌려주기 때문이다. 또한 산호초의 사상체 조류가 섭식될 때 더 높은 생산성을 나타내며, 담수의 군체성 녹조류가 물벼룩 등의 동물플랑크톤에 의해 섭식될 때도 마찬가지로 섭식되지 않을 때 보다 더 높은 생산성을 나타내는 것도 비공생적 상리공생의 예에 해당된다.

10. 군집 내 개체군의 상호작용

군집(community)은 특정 시점에 특정 공간 내에서 상호작용하는 여러 종개체군들의 집합이라고 정의된다. 어떤 군집이 수십 혹은 수백 종으로 구성되어 있을 때 개체군 생태학자는 어떤 종이 어떤 종과 경쟁을 하는가? 어떤 종이 어떤 종을 잡아먹는가? 어떤 종이 어떤 종과 협력 관계를 형성하고 있는가? 와 같은 상호작용의 짝으로서 군집을 인식한다. 즉, 군집의 주요 주제인 복잡성, 다양성 및 변화 등을 종들의 상호작용으로 파악하고자 한다.

특히 군집 내에서 상호작용하는 두 종의 관계가 얼마나 많이 존재하는가와 그들의 상호작용의 강도는 얼마나 강한가에 대하여 많은 관심을 보인다. 만일 군집의 구성 종수는 많지만 강한 상호작용의 관계가 적다면 이들 상호작용에 대한 세밀한 연구를 통하여 군집의 구성 원리와 동태 변화를 파악할 수 있다.

군집 내에서 일어나는 상호작용의 강도는 특정 종의 제거나 첨가와 같은 자연적 혹은 실

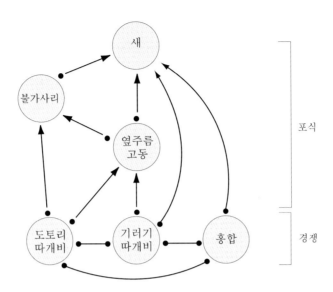

그림 4-34. Tatoosh 섬의 암반 조간대에 서식하는 종간의 가능한 상호작용. 양쪽에 동그라미로 표시된 선은 두 종 서로 간에 부정적인 효과를 미치는 경쟁 관계를, 그리고 동그라미에서 출발하여 화살표로 나타내는 선은 피식자(동그라미)와 포식자(화살표) 관계를 나타낸다.

험적 교란으로 파악될 수 있다. Wootton (1994)은 암반 조간대에서 제거와 첨가 실험을 통하여 이곳에 서식하는 종들의 상호작용을 연구하였다. 이 암반 조간대의 군집은 기러기따개비류(goose barnacles), 도토리따개비류(acorn banacles), 홍합류(mussels), 옆주름고동류(Nucella snails), 불가사리(*Leptasterias hexactis*), 최상위 포식자인 3종의 새(glaucous- winged gulls, black oyster catches, northwestern) 등으로 구성되어 있고, 이 군집 구성종간의 가능한 상호작용은 그림 4-34와 같다.

Wootton은 암반 조간대 군집에서 최상위 포식자인 새가 미치는 영향을 알아보기 위하여 새가 침투하지 못하도록 바위 표면에 그물망을 설치한 지역과 방치된 지역에서 생물의 동태 변화를 지속적으로 관찰하였다. 새의 포식을 제한한 그물망 설치구에서는 방치구보다 기러기따개비 밀도가 증가한 반면 나머지 종들의 밀도는 감소하였다. 이러한 결과는 그림 4-35와 같이 세 가지 형태로 설명이 가능하다. 제시한 세 가지 가설 중에서 타당한 가설을 찾아내기 위하여 Wootton은 옆주름고동류, 도토리따개비 및 기러기따개비의 밀도를 변화시키는 실험을 수행하였다.

옆주름고동류의 밀도 변화 실험은 옆주름고동류가 기러기따개비와 도토리따개비에 대한 포식 강도를 결정할 수 있게 해 준다(가설 1 : 가설 2). 도토리따개비의 밀도 조절 실험은

가능한 설명	예상되는 상호작용
가설 1 (H1) 새는 주로 기러기따개비를 포식한다. 새의 포식이 사라져 기러기따개비 밀도가 증가하고 기러기따개비와 경쟁 관계에 있는 나머지 종들이 감소하였을 것이다. 옆주름고동류는 도토리따개비의 감소로 인하여 감소되었을 것이다. 불가사리는 새의 포식이 사라져 증가하였고, 불가사리의 밀도는 다른 종에 아무런 영향을 미치지 않는다.	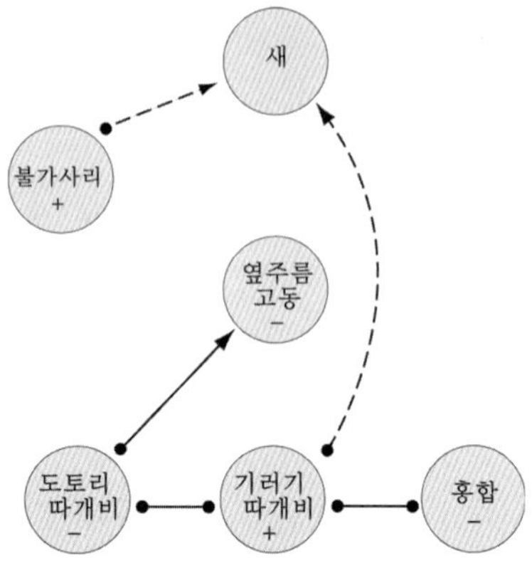
가설 2 (H2) 새는 주로 불가사리를 포식한다. 새의 포식이 사라져 불가사리의 밀도가 증가하였고, 불가사리가 포식하는 옆주름고동류가 감소하였을 것이다. 옆주름고동류의 감소는 포식압의 감소로 기러기따개비류를 증가시키고, 기러기따개비의 증가는 이들의 경쟁종인 도토리따개비와 홍합류를 감소시킬 것이다.	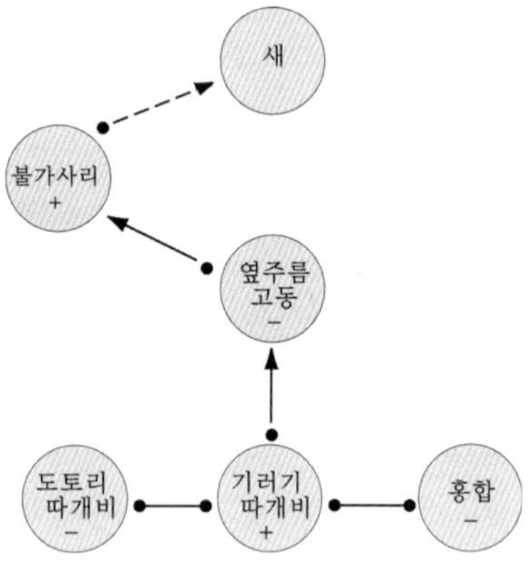
가설 3 (H3) 새는 주로 불가사리를 포식한다. 새의 포식이 사라져 불가사리의 밀도가 증가하였고, 불가사리가 포식하는 도토리따개비가 감소하였으며, 도토리따개비를 포식하는 옆주름고동류도 감소하였을 것이다. 옆주름고동류의 감소는 피식자인 기러기따개비류를 증가시키고, 기러기따개비의 증가는 경쟁종인 홍합을 감소시켰을 것이다.	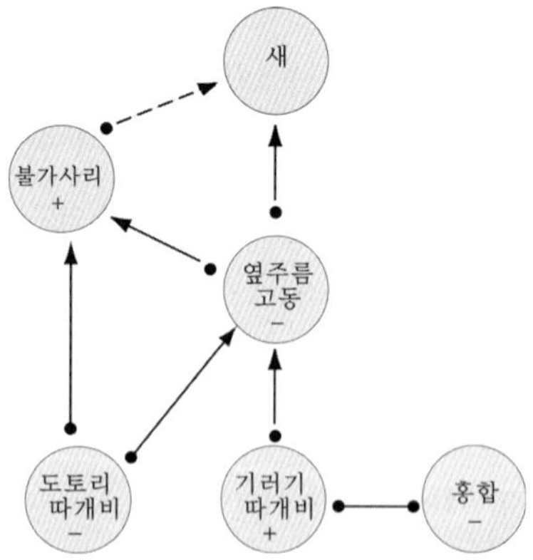

그림 4-35. Tattosh 섬의 암반 조간대에서 새의 포식이 제거된 상황 하에서 군집 변화의 가능한 설명. 그림에서 +는 개체군의 증가를 −는 개체군의 감소를 나타내고 점선은 제거된 새의 포식 작용을 나타냄.

도토리따개비가 기러기따개비와 경쟁 관계에 있는지(가설 1과 2 : 가설 3), 옆주름고둥류가 도토리따개비와 기러기따개비 중 어느 것을 선호하는지(가설 1과 3 : 가설 2)에 대해 결정하게 해준다. 기러기따개비의 밀도 조절 실험은 기러기따개비의 밀도 변화가 도토리따개비의 밀도에 변화를 주는지(가설 1과 2 : 가설 3), 또한 옆주름고둥류의 밀도에 변화를 주는지(가설 1 : 가설 2와 3)에 대해 결정하게 해준다.

이러한 실험을 통하여 Wootton은 가설 1이 가장 설명력이 높다는 것을 밝혔다. 이러한 예는 종간의 상호작용을 통해 군집 구성의 원리와 군집의 동태 변화를 이해하는 것이 매우 복잡하다는 것을 보여준다.

연·습·문·제

1. 생태학에서는 매우 다양한 모델을 사용하여 자연현상을 설명하고 있다. 생태학에서 사용하는 대부분의 모델은 매우 단순하고, 그 모델을 통하여 어떤 결과를 예측할 수 있다. 그러나 모델을 통한 결과가 야외 현상을 명쾌하게 설명하지 못하는 경우도 많다. 그 이유는 많은 생태학적 모델이 기본 가정을 충족시킬 것을 전제하고 있기 때문이다. 생태학에서 모델이 가지는 의미와 모델이 가지는 한계점은 무엇인지 설명하시오.

2. 주변의 소나무림, 참나무림, 초지 및 조간대를 방문하여 그 생태계에서 함께 살고 있는 생물들을 찾아보자. 찾아낸 생물들이 같이 살고 있는 이유는 무엇일까 생각해보자. 또한 찾아낸 생물 간에는 어떤 상호작용이 있을지 구분해 보자. 두 종간의 상호작용을 명확하게 구분할 수 있는가? 그렇지 않다면 왜 그럴까? 우리 주변의 숲에 사는 생물 간의 상호작용을 정확하게 파악하기 위해서 무엇을 어떻게 더 파악해야 하는지 설명하시오.

3. 주변의 훼손지(산불 피해지, 초지, 벌목지, 폐광산지, 인위적 교란지)에서 시간이 지남에 따라 어떤 식물들이 어떤 순서로 바뀌어 가면서 천이가 진행될지 예측해보자. 왜 그런 순서로 바뀐다고 생각하는가? Tilman의 경쟁 모델을 적용하여 그 현상을 설명해보고 천이 초기종과 후기종의 특성에 대하여 설명하시오.

4. 우리 주변에 사는 생물 중에서 상리공생, 경쟁, 기생 및 포식 관계에 있는 생물 종들의 쌍을 인터넷 검색과 야외 관찰을 통해서 찾아보고, 그러한 관계가 제대로 된 상호작용으로 구분되었는지에 대해 설명하시오.

5. 생물 간의 상호작용 중, 경쟁, 포식 및 기생이 생물의 진화에 어떤 의미를 지니고 있는지에 대하여 자료를 조사하고 설명하시오.

6. 슈퍼마켓에서 산 곰취보다 산에서 채취한 곰취는 맛이 더 쓰고, 산에서 나는 곰취라도 동물에게 잎을 뜯긴 곰취는 그렇지 않은 곰취보다 더 쓰다. 또한 산에서 나는 곰취는 봄부터 가을로 갈수록 조직이 더 거칠어지고 더 쓰다. 그 이유는 무엇인지 설명하시오.

7. 인간은 다른 생물들과 어떤 상호작용을 하고 있을까? 인간과 다른 생물과의 상호작용으로 다른 생물들의 진화에 영향을 준 사례를 찾아보자. 어떤 영향을 미치고 있는가? 보다 바람직한 인간과 다른 생물의 상호작용은 무엇인지 설명하시오.

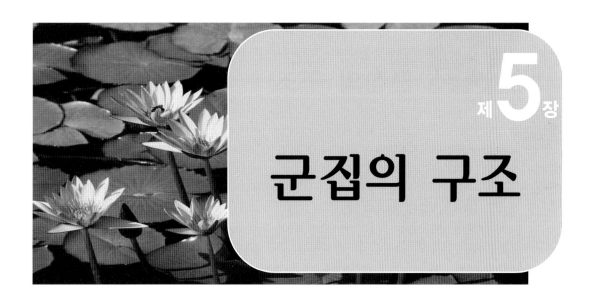

제 **5** 장

군집의 구조

제5장 군집의 구조

군집은 특정한 지역에서 생활하는 개체군들이 모인 하나의 유기적 단위로서 개체나 개체군과는 다른 구조적 특성을 가지며, 물질대사의 재순환을 통하여 통합된 단위로서의 기능적 특성을 가지고 있다. 군집은 제각기 특이한 영양구조, 물질대사 및 에너지 흐름의 유형을 가지며 기능뿐만 아니라 기능상의 통합력을 갖추고 있다. 군집의 종구조는 특정한 종의 생물이 일정한 확률로 분포하는데, 생물종은 무질서하게 산재하는 것이 아니라 일정한 법칙성을 가지고 분포하고 있다. 이 장에서는 군집 구조로서 우점도, 화학생태학 및 공간구조를, 군집 기능으로서 주기성, 생태적 지위, 진화 등을, 군집의 구조와 기능에 영향을 미치는 진화와 경쟁의 역할 등을 서술하며, 마지막으로 생태적 다양성과 다양성에 영향을 미치는 요인들을 기술한다.

1. 군집과 생태계

군집에는 여러 종류의 생물이 살고 있는데, 어떤 종은 특정한 환경에서만 생활하며 환경이 바뀌면 이들 종 구성도 바뀐다. **군집**(community)은 다양한 개체군이 모여서 상호작용하는 계(system)이며, 종조성, 다양성, 층위구조, 먹이사슬 등의 속성을 갖는다. 개체군 수준에서 일어나는 여러 가지 작용과 반작용 및 그 효과에 대해서 4장에서 이미 언급하였고 이 장에서는 군집수준의 속성을 다루고자 한다.

생태계(ecosystem)는 군집과 그 서식지를 포함하는 계로서 Tansley (1935)는 생물뿐만 아니라 물리적 환경을 포함한 가장 넓은 의미의 총체적인 계라고 정의하였다. 생태계에서 군집과 서식지는 작용과 반작용 즉, 물리적 환경이 생물에 미치는 영향과 생물이 그 환경에 미치는 영향에 의해서 서로 연관되어 있다. 물리적 환경이 생물에 미치는 작용에 대해서는 2장에서 다루었고, 반작용에 대하여는 6장과 7장에서 자세히 다루고자 한다.

군집생태학과 생태계생태학은 각각 다른 계층으로 구분되며, 생태계가 군집보다 범위가 넓은 것은 사실이지만 에너지 흐름과 생물지화학환은 공통적으로 중요하게 다루어지는 논제이므로, 이들을 동시에 논하는 것이 더욱 바람직하다.

2. 군집의 구조

군집의 구조는 다음과 같이 여러 가지 방법으로 나타낼 수 있다.

① 종조성: 군집은 일정한 지역에서 생육하는 특정한 여러 개체군의 집합체로서 개체군
   의 상대수도는 각각 다르다.
② **상관**(physiognomy): 군집의 층위구조나 공간적인 분포 유형과 같은 고유한 구조적 특
   징을 갖는다.
③ 주기성: 군집의 구조는 하루 또는 계절을 주기로 반복된다.
④ 영양구조: 군집은 먹이사슬과 영양단계를 포함한 특정한 에너지흐름의 유형을 갖는다.

이 장에서는 군집 구조의 몇 가지 중요한 사항을 다루고, 군집 구조가 상호작용, 구성생
물의 생활사 및 물리적 환경과 어떻게 연관되어 있는지를 알아보고자 한다.

1) 우점도

일정한 지역의 군집 내에서 중요한 역할을 수행하고, 다른 종에 영향을 크게 미치는 종
을 **우점종**(dominant species)이라 한다. 이러한 역할은 종과 환경 사이의 반작용과 상호작
용을 통해서 이루어진다. 어느 지역에 특정한 종이 생육하기에 적합한 미기후가 형성되면
이 종이 우점하여 그곳의 군집 구조를 결정하는데, 삼림에서는 교목이, 과방목지에서는 가
축이 좋아하는 식물들은 사라지고 그 대신 가축이 싫어하는 맛이 없는 식물로 대체된다.
군집에서 우점종만이 절대적인 것은 아닌데, 이는 구성원 모두가 각기 자기의 고유한 역
할을 수행하고 있기 때문이다. 실제로 삼림생태계에서 미생물은 낙엽의 분해, 영양염류의
순환 및 보존의 역할을 담당함으로써 교목과 마찬가지로 중요하다.

2) 화학생태학

생태계에서 대부분의 구성요소들은 화학적 상호작용으로 밀접하게 연관되어 있다. **화학
생태학**(chemical ecology)이란 동종 혹은 이종 간에 영향을 줄 수 있는 화합물의 생산, 흡수

및 이용을 연구하는 분야이다. 보통 화학생태학은 단순한 먹이 섭취나 무기양분의 이동을 다루지 않는다. Whittaker 와 Feeny (1971)는 생물 간에 영향을 미치는 화합물의 효과를 두 가지로 구분하였다. 화합물이 다른 종에 영향을 미칠 때 이를 **타감작용**(alleopathy)이라 하고, 같은 종 사이에 영향을 주는 물질을 **페로몬**(pheromone)이라 한다.

나방의 수컷이 암컷을 유인할 때나 늑대가 오줌으로 세력권을 나타낼 때 페로몬을 이용하며, 꿀벌 유충이 일벌이나 여왕벌로 발달하는 것도 로얄젤리 때문이다. 물고기의 몸에 상처가 생기면 화학물질이 방출되어 이 냄새를 맡은 다른 물고기가 도망가도록 유도하는데 (Barnett, 1997), 이는 조류의 경고울음과 같은 기능인 것 같다. 또한 페로몬은 동물들의 짝짓기에 매우 중요한 기능을 담당한다. 물론 시각과 청각이 사용되기도 하지만 대부분의 동물들은 페로몬을 이용한다 (Gadagker, 1985). 어머니들은 출산 직후 냄새만으로 자기 자식을 구별한다는 보고도 있다 (Russel *et al.*, 1983).

타감물질은 다양한 효과를 나타낸다. 첫째는 기피제 (repellent)로서, 미나리아재비나 겨자가 분비하는 맛없는 독성 물질과 스컹크가 분비하는 악취물질이 여기에 해당된다. 둘째는 탈출제 (escape substance)로서, 물 표면에 사는 일부 곤충들은 계면활성제와 같은 물질을 분비하여 표면장력을 감소시켜 포식자가 접근했을 때 재빨리 도망칠 수 있다. 셋째는 억제제 (suppressant)로서, 차파렐의 관목은 주변에 있는 초본의 생육을 억제하는 물질을 분비하며, 일부 식물플랑크톤은 초식성인 동물플랑크톤의 섭식 활동을 억제하는 물질을 분비한다. 균류가 분비하는 항생제도 여기에 속하며, 이것은 균류가 토양 속에 항생제를 분비함으로써 경쟁자의 생장을 억제하는 역할로 쓰고 있으나, 인간은 이를 매우 중요한 약으로 사용하고 있다. 경우에 따라 이 억제제는 그것을 분비한 종에게 해를 끼치는데 이를 **자가독소** (autotoxin)라 한다.

넷째는 유인제 (attractant)로서, 식충식물은 곤충을 유인하여 먹이로 사용하는 반면, 다른 식물은 꽃의 향기로 곤충을 유인한다. 사람의 피부에서 발산되는 젖산은 모기가 피를 빨도록 하는 신호로 이용된다. 어떤 나방의 암컷은 붉가시나무 잎에서 발산되는 화학물질을 더듬이로 감지하여 짝짓기에 적합한 시기를 알아내어 페로몬을 분비한다 (Riddiford and Williams, 1967). 그 결과 나방의 알은 유충이 붉가시나무의 잎을 먹이로 이용하기 적당한 시기에 부화된다.

이러한 화학적 상호작용은 토양이나 물속에 특히 많으나 육상생태계에도 중요하다. 인간은 대부분 시각에 의존하기 때문에 주위의 식물과 동물이 방출하는 화학물질은 잘 인식하지 못하며, 단지 꽃향기, 커피, 담배, 계피 등의 냄새만을 맡는다.

3) 공간 구조

생태계는 뚜렷한 수직 구조를 이룬다. 대부분의 생태계는 넓은 의미에서 상부의 독립영양층과 하부의 종속영양층으로 구성되어 있다. 삼림에서 수관 부의 식물 잎에서는 영양분을 생산하고, 임상에서는 소비와 분해가 일어난다. 호소생태계에서도 생산자는 광선의 투과가 용이한 표층부에 살고 소비자나 분해자는 저층부에 서식한다. 물론 이러한 구별은 명확하지 않은 경우도 많은데, 초본이 임상에 자라고 새나 모충류가 수관 부에 서식하는 경우가 그것이다. 이러한 영양구조층은 다시 세분하여 삼림의 경우 교목, 관목, 초본, 지표 및 지중으로 나눌 수 있다.

같은 층이라도 생물에 의해 보다 복잡한 서식지로 세분되기도 한다. 예를 들면 콜로라도 주의 폰데로사소나무 숲에는 겨울에 세 종류의 동고비류가 서식하는데, 흰가슴동고비는 수관 주변을 맴돌다가 수피 틈바구니에서 먹이를 얻고, 빨간가슴동고비는 큰 가지에서, 난쟁이 동고비는 작은 가지나 잎에서 먹이를 얻는다. 이러한 자원의 분리로 세 종류의 생태적 지위가 달라져서 종간 경쟁이 감소된다.

4) 지위유사종

지위유사종(synusia)이란 식물군집에서 생활형이 같은 종의 무리를 일컫는 말이다(DuRietz, 1930). 지위유사종은 때때로 군집의 층을 나타내기도 하지만 실제의 층구조는 아니다. 열대 우림의 대형 착생식물들은 일종의 지위유사종이며, 착엽식물(epiphyll)인 조류나 지의류는 또 다른 지위유사종이다.

동물에서는 지위유사종을 **길드**(guild)라고 하는데(Root, 1967), 같은 방법으로 환경자원을 이용하는 무리, 즉 먹이가 비슷한 무리라고 정의할 수 있다. 예를 들어 열대우림에서 과일을 먹고사는 동물들이나 버즘나무에 사는 메뚜기들은 각각 같은 길드에 속한다.

5) 주기성

(1) 일변화

대부분의 생물은 **일주기성**(daily cycle)을 갖는다. 낮에 활동하고 밤에 자거나 활동하지 않는 종을 **주행성**(diurnal), 밤에 활동하고 낮에 활동하지 않는 종을 **야행성**(nocturnal), 그리고 새벽녘이나 어두워 질 때 활동하는 종을 **황혼성**(crepuscular)생물이라고 한다(그림 5-1). 쏙독새 같은 황혼성 생물은 달이 훤하게 비치는 시각에 가장 활발하게 활동하는데

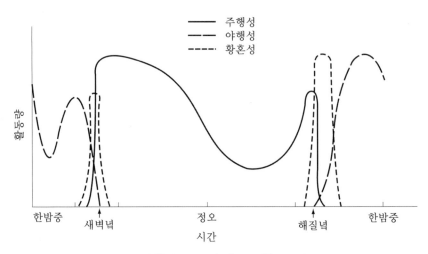

그림 5-1. 주행성, 야행성 및 황혼성 동물들의 하루 중 활동 주기.

(Mills, 1968), 박쥐나 나방과 같은 야행성 동물은 달을 싫어하므로 이 시각에 활동이 줄어든다.

활동만이 24시간 주기가 아니고 세포분열이나 효소 분비와 같은 생리적 활성도 일주기를 나타낸다. 이러한 현상은 명암의 교대가 없고 온도나 습도가 일정하게 유지된 환경에서도 일정하게 나타나는데, 이러한 주기성을 **일주율**(circadian rhythm)이라고 한다(Pittendreigh, 1960, 1981). 생물은 일주율로 시간을 감지하는데 이러한 현상을 **생물학적 시계**(biological clock)라고 한다.

만일 생물이 주야의 변동이 없는 일정한 환경조건에서 생장한다면 생물학적 시계도 다소 늦어지거나 빨라져서 일주기도 24시간보다 약간 늦거나 빨라질 수 있다. 인간도 일종의 주행성 동물이지만 주야의 활동 시간이 항상 일정하지는 않으므로 일주율을 잘 나타낸다고는 할 수 없다.

밤의 환경조건은 낮과 달라서 기온이 낮으며 다소 습하다. 따라서 활동하는 동물의 종류도 낮과 다르다. 조류는 올빼미나 쏙독새 같은 몇 종을 제외하고는 대부분 주행성이지만, 포유류는 야행성이 많아서 숲속 포유류의 60~70%가 야행성이라는 보고도 있다(Park, 1940). 무척추동물의 행동 양상은 매우 다양하다. 초여름 밤에는 지렁이나 달팽이가 기어다니고, 반딧불이 불을 밝히며, 늦여름 밤에는 귀뚜라미와 여치가 앞날개를 부비면서 울어댄다.

식물은 밤에는 광합성을 하지 않지만 호흡을 하고, 낮에 잎에서 생산한 유기물을 뿌리로 이동시킨다. 또 다른 생리적 반응으로 밤에 잎을 접는 수면운동이 있다. 식물은 대부분 낮동안 또는 24시간 내내 개화하지만, 종에 따라서는 밤에만 개화하기도 한다. 밤에만 개화하는 식물은 꽃 색깔이 매우 희어서 약한 불빛에서도 수분 매개체인 나방의 눈에 쉽게 띄도록 하여 수분을 용이하게 한다. 야행성 동물은 색깔을 구별하지 못하지만 주행성 동물에 비해 망막에 간상체가 많고 원추체가 적으므로 어두운 곳에서도 잘 볼 수 있다.

또한 야행성 동물의 눈은 유난히 반짝이는데 이는 망막 뒤의 **반사조직**(투명벽판, tapetum lucidum)에서 빛이 반사되기 때문이며, 주로 빛을 흡수하는 주행성 동물보다 시력에 두 배의 효과가 있다. 생물들이 일주기성을 나타내는 이유는 한마디로 말할 수는 없으나, 달팽이나 뱀 종류가 야행성을 나타내는 것은 단지 밤에 습도가 높아 활동하기 좋기 때문이며, 대부분의 다른 야행성 종류는 낮 동안에 포식자로부터 도망가거나 경쟁자를 피하기 위해서이다.

(2) 계절 변화

생태계는 온도, 강수 및 광주기와 같은 환경 요인의 계절 변화에 따라 구조와 기능이 달라진다. 열대우림에서는 계절 변화가 없는 것처럼 보이지만 그 구성종들의 활동은 일년을 주기로 변화된다.

① 낙엽수림

열대우림과는 대조적으로 낙엽수림에서는 다음과 같은 여섯 가지의 뚜렷한 계절 변화가 나타난다.

- 초봄 경관(prevernal aspect): 교목이 움트기 시작하고 단풍나무의 수액이 오른다. 앉은부채와 같은 초봄식물이 개화한다. 찌르레기와 딱새가 돌아오고, 햇빛이 찬란한 아침에는 홍관조와 박새가 지저귀고 올빼미는 둥지를 틀며 개구리들은 늪지에서 노래를 한다.
- 늦봄 경관(vernal aspect): 연령초, 사과나무, 산딸기 등이 개화하고 교목이 개엽한다. 조류의 이동이 절정에 이르고 대부분의 새들은 둥지를 틀기 시작한다. 임상에서 동면하던 곤충들이 나오기 시작하고, 호소에서는 춘계 역전현상이 일어나며, 물고기들은 산란을 위하여 강 상류로 거슬러 올라간다.
- 여름 경관(aestival aspect): 새들이 부화를 끝내고 새끼를 키우기 시작한다. 나뭇잎에서는 자벌레들이 잎사귀를 갉아먹고 나방과 모기가 극성을 부린다. 교목이 개화하고 춘계 단명식물들은 괴경이나 구경 상태로 지하부를 남기고 죽는다.
- 늦여름 경관(serotinal aspect): 길가에는 여러 종류의 꽃이 화려하게 피고 나뭇잎은 단

풍이 들기 시작한다. 방울새들은 둥지를 틀기 시작하지만 다른 많은 종들은 배회함으로 세력권이 무너진다. 어린 거미와 두꺼비들이 증가하고 매미가 땅속에서 나와 노래를 부른다.

· 가을 경관(autumnal aspect): 국화과 식물이 개화한다. 밤나무, 상수리나무 및 초본들의 열매가 무르익으며 나뭇잎은 단풍이 들어 떨어진다. 여름철새들은 날아가고 곤충들도 겨울을 나기 위하여 낙엽이나 땅 속으로 이동한다.

· 겨울 경관(hibernal aspect): 대부분의 식물들이 휴면하고, 겨울철새와 텃새가 무리를 지어 날아다닌다. 대부분의 수중동물과 생쥐, 뾰족뒤쥐 및 여우와 같은 일부 포유류만이 활동을 하며, 많은 다른 동물들은 동면한다.

② 기타 생태계

열대와 아열대 생태계에서는 건습의 계절주기성이 기온보다 더 중요한데, 이는 열대몬순 지역의 낙엽수림이나 사막에서도 마찬가지이다. 수중생태계에서도 계절 변화는 나타난다. 북쪽으로 갈수록 햇빛은 약해지고 일조시간이 짧아서 조류는 광합성에 의한 생산량보다 호흡의 결과 소비량이 많아 죽게 된다. 남쪽에서는 일사량이 적은 겨울에도 조류의 생물량의 변화가 적은데 이는 엽록소 함량이 증가하여 부족한 빛을 보상하기 때문이다.

(3) 화력학

계절 변화에 대한 과학적 연구를 **화력학**(phenology), 또는 생물기후학이라하며 초기 생태학의 한 분야이다. 중국에서는 B.C.700년 경부터 생물학적 자연현상을 기준으로 달력을 만들었으며 (Shelford, 1929), 원시인들은 야생화의 개화 시기에 맞추어 작물을 재배하였다.

화력학의 기원은 오래되었으나 생태학에서는 별로 주목을 받지 못하였다. 곤충학자인 Hopkins (1920)는 방대한 자료를 수집하고 계절 변화에 따라 일어나는 생물학적 자연현상을 기록하여 이른바 **생물기후학의 법칙**(Hopkins' bioclimatic law)을 세웠다. 이 법칙에 의하면 위도 1°씩 북쪽으로 갈수록 봄은 약 4일 늦게 오는데, 이는 봄이 하루에 약 27 km 북쪽으로 이동하는 셈이다. 고도와 경도도 영향을 미치는데, 고도는 30.5 m 높아질수록, 경도는 1.25°씩 동쪽으로 갈수록 개화 시기가 하루씩 늦어진다. 결론적으로 위도는 1° 북쪽으로, 고도는 122 m 위로, 경도는 5° 동쪽으로 갈수록 봄은 4일씩 늦어진다. 개화 시기는 미기후에 의해서도 영향을 받는데, 봄꽃식물은 남사면이나 바람을 막아주는 후미진 곳과 같은 따뜻한 미소서식지에서 먼저 개화한다 (Gaddy et al., 1984).

같은 봄이라도 이른 봄에 일어나는 현상은 늦은 봄에 비하여 변이가 심하다 (Leopold and

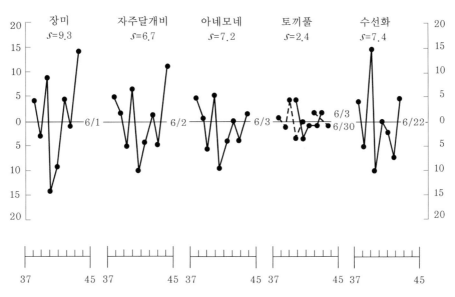

그림 5-2. 6월에 개화하는 다섯 종류 식물의 처음 개화하는 날짜. s는 표준편차이고 직선은 최초
개화일의 평균치이며, 원은 1937년부터 1945년 사이의 실제 개화일이다.

Jones, 1947). 종과 지역에 따라 고유한 특성이 있지만(그림 5-2), Hopkins의 법칙은 아직
도 널리 이용되고 있다. Hopkins의 법칙에 의하면 생물의 생존에 가장 중요한 영향을 미치
는 요인은 온도이다. 봄이 북쪽으로 이동하는 것을 나타낸 Hopkins의 법칙은 등온선과 거
의 일치하는 것을 볼 수 있으며 고도가 높아짐에 따라 봄이 늦게 오는 것도 온도의 영향이
크기 때문이다.

물론 온도만이 절대적으로 영향을 미친다고 볼 수는 없다. 새들은 온도보다는 먹이를 구
하기 위하여 자기 영역으로 다시 돌아온다. 따라서 화력학에 영향을 미치는 요인은 온도,
광주기, 습도, 생물의 상호작용 등 다양하다. 화력학은 생태학적으로 중요할 뿐만 아니라
작물 생산과 같은 실생활과도 밀접하게 연관되어 있으므로 생물이 생태계의 지표종으로 이
용되기도 한다.

3. 생태적 지위

생태적 지위(ecological niche)라는 용어는 캘리포니아 대학의 박물학자 Grinnell과 영국의
동물학자 Elton에 의해서 거의 같은 시기에 약간 다른 의미로 사용되었다. Grinnell(1917)
은 생태계에서 한 생물이 차지하는 공간적 위치와 기능적 역할에 초점을 두었는데, 생태적

지위는 종에 따라 다르고, 종의 분포를 결정하는 구조적이며 기능적 제한요인이란 의미에서 단순히 미서식지라고 정의하여 **공간지위**(spatial niche)라고 하였다.

그러나 Elton (1927)은 생태적 지위를 생태계에서 한 종과 다른 종의 상대적 위치로 인식하여 역할이 다른 신분(functional status)의 의미로 사용하였으며, 먹이사슬의 에너지 관계에 역점을 두어 **영양지위**(trophical niche)라 하였다.

또한 Hutchinson (1957)은 생물이 군집 내에서 살아가기 위해서는 다른 여러 생물 및 비생물 요인에 적응하여야 하므로 다차원적 공간(multidimensional space 또는 hyper volume)의 개념을 도입하여 **다차원 지위**(hypervolume niche)를 주장하였다. 다차원적 공간은 먹이의 종류, 크기 등 생물적 공간과 온도, 광선, 수분 등의 비생물적 공간을 모두 포함한다.

Odum (1959)은 생물의 구조적 적응, 생리적 반응 및 종의 행동 결과로 나타나는 군집이나 생태계 내에서 각 종이 차지하는 위치와 신분이라고 생태적 지위를 정의하여 생물의 생활 장소뿐만 아니라 역할을 강조하였다. 그는 서식지와 생태적 지위를 인간사회에 비유하여 서식지는 주소와 같고, 생태적 지위는 직업과 같은 것이라고 표현하였다.

생태적 지위에 대한 정확한 정의를 내리기는 어렵지만 간단히 말해서 어떤 종이 생태계에서 수행하는 전반적인 역할을 의미한다. 따라서 생태적 지위란 생물이 생태계에서 차지하는 구조적, 기능적 역할을 종합적으로 나타내는 개념이다.

전혀 다른 식물들이 매우 유사한 생태적 지위를 갖는 경우가 있는데, 사막에서 다육식물을 비롯하여 북미의 선인장 종류와 아프리카의 대극과가 바로 그것이다. 또한 북미와 중미의 해안지역에서는 저서성 육식동물인 게 종류가 공통적으로 분포한다(Odum, 1971). 이와 같이 다른 지역에서 유사한 생태적 지위를 갖는 종들을 **생태적 동위종**(ecological equivalent)이라 한다.

4. 생태적 지위와 진화

개체군 수준에서 자연선택이 이루어지는 것을 진화라 하며 이에 대한 연구는 Hutchinson (1965)의 『생태적 지위와 진화』라는 저서에서 잘 나타나 있다.

둘 이상의 종이 상호작용하여 일어나는 진화를 **공진화**(coevolution)라 한다. 포식자들의 선택압이 있는 피식자들은 보다 빨리 뛰고 잘 숨는 방향으로, 항상 기아의 선택압이 있는 동물들은 날카로운 눈과 예민한 코가 발달하는 방향으로 진화되었다. 특히 상리공생하는 생물 사이에서는 공진화가 필수적이다. 예를 들어 유카와 유카나방의 경우, 유카가 수분하는데 유카나방이 매개체 역할을 하고 유카나방이 생식하는데 유카가 장소를 제공함으로써 두 종이 생장, 발달하는 데는 서로가 필요한 존재이다.

공진화는 두 종에서 모두 일어나는 변화이다. 나방이 수피와 같은 색으로 변해 가는 것이나, 한 나방이 다른 나방을 일방적으로 닮아 가는 것은 진정한 의미의 공진화가 아니다. 과일의 색깔이나 당도가 새의 생활사나 소화기관과 공진화한 결과라고는 볼 수 없지만, 진화의 원동력이 되었던 것은 사실이다.

경쟁을 줄이거나 피하기 위해 많은 군집에서 공진화가 이루어진다. 한 종이 기존의 영역을 벗어나 다른 군집에 침입할 경우 그곳에서 적응하기 위해서 처음에는 경쟁을 하나 시간이 지나면 자원을 같이 이용할 수 있는 범위에서 적절하게 먹이 크기, 공간, 시간 등의 지위가 분리된다. 예를 들면 한 종은 먹이가 큰 것을, 다른 종은 작은 것을 먹게 된다. 또한 서식하는 공간에도 분리가 이루어져 한 종은 관목에서, 다른 종은 교목에서 살게 되며, 초원생태계에서는 주로 시간적 분리가 일어나 한 종은 봄에, 다른 종은 여름에 생장하여 꽃을 피운다.

많은 군집들이 수세대 동안 진화를 반복하면서 발전되어 왔다. 군집의 구조에 미치는 경쟁과 진화의 역할에 대한 것은 다음 절에서 자세히 논의하겠다. 상리공생과 포식-피식 관계를 이루면서 공진화하는 예는 다음과 같다.

1) 개미와 아카시아

중앙아메리카의 아카시아 중 큰 가시가 있는 종(*Acacia* spp.)에는 가시 속에 개미가 살고 있으나, 가시가 없는 종에는 개미도 없어서 이 두 종간에 밀접한 관련이 있음을 알 수 있다. 개미들은 이 가시 속에서 새끼를 기르며(그림 5-3), 어미 개미는 아카시아 잎에서 생산되는 꿀을, 유충은 잎 끝의 **벨티안체**(Beltian body, 그림 5-4)에서 만들어지는 물질을 먹고 사는데, 가시가 없는 아카시아에는 벨티안체가 없다.

이 상호작용에서 개미는 위와 같은 이익을 얻고, 반면 아카시아는 곤충이나 포유동물로부터 보호를 받는다. 개미는 아카시아를 갉아 먹으려는 곤충을 쫓아내고 포유동물을 물어 뜯어서 달아나게 만든다. 열대생태학자인 Janzen(1966)의 연구에 의하면 개미가 아카시아 생장에 유익한 것은 사실이었으며, 개미를 모두 제거한 아카시아는 그렇지 않은 것보다 잎의 생장이 훨씬 늦고 미약하였다. 개미는 아카시아에서 하루 내내 순찰을 돌며 주야로 초식동물의 공격을 방어해줄 뿐만 아니라 아카시아 임상에 있던 주변 식물이 웃자라 수관을 덮는 것도 막아준다.

아카시아는 실제 약한 광선에 약하고 불에도 약하기 때문에 개미와 공생하지 않는 아카

그림 5-3. 아카시아의 부풀은 가시에는 개미가 만든 출입구가 있다.

그림 5-4. 소엽 끝에 연한 색으로 돌출한 부위가 벨티안체이며, 이 속에는 단백질과 지방이 풍부하다.

시아가 극상림에 도달하는 일은 매우 드물다. 개미와 아카시아 관계는 불가분의 관계이지만 처음부터 이처럼 밀접하지는 않았을 것으로 생각되지만, 점차 같은 방향으로 수렴하여 진화한 결과로 보인다.

2) 박쥐와 나방

박쥐가 어둠 속에서 음파탐지기를 이용하여 먹이를 잡고 장애물을 피한다는 것은 잘 알려진 사실이다. 그들은 물체에 20 kHz 이상의 초음파를 보내어 되돌아오는 메아리로 물체와의 거리와 방향 등을 알아낸다. 박쥐는 이와 같은 초음파를 이용하여 나무 사이는 물론 피아노줄 사이도 쉽게 날아다니며(Griffin, 1953), 초파리만한 작은 곤충까지도 감지할 수 있다. 그러나 이러한 고주파는 거리가 멀어질수록 그 강도가 현저히 감소되는 단점도 있다.

박쥐가 내는 소리는 매우 커서 북미에 많이 분포하는 갈색박쥐는 소음기가 없는 오토바이와 같은 109 dB 정도의 소리를 낸다. 이러한 초음파를 사람들은 대개 들을 수 없지만 어떤 사람은 감지하는 경우도 있다. 박쥐는 후두막 진동으로 초음파를 발생시켜 입으로 소리를 내는데, 관박쥐는 코로 소리를 내기 때문에 코의 형태가 변형되어 말발굽처럼 생겼다.

박쥐가 먹이를 찾아다닐 때는 초당 10펄스 이하의 음파를 내보내지만, 곤충에 가까이 갔을 때는 초당 200펄스 정도까지 증가시킨다. 먹이를 감지, 추적 및 포획하는 데 걸리는 시간은 0.3~0.5초이다. 일반적으로 박쥐는 40 kHz까지 소리를 들을 수 있고 그 이상은 듣지 못하지만 종에 따라 다르다. 관박쥐는 83 kHz는 잘 들을 수 있으나 81 kHz 이하나 86 kHz 이상은 듣지 못한다(Remmert, 1980).

박쥐는 종에 따라 반사파를 보내는 방법이 각기 다르다. 관박쥐는 먹이를 찾아다닐 때 83.4 kHz의 주파수를 보내어 돌아오는 반사파로 먹이와의 거리, 날고 있는 속도, 방향, 먹이의 모양 및 행동을 알아낸다. 소리는 온도, 습도 및 기압에 의해서 약간의 영향을 받으나 초당 약 330 m로 이동하므로 우리가 벼랑 끝에 서서 야-호 하고 소리를 질렀을 때, 그 메아리가 2초 만에 돌아왔다면 이는 맞은편 벼랑과 330 m 떨어져 있음을 알 수 있듯이 박쥐도 이와 같은 방법으로 거리를 파악하는 듯하다.

먹이로부터 되돌아오는 소리는 **도플러효과**(Doppler effect)의 원리와 같다. 메아리가 우리 쪽을 향하여 가까워진다면 그 소리는 점점 커지며, 반대로 멀어진다면 그 소리는 작아진다. 만일 먹이로부터 되돌아오는 메아리가 83.4 kHz라면 그 곤충은 관박쥐와 같은 속도로 박쥐로부터 멀어지고(그림 5-5), 83.4 kHz보다 낮은 반사파가 돌아온다면 곤충이 더 빨리 달아나며, 반대로 높은 반사파가 돌아온다면 먹이가 가까워진다는 것을 나타낸다.

위와 같이 속도를 측정하는 방법은 단순한 편에 속하지만 어떤 종은 먹이에서 나오는 주

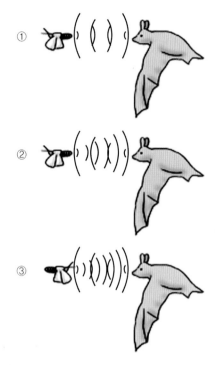

그림 5-5. 박쥐는 도플러효과를 이용하여 먹이의 움직임을 파악한다.
　　　　① 같은 주파수의 반사파가 같은 크기의 소리로 되돌아오면 박쥐는 나
　　　　　 방이 같은 방향, 같은 속도로 날고 있음을 안다.
　　　　② 낮은 반사파가 되돌아오면 나방이 박쥐로부터 더 빨리 달아나고 있
　　　　　 음을 안다.
　　　　③ 높은 반사파가 되돌아오면 박쥐가 나방에 접근하고 있음을 안다.

파수를 감지하여 종류를 구별한다(Schnitzler, 1978). 이상은 박쥐가 야간에도 먹이를 잡기
위하여 진화 적응된 형태인데, 야행성인 나방은 박쥐를 피하기 위하여 어떻게 진화되었을까?

　① 야행성이던 것이 주행성으로 바뀌었다. 포식자를 피하는 것이 진화의 중요한 요인인
　　 지는 확실하지 않지만 주행성 나방이 실제로 존재한다. 나방이 주행성으로 바뀌면 새
　　 와 같은 주행성 포식자에게 노출된다.
　② 어떤 종은 날지 않는다. 이러한 큰 변화가 몇 종에서 나타나는데, 멀리 이동하는 것
　　 이 오히려 불리한 환경에 처하는 경우가 잦기 때문인 것 같다. 한편 어떤 박쥐는 땅
　　 위나 잎사귀 위에 있는 곤충을 잡아먹는다.
　③ 어떤 종은 독나방이 된다. 독성은 경고색을 수반하여야 효과가 있다. 경고색은 보통
　　 독성이 있는 주행성 동물에서 볼 수 있는데, 야행성 포식자에게는 효과가 없다. 타이

거나방은 이름이 의미하듯이 경고색이 있어서 낮에 쉴 때는 포식자인 새를 피하고, 밤에 활동할 때는 초단파를 내어 박쥐의 방향을 돌리게 한다.

④ 어떤 나방은 박쥐의 주파수와 비슷한 강한 소음을 내어 박쥐를 교란시킨다. 그러나, 사실 박쥐는 이것에 쉽게 혼동을 일으키지 않는다. 곤충이 박쥐에게 혼동을 가져오게 하기 위하여서는 많은 에너지를 소모해야 할 뿐만 아니라 오히려 방해 작용 자체가 박쥐에게 공격 대상이 되기 쉽다. 그러나 나방의 방해 작용은 박쥐로 하여금 다른 곤충이나 장애물이 가까이에 있는 것처럼 오인하도록 한다. 즉 나방이 내는 소리를 메아리로 착각하여 나방이 원래의 절반 거리에 있는 것으로 착각하게 만든다. 그리고 다른 박쥐가 가까이에 있는 것처럼 착각할 가능성도 있다.

⑤ 어떤 나방은 반사파를 내지 않는다. 이는 진화의 한 과정으로서 몸에 털이 많으면 반사파를 감소시켜 박쥐가 나방을 감지하지 못하게 한다.

⑥ 어떤 종은 박쥐의 음파를 감지하여 달아난다. 이는 청각기관 즉, 귀의 진화를 의미한다. 여러 종류의 나방들이 소리를 내지 않는데도 불구하고 청각기관을 가지고 있다. 나방에게 불필요한 청각기관을 가지고 있다는 사실이 오랫동안 곤충학자들에게 혼동을 일으키게 하였다. 나방의 청각기관은 가청음에는 반응하지 않고 초음파만을 감지하는데 사용한다. 밤나방의 성충은 초음파를 감지하는 청각기관이 있으며, 유충은 포식자인 말벌의 날개 소리($1\,kHz$ 이하)를 감지하는 청각기관을 가지고 있다.

결론적으로 나방은 특별히 발달된 청각과 다양한 행동으로 박쥐의 공격을 피한다. 즉, 나방은 멀리서도 박쥐의 소리를 듣고 곧바로 달아나지만, 이때 박쥐는 나방의 소리를 듣지도 못한다. 또한 달아나기에 너무 가까운 거리에서 박쥐를 만나면 나방은 날개를 접거나 아래 위로 산만하게 날아다님으로서 피하기도 한다(Roeder and Treat, 1961).

5. 군집 구조의 결정 요인

군집의 구조를 결정하는 요인에는 다음과 같은 세 가지 견해가 있다.

① 상호작용은 군집 구조에 중요하지 않다.
이 견해는 군집을 구성하는 각 종이 다른 종과는 아무 상관없이 진화하여 단순히 하나의 군집을 이루었다고 보는 견해로서, Gleason (1926)은 모든 종은 제각기 고유의 특성을 갖

고 있어서, 각 종의 이동 및 환경요인의 특성에 의해 분포가 결정되며, 따라서 한 지역의 식생은 단순히 식물의 우연한 이입과 다양한 환경 조건이 복합되어 이루어지며, 식물 군집은 하나의 유기체나 식생의 단위가 아니라 식물의 우연한 집합체일 뿐이라고 하였다.

이러한 견해는 거의 받아들여지지 않았지만, James와 Boeklen (1984)은 Gleason의 견해에 따라 새의 군집이 시간, 공간 및 환경의 우연한 수렴에 의해서 이루어진 결과라고 주장하였다. 상호작용, 군집의 진화 및 공진화가 군집 구조에 중요하기 때문에 다음과 같은 두 가지 수정안이 일반적으로 지지를 받고 있다.

몇 가지 잘 알려진 상리공생과 기생관계를 제외하고는 상호작용은 중요하지 않다는 것이 하나의 견해이고, 다른 하나는 과거의 진화 과정이 현재의 군집 구조를 결정하였다는 것이다. 그러나 진화 과정이 군집 구조에 절대적인 것은 아니다.

② 경쟁을 제외한 몇 가지 상호작용은 군집 구조에 중요하다.

이 견해는 첫 번째 견해의 수정안과 거의 같지만, 경쟁을 중요하지 않은 상호작용으로 간주하고 있다. 경쟁 대신에 포식, 초식, 기생 및 질병이나 몇 가지 비생물 요인, 그리고 종간경쟁을 회피하도록 하는 생물의 행동이 군집 구조에 중요하다.

③ 상호작용, 특히 종간경쟁이 군집 구조에 중요하다.

위의 두 번째 견해는 포식, 초식, 기생 및 상리공생에 의한 상호작용과 공진화 과정이 과거와 현재의 군집 구조에 중요하다는 것이다. 부족한 자원에 대한 종간경쟁의 중요성에 대해서는 의견이 엇갈리고 있는데, 경쟁에 관해서 좀 더 자세히 살펴보자.

6. 경쟁의 중요성

위의 세 번째 견해는 Darwin (1859) 이후 오랫동안 지지를 받아온 생태학 이론이다. 제4장에서 경쟁관계에 있는 종의 공존에 관하여 간단히 언급한 바 있지만, 여기에서는 좀 더 자세히 살펴보고자 한다. 예를 들어 처음에는 한 영양단계에 한 종만이 살고 있었는데 같은 조건에서 다른 종이 들어왔을 때, 이 새로운 종의 출현으로 말미암아 나타날 수 있는 가능성은 다음과 같다.

① 새로운 종은 첫 번째 종이 차지하지 않은 서식지의 일부에 적응하여 쉽게 정착함으로써 서로 영향을 미치지 않는다. 이런 경우는 매우 드문 사례로 새로운 종이 이입되면 첫 번째 종은 크든, 작든 영향을 받게 된다.

② 두 종의 서식지가 중복되어 한 종은 효율적으로 환경을 이용할 수 있지만 다른 한 종은 공존할 수 있는 조건이 형성되기 이전에 경쟁-배타의 원리에 의해 소멸될 수 있다.

③ 두 종의 서식지가 중복되지만 한 종이 어떤 특수한 환경에 우점할 수 있는 특징을 가질 수 있다. 예를 들어 한 종이 습한 지역에 잘 적응하여 다른 종을 배척하면 배척된 종은 건조한 곳에서만 살게 된다.

④ 두 종의 서식지가 중복되지만 각 종이 독자적인 생식과 생존, 또는 유전적 변화를 가짐으로써 공존하게 되는 경우이다. 예를 들어 나뭇잎과 열매를 먹을 수 있는 두 종의 초식동물에서 한 종은 열매를 더 좋아하고 다른 종은 나뭇잎을 더 좋아하게 되어 세대를 거듭함에 따라 먹이 기호에 대한 유전자가 고정되어 생태학적으로 분화된다.

이상에서 경쟁이 군집 구조에 영향을 주는 방법은 세 가지로 요약할 수 있는데, 첫째, 경쟁-배타의 원리에 의해 일부의 종이 군집 내에 존재하지 않는 경우, 둘째, 현재의 경쟁에 의해 종이 생태적으로 서식지나 먹이에 제약을 받는 경우, 셋째, 과거의 경쟁으로 종이 형태적 또는 행동적으로 분화되어 경쟁이 약화되므로 공존이 가능한 경우 등이다.

1) 경쟁-배타의 원리에 의한 종 구성의 규칙성

(1) 종/속 비율

Darwin (1859)은 같은 속의 종들은 서식지와 그 구조가 매우 유사하므로 이들 사이에 경쟁이 일어나면 다른 속에 속하는 종과의 경쟁보다 훨씬 심하다고 하였다. 군집에서 종을 제거시키는 데 경쟁이 중요하게 작용한다면, 한 속에 속한 종수를 비교함으로서 그 군집의 경쟁 정도를 알 수 있다. 따라서 한 군집의 전체 종수를 비교하는 것보다는 종/속 비율을 비교하는 것이 바람직하다. 그러나 식물상이나 동물상을 조사해보면 전체 지역보다는 좁은 면적에서 군집의 종/속 비율이 훨씬 낮다(Elton, 1946; Moreau, 1966).

아무리 무작위로 표본을 추출하더라도 어느 지역의 부분합은 동물상이나 식물상의 종/속 비율이 매우 낮은 경향이 있음이 밝혀졌다(Williams, 1964; Simberloff, 1970). 이러한 이유는 생물학적인 것이 아니라 단순히 통계학적인 원인에 의한 것이다. 표본의 크기가 작으면 많은 종수를 갖는 속의 종은 모두 추출되지는 않으나 종수가 적은 속의 종은 모두 추출될

표 5-1. 종/속 비율의 예

전체 지역	표 본
A속	표본 1
(1) Aa	Aa, Ac, Fb, Ga, Gc
(2) Ab	종/속=5/3=1.7
(3) Ac	
B속	
(4) Ba	
C속	표본 2
(5) Ca	Ca, Db, Dd, Fb, Gc
(6) Cb	종/속=5/4=1.25
D속	
(7) Da	표본 3
(8) Db	Aa, Ab, Db, Fa, Gb
(9) Dc	종/속=5/4=1.25
(10) Dd	
	표본 4
E속	Ba, Dc, Dd, Ea, Gb
(11) Ea	종/속=5/4=1.25
F속	표본 5
(12) Fa	Ab, Ca, Da, Fa, Gc
(13) Fb	종/속=5/5=1.0
G속	
(14) Ga	
(15) Gb	
(16) Gc	
총 종/속=16/7=2.3	평균 종/속=1.3

* 속은 대문자로 표시하였음.

수 있다. 따라서 한 속당 평균 종수는 모집단보다 표본에서 훨씬 낮아진다. 그 예는 표 5-1
에서 보는 바와 같다.

따라서 군집의 종/속 비율을 경쟁의 증거로 이용할 수 없다. 이것은 군집이 완전히 임의
적으로 구성되었을 때 만 기대할 수 있다.

(2) 무리법칙

Diamond (1975)는 뉴기니아 주변의 섬에서 새의 군집을 조사하여 일곱 가지의 무리법칙을 제시하였다. 그 중 처음 두 가지 법칙은 첫째, 근연종의 무리에서 생길 수 있는 많은 요인 가운데 단지 몇 가지만이 자연계에 존재하며, 둘째, 이러한 요인들은 자체의 변형을 초래하여 무리를 해체시킬 수 있는 침입자들의 침입을 방해한다는 것이다.

결론적으로 이 무리법칙은 여러 섬에서 조사한 종목록에서 경험적으로 도출된 것인데, 정착능력에 의해 어느 정도 조절된 경쟁의 결과라고 할 수 있다. Connor와 Simberloff (1979)는 Diamond의 무리법칙은 새들이 섬에 우연히 분포되어졌을 때만 기대할 수 있는 경우라고 비판하였다.

2) 현재의 경쟁과 군집 구조

Lack (1944)은 과거의 진화 과정에서 종이 이미 생태적으로 분리되었기 때문에 현재의 경쟁은 군집 구조에 영향을 주지 않는다고 주장하였다. 그러나 Kendeigh (1947)는 종이 독특한 생태적 지위를 갖도록 분리되는 데에는 과거와 현재의 경쟁이 모두 중요하다고 주장하였다. 1960년대와 1970년대의 대부분 생태학자들은 Kendeigh의 견해에 동의하였으나 최근에 재평가되고 있다.

Schoener (1983)와 Connell (1983)은 종간경쟁에 관한 실험에서 경쟁관계에 있는 어느 한 종 또는 몇 종의 개체수를 변화시켜 종간경쟁이 군집 구조에 영향을 미치는가를 조사하였다. 예를 들어 몇 개의 조사구 중 절반은 A종을 제거한 처리구로, 나머지 반은 그대로 둔 대조구로 설정하였을 때, 처리구에서는 B종이 증가하고, A종의 먹이를 먹거나 군집 구조에 영향을 미치는 다른 효과가 나타난다면 종간경쟁이 군집 구조에 영향을 준다고 할 수 있다. 물론 이러한 결과를 설명하기 위해서는 많은 상호관계가 동시에 고려되어야 한다.

어느 지역에서 우점종이 사라져 그 종의 포식자의 출현빈도가 줄어들면 아우점종의 피식도 줄어들어 그 밀도가 현저히 증가될 것이라는 것은 쉽게 예상할 수 있다. 흰꼬리사슴과 큰사슴이 경쟁관계를 유지하며 함께 살고 있는 지역에서 흰꼬리사슴이 없어지면 큰사슴 개체군이 증가되는데, 그 이유는 경쟁관계가 줄어들었기 때문이 아니라 흰꼬리사슴에 기생하던 기생충(*Pneumostrogylus tenuis*)이 사라졌기 때문이다.

Schoener와 Connell은 여러 가지 야외실험을 종합한 결과 현재의 경쟁이 중요하며, 때로는 그 경쟁이 불균형적으로 일어난다는 것을 알아냈다. 예를 들면 어느 조사 지역에서 A종을, 다른 지점에서는 B종을 제거했을 때 이들 종은 숫적 증가나 서식지 및 먹이 확장이 서

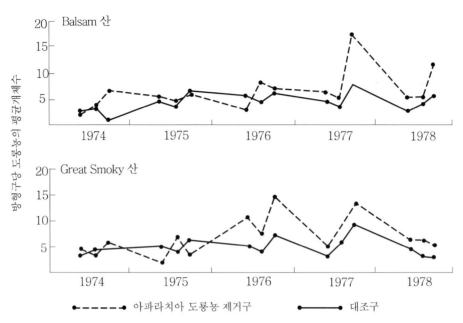

그림 5-6. 미끄러운도롱뇽 개체수 변화. 점선은 아파라치아도롱뇽을 제거한 실험구이고, 실선은 제거하지 않은 대조구이다.

로 다르게 나타난다.

Hairston (1980)은 낙엽수림의 임상에 서식하는 도롱뇽 개체군을 이용하여 경쟁실험을 하였다. 이 지역의 우점종은 상당히 큰 아파라치아도롱뇽(*Plethodon jordani*)이고 다음으로 큰 개체군을 형성하는 종은 같은 속의 미끄러운도롱뇽(*P. glutinosus*)이다. 4~5종의 다른 종들이 같은 지역의 낙엽 밑에서 살고 있으나 이들의 개체수는 매우 적었다. 두 곳의 조사지역을 정하고 5년 동안 계속 한 지역에서는 아파라치아도롱뇽을, 다른 지역에서는 미끄러운도롱뇽을 제거한 후 개체수의 변화를 조사하였다(그림 5-6).

그 결과 아파라치아도롱뇽을 제거한 지역에서는 2~3년 내에는 뚜렷한 변화가 없다가 그 이후에는 미끄러운도롱뇽 개체군이 크게 증가하였다. 그러나 미끄러운도롱뇽을 제거한 지역에서는 큰 개체군을 형성할 만큼 아파라치아도롱뇽의 1~2년생 새끼들의 생존율이 증가하였으나 5년 이내에는 큰 변화가 나타나지 않았다. 사실 도롱뇽은 그 행태가 매우 특이하고 굴을 파며 야행성 동물이기 때문에 제한자원이 무엇인지, 또는 미끄러운도롱뇽이 우점종이 되지 못하는 이유가 무엇인지를 정확하게 알 수 없다.

이런 문제에 대하여 캘리포니아의 해안 절벽과 모래사장의 데이지식물에서 사는 곤충의 연구를 통해 보다 분명한 해답을 얻을 수 있었다(Karban, 1986). 데이지식물에는 투구풍뎅이(*Philaenus spumarius*)와 서양오얏나방이 주로 서식하는데, 두 종 모두 줄기 끝 부분을 먹

표 5-2. 데이지에서 투구풍뎅이와 서양오얏나방이 단독 혹은 혼합 집단을 이룰 때의 지속일수

종	단독	혼합
서양오얏나방	7.4일	5.1일
투구풍뎅이	23.4일	16.9일

으며 발생이 끝날 때까지 같은 식물체 내에서 살기 때문에 개체수 조작실험이 쉬웠다. 실험은 ① 다섯 마리의 투구풍뎅이 새끼벌레, ② 다섯 마리의 서양오얏나방 애벌레, ③ 다섯 마리의 투구풍뎅이 새끼벌레와 한 마리의 서양오얏나방 애벌레, ④ 다섯 마리의 서양오얏나방 애벌레와 한 마리의 투구풍뎅이 새끼벌레의 경우 등 네 가지로 설계하였다.

그 결과 투구풍뎅이는 서양오얏나방이 있는 데이지에서 신속히 사라졌으나, 서양오얏나방의 지속 기간에는 큰 영향을 주지 않았다(표 5-2). 그러나 이런 실험 조건에서도 서양오얏나방 개체군 역시 포식자들 때문에 오래 지속되지는 못했다.

서양오얏나방은 데이지의 새로운 잎 생산을 감소시켜 투구풍뎅이에게 영향을 준다. 즉 서양오얏나방은 발생 도중 정아를 먹어치워 투구풍뎅이가 은신처나 먹이로 이용하는 새로운 정생엽이 생기지 못하게 한다. 자연 상태에서는 두 종이 공존하는 경우가 극히 드문데, 그 이유는 서양오얏나방에 감염된 데이지에서 투구풍뎅이의 사망률이 높거나 감염된 데이지를 투구풍뎅이가 기피하기 때문인 듯하다.

3) 경쟁의 감소에 따른 진화

많은 학자들은 과거의 경쟁관계가 군집의 종 구성에 영향을 미쳐 오늘날 조화를 이루며 살고 있으므로 현재에는 경쟁이 뚜렷하지 않다고 주장한다. 그러나 현재 뚜렷한 경쟁관계가 없다고 하여 경쟁이 중요하지 않은 것은 아니다. Connell (1980)은 이것을 지나간 경쟁의 유물이라고 표현하였다. 종분리는 앞에서 설명했던 것처럼 일련의 과정을 거쳐 이루어진다. 종분리 과정이 빈번하면 두 종이 이소적일 때는 서로 비슷하게, 동소적일 때는 서로 다르게 나타난다.

이러한 변화는 생활사, 행동 및 형태에서 나타날 수 있는데, 형태적 변화는 비교적 연구하기 쉬우나 현재의 경쟁 결과라고 볼 수 없다. 이러한 결과는 이소적일 때보다 동소적일 때 뚜렷하게 나타나는데 이를 **형질분화**(character displacement)라고 한다(Brown and Wilwon, 1956).

형질분화의 가장 좋은 예는 갈라파고스군도의 피리새류(*Geospiza fuliginosa*와 *G. fortis*)에

서 볼 수 있다(Lack, 1947). Daphne섬에서는 중간 크기의 피리새가, Crossman섬에는 작은 피리새만이 살고 있다. 서로 다른 섬에서 살 때는 두 종의 부리의 크기가 거의 같았으나, 같은 섬에서 살게 되면 부리의 크기가 매우 다르게 나타난다(그림 5-7).

즉 작은 피리새는 Crossman섬에 살 때보다 더 작은 부리를, 중간 피리새는 Daphne섬에 살 때보다 훨씬 큰 부리를 갖게 된다. 이것은 먹이, 특히 종자에 대한 경쟁에서 기인하는

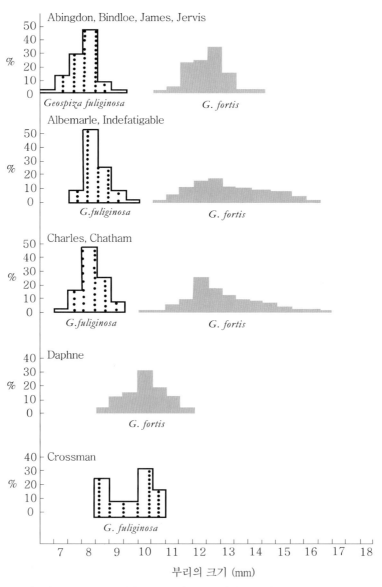

그림 5-7. 갈라파고스 군도에 서식하는 두 종의 피리새에서 조사된 부리 크기의 변화.

듯하다(Grant and Schluter, 1984). 서로 분리되어 살 때는 작은 종자와 중간 종자를 동시에 먹이로 섭취할 수 있지만 같은 섬에서 함께 살 경우에는 각각 분화되어 한 가지의 종자만을 먹는다.

형질분화에 관한 예는 그리 많지 않으며, 그나마도 대부분이 지리적인 변이(Trant, 1972b)를 포함한 다른 요인에 기인한 것으로 생각되어져 왔다. 그 중 몇 가지는 좀 더 자세히 조사해보면 경쟁에 의한 형질분화로 밝혀질 수도 있다. 그러나 경쟁의 결과로 형질분화가 나타난다는 것이 우리가 기대했던 것만큼 뚜렷하지 않는데 그 이유는 다음과 같다.

① 만일 두 종이 비슷하다면 한 종은 형질분화를 일으킬 기회가 없어 군집에서 도태되어 버린다. 위에서 언급한 피리새류와 같은 속인 *Geospiza conirostris*와 *G. scandens*는 부리가 매우 비슷하여 같은 섬에서 함께 살지 않는다. 이들은 아마 자연선택이 일어날 만큼 긴 시간 동안 공존하는 것이 불가능했을 것이다.

② 이소적인 두 종에서 어느 정도 변이가 일어났다면, 같은 지역에서 함께 살더라도 부리의 크기나 형태 변화가 더 이상 일어나지 않더라도 충분히 공존할 수 있다.

③ 표현형의 변화가 때로는 중요하게 작용한다. 공격이나 다른 경험을 통하여 동물들은 생태적인 차이를 나타내게 된다.

④ 몇 가지 수학적 모델에 의하면 경쟁을 통한 공진화의 결과가 필연적으로 형질분화를 유발시키는 것은 아니며(Slatkin, 1983), 경우에 따라서는 **형질수렴**(character convertsion)도 일어날 수 있다. 어느 군집에 존재하는 씨앗의 크기는 정규 분포곡선을 나타낼 것이며 이 씨앗을 먹고 사는 새들의 부리도 같은 양상을 나타낼 것이다. 그런데 원래의 종과 부리 크기가 전혀 다른 새로운 종이 이입되면 새로운 종의 부리 크기가 원래 종과 비슷해진다. 이들 사이에는 초기에 경쟁이 심하게 일어나지 않다가 공존이 가능한 수준까지는 경쟁이 증가할 것이다(그림 5-8).

7. 생태적 다양성

1) 군집과 다양성

다양성(diversity)이란 군집 구조의 복잡한 정도를 의미한다. 다양성에서는 여러 가지 측면이 있으나 가장 간단한 것은 출현종의 수를 세는 것으로서 다양한 군집에는 그렇지 않은 군집보다 더 많은 종이 있다. 이런 측면에서의 다양성을 **풍부도**(richness)라고 한다. 군집의

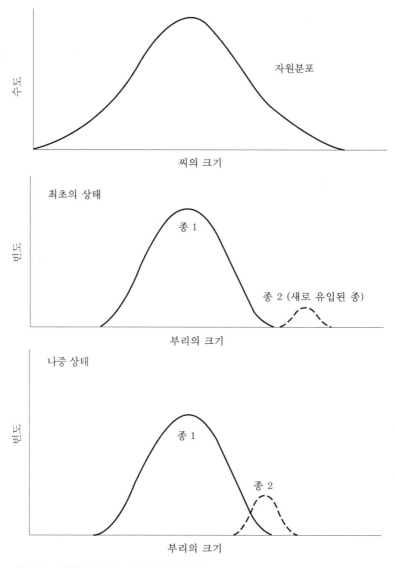

그림 5-8. 자원을 공유하는 종들의 형질수렴.

종수가 경쟁이나 다른 원인에 의한 자원 이용의 분리로 결정된다면, 두 군집의 종수는 다음과 같은 이유로 달라질 수 있다.

① 한 군집이 평형상태에 도달하지 않는 경우로서, 이는 그곳에 살 수 있는 모든 종을 다 갖지 못하는 불포화군집이며, 잠재적인 생태적 지위가 다 채워지지 않는 상태이다 (그림 5-9). 다른 하나의 군집은 변화 후에 일시적으로 자원에 비해 종이 너무 다양

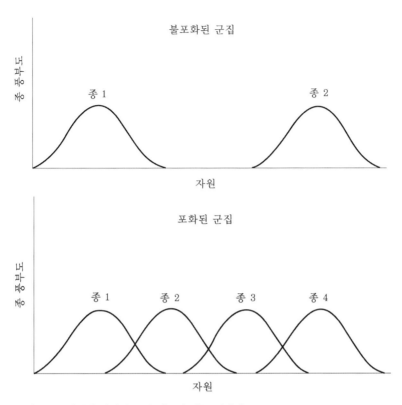

그림 5-9. 생태적 지위의 포화 정도에 따른 다양성.

한 과포화군집으로서, 평형상태로 복귀되면 일부의 종이 소실된다.

② 평형 상태에 도달한 군집은 자원의 이용 범위가 넓을수록 다양성이 높아진다(그림 5-10).

③ 먹이, 토양 및 기타 환경요인에 대한 생태적 지위의 분화 정도가 높은 종으로 구성된 군집이 그렇지 않은 군집보다 다양성이 높다(그림 5-11).

④ 종들의 생태적 지위가 중복된 군집일수록 다양성이 높으며(그림 5-12), 이 경우 종간 경쟁은 심해질 것이다.

2) 다양성의 요인

(1) 군집의 역사

각 지역은 고유한 역사를 가지며 과거의 사건들은 그 지역의 종 다양성에 많은 영향을 미친다. 북유럽과 북미의 낙엽수림은 매우 유사하나 북유럽이 북미보다 수종이 적은데, 이

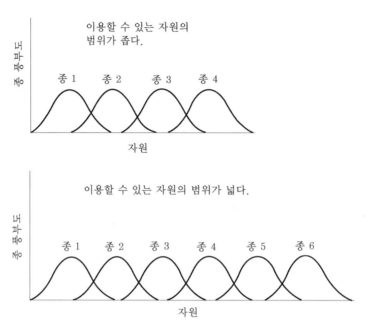

그림 5-10. 자원의 이용 범위에 따른 다양성.

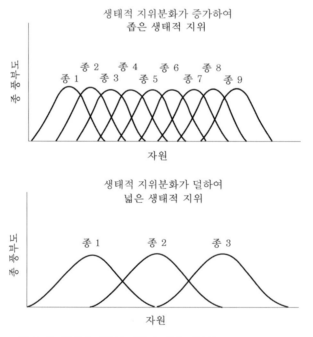

그림 5-11. 생태적 지위의 분화에 따른 다양성.

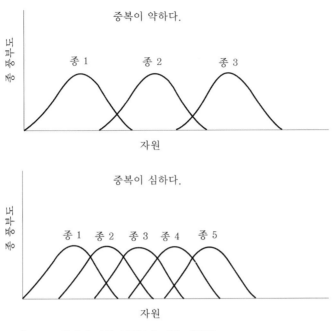

그림 5-12. 생태적 지위의 중복에 따른 다양성.

는 빙하기의 영향이 서로 달랐기 때문이다. 유럽의 산맥들은 대부분 동서 방향으로 위치하여 빙하기에 얼음 덩어리가 북쪽에서 밀고 내려올 때, 동서로 놓여있는 산맥이 생물의 이동에 장벽이 되어 많은 생물이 멸종되었다. 그러나 북미에서는 산맥이 남북으로 위치하여 종의 이동에 장벽이 없어 남쪽으로 많은 종이 이입된 결과 다양성이 높아졌다.

(2) 시간

새로운 서식지에는 새로운 군집이 생긴다. 초기의 군집은 생물종 수가 적으나 시간이 지남에 따라 기존의 종들은 변화된 환경에 적응하고, 새로운 종이 진화하므로 다양성이 높아진다.

(3) 극단적인 서식지

온도, 염도, 토양산도 및 오염이 극단적인 가혹한 서식지에는 몇 종류의 생물만이 큰 개체군을 이루며 살고 있다. 왜냐하면 가혹한 환경에 견딜 수 있는 유전적 능력을 개발할 수 있는 생물은 그리 많지 않기 때문이다. 극단적인 서식지에서는 자원의 중복이 거의 없고 이용 범위가 좁기 때문에 환경이 개선되면 다른 종들이 많이 이입되어 다양성이 높아진다.

(4) 자원의 다양성

자원이 다양해지면 그곳에 사는 생물도 다양해진다. 즉 물리적 환경조건이 다양한 지역에는 평원과 같이 균일한 지역보다 식물 종수가 많다. 또한 층상구조가 없는 초원보다는 층상구조를 갖는 삼림에서 새의 종류가 다양하다.

두 생태계가 인접하고 있는 지역인 **추이대** (ecotone, 이행대)에는 종이 다양하다. 삼림에서 초지로 변하는 추이대에서는 삼림종, 초지종 및 두 지역의 자원을 함께 이용하는 종이 공존하는데, 이 경우 두 지역의 자원을 이용하는 종을 **삼림 주변종** (forest edge species)이라고 한다. Leopold (1933)는 추이대에서 종의 밀도가 증가하는 현상을 **주변효과** (edge effect)라고 하였는데, 오늘날에는 이 용어가 밀도의 증가뿐만 아니라 다양성이 증가함을 의미한다. 야생동물을 보호 관리하기 위해서는 추이대를 증가시켜야 한다.

(5) 생산성

일반적으로 생산성이 낮은 지역보다는 높은 지역에서 많은 종들이 공존할 수 있다. 생산성이 높은 지역에서는 자원이 풍부하여 많은 종이 이용할 수 있으며, 생태적 지위의 폭이 좁아지면 다양한 크기의 개체군이 함께 살 수 있다. 그러나 생산성과 다양성과의 비례적 관계는 교란되지 않은 생태계에서만 볼 수 있으며, 인위적으로 비옥도를 높인 지역에서는 그 반대의 결과가 나타날 수 있다. 즉 연못에 비료를 주면 경쟁하는 종간에 불균형이 초래되어 종다양성이 감소된다.

(6) 기후의 안정성

기후가 안정되고 변화를 예견할 수 있는 지역에서는 그렇지 못한 지역보다 많은 종이 공존한다. 기후가 안정된 지역에서는 많은 종들이 소규모의 개체군을 이루며 함께 살 수 있지만 이상 기후가 나타나는 지역에서는 많은 종이 사라진다. 기후가 안정된 지역에서는 생물의 내성범위가 좁아지므로 생태적 지위의 폭도 좁아진다.

(7) 포식

육식동물이나 초식동물은 피식자의 개체수를 적당히 감소시켜, 피식자 간의 생태적 지위 중복으로 인한 경쟁배타를 방지한다. Paine (1966)은 해안의 조간대에서 여러 종류의 담치와 따개비의 포식자인 불가사리를 인위적으로 제거하였다. 그 결과 불가사리가 가장 좋아하던 한 종의 담치가 그 지역의 우점종이 되고, 여러 종류의 피식자가 사라져 다양성이 낮아졌다.

(8) 교란

교란이 심한 지역에서는 그곳에만 적응하여 살 수 있는 생물만이 남기 때문에 종 수가 감소된다. 교란이 거의 없으면 극상에 도달한 종이 우점하고 다른 종들은 거의 사라지며, 적당히 교란되면 많은 종이 공존할 것이다(Connell, 1978). 불이나 기타 교란으로부터 오랫동안 보호된 삼림에서는 여러 종류의 초본이 사라진다. 앞에서 언급한 포식과 피식도 일종의 교란으로서 다양성에 영향을 미친다.

3) 다양성지수

종풍부도(species richness)는 군집내에 서식하고 있는 종수를 세어 두 군집을 비교할 수 있는 간단한 지표이다. 그러나 상대우점도, 즉 **총균등도**(species evenness)를 고려해야 할 경우가 있다. 예를 들면, 두 종으로 구성된 두 군집에서 한 군집은 A종이 99개체이고 B종이 1 개체로 구성되어 있고, 다른 군집은 두 종이 각각 50 개체일 때 후자의 다양성이 높다.

널리 사용되는 다양성지수에는 종풍부도와 균등도의 개념이 포함되어 있다. 다양성지수의 일종인 **연속비교지수**(sequential comparison index, SCI)는 채집된 시료에서 동일 종으로 이루어진 개체들의 모임인 무리(run)의 수를 총개체수로 나눈 값으로서 야외에서 간단히 계산할 수 있어 편리하다(표 5-3).

Shannon-Wiener 지수(H′)는 정보 이론에서 도출된 것으로(Margalef, 1958), 연속된 두 개체가 같은 종일 확률을 측정하는 것이다. Simpson 지수(C)도 매우 비슷하나 무작위로 두 개체를 뽑을 경우 두 개체가 같은 종에 포함될 확률을 측정하는 것이다(Simpson, 1949).

표 5-3. 다양성지수를 계산하기 위한 공식

연속비교지수(SCI)

$$SCI = \frac{출현\ 무리수}{출현\ 개체수}$$

Shannon-Wiener 지수(H′)

$$H' = -\sum P_i \log P_i$$

Simpson 지수 (C)

$$C = 1 - \sum P_i^2$$

단, $P_i = N_i/N$, $N =$ 총 개체수, $N_i = i$종의 개체수

1. 상극물질의 효과를 기술하고 군집 구조에 미치는 영향에 대하여 설명하시오.

2. 생물이 생태계의 지표종으로 이용되는 예를 들어 설명하시오.

3. 개화 시기를 위도, 경도, 고도 등에 따라 계산하시오.

4. 진화의 원동력이 된 ① 공진화, ② 상리공생 및 ③ 포식-피식 관계를 설명하시오.

5. 형질분화가 진화에 미치는 영향에 대하여 설명하시오.

6. 생태적 다양성을 높일 수 있는 방안을 설명하시오.

7. 다양성을 나타내는 지수들을 제시하고 각 지수의 특징을 설명하시오.

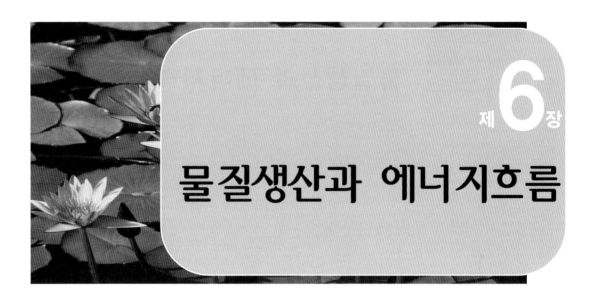

제6장

물질생산과 에너지흐름

제6장 물질생산과 에너지흐름

군집 내에서는 개체와 마찬가지로 에너지 전환이 일어나고 있다. 군집 내에 유입된 에너지는 각 개체에 의하여 소비되고, 체내에 저장되며 마지막에 주위 환경으로 방출되는데, 이러한 전환은 군집 내 여러 종류의 생물로 구성된 먹이사슬을 통하여 일어난다. 즉 태양에너지의 약 1%는 녹색식물에 의하여 고정되고 그 중의 일부는 다시 초식동물과 육식동물에 의한 방목먹이사슬이나 부니식자에 의한 부니먹이사슬을 통하여 전환된다. 이처럼 먹고 먹히는 일련의 과정에 따라 각 영양단계마다 이용할 수 있는 에너지량은 감소된다. 이 장에서는 우선 생태계를 통한 에너지흐름의 일반적인 원리를 살펴보고, 다음으로 여러 가지 자연생태계와 농경지의 생산성과 에너지흐름을 살펴본다.

1. 영양구조와 먹이사슬

영양(trophic)이란 말은 섭식(feeding)을 의미한다. 군집의 영양구조는 여러 생물 사이의 먹고 먹히는 관계인 **먹이사슬**(food chain)에 기초를 두고 있다. 대표적인 먹이사슬을 예로 들면 나뭇잎 → 쐐기 → 제비 → 매이다. 대부분의 군집에서는 수많은 먹이사슬이 형성되고 이들은 서로 연결되어 **먹이그물**(food wed)을 이루는데, 이런 먹이그물은 수 백 또는 수 천 종류의 생물로 구성되어 있다(그림 6-1). 그리고 이들 생물은 먹이사슬의 위치에 따라 생산자, 소비자, 분해자 등의 각 **영양단계**(trophic level)로 구분된다(그림 6-2).

1) 생산자

생산자(producer), 즉 **독립영양생물**(autotroph)은 간단한 무기물을 이용하여 탄수화물, 지방, 단백질 등과 같은 복잡한 유기물을 만드는 생물이다. 녹색식물은 대표적인 생산자로서 광합성을 통하여 이산화탄소, 물 및 무기물로부터 탄수화물과 그 밖의 여러 가지 유기물을 생산한다. 식물의 광합성에 의하여 태양에너지는 화학에너지로 전환되어, 식물이 합성한

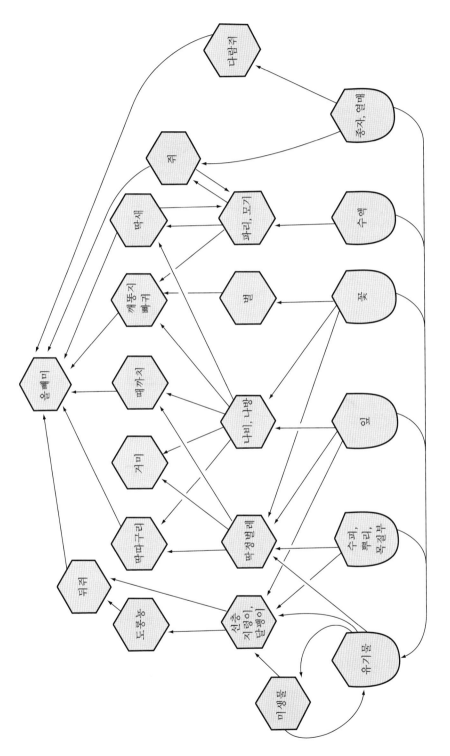

그림 6-1. 부식연쇄의 먹이그물.

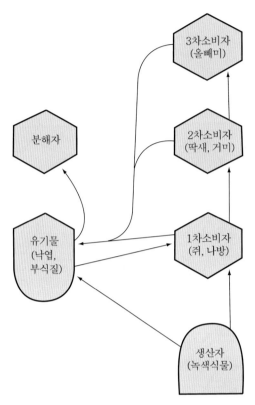

그림 6-2. 낙엽수림의 영양단계.

유기물질의 화학결합 속에 저장된다.

2) 소비자

소비자(consumer)는 다른 생물을 먹이로 이용하는 생물인데, 식물체를 먹으면 **초식동물**(herbivore), 또는 1차소비자이고, 다른 동물을 먹음으로써 간접적으로 식물을 섭식하면 **육식동물**(carnivore), 또는 2차, 3차소비자이다. 이처럼 이미 만들어진 먹이원으로부터 에너지를 얻는 생물은 **종속영양생물**(heterotroph)이다. 모든 동물은 균류나 세균과 마찬가지로 종속영양생물이다. 인간을 비롯하여 개구리나 토끼는 먹이를 먹고 소화기관에서 잘게 부수며, 유기물을 혈액으로 흡수하는 일종의 대형 종속영양생물이다.

혈액이 운반한 유기물은 다양한 세포로 흡수되어 일부는 다른 물질이나 새로운 세포를 구성하는 원료로 이용되고 나머지는 분해되어 생체에 필요한 에너지로 된다. 유기물이 산소와 결합하면 저장된 에너지가 유리되면서 이산화탄소, 물 및 몇 가지 무기물로 분해되는

데 이것이 호흡이다. 이때 생긴 에너지는 생명활동, 즉 세포분열과 보수, 운동, 짝짓기, 경쟁 및 먹이 포획에 이용된다. 이렇게 활동에 사용된 에너지는 최종적으로 생물로부터 환경으로 열로써 소실된다. 호흡은 종속영양생물과 독립영양생물에서 공통적으로 일어나는 과정이다.

3) 분해자

분해자(decomposer)는 부육동물(scavenger)과 균류나 세균과 같은 분해생물이 포함된다. 이들은 죽은 생물체와 그 배설물을 먹이원으로 한다. 배설과정은 동물, 세균 또는 균류의 소화, 흡수 및 종속영양생물의 것과 기본적으로 모두 비슷하다. 분해세균은 소화효소를 체외로 분비하여 먹이를 분해한 후 흡수한다.

4) 개체수 피라미드와 생물량 피라미드

영양단계별로 생물의 수를 세어보면, 초식동물보다 식물이 그리고 육식동물보다 초식동물의 수가 많다는 것을 알게 된다. 식물을 밑변으로 하고 초식동물과 육식동물을 차례로 위로 쌓아 올리면 피라미드 모양이 되는데, 이러한 그림을 **개체수 피라미드**(pyramid of number)라 한다. 개체수 대신 건조중량을 이용하면 개체수 피라미드와 모양이 비슷한 **생물**

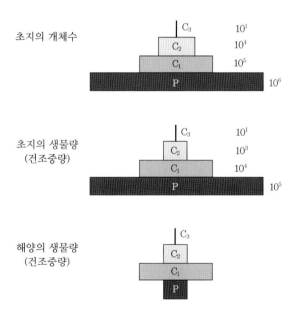

그림 6-3. 초원과 해양의 개체수 및 생물량 피라미드(P는 생산자, C는 소비자).

량 피라미드(pyramid of biomass)가 된다. 개체수 및 생물량 피라미드는 군집 구조의 한 단면이며 생태계의 에너지흐름을 반영하는 것이다(그림 6-3).

2. 에너지흐름

1) 태양에너지의 유입

에너지흐름(energy flow)은 태양에서 시작되는데, 대기권에 도달한 태양에너지 중 약 30%는 우주로 반사되고, 20%는 대기권에 흡수되며, 나머지 50%는 지표, 물 및 식물에 흡수된다. 그리고 대기권에 도달한 태양에너지 중에서 1%미만이 광합성으로 고정된다. 태양에너지의 극히 일부분만이 군집의 대사과정에 이용된다고 하여 열로 전환되거나 흡수되는 에너지가 생태적으로 아무런 효과가 없다는 말은 아니다. 예를 들면 태양열은 변온동물을 따뜻하게 하여 활동하게 하고, 봄에 호수의 얼음을 녹이며, 표층수를 따뜻하게 하여 여름에 수온약층을 형성시킨다. 지구 수준에서 본다면 태양에너지는 바람, 해류 및 물의 순환을 일으키는 원동력이다.

지표의 어느 지역이든 일년 중 6개월 동안은 빛을 받고 6개월 동안은 어둡다. 지구상의 지역적인 차이는 단지 극지방이 6개월 간격으로 밝고 어두워지는 반면, 적도지방은 매일 12시간 간격으로 그러할 뿐이다. 그렇다고 지구상의 모든 지역이 동일한 태양에너지를 받는 것은 아니다. 지구상의 어느 지점에서 받는 태양에너지량은 위도와 관련이 있다. 고위도에서는 햇빛이 지표면에 비스듬하게 비치므로 보다 넓은 면적으로 에너지가 퍼진다. 일정한 지표면이 받는 총 에너지량은 적도가 극지방에 비하여 2.4배 많다(Gates, 1980).

태양에너지량은 구름과 같은 요인에 의해서도 지역 간에 차이를 나타낸다. 1년 동안의 태양에너지 유입량($kcal\ cm^{-2}\ yr^{-1}$)은 극지방의 70 이하로부터 구름 낀 날이 적은 적도지방의 200 이상까지 그 범위가 다양하다(그림 6-4). 북사면 절벽에서 받는 태양 에너지량은 수평면의 1/4 정도이다.

2) 생태계 내의 에너지 흐름

군집의 에너지 경로를 추적하면 광합성의 결과 유기물에 저장된 에너지의 일부는 녹색식물의 생장과 유지를 위한 호흡으로 열로써 소실된다(그림 6-5, 6-6). 1차소비자인 초식동물이 녹색식물에서 얻은 에너지는 생장과 생식을 통하여 체내에 일부 저장되고 대부분은

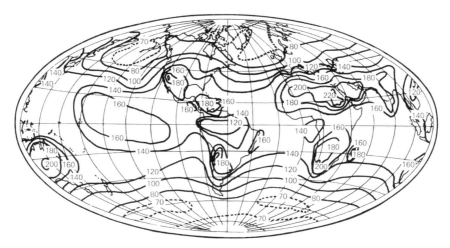

그림 6-4. 지구상의 태양에너지량의 분포 ($kcal\ cm^{-2}\ yr^{-1}$).

호흡을 통하여 열로 소실된다.

초식동물은 생식과 여러 가지 활동으로 녹색식물보다 많은 에너지를 사용하기 때문에 초식동물에 저장되는 에너지량은 녹색식물의 광합성에 의해서 생산된 양보다 훨씬 적다. 식물의 호흡으로 소비된 에너지는 소멸되나, 초식동물에게 먹히기 전에 고사한 식물체나 초식동물이 소화할 수 없는 배설물의 에너지는 분해자가 이용한다.

2차소비자인 육식동물은 초식동물로부터 에너지를 얻어 새로운 세포와 조직을 만들고 생식을 하며 활동하는 데 이용한다. 육식동물이 이용할 수 있는 에너지는 역시 초식동물로부터 얻는 에너지에 비해 매우 적다. 이처럼 생태계에서는 생산자로부터 1차, 2차 및 3차 소비자를 따라 먹고 먹히는 일련의 과정에서 에너지 흐름이 이루어진다(그림 6-7).

생태계의 에너지흐름을 정량적으로 분석한 예를 들면, 지표에 도달하는 150만 $kcal\ m^{-2}\ yr^{-1}$ 의 태양에너지 중(물론 위도와 구름량에 따라 이 수치는 달라질 수 있다) 광합성으로 저장되는 양은 약 1%인 15,000 $kcal\ m^{-2}\ yr^{-1}$ 정도이다. 그 중에서 약 40%가 호흡으로 소실되고 나머지 60%는 식물의 생장이나 생식에 필요한 에너지로 저장된다. 따라서 150만 $kcal\ m^{-2}\ yr^{-1}$ 의 태양에너지가 1차소비자에 의하여 사용될 수 있는 에너지량은 9,000 $kcal\ m^{-2}\ yr^{-1}$ 로 감소된다.

일반적으로 녹색식물에 들어있는 에너지가 방목먹이사슬을 통하여 이용되는 효율은 매우 낮다. 초식동물에 의해 이용되는 양은 매우 다양하나 대체적으로 20% 미만이다. 나머지 식물체는 고사되어 부니먹이사슬을 통해 분해자에 의해 소비된다. 1차소비자인 초식동물이 이용할 수 있는 에너지효율을 20%라고 보면 그 양은 약 1,800 $kcal\ m^{-2}\ yr^{-1}$ 이다. 이

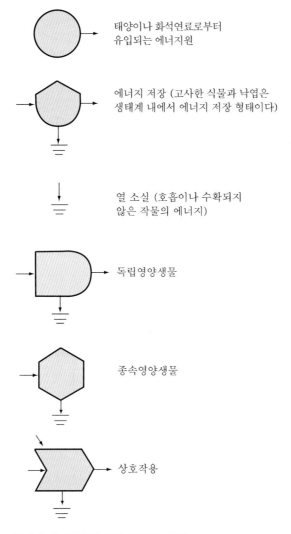

태양이나 화석연료로부터
유입되는 에너지원

에너지 저장 (고사한 식물과 낙엽은
생태계 내에서 에너지 저장 형태이다)

열 소실 (호흡이나 수확되지
않은 작물의 에너지)

독립영양생물

종속영양생물

상호작용

그림 6-5. 에너지흐름에 사용되는 기호.

중 약 10%만이 초식동물의 새로운 조직에 저장되고, 이것은 다시 2차소비자인 육식동물이 이용할 수 있다. 나머지 90%는 초식동물의 유지 및 활동에너지로 사용되거나 열로 소실되기도 하며, 배설물은 분해자에 의해 소비되기도 한다. 따라서 2차소비자가 이용할 수 있는 에너지량은 180 kcal m^{-2} yr^{-1}이다.

만약 2차소비자의 먹이 이용 효율이 약간 높아 20% 대신 30%의 에너지를 초식동물로부터 얻는다면, 180 kcal 중에서 54 kcal가 되는 셈이다. 그리고 육식동물은 초식동물과 마찬가지로 10%를 새로운 조직에 저장한다면 54 kcal에서 5.4 kcal m^{-2} yr^{-1}로 줄어든다. 이 중 3차소비자가 30%를 섭취하여 10%를 고정하면 3차소비자는 결국 0.16 kcal m^{-2} yr^{-1}만 새로

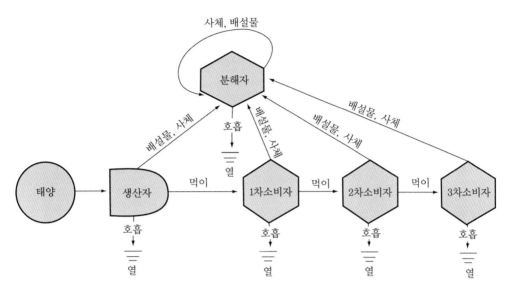

그림 6-6. 생태계의 에너지흐름.

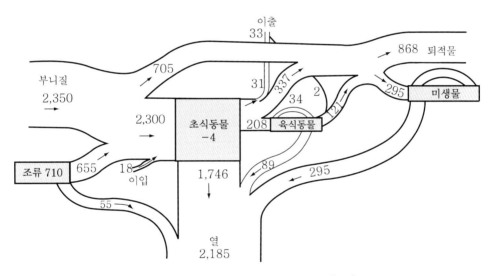

그림 6-7. 미국의 Root Spring에서의 에너지흐름의 예(단위는 kcal m^{-2} yr^{-1}).

운 조직에 저장한다.

위와 같이 각 영양단계마다 이용할 수 있는 에너지량이 줄어들어 개체수 피라미드나 생물량 피라미드의 형태를 나타낸다(그림 6-8). 만일 초식동물이 필요한 에너지를 1 m^{2}에서 얻을 수 있다면 2차소비자는 10 m^{2}가, 3차소비자는 100 m^{2}가 필요하다. 자연생태계에서 상위소비자인 매와 송어의 수가 적고 하위소비자인 생쥐와 파리의 수가 많은 것은 당연한 일이다.

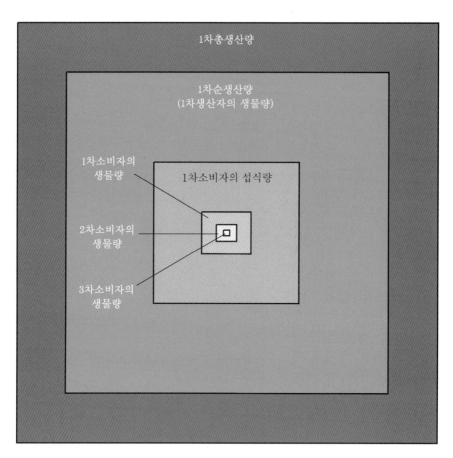

그림 6-8. 에너지흐름의 각 영양단계 별 에너지량.

3. 방목먹이사슬과 부니먹이사슬

부니먹이사슬(detritus food chain)은 생물의 사체나 배설물인 부니질로부터 에너지흐름이 시작되고, **방목먹이사슬**(grazing food chain)은 살아있는 녹색식물로부터 시작된다. 세균과 균류는 낙엽을 이용하고, 곤충이나 기타 무척추동물은 세균과 균류뿐만 아니라 낙엽을 먹으며, 이들은 다시 소형 육식성 무척추동물에 의해 먹힌다. 대부분의 생태계에서 부니먹이사슬 경로로 흐르는 총에너지는 녹색식물, 초식동물 및 육식동물을 거치는 방목먹이사슬 경로보다 그 양이 훨씬 많다.

부니먹이사슬은 모든 생태계에서 중요하나 개울이나 강에서 더욱 두드러진다 (그림 6-9). 부니질을 먹이로 섭취하는 대표적인 무척추동물은 날도래, 하루살이, 모기, 등각류 등이다.

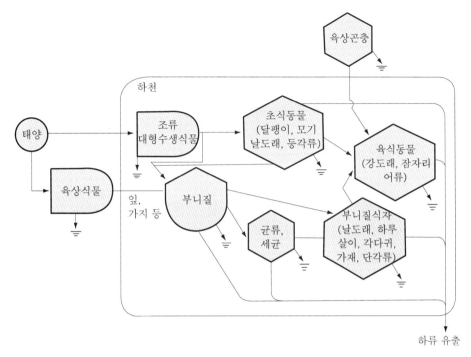

그림 6-9. 하천생태계의 에너지 흐름.

하천에서는 조류나 대형 수생식물에 의하여 생산되는 에너지 양보다 잎, 가지, 줄기 등의 형태로 외부로부터 유입되는 양이 훨씬 많다. 그늘진 하천 상류에서 먹이그물의 에너지원은 99% 이상이 외부에서 유입된 부니질이다(Fisher and Likens, 1977).

4. 생물량

어떤 시점에서 각 영양단계에 저장된 에너지량을 **생물량**(biomass) 또는 **현존량**(standing crop)이라 한다. 생물량 피라미드는 특정한 시기에 존재하는 에너지량을 나타낸다. 현존량과 에너지흐름과의 관계는 예금통장의 입출금과 비유할 수 있다. 만일 1월에 통장에 100원이 예치되어 있었고 일년 동안에 1,000원이 입금되고 1,000원이 지출되어 12월에 100원이 잔액으로 남았다고 가정하면, 100원은 현존량에, 1,000원의 현금 입출금은 에너지흐름에 비유할 수 있다.

에너지는 생산자인 녹색식물의 광합성에 의하여 고정되고 소비자에 의하여 쓰여지며(그림 6-10), 각 영양단계를 거칠 때마다 호흡과 먹이로 감소된다. 만일 생산량과 소비량이 같

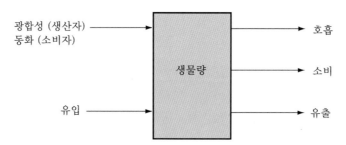

그림 6-10. 한 영양단계에서 생물량의 증가와 감소 요인.

다면 매년 생물량은 일정하다고 볼 수 있다. 일 년 동안 다소 증감될 때도 있지만 영양단계는 안정되어 있다고 말 할 수 있다. 그러나 만약 일 년 동안 1,000원을 예금하고 900원을 지출하였다면 연말에는 100원이 남는데, 생태계 내에서 이것은 생물체의 생장이나 개체군 생장과 같은 중요한 의미를 나타낸다.

5. 생산성

1) 1차생산량과 2차생산량

1차총생산량(gross primary production)은 생태계에서 독립영양생물에 의해 생산된 총에너지로서 총광합성량과 같다. **1차순생산량**(net primary production)은 1차총생산량 중에서 호흡으로 소비하고 남은 양이다. **생산성**(productivity)은 일정한 기간 동안의 생산량이다. 예를 들어 **1차 총생산성**(gross primary productivity)은 일정한 기간 동안 생산된 총광합성량을 나타낸다. 생산성을 측정하는 기간은 보통 1년 단위로 하지만 생육기간 동안으로 하기도 하고, 특정 생태계를 자세히 조사할 경우는 하루 단위로도 측정한다.

2차생산량(secondary production)은 소비자 단계에서 축적된 에너지량인데 이는 1차생산량과는 근본적으로 다르다. 1차생산량은 새로운 유기물을 생산하는 것이지만, 2차생산량은 먹이를 섭취하여 새로운 조직이나 개체를 생산하는 유기물의 전환이다. 대개 총생산량이나 순생산량과 같은 용어는 2차생산량에는 사용하지 않는다. 2차생산량은 소비자 영양단계에서 호흡을 제외하고 남은 에너지 저장량 즉, 생물량의 증가로 나타내며, 이는 식물의 순생산과 같은 뜻이다. 소비자에 적용되는 **동화**(assimilation), 또는 **동화에너지**(assimilated energy)는 식물의 총생산과 같은 뜻이다. 즉,

동화량 = 에너지 총섭취량 - 소화되지 않거나 배설된 에너지량

연순생산량은 다양한 생태계를 비교하는 편리한 기준이 되는데, 그 이유는 연순생산량이 소비자 영양단계의 생물들이 1년 동안 이용할 수 있는 에너지양이며, 또한 대부분의 생태계에서 쉽게 측정할 수 있기 때문이다. 그러나 순생산량의 측정에는 다음과 같은 몇 가지 문제점이 있다.

① 일시적으로만 존재하는 식물체의 특정 부위를 완전히 채집하기가 어렵다. 예를 들면 미역취는 꽃이 피기 전에 근생엽이 고사하므로 순생산량을 측정하는 데 많은 기술이 필요하다(Brewer, 1985).
② 다년생 식물은 뿌리나 지하경에 새로 저장된 생물량을 측정하기가 어렵다(Brewer and McCann, 1982).
③ 초식동물에 의해 제거된 식물량을 보정하기가 매우 어렵다. 방목이 생산을 증가시킬 수 있으므로 방목이 제한된 지역에서 측정된 생산량은 적게 평가될 수도 있다.
④ 생산자와 공생하는 기생생물이나 공생생물이 1차소비자일 경우에는 순생산량을 정확히 측정하기가 더욱 어렵다.

위와 같은 문제점이 있으나 **1차순생산량**은 생태계의 다양한 특성을 비교하는 기준이 되고 에너지흐름을 연구하는 시발점이 된다. 총생산량은 순생산량에 생산자의 호흡량을 합쳐 계산할 수 있다.

생산성의 단위는 에너지단위나 무게단위로 나타내는데, 식물체마다 수분 함량이 다르기 때문에 주로 건중량을 많이 쓴다. 생물의 건중량을 에너지 함량으로 나타내려면 열량계에서 태워 방출되는 열량으로 계산한다. 건중량 1 g당 식물체는 4.0~4.5 kcal, 동물체는 5.0~5.5 kcal의 열을 낸다.

따라서 이 수치를 이용하여 생물의 건중량을 에너지로 바꾸어 나타낼 수도 있고 그 반대의 경우도 가능하다. 한편 생물의 건중량은 절반이 탄소로 구성되어 있고 나머지는 수소, 산소, 질소 및 무기염류이므로 육수학자들은 생산성을 탄소량으로 표시한다. 탄소 1 g은 건중량 2 g에 해당된다.

2) 에너지의 안정상태

생물량과 영양구조의 관점에서 광합성으로 고정된 에너지가 모든 영양단계에서 호흡으

로 소실된 에너지의 합계와 같을 경우 이 생태계는 에너지의 안정상태에 도달하였다고 볼수 있다. 군집의 호흡량을 초과하여 축적되는 생산량을 **군집순생산량**(net community production, NCP)이라고 하는데, 안정상태의 군집에서는 이 값이 0이다.

표 6-1은 성숙림인 열대우림은 생산량이 많고 안정상태를 이루고 있으나, 미성숙림인 소나무 조림지는 그렇지 못함을 나타내고 있다. 열대우림에서는 동식물 및 세균의 호흡으로 소실된 에너지량이 광합성으로 고정된 에너지량과 같다.

그러나 소나무 조림지에서는 소실된 양보다 생산된 에너지량이 많으며(NCP>0), 군집순생산량은 줄기, 가지, 낙엽, 부엽 등으로 축적된다. 한편 안정상태의 군집은 총광합성량과 총호흡량의 비율(P/R ratio비율)이 1이고, 1보다 크면 **독립영양군집**(autotrophic community), 1보다 작으면 **종속영양군집**(heterotrophic commumity)이다.

소나무 조림지에서와 같이 천이의 초기군집은 P/R 비율이 1보다 커서 독립영양군집을 이루고 강의 상류는 종속영양군집의 대표적인 예이다. 강의 상류는 육상생태계에서 규칙적으로 유기물이 유입되지만 세균, 균류, 부식자 등에 의해 소비되는 양이 많기 때문에 대부분 P/R 비율은 1보다 적으나 강의 중류는 식물의 생산량이 증가되어 1보다 커진다 (Cummins, 1977).

일반적으로 수중생태계에서는 에너지의 유입과 유출이 중요하다. 계류에서는 외부로부터 많은 생물량이 유입되지만 이들의 대부분은 동식물의 형태로 하류로 유출된다. 예를 들어 수서곤충의 유충은 하류로 떠내려가다가 성충이 되면 완전히 강을 떠난다. Odum(1957)은 플로리다 주의 Silver Spring에서 에너지가 하류로 방출되어 안정상태가 이루어진다고 주장하였다(표 6-2). 만일 하류로의 방출이 없다면 유기물 축적이 이루어져서 부영양화가 급속히 이루어질 것이다.

극상림은 에너지의 안정 상태에 도달한 것으로서, 생물량이 변하면 군집의 구성도 변화되나 P/R 비율이 1인 안정된 상태를 유지한다(그림 6-11). 생태계의 유형에 따른 P/R 비율을 그림 6-12에 나타내었다.

표 6-1. 미성숙림과 성숙림의 에너지 흐름

	미성숙림 (kcal m^{-2} yr^{-1})	성숙림 (kcal m^{-2} yr^{-1})
총광합성량(1차총생산량, GPP)	12,200	45,000
식물호흡량	4,700	32,000
새로운 식물조직(1차순생산량, NPP)	7,500	13,000
종속영양생물의 호흡량	4,600	13,000
군집순생산량(NCP)	2,900	≈0
P/R 비율	1.3	1.0

표 6-2. 플로리다 주의 Silver Spring에서 에너지의 평형

에너지 흐름	에너지량 (kcal m^{-2} yr^{-1})
에너지 유입	
광합성	20,810
유입	486
합계	21,296
에너지 유출	
식물호흡	11,977
종속영양생물의 호흡	6,819
유출	2,500
합계	21,296

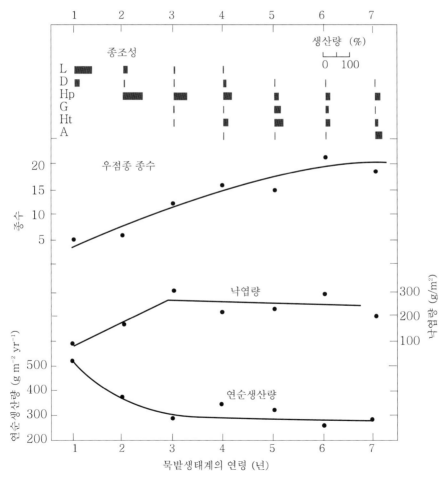

그림 6-11. 묵밭천이에서 3~7년 사이에 종조성은 계속 변화하지만 낙엽량과 연순생산량은 일정하다.

L : 쥐꼬리망초, D : 바랭이, Hp : 하플로파푸스(국화과), G : 서양떡쑥, Ht : 장뇌풀, A : 서양쇠풀

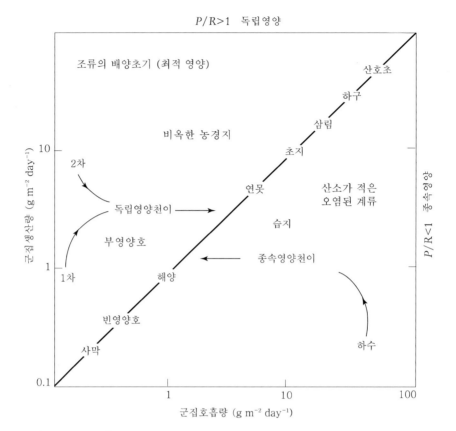

그림 6-12. 군집호흡량과 군집생산량의 관계.

3) 생물권의 1차순생산

표 6-3은 여러 생태계의 1차순생산력 및 순생산량을 종합한 것이다(Whittaker and Likens, 1975). 이 표에서 생태계의 유형은 좀 더 자세히 구분할 필요가 있는데, 예를 들어 온대초원은 강수량에 따라 생산성이 다르기 때문이다. 또한 생산성을 추정하는 방법에 대하여도 계속적인 연구가 이루어져야 할 것이며, 그 값도 때때로 변할 수 있다.

예를 들면 대기권의 이산화탄소 농도가 증가함에 따라 생산성도 증가될 것으로 예상된다. 그러나 이 표는 여러 가지 면에서 중요한 의미를 갖는다. 지구상의 1년 동안 1차순생산량은 1,700억 ton으로서 육지는 지구 표면의 30%에 불과하나 1차순생산량의 2/3는 여기에서 생산된다.

연순생산성은 아주 건조한 사막의 0 g/m²에서부터 가장 비옥한 생태계의 5,000 g/m²에 이르기까지 다양하다. 후자의 수치는 1 m²당 5 kg 이상의 생산성을 나타내는 것으로 식물

표 6-3. 여러 생태계의 1차순생산량과 생물량

생태계 유형	면적 (10⁶ km²)	1차순생산성 (g m⁻² yr⁻¹)		전세계 1차순생산량 (10⁹ ton yr⁻¹)	생물량 (kg/m²)		전세계 생물량 (10⁹ ton)
		범위	평균		범위	평균	
열대우림	17.0	1,000~3,500	2,200	37.4	6~80	45	765
열대몬순림	7.5	1,000~2,500	1,600	12.0	6~60	35	260
온대상록수림	5.0	600~2,500	1,300	6.5	6~200	35	175
온대낙엽수림	7.0	600~2,500	1,200	8.4	6~60	30	210
북방삼림	12.0	400~2,000	800	9.6	6~40	20	240
교목 및 관목림	8.5	250~1,500	700	6.0	2~20	6	50
사바나	15.0	200~2,000	900	13.5	0.2~15	4	60
온대초지	9.0	200~1,500	600	5.4	0.2~5	1.6	14
툰드라 및 고산	8.0	10~400	140	1.1	0.1~3	0.6	5
사막 및 반사막 관목림	18.0	10~250	90	1.6	0.1~4	0.7	13
사막, 바위, 모래 및 빙하	24.0	0~10	3	0.07	0~0.2	0.02	0.5
경작지	14.0	100~3,500	650	9.1	0.4~12	1	14
저습지	2.0	800~3,500	2,000	4.0	3~50	15	30
호소 및 강	2.0	100~1,500	250	0.5	0~0.1	0.02	0.05
육상생태계의 합	149		773	115		12.3	1,837
원양	3332.0	2~400	125	41.5	0~0.05	0.003	1.0
용승류지역	0.4	400~1,000	500	0.2	0.005~0.1	0.02	0.008
대륙붕	26.6	200~600	360	9.6	0.001~0.004	0.01	0.273
산호초	0.6	500~4,000	2,500	1.6	0.04~4	2	1.2
하구	1.4	200~3,500	1,500	2.1	0.01~6	1	1.4
해양생태계의 합	361		152	55.0		0.01	3.9
총계	510		333	170		3.6	1,841

의 생장이 매우 왕성하게 이루어지는 생태계이다. 온대지역의 연순생산성은 대체로 500~2,000 g/m²이다.

연순생산성을 증가시킬 수 있는 환경요인은 적당한 수분공급, 긴 생육기간, 적당한 기온, 비옥한 토양 등이다. 따라서 수분과 영양염류가 지속적으로 공급되는 습지나 하구의 생산성이 높다는 것은 놀라운 일이 아니다. 또한 생육기간이 길고 고온 다습한 열대우림에서 생산성이 높고, 강수량이 적고, 증발산량이 많은 사막에서 낮은 것은 당연하다. 그러나 원양의 생산성이 사막의 것보다 그리 높지 않은 것은 영양염류인 인, 질소 및 철이 부족하기 때문이다. 해양생태계에서는 하구와 산호초의 생산성이 가장 높다.

4) 생산성과 생물량의 관계

표 6-4에서 미성숙림의 연순생산성은 생물량의 10% 이상이나 되었다. 극상림이나 극상에 가까운 성숙림에서는 생산성과 현존량의 비율(P/B ratio)이 매우 낮다. 참나무와 소나무의 미성숙림에서 P/B 비율은 0.11이지만, 성숙림에서는 활엽수 및 침엽수에 관계없이 0.02~0.03에 불과하다.

이 두 가지 경우에서 P/B 비율은 또 다른 의미를 가진다. 미성숙림에서는 이 값이 생물량의 축적 정도를 나타내는 비율이다. 미성숙림에서 목재와 잎에 생물량이 빠른 속도로 축적되면 P/B 비율은 높으나, 생물량의 축적 속도가 느리면 P/B 비율은 낮다. 따라서 안정 상태의 성숙림에서는 P/B 비율이 개체군 **전환율**(turnover rate, 회전율)의 척도가 된다.

안정 상태의 군집들을 비교할 때 세대길이와 수명이 짧고 개체의 크기가 작으면 P/B 비율은 높고, 세대길이와 수명이 길고 개체의 크기가 크면 그 값은 낮다. 따라서 일년생 초본이 우점하는 경작지는 P/B 비율이 높고 자연초지와 사바나에서는 약간 높으며 삼림에서는 낮다(표 6-3). 식물플랑크톤이 주요 생산자인 수중생태계에서는 P/B 비율이 매우 높다. 예를 들면 담수플랑크톤의 P/B 비율은 113인데(Brylinsky, 1980), 이는 연순생산량이 그 당시 생물량의 113배임을 나타낸다. 따라서 세대길이가 짧을수록 P/B 비율은 더욱 높아진다.

동물에서도 비슷한 계산을 할 수 있다. 개미와 영양 정도의 크기에서는 P/B 비율이 0.1에서 10의 범위인데(표 6-5). 세대길이가 짧고 크기가 작은 무척추동물일수록 그 값이 훨씬 높아서 동물플랑크톤은 대부분 10~15이다(Brylinsky, 1980). P/B 비율이 낮은 동물들은 몸집이 크고, 번식을 자주하지 않는 온혈동물이다.

표 6-4. 뉴욕의 어린 참나무-소나무 혼효림에서 추정된 생물량과 생산성

구분	연순생산성		생물량	
	$g\ m^{-2}\ yr^{-1}$	비율(%)	g/m^2	비율(%)
교목의 순생산				
수간	174.9	16.5	4,317	44.5
가지	247.0	23.3	1,639	16.9
잎	350.9	33.1	408	4.2
열매와 꽃	22.2	2.1	19	0.2
뿌리	265.0	25.0	3,317	34.2
교목의 합계	1,060	100.0	9,700	100.0
임상식생의 합계	134	—	460	—
총 계	1,194	—	10,160	—

표 6-5. 아프리카의 열대 사바나에서 동물들의 생물량과 생산성

종 류	연 생산성(P)(g m^{-2}yr^{-1})	평균 생물량(B)(g/m^2)	P/B 비율
1차소비자			
설치류	0.07	0.02	3.5
메뚜기	0.40	0.06	6.7
지렁이	7.49	3.60	2.1
우간다고니	0.16	2.18	0.1
2차소비자			
조류	<0.01	0.01	<1
거미	0.45	0.06	7.5
개미	6.00	0.96	6.2
대형포식자	—	0.01~0.10	—

6. 생태효율

효율은 유입에 대한 유출의 비율이다. 생태계의 각 영양단계에서 에너지가 흐를 때 각 단계별로 효율을 계산할 수 있다. 에너지흐름의 절에서 몇 가지 일반적인 수치를 사용하였으나 여기에서는 더욱 상세하게 다루어 보고자 한다.

1) 생산자 단계의 효율

(1) 1차총생산량/태양에너지

실험실의 약한 광에서 조류를 배양하더라도 광합성효율은 상한치인 20%에 도달할 수 있으나(Bonner, 1962), 자연 상태에서는 이 값이 훨씬 낮아서 5% 이상인 경우는 매우 드물다. Odum(1983)과 Gates(1980)는 생물권의 평균광합성효율을 0.2%로 추정하였다. 이와 같이 태양에너지가 광합성산물로 전환되는 효율이 낮은 이유는 다음과 같다.

① 태양에너지의 44%만이 광합성에 이용할 수 있는 파장의 범위 안에 있다(Gates, 1980).

② 태양에너지를 유기물로 전환하는 잎의 광합성효율은 빛의 강도가 높아질수록 낮아진다(Gates and Bell, 1980). 따라서 약광에서 광합성효율이 높은 것은 생태계의 일반적인 생산성과는 무관하다.

③ 지구상의 많은 지역이 1년 중 일정한 기간 동안 식물 생육에 부적당하다. 대부분의 온대지역과 극지방에서는 온도에 따라 생육기간이 달라지고 또 어떤 지역에서는 건조기간 중 생산량이 줄어든다.

④ 생육기간 중이라도 육상생태계의 생산성은 수분, 영양염류, 온도 등에 따라 제한을 받는다. 따라서 이용할 수 있는 광선을 충분히 이용하지 못하는 경우가 많다.

⑤ 수분과 다른 환경이 적합한 지역에서는 식물의 **엽면적지수**(leaf area index; LAI)나 엽록체의 피음 정도에 따라 생산성이 달라진다. 예를 들면 작물의 경우 엽면적지수가 4~5 정도일 때 생산성이 최대에 도달한다.

⑥ 수중생태계의 생산성은 영양염류와 온도에 의하여 제한을 받는다. 그리고 물은 빛을 흡수하기도 하지만 산란시키므로 수면에 닿는 태양광선 중 일부만이 수중식물에 이용된다. 가시광선의 절반이 도달할 수 있는 깊이는 증류수 20 m, 바다 10 m 정도이며 호수에서는 겨우 1~2 m 이다.

(2) 1차순생산량/1차총생산량

1차총생산량(GPP)에 대한 1차순생산량(NPP)의 비율은 식물 자체를 유지하는 데 소비하는 에너지량에 크게 좌우된다. 생태계 수준에서 독립영양생물의 호흡량을 측정하기란 매우 어려운 일이다. 왜냐하면 식물의 호흡에 의한 손실량과 공생관계나 기생관계를 이루고 있는 다른 종속영양생물에 의한 손실량을 구별하여 측정하기란 쉬운 일이 아니기 때문이다. 이제까지 보고된 바에 의하면 독립영양생물의 호흡량은 1차총생산량의 20~75% 범위이므로 1차총생산량에 대한 1차순생산량의 비율(NPP/GPP), 즉 효율(efficiency)은 25~80%이다.

생물량이 많은 삼림에서는 비광합성 구조를 유지하기 위한 호흡량이 많아 효율이 낮고 (Kira and Shidei, 1967), 초지, 경작지 또는 조류군집과 같이 생물량이 1차순생산량의 네 배 이하인 군집에서는 호흡량이 적어 효율이 높다. 대체로 후자의 효율은 50% 이상이고, 삼림의 효율은 50% 미만이다. 한편 열대우림은 한대지역보다 효율이 낮은데, 이는 열대지역의 상록수림이 고온으로 말미암아 호흡량이 많고 1년 내내 에너지 손실이 높기 때문이다.

2) 초식동물의 섭취효율

1차순생산량에 대한 초식동물의 총에너지 섭취량의 비율은 초식동물이 녹색식물을 섭취한 효율을 나타낸다. 초식동물이 섭취하지 않은 식물체는 조만간 부니 먹이사슬을 거치게 된다. 죽은 잎이나 줄기를 먹는 딱정벌레, 톡토기, 균류 및 세균은 일종의 초식동물이라고 할 수 있다. 식물조직 내에 기생하는 선충류나 질소고정세균 역시 마찬가지이다. 그러나 이제까지의 많은 연구들은 주로 방목 먹이사슬의 효율에 대해서만 이루어졌다.

어떤 생태계에서는 섭취효율이 대단히 높은데, 예를 들어 나방의 애벌레가 나뭇잎을 갉아먹으면 연순생산량의 30~40%가 섭취되지만 대부분의 삼림에서는 훨씬 낮다. 초본이 우점하는 생태계에서는 메뚜기나 설치류 개체군의 변화에 따라 섭취량이 해마다 달라질 수 있다. 대형 초식동물이 없는 해에는 지상부의 1차총생산량에 대한 섭취된 에너지비율이 삼림에서와 같이 5% 이하로 낮으나, 얼룩말이나 들소와 같은 대형 초식동물이 있는 해에는 그 비율이 30% 이상이다.

뿌리나 지하경과 같은 지하부는 지상부보다 많이 섭취되어 그 비율이 평균 20%에 달하며 이는 주로 선충류에 의해서 이루어진다. 수중생태계에서는 식물의 크기가 작고 부드러워서 초식동물의 섭취량은 20~30%나 된다. 육상생태계에서는 초식동물이 먹고 남은 식물체의 부스러기가 많이 생겨서 분해자가 이용할 수 있다.

3) 소비자효율

(1) 영양단계 내에서의 효율

녹색식물에 의해 생산된 에너지는 초식동물에게 유전되는 것을 시작으로 방목먹이사슬을 통하여 2차, 3차소비자에게 유전된다. 생태계 내에서 에너지가 흐를 때의 효율은 영양단계 내와 이들 상호간의 단계에서 생각할 수 있다. 영양단계 내에서의 에너지흐름 비율을 **생태적 생장효율**(Ecological growth efficiency)이라 하며 생물량의 증가/총에너지 섭취량으로 나타낼 수 있다.

그러나 이 개념은 그 구성요소인 **동화효율**(assimilation efficiency)과 **조직생장효율**(tissue growth efficiency)보다 유용성이 적다. 에너지 섭취량과 생물량의 증가 사이에는 그 두 가지 이유 때문에 큰 차이가 있다. 그 첫째 이유는 소화, 흡수되지 않아 동화되지 않은 먹이가 그대로 배변되기 때문인데, 이때의 동화효율은 동화에너지/총에너지 섭취량으로 나타낸다. 둘째로 이 동화에너지 중에서 많은 양이 활동 및 생명유지에 소비되고 적은 양의 에너지만이 새로운 생물량으로 축적되는데, 이때의 조직생장효율은 생물량의 증가/동화량으로 나타낼 수 있다.

동화효율은 먹이의 특성에 따라 다양하기 때문에 그 범위가 매우 넓다. 효모와 설탕을 먹는 바퀴벌레는 총에너지 섭취량의 100%가 동화되지만 소화가 잘 안 되는 물질이 포함된 먹이를 에너지원으로 하는 부니식자의 동화율은 10% 이하이다(LaMontte and Bourliere, 1983). 대체로 초식동물의 동화율은 30~60%이고, 육식동물은 60~90%이다.

조직생장효율은 적으로부터 도피, 음식물의 섭취와 소화 및 살아가는 데 필요한 활동에 너지에 따라 각기 달라질 수 있다. 목장에서 키우는 수송아지는 동화에너지의 절반 이상이 쇠고기로 전환될 수 있지만, 자연 상태의 코끼리는 겨우 1% 정도이다(Petrides and Swank, 1965).

동화에너지의 이용 정도는 각 개체의 활동량, 크기 및 연령에 따라 달라진다. 꿀이나 종자를 모으는 곤충은 수액을 빨거나 나뭇잎을 갉아 먹고 사는 동물보다 많은 에너지를 소비할 것이고, 포식자는 먹이를 찾아 헤매야 하기 때문에 피식자보다 많은 에너지를 소비할 것이다. 이처럼 많은 요인들이 복합적으로 영향을 미치지만 가장 중요한 점은 항온동물이 변온동물보다 조직생장효율이 훨씬 낮다는 사실이다. 그 이유 중의 하나는 항온동물이 체온 유지에 많은 에너지를 사용하기 때문이다.

변온동물은 조직생장효율의 변이가 심하지만 대개 20~50% 정도이다. 파충류와 양서류 같은 대부분의 변온성 척추동물은 이 범위의 하한에 해당된다(LaMontte, 1972). 조류와 포유류 같은 항온동물의 조직생장효율은 1~3%에 불과하다. 사회성 곤충은 무리의 항상성을 유지하는 데 에너지를 소비하므로 이 효율이 낮다. 생태계에서는 많은 양의 에너지가 변온성 무척추동물을 통하여 유전되기 때문에 생태학적 생장효율은 10~20% 정도이다.

(2) 영양단계간의 효율

영양단계간의 에너지효율에 대한 연구는 많이 이루어졌다. 영양단계 n-1 수준에 대한 영양단계 n 수준에서의 총에너지 섭취량을 비교할 수도 있고 두 영양단계에서 생산된 생물량을 비교할 수도 있다. 전자를 Lindeman의 이름을 따서 **Lindeman 효율**이라 하고, 후자를 **영양단계 생산효율**(trophic-level production efficiency)이라 한다.

실험실 내에서는 이러한 효율을 계산하기가 쉽고, 먹이사슬이 분명한 자연계에서는 쉽지는 않지만 계산이 가능하다. 그러나 전체 생태계에서는 계산이 어려운데 그 이유는 영양단계를 뚜렷이 구분하기가 어렵기 때문이다. 예를 들면 풀을 먹고 사는 곤충을 굴뚝새가 잡아 먹으면 2차소비자임에 틀림없으나 굴뚝새는 거미도 먹고 산다. 그런데 거미는 먹이사슬에서 낙엽 → 균류 및 세균 → 톡토기 및 진드기 → 소형 육식곤충 → 거미에 이르는 4차소비자이므로 거미를 먹는 굴뚝새는 5차소비자에 해당된다.

이처럼 전체 생태계에서 어느 한 단계의 에너지효율을 측정하는 일은 쉬운 일이 아니다. 만일 각 소비자들이 직전 영양단계의 순생산량을 완전히 이용할 수 있다면 Lindeman 효율과 영양단계 생산효율은 10~20% 정도이다. 그러나 열악한 환경이나 질병 및 사고와 같은 어려운 환경 하에서는 이 효율이 훨씬 낮아진다. 이러한 효율은 특정 생태계, 또는 전체 자연계에서 일정한 경향이 있으며, 영양단계가 높아질수록 효율이 증가하는 경향을 보인다.

7. 화학합성독립영양생물

이제까지는 독립영양생물과 녹색식물을 같은 의미로 사용하여 왔으나 사실상 독립영양생물에는 두 개의 생물군이 포함된다. 그 중 하나가 녹색식물과 광합성세균을 포함하는 광합성생물이며 다른 하나는 화학합성생물, 즉 화학합성독립영양생물이다. 대부분의 생태계에서는 화학합성생물이 전체 에너지흐름에 중요하지 않지만 최근에는 다음과 같은 수중생태계에서 매우 중요하다는 것이 밝혀졌다.

1) 호수와 연안생태계

호수나 연안의 저토는 단지 몇 mm 깊이에서도 산소가 없기 때문에 부니질은 혐기성 상태에서 분해된다. 이때 여러 종류의 종속영양세균이 호흡으로 유기물질을 산화시키는데, 이와 더불어 환원되는 물질이 필요하다. 이 환원과정에서 전자수용체는 주로 이산화탄소, 황산염, 질산염 및 산화철이온(Fe^{3+})이다. 만약 이산화탄소가 전자수용체 역할을 하게 되면 메탄이 형성된다. 저토에서 방출되는 메탄가스에는 에너지가 들어 있는데, 호수에서는 이와 같은 가스를 메탄산화세균이 이용한다.

황산염, 질산염 및 산화철이온이 전자수용체로 쓰이면 이들보다 더 환원된 형태의 황, 질소 및 철이 생성된다. 예를 들어 황환원세균은 황산염이 있을 경우 탄수화물을 분해하여 이산화탄소, 물 및 황화수소를 생성한다. 이 과정에서 세균은 호흡기질에 저장된 에너지의 25%를 얻고 나머지 75%는 황화수소의 결합에너지가 된다.

황화수소에 저장된 에너지는 몇 가지의 경로를 거치는데, 이들 경로의 상대적인 중요성은 분명히 밝혀지지는 않았다. 황화수소는 상층부로 확산되어 화학적으로 재산화되고, 그 결과 에너지는 열로 소실된다. 또 다른 방법은 황산화세균이 환원된 황화물을 사용하는 경우인데, 이 세균은 저토 표면에 덩어리(mat)를 이루며 생육한다. 이들은 황화수소를 유황으로, 유황을 황산염으로 산화시켜 얻은 에너지를 이용하여 이산화탄소와 물을 탄수화물로 전환시킨다. 그 반응을 요약하면 다음과 같다.

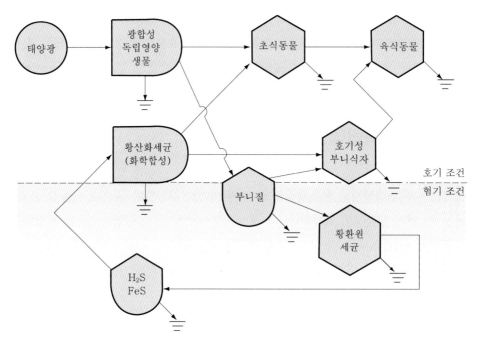

그림 6-13. 환원된 황화물에 에너지가 저장되는 연안생태계의 에너지 흐름.

$$CO_2 + H_2S + O_2 + H_2O \rightarrow [CH_2O]_n + H_2SO_4$$

환원된 황화합물에 저장된 에너지 중에서 20% 이상은 세균의 생물량 증가에 사용된다 (Howarth, 1984). 황산화세균들은 결국 게나 물고기와 같은 저서동물에게 먹히는데, 이와 같은 일련의 반응은 탄소대사과정과 에너지흐름이 일시적으로 일치되지 않음을 나타낸다. 에너지는 일시적으로 황화수소나 황화철과 같은 환원된 황화합물에 저장되어 있다가 화학 합성세균의 생물량이 되어 군집에 다시 유입된다. 화학합성세균은 독립영양생물이지만, 새로 형성되는 생물량은 태양에너지에 의한 1차생산량이 아니고 종속영양생물의 생물량과 같이 2차생산량이다(그림 6-13).

위의 과정은 몇 가지 점에서 생태학적으로 매우 중요한 의의를 갖는다. 저토에 있는 대부분의 에너지는 저서동물에게 직접 이용되지 못한다. 왜냐하면 에너지가 섬유질과 소화되지 않는 화학물 속에 결합되어 있거나 무기물과 혼합된 조각에 저장되어 있기 때문이다. 황산화세균과 황환원세균의 작용으로 이러한 에너지는 조개나 물고기가 이용할 수 있는 농축된 고품질의 먹이로 전환된다. 이들 황산염, 질산염 및 철환원세균들의 작용으로 호수 바닥에서 난분해성 유기물이 제거되므로 호수의 메꾸어지는 속도가 느려진다.

이 과정에서 얻는 에너지량은 정확하게 밝혀지지 않았으나, 연근해에서는 저토호흡의 25~70%가, 염습지 저토에서는 70~90%가 황산염환원에 의한다(Howarth, 1984). 나머지 저토호흡은 메탄올 생성하는 혐기성세균과 저토 표면의 호기성 종속영양세균에 의하여 수행된다. 황산화세균에 의해서 군집으로 다시 들어오는 에너지 비율은 총 저토호흡의 3~18% 정도이다. 한편 호수에서는 화학합성독립영양생물의 생산보다는 메탄 생산이 더 중요하고 더 많다(Wetzel, 1983).

2) 열수구

최근에 해저의 온천인 **열수구**(hydrothermal vents) 주변에 특이한 군집이 형성되어 있음이 발견되었다. 일반적으로 해저 2,000~3,000 m 깊이에서는 표층으로부터 부니질이 유입되지 않아서 생물이 거의 없으나 이 열수구 주변에는 대형 조개나 길이가 3 m에 달하는 유수동물(Pogonophora)이 서식하고 있다. 또한 다모류, 게, 새우, 삿갓조개, 관해파리, 등각류 및 물고기도 서식하고 있음이 보고되었다(Grassle, 1985). 이러한 생태계는 1977년 최초로 갈라파고스섬의 동쪽 암벽 밑에서 발견된 이후 심해탐사 잠수함들에 의하여 다른 여러 지역에서도 유사한 군집이 발견되었다.

이 생태계의 에너지 공급자는 화학합성독립영양생물인 황산화세균이다. 에너지 생성 원리는 앞 절에서 설명한 다른 화학합성세균의 것과 유사하여 황화수소를 산화시켜 에너지를 얻고, 이 에너지를 이용하여 이산화탄소와 물로부터 탄수화물을 합성한다. 이 생태계에는 여러 종류의 세균들이 존재하며 그 중 일부는 다른 방법으로 양분을 섭취한다(Jannasch and Mottl, 1985).

황화물은 바닷물이 수백℃의 마그마와 암석을 통과할 때 바닷물 속에 포함되어 있던 황산염이 환원됨으로써 만들어지기도 하고, 뜨거운 현무암으로부터 녹아 나오기도 한다. 그곳에서 약간 떨어진 곳에는 황화물, 메탄 및 금속과 같은 환원물질이 포함된 뜨거운 물이 열수구를 통하여 분출되고, 열수구 주변에는 동물군집이 형성된다. 열수구 주변의 수온은 20℃ 정도이나 이곳에서 약간 떨어진 지역의 해저 수온은 1.8℃이다.

열수구 생태계에 서식하는 종들은 주로 화학합성세균에 의존하여 생활하고 있다. 조개류는 물속에서 세균을 걸러서 먹고, 게 종류는 세균을 섭취하며 어류를 비롯한 다른 동물들은 포식자로 군림한다. 습지, 하구 및 침수지에서는 황화물에 저장되었다가 황산화세균의 생물체에 저장되는 에너지가 태양에서 온 것이다. 그러나 열수구의 에너지원은 지열로써 지구 내부에서 생긴 열에 의해 황화물 환원이 일어난다.

비록 에너지원이 지열이라 하더라도 열수구 생태계는 광합성에 의존한다. 황산화세균과 주변의 동물들은 식물이 만든 산소를 필요로 하는 호기성 생물이다. 이와 같이 심해 생태계가 해양이나 육상 생태계로부터 방출된 산소에 의존한다는 것은 생물권의 상호연결을 의미하며, 이 생태계에서도 태양광선의 중요함을 나타낸다.

이 생태계의 또 다른 특징은 여기에 서식하는 세균들이 고온에 적응하여 살 수 있다는 것이다. 열수구에서 뿜어 나오는 물은 우유빛 청색으로써, 탁도가 높은 것은 콜로이드성 황화합물에 의한 것이 아니고 주로 엄청난 수의 세균 때문인 것으로 밝혀졌다 (Karl *et al.*, 1980; Corliss *et al.*, 1979). 이곳의 세균이 비등점 이상에서도 살 수 있다는 것은 고온에 대한 대단한 적응이다. 수온이 300~400℃인 열수구에는 어떤 미생물도 발견되지 않으나 그 주변에는 다모류가 많이 발견된다.

마지막으로 이 군집은 극히 일시적이다. 심해군집은 매우 안정적일 것 같으나 실제로는 이 열수구 생태계는 수 년, 또는 수 십 년 이내에 전혀 새로운 생태계로 변화한다. 한번 조사한 열수구 생태계를 2~3년 후에 다시 찾아가 보면 열수구는 쇠퇴과정에 있으며, 그곳 생물들은 삼림벌채 후에 나타나는 잡초처럼 일시적인 종이다.

8. 에너지와 농업

1) 기본 유형

농업에서 에너지흐름의 경로는 뚜렷하다. 인간이 잘 관리하고 경작하는 농작물에 태양에너지가 유입되면 광합성에 의해 태양에너지가 농작물에 고정되고 저장된다. 인간이 직접 이 식물을 먹음으로써 에너지가 유전되기도 하고, 초식동물인 염소, 돼지, 닭 등의 먹이사슬을 거쳐 인간에게 유전되기도 한다. 한 예로써 옥수수 밭에서 생육기간 동안 생산되는 옥수수량은 에이커($4{,}043 \text{ m}^2$) 당 3500 L로서 유입되는 태양에너지($2.043 \times 10^9 \text{ kcal m}^{-2}$)의 1.6%가 광합성에 사용되었다 (그림 6-14).

옥수수는 효율적인 C_4 경로를 가지므로 광호흡으로 소실되는 에너지가 적어서 1차총생산량인 3.3×10^7 kcal 중 80%가 순생산량이 된다. 이 순생산량 중에서 알곡만이 식량으로 직접 이용된다. 따라서 인간이 직접 식물에너지를 이용하는 1차소비자라면 알곡 중 소화되지 않는 부분과 조리과정 중 손실 부분을 포함해서 약 8.2×10^6 kcal의 에너지를 이용하는 셈이다. 그런 옥수수를 가축에게 사료로 먹이고 인간이 2차소비자의 위치에서 먹이사슬경로를 거치게 된다면 그 과정에서 가축에 의한 폐기물, 소화되지 않는 찌꺼기, 동물의 호흡,

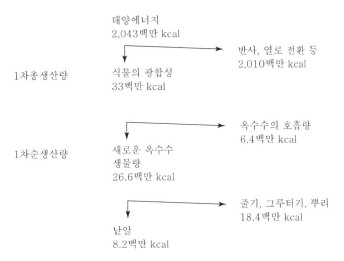

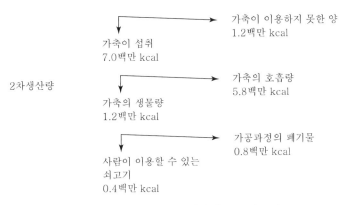

그림 6-14. 옥수수 밭과 가축 사육장의 에너지 흐름(단위는 kcal/acre).

도살장에서의 손실 등 훨씬 많은 양의 에너지 낭비가 유발된다.

이때 에너지 이용률은 인간이 직접 알곡을 이용할 때의 5% 정도 밖에 되지 않는다(Heichel. 1976). 만일 알곡이 닭이나 돼지와 같은 가축에게 먹혀지고 인간이 이를 섭취할 경우는 에너지 손실이 다소 적어져서 10%의 이용효율을 얻을 수 있다. 인간이 1년에 평균 1.0×10^6 kcal를 소비하므로 1에이커의 옥수수 밭에서 생산된 양은 여덟 사람을 1년 동안 먹일 수 있으나, 옥수수를 소에게 먹이면 한 사람을 5개월 동안 먹일 수 있을 뿐이다. 따라서 인간은 될 수 있는 한 채식을 해야 하나, 그렇다고 가축을 기르지 않아야 한다는 반론을 제기할 수는 없다.

왜냐하면 인간에게는 육류에 있는 필수 아미노산이 필요할 뿐만 아니라, 강우량이 적고 불규칙적인 초원에서는 농작물 대신 가축의 사료가 되는 목초만이 자랄 수 있기 때문이다.

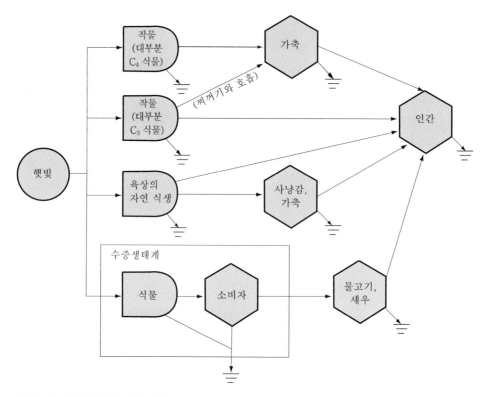

그림 6-15. 인간을 향한 에너지흐름.

돼지와 닭을 기르면 음식 찌꺼기를 활용할 수 있고 저밀도 방목에서는 집약적인 채소와 과일 생산보다 석유에너지가 덜 소비되므로 가축 생산이 유리할 경우도 있다.

2) 식량 공급 체계와 에너지흐름

그림 6-15는 인간의 식량 공급 체계에서 에너지흐름의 경로를 나타낸 것이다. 수렵 및 채취시대에는 야생식물이나 어류가 주요 식량이었으므로 식량공급체계의 에너지흐름은 주로 아래쪽의 두 경로로 이루어졌고, 농업시대에는 위쪽의 두 경로로 이루어졌다. 물론 현대 기술사회에서는 후자가 주요 경로이다. 모든 동물들은 먹이를 얻기 위하여 에너지를 소비하는데, 이러한 에너지는 대부분 그들 자신의 물질대사로 얻은 것이다.

그런데 사람들은 황소나 말과 같은 운반동물의 에너지를 이용함으로써 그들 자신의 에너지 외에 외부 에너지를 이용하기 시작하였다. 이러한 운반동물은 인간에게 거의 이용되지 않는 먹이를 섭취하기 때문에 인간에게 직접적으로 유용하게 쓰이지 못하던 에너지, 즉 부니먹이사슬에 이용될 에너지를 쟁기질, 운반, 비료주기 등의 농사일에 긴요한 에너지로 바꾸어 쓰도록 한다.

현대의 기계화된 농업사회에서는 외부 에너지로 화석연료를 주로 사용하게 되었다. 트랙터나 콤바인의 운행, 살충제나 비료의 생산, 그리고 관개, 수확 및 건조에 휘발유와 전기를 사용할 때 등 외부에너지 사용은 이루 헤아릴 수 없이 많다. 또한 농업장비를 생산하기 위하여 공장을 건설하는 일이나 좋은 종자를 생산하기 위하여 종자회사에서 교배실험을 하는 것, 농과대학에서의 연구 활동 등도 외부 에너지 유입을 의미한다.

20세기에 들어서서 농업사회의 화석 연료 에너지 보조가 대폭 증가되었다. 1973년 뉴욕 주립농과대학의 David Pimentel 연구팀은 1945년에 옥수수 밭 1㎡을 경작하여 840 kcal의 에너지를 얻는데 250 kcal의 화석에너지를 사용하였다고 발표하였다. 그러나 25년 후에 농부들은 $1 m^2$ 당 740 kcal의 에너지를 소비하였다. 물론 생산량은 증가되었다 하더라도 사용된 화석연료의 에너지량에 대한 생산량의 비율은 3.7에서 2.8로 낮아졌다(표 6-6).

옥수수를 생산하기 위하여 쓰인 에너지 사용량을 표 6-6에서 자세히 분석하였다. 물론 이때 쓰인 에너지는 $1 m^2$ 당 8,000 kcal의 광합성에너지를 제외한 화석연료와 인간 노동에 의한 에너지에 국한된다(Heichel, 1973). 이러한 에너지는 식량 생산 이외에도 다음과 같이 생태학적으로 중요한 의미를 가진다.

① 쟁기질, 경작 및 제초제의 사용은 천이의 진행을 계속 방해한다. 옥수수 밭은 개척군
   집에 해당되는데, 만일 인간의 간섭이 없다면 이 지역은 수 년 내에 다년생 초본이나

표 6-6. 옥수수를 생산하기 위하여 사용한 에너지량(kcal/m²)

유 입	1945	1970
노동력	3.1	1.2
기계 사용	44.5	103.8
휘발유	134.3	196.9
질소	13.4	232.5
인	2.6	11.6
칼륨	1.3	16.8
종자 생산	8.4	15.6
관개	4.7	8.4
살충제	0	2.7
제초제	0	2.7
건조	2.5	29.7
전기	7.9	76.6
운반	4.9	17.3
총유입량	228.7	715.8
옥수수 수확량	846.9	2,017.6
수확/유입	**3.70**	**2.82**

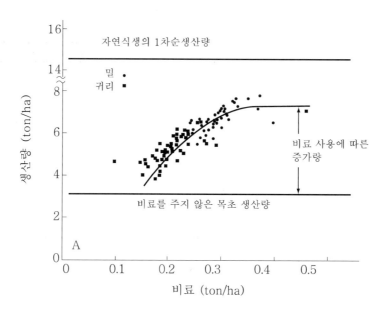

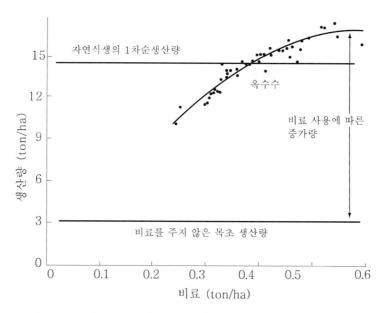

그림 6-16. 비료 사용에 따른 밀, 귀리 및 옥수수의 생산량.

관목 또는 교목군집으로 바뀌게 될 것이다.

② 여러 가지 유지와 조절 기능을 갖는다. 예를 들면 자연생태계의 식물은 초식동물로부
터 자신을 보호하기 위하여 대사물질을 분비하거나 초식동물을 잡아먹는 천적에 의
하여 보호를 받는다. 그러나 농작물들은 이러한 보호 기능이 없다. 다수확을 위하여

품종이 개량되었고, 농약으로 천적이 감소되므로 농업생태계를 유지하기 위한 조절기능은 외부에서 공급되어야 한다.

③ 생산성에 직접적으로 영향을 미치는 토양의 특성을 개선시킨다. 경작지에서 주기적으로 비료를 주어 토양을 비옥하게 하듯이 자연생태계에서는 주기적인 홍수로 영양염류가 유입되는데, 이때의 홍수는 화석연료에너지가 아니고 물의 순환에서 얻은 에너지이다.

④ 경작지에 비료를 주면 어느 정도 수확량을 증가시킬 수는 있다. 비록 대부분의 곡물 생산성이 자연생태계의 생산성에 미치지 못한다 하더라도 옥수수 밭에서는 자연생태계의 생산성을 능가할 수 있다(그림 6-16). 또한 수분이 제한요인이 되는 지역에서는 관개수가 비료와 같이 생산성에 영향을 미치기도 한다. C_4 식물인 옥수수나 사탕수수 3~5 kcal를 수확하기 위하여 석유 1 kcal가 사용된다(표 6-7). 대부분의 곡물, 과일 및 채소류에서는 소비된 석유에너지보다 많은 에너지가 수확되나, 최근의 집약농

표 6-7. 식량 생산을 위한 화석연료 에너지의 보조

작 물	화석연료에너지/식량에너지
C_4 식물	
사탕수수	0.2
옥수수	0.2
C_3 식물	
밀	0.3
콩	0.4
쌀	0.7
보리	0.4
땅콩	0.7
감자	0.7
사과	0.8
사탕무우	0.8
포도	1.0
배, 복숭아	1.0
채소	2.0
귤, 자몽	3.0
동물성 식품	
농어	1.3
우유	2.8
달걀	6.0
참치	8.1
닭고기	10.0
돼지고기	10.0
소고기	15.0
새우	60.0

표 6-8. 단백질 생산에 필요한 에너지량

유입된 1 kcal 당 생산된 단백질량 (g)			
< 0.01	0.01~0.04	0.05~0.19	0.20~0.39
소고기 (사육장)	닭	땅콩	콩
메기	달걀	보리	알파파
우유	양고기 (목장)	귀리	
돼지고기	소고기 (목장)	밀	
해산어류	양배추	옥수수	
완두콩	쌀	수수	
	토마토		
	감자		

업에서는 에너지소비량에 대한 수확량의 비율이 줄어들고 있다.

축산물을 생산할 경우에는 더 많은 에너지가 소비된다. 예를 들어 비육우 1 kcal 생산에 무려 15 kcal의 에너지가 필요하다. 물론 영양학적으로 에너지 못지않게 단백질원이 중요하긴 하나 육류 생산은 분명 화석연료의 낭비로 이루어진다고 볼 수 있다. 그러나 채소나 과일 생산에는 이처럼 많은 에너지가 소비되지 않는다(표 6-8). 대체로 1 kcal의 식량을 얻기 위하여 2 kcal의 석유를 사용하는데(Cox and Atkin, 1979), 여기에는 가공, 포장, 수송, 저장, 광고 및 요리에 필요한 에너지는 포함되어 있지 않다.

농업기술의 발달로 에너지효율을 증대시킨 것은 사실이다. 북미 원주민이 광합성과 인간의 노동력만을 이용하여 생산한 옥수수의 양은 기계화된 오늘날에 비하여 매우 적다. 마치 대중 연설이 몇 사람 대신 수 천 명에게 소식을 전달할 수 있는 것처럼 화석연료를 이용함으로써 농업생산성은 훨씬 높아졌다.

그러나 이것은 에너지의 측면에서 재평가되어야 한다. 예를 들어 통조림, 건조, 냉동 및 냉장 기술은 음식의 부패를 방지하여 인간에게 많은 에너지를 공급하여 준 것은 사실이나 이러한 과정에 소비된 에너지량이 식품의 형태로 인간에게 공급되는 에너지량의 40배에 달한다는 것은 우스운 이야기이다.

1. 육상생태계와 수계생태계에서 생산자, 소비자, 분해자 등의 구성 생물을 들고 그 기능성을 설명하시오.

2. 분해자가 우리의 삶에 기여하는 역할의 중요성을 설명하시오.

3. 에너지가 방목먹이사슬 및 먹이그물을 통해 흐를 때 이용 가능한 에너지가 급격히 감소하는 것을 정량적으로 설명하시오.

4. 연안생태계에서 식물플랑크톤의 생물량은 작으나 생산성이 높은 이유를 설명하시오.

5. 열대우림의 먹이사슬이 사막보다 긴 이유를 설명하시오.

6. 개울생태계에서 부니먹이사슬의 중요성을 설명하시오.

7. Lindeman 효율을 설명하고 영양단계 생산효율을 계산하기가 어려운 점을 설명하시오.

8. 연안생태계에서 화학합성독립영양생물에 의한 유기물 합성 과정과 이들의 중요성을 설명하시오.

9. 수온이 300~400℃인 열수구 생태계에서 생산성이 높은 이유를 설명하시오.

제 7 장

물질순환

제7장 물질순환

생물권을 구성하는 생물의 양은 1.8×10^{12} ton으로 추정된다. 이 값은 엄청난 양으로 생각되지만 실제 생물권은 지구 표면의 극히 일부를 차지한다. 자연계는 물질로 구성되어 있으나 생물이 필요로 하는 물질은 생물권에 고르게 분포되어 있는 것이 아니다. 따라서 자연계의 물질은 한 가지 형태에서 여러 가지 형태로 전환되어 필요한 부분으로 이동된다. 생태계 내에서 에너지와 물질은 먹이사슬을 통하여 이동하지만 에너지흐름이 한 쪽 방향으로만 진행하는 것과는 대조적으로 물질은 생물계와 비생물계를 순환한다. 식물의 뿌리와 기공을 통해 흡수된 물질은 식물의 조직으로 동화된다. 초식동물이 식물을 먹으면 그 물질은 초식동물로, 그리고 다시 육식동물로 이전된다. 식물과 동물의 배설물이나 시체 속에 들어 있는 물질은 부니먹이사슬을 통해 이전되며 이들은 결국 분해자의 작용을 받아 토양과 대기로 환원된다. 이러한 물질순환은 생태계의 구조를 유지하는데 필수적이며, 생태계의 중요한 기능 중의 하나이다. 이 장에서는 생태계를 구성하는 필수원소의 순환을 살펴보고, 물질순환에 영향을 미치는 요인, 인간 활동과 생태계의 물질순환 사이의 상호관계, 그리고 생태계 자체가 가지는 물질순환의 조절 기작 등에 관하여 살펴본다.

지각을 구성하는 원소는 약 100여종인데, 이중 산소, 규소, 알루미늄, 철 등의 순으로 구성 비율이 높다(표 7-1). 생물은 물질로 구성되어 있고 생물체를 구성하는 원소는 약 26종으로 모두 지각을 구성하는 원소에 포함되지만 그 구성 비율은 지각과는 다르다. 표 7-1에서 보는 바와 같이 동물과 식물은 탄소, 산소, 수소, 질소 등의 구성 비율이 높다. 식물은 토양으로부터 물과 영양염류를 흡수하며 광합성을 통해 생장한다. 이들 식물은 일부 또는 전부가 고사하여 낙엽이 되는데, 낙엽은 분해자의 활동으로 분해되는 과정에서 영양염류를 토양, 대기 그리고 수중으로 방출한다. 이들 영양염류는 다시 식물에게 흡수되어 유기물 생산에 이용된다(그림 7-1).

소비자인 초식동물은 1차생산자인 식물을 먹고 살아가는데, 식물을 먹으면 에너지 화합물과 함께 그 속에 포함되어 있는 무기영양염류도 섭취하게 된다. 동물이 죽으면 분해자의 작용을 받아 분해되는 과정에서 주변 환경으로 영양염류가 방출된다. 이와 같이 생물체를 구성하는 원소들은 생물계와 비생물계를 순환하는데, 이러한 현상을 물질순환 또는 **생물지화학환**(biogeochemical cycles)이라고 한다. 생물지화학환은 생물계(bio)와 비생물계(geo) 사

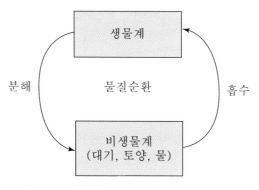

 그림 7-1. 물질순환의 모식도.

표 7-1 주요 원소의 구성비 (%)

성 인	알파파	원 소	대기권	지구 전체	지 각	해 수
6.60	5.54	수소	53.0	미량	0.14	10.8
		헬륨	42.0	미량	3×10^{-8}	5×10^{-10}
		붕소	미량	미량	3×10^{-4}	5×10^{-4}
48.43	45.37	탄소	0.012	미량	0.03	0.003
12.85	3.30	질소	0.031	미량	5×10^{-3}	5×10^{-5}
23.70	41.04	산소	4.7	28.0	46.6	87.5
0.65	0.16	나트륨	2.4×10^{-3}	0.14	2.8	1.05
		마그네슘	0.043	17.0	2.1	0.13
		알루미늄	3.1×10^{-3}	0.4	8.1	1×10^{-6}
		규소	0.029	13.0	27.7	3×10^{-4}
1.58	0.28	인	미량	0.03	0.12	7×10^{-6}
1.60	0.44	황	0.014	2.7	0.05	0.09
0.45	0.28	염소	미량	미량	0.02	1.90
0.55	0.91	칼륨	3.3×10^{-4}	0.07	2.6	0.04
3.45	2.31	칼슘	3.6×10^{-3}	0.61	3.6	0.04
		바나듐	3.1×10^{-5}	미량	0.02	2×10^{-7}
0.10	0.33	망간	8.6×10^{-4}	0.09	0.10	2×10^{-7}
		철	0.167	35.0	5.0	1×10^{-6}
		코발트	3.4×10^{-4}	0.20	2×10^{-3}	5×10^{-8}
		니켈	2.9×10^{-3}	2.7	0.01	2×10^{-7}
		구리	5.8×10^{-5}	미량	0.01	3×10^{-7}
		아연	2.1×10^{-4}	미량	0.01	1×10^{-6}
		몰리브덴	미량	미량	1.5×10^{-3}	1×10^{-6}
		요오드	미량	미량	3×10^{-5}	6×10^{-6}

이에 화학물질(chemical)이 순환함을 의미하며, 물질순환을 통해 생물계와 비생물계가 상호연관성을 갖게 된다.

생물권을 구성하는 생물량은 1.8×10^{12} ton으로 추정된다. 자연계는 물질로 구성되어 있으나 생물이 필요로 하는 물질은 지구 전체에 고르게 분포되어 있는 것이 아니다. 따라서 자연계를 구성하는 물질은 한 가지 형태에서 여러 가지 형태로 전환되어 필요한 부분으로 이동된다. 에너지와 물질은 생태계의 먹이사슬을 통하여 이동하지만 에너지흐름이 한쪽 방향으로만 진행하는 것과는 대조적으로 물질은 생물계와 비생물계를 순환한다.

이러한 물질순환은 생태계의 구조를 유지하는 데 필수적이며, 생태계의 중요한 기능 중의 하나이다. 생물계 내에서 영양염류는 항상 같은 양, 같은 속도로 이동하지 않고, 시간에 따라, 생물군집의 종류에 따라 또는 인간의 간섭 정도에 따라 이동량이나 이동 속도가 변화된다. 또한 인간의 간섭에 의해 생태계 영양염류 저장고들 사이에 영양염류의 분포 비율이 달라져 환경문제를 초래하는 경우도 많다.

이 장에서는 생태계를 구성하는 필수 원소의 순환을 살펴보고, 물질순환에 영향을 미치는 요인, 인간 활동과 생태계의 물질순환 사이의 상호관계, 그리고 생태계 자체가 가지는 물질순환의 조절 기작 등에 관하여 살펴본다.

1. 식물의 영양소

식물의 정상적인 생장에 필요한 영양소는 상대적인 양에 따라 **다량영양소**(macro-nutrients)와 **미량영양소**(micronutrients)로 구분된다. 다량영양소는 식물의 생장에 상당히 많은 양이 요구되는 것들이며, 미량영양소는 요구량이 적은 것들이다. 옥수수에서 다량영양소와 미량영양소의 양적 차이를 살펴보면 탄소, 산소, 수소, 질소, 칼륨 그리고 칼슘이 전체의 99%를 차지한다(표 7-2).

식물의 수경재배를 통해 각 영양소가 식물체 내에서 하는 역할을 알 수 있다. 배양액에 들어있는 원소들에 대한 식물의 영양 상태를 결핍, 적당함, 해로울 정도로 과다함 등으로 구분할 수 있다. 영양소의 결핍은 식물의 생장 장애, 생식기관의 조숙, 노쇠 등을 초래한다. 또한 특정 원소가 결핍되면 식물체에 특이한 증후가 나타난다. 농부들은 자신이 재배하는 작물의 생장 상태를 관찰하여 이러한 증후를 발견하고 적절한 시비를 통해 영양소 부족을 방지한다. 필수원소라 할지라도 그것의 양이 식물의 내성 범위를 초과할 정도로 과다하게 공급되면 식물에게 해롭다. 따라서 경작지에 비료를 너무 많이 주면 농작물이 자라지 못한다.

탄소, 산소, 그리고 수소는 엄밀히 말하면 식물의 영양소이긴 하지만, 이러한 원소들의 동화과정이나 이용에 관해서는 언급하지 않겠다. 질소는 단백질과 핵산의 성분이고, 거의 모든 효소들의 구성 물질이다. 질소는 어린 조직, 종자, 또는 저장기관에 축적된다. 인산은 핵산이나 인지질과 같은 생명 유지에 필요한 물질 속에 포함되어 있다. 세포에서 사용되는 에너지는 주로 여러 가지 인산결합의 가수분해에 의하여 방출된다. 대표적인 것이 ATP인데, 이것은 핵산을 구성하는 염기 중의 하나인 아데닌에 당 한 분자 그리고 무기인산이 세개 결합되어 있는 물질이다. 황은 몇 가지 아미노산의 구성 원소이며, 효소 및 단백질 3차 구조의 안정성에 절대적으로 필요하다.

칼륨은 용해가 잘되기 때문에 토양으로부터 쉽게 세탈되며, 빗물에 의해서도 식물조직으로부터 용탈된다. 칼륨은 유기물질의 구성원은 아니지만 화학반응의 촉매 역할을 한다. 주로 세포 분열이 왕성한 어린 조직에서 사용되며, 공변세포의 팽압을 조절하는데 중요한 원소이다. 마그네슘은 엽록소 분자의 구성원이며, 인산을 전이하는 효소의 활성 물질로 작용한다. 어린 잎에 축적되는 경향이 있으며, 잎이 떨어지기 전에 다른 조직으로 이동된다.

칼슘은 미토콘드리아와 핵의 형성 및 물질대사에 필수적인 원소이며, 결핍되면 세포막의 기능이 상실된다. 칼슘 이온은 또한 다른 이온에 대한 세포막의 투과성을 변화시킨다. 칼슘은 구조적인 역할 때문에 식물체 내에서 이동이 어렵다. 따라서 낙엽의 분해과정을 통해서만 방출이 일어난다.

철은 엽록소 합성에 필수적이긴 하지만, 엽록소의 구성 원소는 아니다. 철은 시토크롬의 포르피린환 중앙부에 위치하고 있어, 태양에너지의 전환이나 세포 내에서의 에너지 이용에 모두 관여하고 있다. 토양 속에 구리나 염소가 결핍되는 경우는 드물지만, 붕소나 망간, 그

표 7-2. 옥수수에서 다량영양소와 미량영영소의 구성 비율 (%)

원소	비율 (%)	원소	비율 (%)
탄소	45	황	0.1
산소	45	염소	0.01
수소	6	철	0.01
질소	1.5	망간	0.005
칼륨	1.0	붕소	0.002
칼슘	0.5	아연	0.002
마그네슘	0.2	구리	0.0001
인	0.2	몰리브덴	0.0001

리고 몰리브덴의 결핍은 흔히 일어난다.

미량영양소인 몰리브덴은 질소 고정에 필수적인 원소이다. 망간과 구리는 효소의 활성에 영향을 준다. 아연은 중요한 식물호르몬인 인돌아세트산의 합성에 필수적이며, 단백질 합성에도 관여한다. 염소는 이온의 형태로 흡수되어 그 상태로 식물체에 존재하며, 광합성에 중요한 역할을 한다.

원소들 중에는 영양소와 유사하게 행동함으로서 어느 정도까지는 영양소를 대신하는 것들이 있다. 스트론튬은 칼슘과 유사하게 행동하기 때문에, 이 원소가 흡수되면 잠시 동안이지만 칼슘의 결핍 증상이 회복된다. 최근 들어 핵 과학자나 영양학자들은 스트론튬의 흡수에 큰 관심을 가지고 있다. 방사성 스트론튬은 대기 중의 핵실험에서 방출되는데, 툰드라에 분포하는 지의류는 스트론튬을 칼슘인 양 흡수한다. 순록이 지의류를 먹는데, 이 순록을 주식으로 생활하는 Lapland 사람들의 체내에는 다른 지역 주민들 보다 유해한 방사성 동위원소의 함량이 훨씬 높았다.

2. 기체형 순환과 침전형 순환

생물권에서 물질의 순환은 두 가지 경로 중 하나를 통하여 일어난다. 하나는 기체형 순환으로 기체상으로 존재하는 양이 많은 원소들이 포함되는데, 지역적인 소규모 순환이나 지구 전체에 걸친 대규모 순환에 관여한다. 다른 하나는 침전형 순환으로 기체 상태의 물질이 없는 원소들이 해당된다. 기체형 순환은 완전 순환으로써, 지역적으로 발생하는 소규모의 교란은 신속히 복구되며 평형 상태가 쉽게 형성된다. 황과 같은 몇 가지 원소들은 기체상과 침전상을 모두 가지고 있지만, 생물조직 속에 들어오는 물질이 무엇인가에 따라 순환형이 결정된다.

기체형 순환의 일종인 질소 순환에서 저장고는 대기인데 비하여 인산 순환에서는 천해 혹은 심해 퇴적물과 지각의 퇴적물이 저장고의 역할을 한다. 게다가 인산은 질소에 비하여 절대량이 적다. 칼슘, 인산, 그리고 철과 같이 기체상이 없는 원소들은 지각을 저장고로 공유하고 있다. 이들은 순환과정에서 결국 바다, 연못, 또는 호수에 침전되며, 이렇게 침전된 물질들은 조산작용이나 지각의 변동 등과 같은 지질 활동에 의해서만 육상의 물질순환에 복귀하게 된다. 육식성 조류가 바다에서 어류를 먹은 후 육지에 돌아와 배설을 하면 단기간에 영양염류의 재순환이 일어난다.

3. 물의 순환과 영양염류

식물이 영양염류를 흡수하기 위해서는 그것이 물에 용해된 이온 상태로 존재하여야 한다. 따라서 물질순환은 기본적으로 물의 순환과 불가분의 관계에 있다. 생물권에서 물의 분포를 살펴보면 해양이 전체의 97.2%로 대부분을 차지하고 남극이나 북극 그리고 고산의 빙하로 존재하는 양이 전체의 2.2%, 지하수의 형태로 존재하는 양이 0.6%이다. 우리가 일상생활에 사용하고 있는 호수나 하천의 담수는 0.009%에 불과하다(표 7-3).

먼저 물의 일반적인 순환 경로를 살펴보면 식생이 형성되어 있지 않은 지역의 경우 해양과 육지(지표면, 호수, 하천 등)에서 증발된 물이 구름을 형성하고 이것이 응축하여 해양과 육상에 비로 되어 떨어진다(그림 7-2). 지구 표면의 70% 이상이 해양으로 되어 있기 때문에 해양에서 형성된 구름 중 상당량이 육지로 이동하여 비를 내린다. 육상에 내린 비는 지표면을 흘러 호수나 하천으로 이동한 후 해양으로 모이고, 이 과정에서 많은 양이 증발하여 구름을 형성한다. 지표면에 내린 강우 중 상당량은 토양 속으로 스며들어 지하수를 형성하는데, 지하수도 낮은 곳으로 이동하여 결국 해양에 도달하게 된다.

식물은 토양용액 중에 이온 상태로 존재하는 영양염류를 물과 함께 흡수한다. 따라서 식물의 영양염류 흡수는 토양의 수분 상태에 따라 달라진다. 토양의 수분 상태는 그 지역의 강우량과 증발산량에 의해 결정되는데, 일반적으로 토양수의 형태로 존재하는 양은 전체의 0.005%이다. 상층 토양에 존재하는 영양염류는 토양용액에 들어있는 양과 점토 광물 입자

표 7-3. 생물권에 분포하는 물의 양과 그 비율

저 장 고	물의 양 (10^6 km^3)	비율 (%)
해 양	1322.0	97.21
빙 하	29.2	2.15
지 하 수	8.4	0.62
토 양 수	0.067	0.005
담 수 호	0.125	0.009
염 호	0.104	0.008
강과 하천	0.001	0.0001
대기 (구름과 증기)	0.013	0.001
전 체	1359.910	100.0

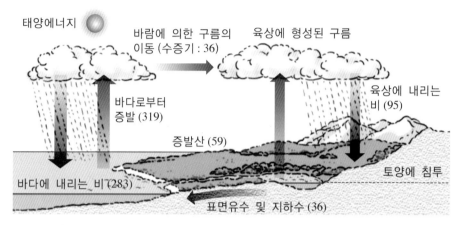

태양에너지

바람에 의한 구름의
이동 (수증기 : 36)

육상에 형성된 구름

바다로부터
증발 (319)

육상에 내리는
비 (95)

증발산 (59)

토양에 침투

바다에 내리는 비(283)

표면유수 및 지하수 (36)

그림 7-2. 물 순환의 모식도.

의 표면에 흡착된 양으로 구분되며, 이들은 강우나 암석의 풍화를 통해 그 양이 증가하고
배수를 통해 감소한다.

　식생이 형성된 서식처에서는 물과 영양염류 면에서 다음과 같은 중요한 변화가 일어난
다. 식물이 뿌리를 통해 흡수한 물을 증산작용으로 대기 중에 방출하기 때문에 증발 이외
에 물이 능동적으로 소실된다. 또한 식물이 이온펌프와 같이 토양용액 중의 영양염류를 흡
수하기 때문에 영양염류 농도가 변한다. 마지막으로 식물의 조직이 토양에 첨가되기 때문
에 토양의 영양염류 저장고의 양이 변한다. 이와 같은 과정은 식생의 종류에 따라 그 양이
나 순환율에 차이가 있다.

4. 영양염류의 저장과 유동

　생태계에서 영양염류는 토양에 1차 혹은 2차 광물로 존재하는 것, 대기 중에서 이용 가
능한 것, 살아 있거나 또는 죽은 유기물 속에 들어있는 것 등으로 구분되어 있다. 생태계의
각 구성원 속에 존재하는 영양염류의 절대량보다는, 구성원 간의 영양염류의 이동량이 생
태계의 기능에 더 중요하다. 생태계의 영양염류 순환은 한 생태계 내에서 진행되는 계 내
부의 순환(intrasystem cycling)과 생태계 간의 영양염류의 이동(intersystem cycling)이 있
다. 계 내부의 순환은 식물에 의한 영양염류의 흡수와 동화, 식물체로부터의 세탈, 그리고
부니질의 생물학적인 분해를 통하여 일어날 수 있다.

　생태계 간에 영양염류를 이동시키는 힘에는 다음과 같은 것이 있다. 첫째는 기상학적인 요인으로, 예를 들면 빗물은 용존 황산염, 탄산염, 그리고 입자상의 물질을 운반하며, 바람은 미세한 입자나, 고체, 액체 그리고 기체상의 부유물을 운반한다. 두 번째는 표면유수나 지하수 등과 같은 지질학적인 힘인데, 인산염이나 칼슘과 같은 영양염류를 생태계의 내부 혹은 외부로 이동 시키며, 1차광물과 2차광물의 풍화를 용이하게 한다. 세 번째는 생물학적 유동으로, 일반적으로 동물의 이동에 의하여 일어난다.

삼림의 경우 영양염류를 저장하고 있는 부분은 임목과 토양 그리고 임상에 있는 낙엽과 부식질(humus)이다. 삼림을 구성하는 나무들은 생장 초기부터 장령림에 이를 때까지는 생산력이 높아 임상에 낙엽이 축적되지만 그 이후에는 나무의 생장이 느려지면서 낙엽으로 첨가되는 유기물질의 양도 절반 정도로 감소한다. 수종에 따라 다르긴 하지만 보통 수령이 30~65년 사이에는 생산력 감소가 두드러지게 나타난다. 흡수된 영양염류 중 식물체에 축적되는 양을 삼림생장의 척도로 할 때, 50년 이상 된 삼림에서는 영양염류 축적이 거의 없다.

토양에서 뿌리를 거쳐 지상부로, 그리고 다시 토양으로 환원되는 영양염류 이동은 유지되지만, 식물체 내에 축적되는 비율은 매우 적다. 이 단계에서는 질소, 인, 그리고 마그네슘은 낙엽 속에 잔존하게 되며, 그 결과 식물의 생장은 둔화된다. 이때 불이 발생하면 낙엽이 연소되어 영양염류의 이용도가 증가하기 때문에 생산력이 증가할 수 있다.

영양염류 순환 시간은 생태계의 구성원에 따라 다르다. 물질대사 과정을 통해 불과 몇 분 만에 원소가 순환될 수도 있다. 광호흡 과정을 예로 들면, 탄소는 대기에서 식물체 속으로 이동된 후 몇 분 후에 다시 대기 중으로 되돌아간다. 그러나 낙엽 속에 들어있는 영양염류는 생태계 내에서 매년 순환되거나, 순환과정에 복귀하기 위해서는 몇 년 혹은 몇 십년이 요구되는 경우도 있다. 생물지화학환의 과정 중 수백만 년이 필요한 퇴적 과정, 퇴적물을 노출시키는 지각 변동 등은 생태학적인 면에서 볼 때 중요성이 거의 없다.

5. 낙엽의 생산과 분해

생물량에 첨가되는 영양염류의 양은 뿌리, 줄기, 가지 그리고 잎의 생산량과 각 기관의 영양염류 함량을 측정하여 알 수 있고, 낙엽을 통해 토양에 회수되는 양은 낙엽 포집기(litter trap)를 이용하여 낙엽, 낙지, 생식기관 등을 정량적으로 수거한 후 영양염류 함량을 측정하여 알 수 있다. 영양염류의 순환과정에서 낙엽의 역할은 영양염류 재생과 관련이 있다. 낙엽의 양은 단위시간에 생산되는 낙엽의 양과 낙엽의 분해율에 의해 결정된다. 낙엽의 생산량은 식생형과 우점수종의 수령에 따라 다르다.

일반적으로 유기물질의 분해 속도는 기후환경의 영향을 가장 크게 받는데 기온이 낮은 북방침엽수림의 경우 낙엽 분해 속도가 매우 느린 반면에 기온이 높고 강우량이 많은 열대우림의 경우 낙엽의 분해 속도가 매우 빠르다. 북방침엽수림의 경우 낙엽의 분해 속도가 느리기 때문에 낙엽 속에 들어있는 영양염류가 재순환되기 위해서는 상당한 기간이 소요되며, 이러한 지역에 형성된 산성 토양에는 표면에 유기물층이 잘 발달되어 있다.

열대우림 지역의 낙엽은 신속하게 분해되어 거의 1년 내에 완전한 순환이 일어난다. 열대우림의 낙엽 생산량은 엄청나게 많아 매일 45~126 kg/ha의 잎이 떨어진다. 아고산 침엽수림 지역에서는 대부분의 탄소가 낙엽과 토양에 있는 부식의 상태로 존재하지만 열대우림 지역에서는 대부분 목질부에 존재한다. 온대지방에 있는 낙엽수림에서 낙엽의 생산과 분해는 북방침엽수림과 열대우림의 중간 정도이다. 이 지역에서는 당년에 생산된 낙엽이 2~3년 동안에 분해된다.

낙엽의 분해율은 식생형에 따라 다르며, 주로 기후(수분과 온도), 토양의 미생물과 소동물에 의하여 영향을 받는다. 최근에는 낙엽의 화학적 성질이 분해율과 영양염류의 방출에 미치는 영향에 관한 연구가 활발히 진행되고 있다. 분해과정에 있는 낙엽의 화학적 구성성분을 분석하고, 이러한 화학물질이 분해율에 미치는 영향을 조사한다.

낙엽 분해에 영향을 주는 화학 성분 중 중요한 것은 리그닌, 질소, 그리고 인산의 역할이다. 낙엽의 초기 리그닌 함량이 높으면 섬유소를 포함한 탄수화물과 단백질의 효소 분해가 저해를 받아 분해율이 낮아진다. 또한 낙엽의 질소 함량이 낮을 경우에도 분해율이 낮다. 낙엽의 분해율은 초기의 리그닌 : 질소의 비와 가장 높은 상관을 갖는다. 즉 낙엽의 리그닌 : 질소의 비가 낮을 경우 질소 이용도가 높기 때문에 낙엽 분해율이 빠르고 이 비가 높을 때에는 분해율이 낮다.

초기의 질소 함량은 토양의 질소 함량이 낮을 때에만 분해율에 영향력이 있다. 토양의 질소 함량이 높으면 낙엽 속의 질소함량은 그다지 중요하지 않다. 왜냐하면 미생물이 낙엽속에 들어있는 질소를 이용하지 않기 때문이다. 이때에는 리그닌 함량이 분해율에 더 큰 영향력을 발휘한다.

삼림생태계의 영양염류 순환에서 낙엽량은 인산이나 칼슘보다는 질소 순환과 더 관계가 있다. 또한 리그닌의 유도체인 부식질은 분해에 내성이 있어 영양염류를 장기간에 걸쳐 방출시키기 때문에 삼림생태계의 장기적인 질소 순환에 매우 중요하다. 낙엽의 분해는 계 내부순환에서 중요한 위치를 차지하고 있다. 낙엽 분해과정의 초기에는 가용성 물질이 먼저 소실되고, 질량감소와 더불어 분해 중인 낙엽의 질소 함량은 증가한다. 마지막에는 분해에 내성이 있는 물질들이 소실된다.

6. 주요 영양염류의 순환

1) 질소 순환

식물은 단백질과 기타 많은 화합물을 합성하는데 질소를 사용한다. 대기 중에 다량으로 존재하는 분자상의 질소는 식물체에 직접 이용되지는 않지만 지구 수준에서의 질소 순환에 큰 역할을 담당하고 있다. 대부분의 식물은 암모늄 이온이나 질산염의 형태로 질소를 흡수한다(그림 7-3). 동물은 먹이에 들어있는 단백질을 이용하여 자신의 단백질을 생산하며, 분해자는 죽은 동·식물의 조직 속에 들어있는 질소와 탄소화합물을 이용하여 자신의 단백질을 만든다.

호흡기질로 단백질이 이용되면 그 과정에서 질소를 포함하는 노폐물이 형성된다. 보통은 암모니아가 형성되는데 이것을 직접 배설하는 생물도 있지만 많은 생물들이 암모니아를 독성이 약한 요소나 요산으로 전환시킨다. 사람을 포함하여 포유동물은 암모니아를 요소로 전환시킨다. 요소는 자체 내에 에너지가 함유되어 있기 때문에 분해자들이 요소를 암모니아로 분해하는 과정에서 에너지를 얻게 된다.

암모니아는 토양의 양이온치환계에 의해 암모늄 이온 형태로 토양에 남게 된다. 식물은

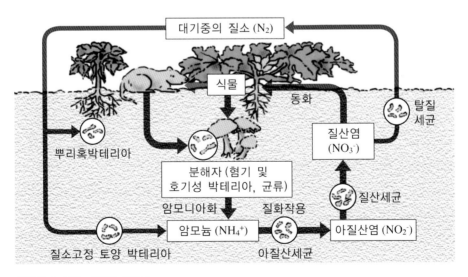

그림 7-3. 질소 순환의 모식도.

이것을 직접 흡수할 수 있기 때문에 동물이나 분해자가 암모니아를 배설하면 질소의 기본 순환경로는 완결된다. 그러나 기본 경로 외에 여러 종류의 미생물이 관여하는 부수적인 순환 경로들이 있다.

식물이 이용할 수 있는 질소는 여러 가지 경로를 통해 생태계로부터 소실된다. 호기성 조건 하에서 토양이나 수중에 있는 아질산세균은 암모니아를 아질산염으로 전환시키고, 질산세균은 아질산염을 질산염으로 전환시킨다. **질화작용** (nitrification)이라고 부르는 이러한 일련의 과정에서 에너지가 생성되며, 이 과정에 관여하는 세균들은 화학합성독립영양생물이다. 질산염은 수용성이 커서 토양으로부터 쉽게 세탈된다. 이러한 성질에도 불구하고 질소는 생태계 내에 잘 보존되는 특징이 있다. 그 이유는 식물이 생장하는 과정에서 질산염을 신속하게 흡수하기 때문이다.

또한 식물에 흡수된 질소는 체내에서 진행되는 전이과정을 통해 체내에 잘 보존된다. 즉 죽어가는 조직에 들어있던 질소는 뿌리나 기타 살아있는 부분으로 이동되어 체내에 남게 된다. 경우에 따라서는 상당량의 질소가 생태계로부터 소실될 수 있다. 식물이 고사하기 전에 풀쐐기나 소형 동물이 잎이나 가지를 잘라 버리면 식물체 내의 질소 전이과정이 봉쇄되어 생태계의 질소 소실이 증가한다. 또한 삼림을 완전히 벌채하면 그 다음 해에는 벌채하기 전보다 3~50배까지 질소 손실이 증가하기도 한다.

대기 중의 질소는 세 가지 경로를 통해 생물이 이용할 수 있는 무기질소의 형태로 전환되는데, 생물학적 질소고정, 산업적 질소고정 그리고 자연방전이다. 질소고정생물은 대기 중의 분자상 질소를 암모니아로 전환시킨다. 광합성세균이나 종속영양세균을 비롯하여 많은 생물들이 호기 또는 혐기조건에서 질소고정을 한다. 질소고정은 공생 또는 비공생적으로 일어나는데, 공생적 질소고정의 대표적인 예는 콩과식물의 뿌리혹에 사는 *Rhizobium* 속 세균이다. 콩과식물은 세균으로부터 많은 양의 암모니아를 공급받아 단백질 합성에 이용하며, 세균은 식물로부터 광합성 산물과 적합한 미소서식지를 제공 받는다.

오리나무와 같은 비콩과식물도 뿌리혹을 형성한다. 이때 관여하는 질소고정생물은 방선균 (Actinomycetes)이다. 수중의 공생관계 중 흥미 있는 것은 수중 양치식물인 물개구리밥 (*Azolla*)과 질소고정 남조류인 *Anabaena* 사이의 공생관계이다. 남조류는 물개구리밥 엽상체의 구멍 속에서 생활하며 물개구리밥의 포자 속으로 들어가 다음 세대로 전달된다. 비공생적 질소고정은 토양이나 물속에서 자유생활을 하거나 나무 및 다른 식물체에 착생하는 남조류와 세균들에 의해 일어난다.

산업적 질소고정은 사람이 운영하는 질소비료 공장이다. 질소비료 공장에서는 높은 열과 압력을 이용하여 대기 중의 분자상 질소를 무기질소의 형태로 고정한다. 이렇게 고정된 질소비료는 논이나 밭 등의 경작지에 뿌려지고 이들 비료성분이 주변의 하천이나 토양의 부영양화를 유발시킨다.

탈질세균은 토양과 수중에 있는 질산염을 분자상 질소로 전환시켜 대기 중으로 방출하므로 질소고정생물과는 정반대의 일을 수행한다. 탈질세균은 호흡 과정에서 산소 대신에 질산염을 전자공여체로 사용한다. 이러한 **탈질작용**(denitrification)은 호수와 하구의 하상이나 습지와 같이 혐기적인 조건에서 일어난다. 탈질세균은 식물이 이용할 수 있는 질산염을 거의 불활성인 질소분자로 전환시키기 때문에 농경지에서는 이로운 것이 아니다. 그렇다면 우리 인간은 탈질세균이 작용을 하지 못하도록 통제하여야 할 것인가? 이러한 일을 결정하기 위한 기본적인 지식을 함양토록 하는 것이 생태학 강좌의 제일 중요한 목적이라고 할 수 있다.

우리는 자연계에서 일어나고 있는 현상이 나타내는 직접적인 효과만을 보지 말고 이러한 여러 가지 현상들이 어떻게 상호 연관되어 있는지를 파악해야만 한다. 탈질작용은 분자상 질소를 대기 중으로 회수시키는 중요한 과정이다. 만약 탈질세균이 없다면 대기 중의 질소는 서서히 감소될 것이고, 대부분의 질소가 질산염의 형태로 해양에 축적될 것이다.

2) 인 순환

인은 DNA, RNA 및 ATP의 구성 성분이고 모든 세포의 정상적인 기능에 필수적인 원소이며, 척추동물의 뼈를 구성하는 등 생물에 따라 역할이 다양하다. 대부분의 생물체에서 인의 양은 매우 적지만, 토양 속의 인은 불용성인 상태로 존재하는 경우가 많으므로 흔히 식물 생장의 제한요인으로 작용한다. 식물체의 인 함량은 보통 3%이지만 토양용액 중의 인 함량은 $3 \times 10^{-6}\%$에 불과하다.

식물은 인을 보통 $H_2PO_4^-$의 형태로 흡수하는데 육상에서는 인의 흡수에 **균근**(mycorrhizae, 고등식물의 뿌리 + 균류)이 중요한 역할을 한다. 동물은 필요한 인의 대부분을 먹이를 통해 얻으며 배설을 통해 인산염 형태로 토양이나 수중에 배출한다. 또한, 생물 사체를 분해자들이 분해하여 인산염을 재생시킨다. 인 순환에서 생물계 쪽은 비교적 복잡하지 않지만 비생물계 쪽은 상당히 복잡하다(그림 7-4). 그 이유는 무기인 대부분이 비교적 불용성인 형태로 존재하기 때문이다. 다시 말하면 토양이나 퇴적물의 인 함량이 적어서가 아니라 불용성이어서 식물생장에 제한요인이 되는 것이다.

암석의 풍화에 의해 형성되는 $H_2PO_4^-$가 식물과 미생물에 의해 흡수되지 않으면 무기화학 반응을 거쳐 불용성으로 되기 쉽다. 특히 pH가 5.5 이하에서는 철이나 알루미늄과 반응하여 불용성 화합물이 형성되며, pH가 7.0 이상이면 $CaHPO_4$와 같은 복잡한 불용성 물질

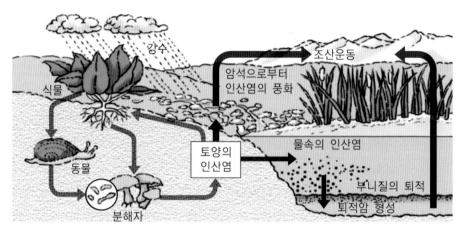

그림 7-4. 인 순환의 모식도.

이 형성된다. 생물에 의해 방출되는 가용성 인은 식물에 흡수되어 신속히 재순환된다. 호수 생태계에서는 하절기에 가끔 인의 결핍이 일어나는데 이것은 인 순환이 빠르기 때문이다.

인산염이 생물에 흡수되어 구성 성분으로 되기 전에 물속에 얼마나 오래 잔류할 수 있는 지를 알아보기 위하여 육수학자들이 방사성 인으로 표지한 무기인을 사용하여 수중에서의 인 순환 시간을 측정하였는데 매우 짧았다. 여름에 호수의 표수층(epilimnion)에서 인 순환 시간은 평균 수 분에 불과하였고, 겨울의 순환 시간은 이보다 긴 2~3시간이었으며, 원양 에서도 이와 비슷하였다.

인은 불용성 화합물의 형태로 호수의 퇴적물에 축적되는 경향이 있기 때문에 인의 재순 환율은 100%가 되지 못한다. 호수 퇴적물의 인 함량은 물속에 들어 있는 인보다 보통 수 백배나 높다. 호수의 밑바닥은 대개 혐기성 상태인데 이런 조건에서는 유화철이 형성되어 인의 일부가 물속으로 회수되기도 하지만, 인 순환의 주 경로는 침전 쪽으로 진행된다. 담 수의 인은 해양으로 이동되어 결국 해양 퇴적물로 축적된다.

육상생태계는 수중생태계에 비해 인 순환이 더 효율적이다. 미국 뉴햄프셔 주의 Hubbard Brook 분수계에 형성된 활엽수림에서는 연간 10 kg/ha의 인이 유기물 분해 과정 을 통해 방출되며, 이밖에도 토양광물의 풍화로 1.5~1.8 kg/ha가 방출된다. 그러나 개울물 에 용해되어 소실되는 인의 양은 연간 0.007 kg/ha에 불과하다.

토양 깊이에 따라 토양수를 채취하여 조사한 결과에 의하면 B층에서 일부의 인산이 철 이나 알루미늄과 결합하여 지화학적으로 보존되지만, 대부분의 인은 B층까지 세탈되지 않 고 임상의 상층부에서만 생물학적으로 재순환함을 알 수 있었다. 열대우림에서도 이와 비 슷한 기작으로 유기인이 잘 보존되는데, 유기물을 분해시키는 곰팡이나 균근을 형성하는 곰팡이가 이러한 기작에 관여하는 것으로 알려져 있다.

해양에서 육지로 인이 회수되려면 많은 시간이 필요하다. 인은 물에 잘 녹지 않기 때문에 바람에 날려 오는 해염(sea salt)에는 인이 거의 포함되어 있지 않다. 해양에서 육지로 인이 회수되는 과정에 참여하는 기체상의 인 화합물이 없다는 것이 가장 큰 원인인 것 같다. 해양에서 주로 먹이를 먹고 육지로 이동하는 연어, 물개, 바닷새 등과 같은 동물을 통해 일부의 인 회수가 일어난다. 이러한 동물들은 체내, 특히 골격 속에 인이 축적된다.

또한 이들의 배설물에도 다량의 인산염이 포함되어 있다. 대표적인 예로 아프리카, 호주, 남미의 건조한 해안이나 섬에 퇴적된 **구아노**(guano)를 들 수 있다. 바닷새들이 수 백 년 또는 수 천 년 동안 한 지역을 점유하고 그곳에 배설을 하여 퇴적된 배설물의 깊이가 50m에 달하는 곳도 있다. 구아노에는 식물에 필요한 영양염류가 적당한 비율과 가용성 형태로 함유되어 있기 때문에 비료로 사용되고 있으며 현재에도 구아노가 채굴되는 곳이 있다.

인류는 현재 자연계에서 진행되고 있는 인 순환에 많은 영향을 주고 있다. 암석에 들어 있는 인은 오랜 기간의 풍화과정을 거쳐 토양으로 이동되고 이것은 세탈 과정을 거쳐 담수와 해양에 이른다. 이러한 과정은 오랜 시간을 통해 서서히 진행되지만 인간은 인산염을 함유하고 있는 암석을 채굴하여 비료나 세제로 사용함으로써 이러한 시간을 엄청나게 단축시키고 있다. 이러한 간섭의 결과 중 하나가 바로 호수의 부영양화이다.

인 순환의 특성을 파악하여 인산염 비료의 사용을 금하면 곧 이어 생태계가 원 상태로 복귀할 수 있을 것이라고 기대하는 사람들도 있다. 호수에 인산염을 첨가하면 조류의 생산이 급증하지만 만약 인산염 공급을 중단한다면 수중의 인이 퇴적물로 소실되어 몇 주 또는 몇 달 내에 호수의 생산성이 급격히 낮아질 것이다.

3) 황 순환

황은 원형질의 필수성분이며 여러 종류의 아미노산과 효소의 구성성분이다. 자연 상태에서 황은 질소와 인보다 비교적 풍부하기 때문에 식물생장의 제한요인으로 작용하지는 않는다. 식물은 토양으로부터 대부분 황산염의 형태로 황을 흡수한다(그림 7-5). 식물 중에는 대기 중의 아황산가스를 직접 이용할 수 있는 것도 있다.

동물은 필요한 황을 보통 섭식하는 먹이에서 얻는다. 생물의 조직이 세균과 곰팡이에 의해 분해될 때 황산염이나 황화수소가 생성된다. 황산염은 황화수소로부터 재생되는데, 주로 수중에서 화학합성 황세균 또는 광합성 황세균에 의해 일어난다. 황화수소가 황산염으로 산화하는 반응은 수중과 대기 중에서 비생물적으로 일어날 수도 있으며, 바람에 날리는 해염의 형태로 황산염이 바다에서 육지로 회수되기도 한다.

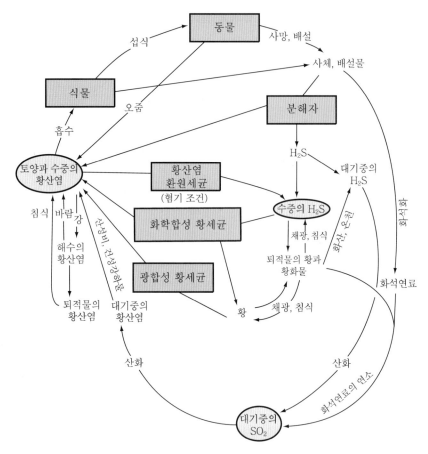

그림 7-5. 황 순환의 모식도.

황 순환에서도 인간의 영향은 심각하다. 지구 전체로 볼 때 대기 중으로 이입되는 황의 1/4 이상이 화석연료의 연소로부터 나오는 아황산가스이며, 북미에서는 그 양이 90% 이상을 차지한다. 대기 중에서 아황산가스는 화학반응을 통해 황산이 되므로 결국 **산성비**(acid rain)의 원인이 된다.

4) 탄소 순환

탄소는 모든 유기물의 골격을 이루는 중요한 원소이며, 최근에는 온실효과를 통해 지구 온난화를 유발시키는 물질로 잘 알려져 있다. 대기 중의 이산화탄소는 식물에 흡수되어(수중식물의 경우는 물에 용해된 이산화탄소) 광합성에 이용된다. 합성된 유기물질이 식물의 호흡에 사용되면 일부의 이산화탄소는 대기 중으로 환원되지만 대부분의 탄소는 식물체 내

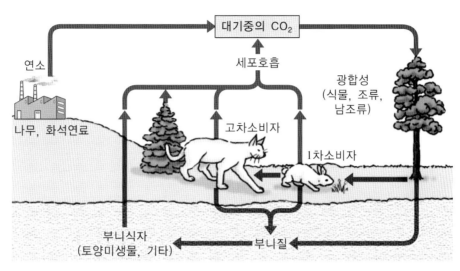

그림 7-6. 탄소 순환의 모식도.

에 유기물질의 형태로 남게 된다.

초식동물이 식물을 먹으면 탄소는 1차소비자로 이동하고, 고차소비자는 자신보다 낮은 영양단계의 소비자를 먹어 탄소를 얻는다. 식물과 동물이 죽으면 여기에 분해자가 작용하며, 분해자는 시체의 분해과정에서 탄소를 얻는다. 소비자와 분해자는 식물과 마찬가지로 모두 호흡과정에서 이산화탄소를 대기나 수중으로 방출한다 (그림 7-6).

$$CO_2 \;+\; H_2O \;\rightleftharpoons\; H_2CO_3 \;\rightleftharpoons\; H^+ \;+\; HCO_3^- \;\rightleftharpoons\; 2H^+ \;+\; CO_3^-$$

수중에서 이산화탄소 순환경로는 좀 더 복잡하다. 이산화탄소가 물에 용해되면 일부는 물과 결합하여 탄산이 되고 반응이 더 진행되면 중탄산염이나 탄산염이 될 수 있다. 탄산염은 용해도가 낮아 침전이 가능하며 호수나 해양의 바닥에 퇴적물로 가라앉는다. 이러한 과정은 모두 가역반응으로 대기 중의 이산화탄소 함량을 완충시키는 효과가 있다.

지역에 따라 대기 중의 이산화탄소 농도가 감소되면 앞에서 설명한 반응의 역반응이 일어나 물에서 대기 중으로 이산화탄소가 방출된다. 대기 중의 이산화탄소 농도가 증가되면 더 많은 이산화탄소가 물에 녹아 탄산염을 형성하게 된다. 호수나 해양에서 탄산염의 형태로 퇴적된 탄소는 오랜 기간에 걸쳐 서서히 대기 중으로 환원되지만 화산활동이나 지각의 융기로 노출된 석회암의 풍화와 같은 지질학적인 과정을 통해 탄소 순환에 되돌아 올 수도 있다.

탄소 순환에서 또 하나의 복잡한 경로는 화석탄소의 형태로 저장되는 것이다. 습지에서

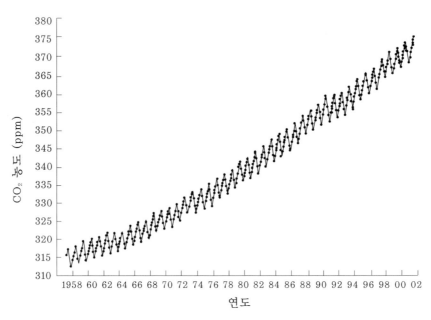

그림 7-7. 대기 중 이산화탄소의 증가 곡선 (1958~2002).

형성되는 이탄처럼 죽은 유기물 중에는 분해가 잘 일어나지 않는 경우가 있다. 생물이 죽은 후 분해되지 않고 쌓이는 유기물은 그 양이 적은 것 같지만 지질시대의 전 기간을 통해 축적된 양은 상당히 많다. 우리가 사용하고 있는 석탄, 석유 및 천연가스와 같은 **화석탄소**의 대부분이 지금부터 2억 8천만 년 전에 형성되었으며, 6,500만 년 동안의 석탄기에 축적된 것이다.

인간이 지구상에 출현하기 전에는 기름을 탄소원으로 사용할 수 있는 석유박테리아에 의하여 화석탄소는 서서히 분해되었을 것이다. 인류가 이 화석탄소를 발견하여 에너지원으로 사용함에 따라 저장된 화석탄소 중 이산화탄소로 방출되는 양이 급격히 증가하였다 (그림 7-7).

화석연료의 연소를 통해 대기 중으로 방출되는 이산화탄소의 양은 1950년에는 약 10억 ton에 달했고, 1955년에는 20억 ton으로 늘어났으며, 1980년에는 50억 ton 이상으로 증가되었다. 이만한 양의 이산화탄소가 제거되지 않고 그대로 남아 있었다면 대기 중의 이산화탄소 농도는 매년 2.3ppm 씩 증가하였을 것이다. 그러나 그동안 대기 중의 이산화탄소 농도는 매년 2.3ppm 씩 증가하지는 않았다. 1960년대에는 증가량이 매년 1ppm 이하였고 1970년대에는 매년 1ppm 보다 약간 높은 값으로 증가하였다.

대기 중의 이산화탄소 농도가 증가되는 현상을 보면 연 중 변화의 규칙적인 경향도 함께 파악할 수 있다. 즉 9월부터 점점 증가하여 5월에 최고치에 달한다. 이러한 경향은 생물의 활동에서 비롯된 것 같다. 여름에는 식물의 광합성 활동이 활발하여 이산화탄소의 소비가 많고 나머지 기간 동안에는 동물, 식물 및 분해자의 호흡으로 이산화탄소 생성이 우세하기 때문인 것 같다. 온대지역의 겨울에 화석연료의 소비가 증가하는 데에도 원인이 있다.

화석연료의 연소로 방출된 이산화탄소의 나머지 가운데 많은 양이 해양에 흡수되었을 것이고, 일부는 생물체 속에 저장되었을 것이다. 물, 햇빛 및 온도가 알맞으면 이산화탄소의 농도가 식물 생장의 제한요인이 될 수 있다. 즉 이산화탄소의 농도가 증가하면 식물의 생장이 증가할 가능성이 커지게 된다. 따라서 여분의 탄소는 큰 나무나 다른 생물체 속에 저장될 수 있다.

학자들 중에는 지구의 생물량이 지난 20~30년 사이에 오히려 감소된 것으로 생각하는 사람들이 있다. 실제로 이 기간 동안에 열대지방에서는 개발이라는 명목으로 많은 삼림이 파괴되었다. 이러한 지역에서는 식물의 줄기, 뿌리, 낙엽 등이 산화하여 많은 양의 이산화탄소가 방출되었을 것이다. 이산화탄소의 증가현상은 온실효과에 의해 지구의 기온을 상승시킬 수 있다.

7. 대기와 해양 성분의 생물학적 조절

1) 원시 지구

오염물질이 생태계에 미치는 영향을 통해 인류는 자신이 살고 있는 지구 즉 육상, 해양 및 대기를 변화시킬 수 있음을 알게 되었다. 지구와 그 위에 살고 있는 생물은 서로 영향을 주고받으며 함께 진화되어 왔다. 현재 우리가 알고 있는 대기의 구성성분은 모두 생물 활동의 산물이다. 지구는 지금부터 약 50억 년 전에 형성된 것으로 알려지고 있는데, 최초의 대기를 구성하던 기체상 원소들은 중력장을 벗어나 대부분 소실되었다. 태양계에 있는 다른 행성들과 비교해 볼 때 지구의 대기 중에는 수소, 헬륨, 네온 및 아르곤과 같이 질량이 가벼운 원소들이 별로 없는 점으로 보아 이러한 결론을 내릴 수 있다.

지구의 2차대기는 주로 화산 활동을 통해 지구의 내부에서 분출된 가스로 구성되었을 것으로 생각된다. 화산활동은 아직도 진행되고 있으며, 따라서 지구의 2차대기는 오늘날 화산 활동에서 볼 수 있는 화합물 또는 그러한 화합물로부터 만들어진 물질로 구성되었을 것이다. 물, 일산화탄소, 수소, 질소, 이산화탄소, 아황산가스, 염화수소 등이 존재하였을 것으로 생각된다. 또한 메탄과 암모니아도 있을 수 있다. 이러한 문제는 지구의 초기 역사를 연구하는 사람들 간에 논쟁의 대상이 되고 있지만 일반적으로 지구의 2차대기는 환원성 대기라는 점에서 모두 의견의 일치를 보고 있다. 즉 유리된 산소가 없었고 대신 과량의 수소가 존재하고 있었다. 물이 축적됨에 따라 해양이 형성되고 물속에 여러 가지 기체와 염들이 용해된 상태로 존재하게 되었다.

일반적으로 생명체는 원시 해양에서 기원된 것으로 믿어지고 있다. Oparin과 Haldane이 최초로 주장했던 것과 비슷한 과정을 거쳐 원시 생명체가 형성되었을 것으로 생각된다. 생명의 기원에 관한 모델에서는 적당한 에너지원이 존재하는 조건에서 무기분자들의 우연한 충돌이 일어나는 것을 기본적으로 가정하고 있다. 이러한 우연한 충돌에 의해 좀 더 복잡한 물질이 형성될 수 있었을 것이다. 이와 같은 방법으로 단 한 번에 아미노산과 같은 복잡한 물질이 형성될 확률은 매우 낮지만, 좀 더 간단한 물질이 만들어질 확률은 높았을 것이다. 이렇게 형성된 물질들이 결합하여 좀 더 복잡한 물질을 형성할 확률은 분명히 높아진다.

Miller는 물, 메탄, 암모니아 그리고 수소가 들어있는 유리 플라스크에 에너지원으로 열과 전기방전을 공급한 결과 1주일 이내에 아미노산, 지방 및 당이 형성됨을 관찰하였다. Miller의 실험 이후에 이와 유사한 실험들이 많이 진행되었는데, 에너지원으로 낮은 온도와 자외선을 사용한다든지 또는 사용하는 기체를 여러 가지 다른 비율로 혼합하는 등 다양한 조건하에서 실험이 이루어 졌다. 일반적으로 환원성 대기가 존재할 때 많은 종류의 유기화합물이 신속하게 형성됨을 관찰할 수 있었다.

유기화합물로부터 생명체라고 부를 수 있는 어떤 것이 형성되기까지는 오랜 시간이 소요되지만 지구의 초기 역사에서는 이러한 과정이 일어날 수 있는 충분한 시간적 여유가 있었다고 생각된다. 최초의 생명체는 단세포성의 종속영양생물이었을 것으로 생각되며, 이들은 이미 만들어져 있는 여러 가지 유기물질을 무기호흡을 통해 분해시켜 에너지원으로 사용하였을 것이다.

2) 지구의 반응

원시적인 종속영양생물의 수가 증가함에 따라 이들 사이에 먹이, 즉 에너지원에 대한 경쟁이 유발되었을 것이다. 이러한 상황 하에서는 원시생명체가 이용할 수 없는 단순한 물질을 에너지원으로 이용할 수 있는 다른 원시 생명체가 경쟁에서 생존에 유리하였을 것으로 생각된다. 에너지원으로 이용할 수 있는 물질들이 고갈됨에 따라 새로운 에너지원을 이용할 수 있는 원시생명체가 경쟁에 유리하게 되고, 이러한 과정이 반복되어 결국 필요한 모든 유기물질을 무기물질로부터 합성할 수 있는 생명체, 즉 독립영양생물이 출현하게 된 것이다.

이상의 과정을 요약하면 혐기성 종속영양생물에서 화학합성독립영양생물을 거쳐 광합성

독립영양생물로 변화해온 것이다. 최초의 광합성독립영양생물은 태양에너지를 이용하여 이산화탄소를 환원시키고 탄수화물을 생산하지만 이 과정에서 산소 방출은 없었다. 그 이유는 이들이 사용한 수소원은 물이 아니고 황화수소이었기 때문이다.

$$CO_2 + 2H_2S \longrightarrow (CH_2O)_n + H_2O + 2S$$

이들 중 비교적 양이 적은 황화수소 대신에 풍부한 물을 전자 공여체로 사용하여 산소를 방출시킬 수 있는 광합성 독립영양생물이 발달된 것으로 생각된다. 현존하는 남조류의 조상으로 생각되는 이러한 광합성 독립영양생물이 출현함으로써 지구는 큰 변화를 보이기 시작하였다. 대기 중에 산소가 서서히 축적되었고, 이 중 일부는 철과 같은 금속원소를 산화시켰다. 대기 중에 산소가 축적됨에 따라 대기권의 상층부에 오존층이 형성되기 시작하였으며, 그 결과 지표면에 도달하는 자외선의 양이 크게 줄어들어 육상에도 생물이 살 수 있는 환경이 조성되었다.

또한 대기 중의 산소의 축적은 무기호흡에서 유기호흡으로의 전환을 가능하게 하였다. 당 한 분자가 분해될 때 유기호흡은 무기호흡에 비해 19배나 많은 양의 에너지를 방출한다. 따라서 유기호흡을 할 수 있는 돌연변이체는 무기호흡 상태에 있는 자신들의 근연종과의 경쟁에서 이기게 되었을 것이다.

중요한 것은 현재 지구의 대기는 생물의 활동에서 비롯되었다는 것이다. 산소를 방출시킬 수 있는 광합성생물이 출현함으로써 지구 역사에서 가장 큰 변화가 일어나기 시작하였으며 이러한 변화를 통해 고등한 생물의 출현이 가능하게 되었다. 그 당시 지구상에 우점하던 혐기성 생물들은 오늘날에는 늪이나 하구의 진흙 속, 호수의 밑바닥, 동물의 창자 속, 그 밖에 산소가 없는 일부의 서식지에만 그 분포가 제한되어 있다.

3) 생물학적 조절

지구와 같은 태양계에 속하는 수성이나 금성의 상태를 관찰한 결과를 토대로 만약 지구상에 생명체가 없었다면 지구가 현재 어떤 상태에 처해 있을 것인가를 짐작할 수 있다 (Lovelock, 1979). 지구의 대기는 대부분 이산화탄소로 구성되어 있을 것이고 그 결과 온실효과로 인하여 지표면의 온도는 현재의 약 15℃보다 훨씬 높을 것이다. 질소는 현재의 79% 보다 훨씬 적은 2% 정도일 것이고, 산소도 현재의 21% 대신에 극미량으로 존재할 것이다. 이러한 차이는 생물의 활동에서 비롯된다. 예를 들어 광합성생물은 이산화탄소를 유기물로 전환시키며 탄소를 불용성인 탄산염으로 침전시킨다. 광합성과정에서 산소가 방출되고 질소는 탈질세균에 의해 공기 중으로 회수된다.

지구의 대기는 여러 가지 면에서 특이한 성질을 가지고 있다. 예를 들면 메탄은 현존량은 적지만 항상 일정량이 유지된다. 산소가 풍부한 상태에서는 메탄이 이산화탄소와 물로 쉽게 산화되기 때문에 만약 보충되지 않을 경우 곧 소실될 것이다. 그러나 대기 중의 메탄은 생물의 활동에 의해 일정하게 보충되고 있다. 늪지대나 초식동물의 소화관에 있는 혐기성세균을 포함하여 생물체는 매일 100만 ton의 메탄을 방출시킨다.

대기 중 산소의 농도는 지난 4억년 동안에 상당히 안정한 상태를 유지하고 있다. 또한 해양에 녹아있는 여러 가지 물질의 농도도 산소와 비슷하게 장기간의 안정 상태를 유지하고 있다. 이러한 사실로 비추어 볼 때 자연계의 모든 물질이 평형 상태를 유지할 수 있도록 하는 어떤 조절 기작이 있음을 알 수 있다. 대기 중 산소 농도의 증가는 왜 21%에서 멈추어 있고 해수의 염분 농도는 왜 더 이상 증가하지 않는가?

Woods Hole 해양연구소의 생태학자인 Redfield는 해수에 들어있는 가용성 인과 질소의 양이 해양 식물플랑크톤의 광합성에 필요한 인과 질소의 비(1 : 15)와 일치한다는 재미있는 사실을 발견하였다. 또한 인 1원자(질소 15원자)를 함유하고 있는 식물플랑크톤이 분해되는 데에는 약 240개의 산소 원자가 필요한데, 이 값은 포화된 해수의 산소 함량과 일치한다. Redfield는 이와 같은 인과 질소의 비, 또는 인과 산소의 비는 생물학적인 조절 기작에 의한 산물이라고 주장하고 있다. 이러한 생물학적인 조절 기작을 완전히 이해하기란 현재로서는 불가능하다.

해양과 대기 중의 산소 농도에 관한 문제만을 고려한다면 다음과 같은 가능성을 생각해 볼 수 있다. 해수의 산소 함량은 대개 대기 중의 산소량에 의해 결정된다. 대기 중의 산소 함량은 광합성과정에서 방출되는 산소와 동물, 식물 및 분해자의 호흡에 의해 소비되는 산소량 사이의 균형에 의해 결정된다. 생물의 광합성과 호흡 간의 산소수지는 균형이 유지되고 있다. 따라서 다른 과정이 없다면 산소는 대기 중에 더 이상 축적되지 못할 것이다. 실제로는 지각에 들어있는 환원성 물질과 산소가 결합하기 때문에 대기 중의 산소는 서서히 줄어들 것이다.

대기 중의 산소는 호흡에 의한 소비량보다 광합성에 의한 유기물의 생산량이 많기 때문에 비롯된 것이다. 생물량, 낙엽, 부식, 이탄, 석탄 및 석유의 형태로 존재하고 있는 이러한 유기물질은 일종의 산소부채라고 할 수 있다. 이들이 연소되거나 또는 호흡에 사용될 경우 대기 중의 산소는 급격히 줄어들 것이다.

그렇다면 대기 중의 산소 농도가 안정 상태에 머물러 있는 근본적인 이유는 무엇인가? 현재와 같은 대기 중의 산소 농도가 21%인 조건에서는 해양에서 무산소 상태인 곳이 거의

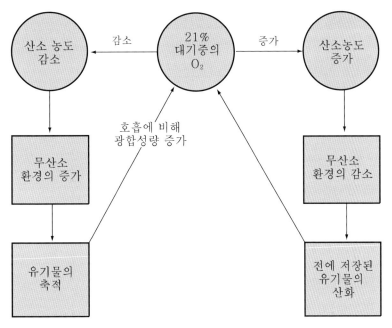

그림 7-8. 대기의 산소 농도를 일정하게 유지시켜주는 기작

없다. 이러한 경우 호기성 호흡이 단연 우세하며 분해되지 않고 매몰되어 저장되는 유기물 양이 매우 적다. 현재 대기 중의 산소 농도가 감소된다고 가정하면 해수의 산소 함량도 낮 아질 것이고, 그 결과 무산소 상태에 처한 곳이 증가하게 된다(그림 7-8). 이러한 상태에서 는 분해되지 않은 채 매몰되어 저장되는 유기물의 양이 증가되고 호흡에 비해 광합성량이 많은 불균형이 초래될 것이다. 결과적으로 산소 함량이 높은 쪽으로 변화될 것이다.

반면에 대기 중의 산소 함량이 증가한다고 가정하여 보자. 이러한 경우에는 현재에 비해 무산소 환경이 줄어들 것이고 이전의 무산소 환경에서 저장된 유기물질이 분해될 뿐만 아 니라 최근에 생산된 유기물질도 완전 분해가 일어날 것이다. 이러한 분해 과정에서 산소가 소비되므로 대기 중의 산소 함량은 줄어들 것이다.

산소 함량이 항상 일정한 이유 중의 하나로 황산염을 환원시키는 세균의 활동을 들 수 있다. 이 생물들은 무산소 조건하에서 번창하며 이산화탄소를 방출한다. 방출된 이산화탄 소는 식물의 광합성에 이용되며 광합성 과정에서 방출되는 산소가 대기 중으로 확산된다. 이처럼 많은 생물학적 과정들이 상호 복합적으로 작용하여 지구의 대기 중 산소 농도는 수 백 만년 동안 21%로 유지되고 있다.

1. 생물지화학환을 간단히 설명하시오.

2. 낙엽의 분해에 영향을 미치는 요인을 설명하시오.

3. 질소의 무기화 과정을 설명하시오.

4. 분자상의 질소를 생물체가 직접 이용하기 어려운 이유를 설명하시오.

5. 생태계에서 탈질세균의 중요성을 설명하시오.

6. 질소 순환의 문제점에 대하여 설명하시오.

7. 인 순환과 황 순환에 미치는 인간의 영향을 설명하시오.

8. 탄소 순환은 대기 중과 물속에서 어떤 차이가 있는지 설명하시오.

9. 탄소 순환과 관련된 지구온난화에 대하여 설명하시오.

10. 지구온난화로 인하여 집중 강우의 빈도가 증가한다고 한다. 그 이유를 설명하시오.

11. 물의 순환에서 문제점은 무엇인지 설명하시오.

제 **8** 장

군집의 변화

 제**8**장 군집의 변화

새로 형성된 사구나 용암 분출지에서는 주변으로부터 생물이 침입하여 개척 군집이 형성된다. 이 군집의 구조와 기능은 시간이 경과됨에 따라서 역동적으로 변한다. 개척 군집은 여러 단계의 천이계열 군집을 거쳐 비교적 안정한 극상 군집에 이르게 된다. 극상 군집에서는 작은 변화가 끊임없이 일어나지만 전체적인 상관이 안정 상태로 유지된다. 천이계열 군집은 군집을 구성하는 개체군의 종류나 크기가 시간이 경과하면서 달라지기 때문에 전체 군집의 구조가 계속 변한다.

군집의 특성은 생물과 환경 사이의 관계에 의해 결정됨으로 군집을 변화시키는 환경요인의 작용에 의하여 군집은 발달하거나 해체된다. 군집에서는 구조뿐만 아니라 그 내부에서 일어나는 기능도 동시에 변화한다. 군집의 구조와 기능은 시간 경과에 따라 일정한 방향성을 가지는 변화가 누적되어 천이가 일어나는데, 천이를 진행시키는 요인을 타발적 요인과 자발적 요인으로 나눌 수 있다. 타발적 요인은 군집의 외적 환경 변화에 의하여 천이가 주도되는 경우이고, 자발적 요인은 군집 내부의 생물에 의하여 천이가 진행되는 경우이다.

1. 군집 변화의 유형

군집의 구조와 기능은 변화가 계속 일어나는 역동적인 상태에 있다. 이러한 군집의 변화를 몇 가지 유형으로 분류할 수 있다(그림 8-1). 삼림 군집에서 나무 한 그루가 죽으면 어린 나무가 자라서 그 자리를 차지하여 대치한다. 삼림 군집은 밤낮 혹은 계절에 따라 다른 모습을 나타낸다. 이런 변화는 군집을 특정한 방향으로 영구적으로 변화시키지 않기 때문에 **비방향성 변화**(nondirectional change)라고 부른다. 일변화나 계절변화 이외에도 교체변화와 방황변이적인 변동이 이러한 유형에 속한다. 교체변화는 안정된 군집에서 평형상태를 유지하는 기작이며, 변동은 일반적으로 기후와 연관된 물리적 요인의 변동에 따라서 일어난다.

또 다른 군집 변화의 유형은 군집을 일정한 방향으로 영구적으로 변화시키는 **방향성 변**

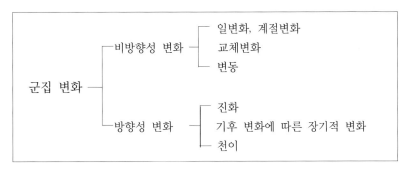

그림 8-1. 군집 변화의 유형.

화(directional change)이다. 빙하의 전진과 후퇴에 따른 생물의 이동과 같이 장기적인 기후 변화의 결과로 군집의 구조와 기능이 변화하는 것이 이 유형에 속한다. 방향성이 있는 장기적 변화에는 종의 진화와 멸종도 포함된다. 또한 극상 군집을 형성하는 군집의 발달 과정인 천이도 방향성 변화의 대표적인 사례이다. 기후나 종의 유용한 공급원(pool)이 변하지 않더라도 천이는 일어난다. 다음에 군집에서 일어나는 교체변화, 변동 및 천이에 관하여 살펴보도록 하자.

2. 교체변화

안정한 군집에서 생물은 수명이 대체로 길지만 그렇다고 영원히 사는 것은 아니다. 극상림에서 수관층을 형성하는 나무 한그루는 100~200년을 살 수 있지만 결국 죽고 다른 나무가 그 자리를 차지하게 된다. 수명이 길거나 영양기관으로 번식하는 식물은 교체되는 시간이 매우 길다. 그러나 군집을 구성하는 종 중에는 교체되는 시간이 짧은 것도 많다. 새의 수명은 보통 몇 년에 불과하며 몸집이 큰 포유동물의 경우도 수명이 조금 더 길 따름이다. 식물과 달리 이동이 가능한 동물에서는 서식지 선택에 따른 분산에 의하여 이러한 교체가 일어난다.

군집 안에서는 이처럼 변화가 일어나고 있지만 20년 전에 본 성숙한 삼림을 오늘 다시 보면 변화가 거의 없는 것처럼 보일 수 있다. 외관상으로 볼 때 수관의 우점종은 과거나 지금이나 변화가 없고, 새들도 옛날처럼 지저귀고 있으며, 썩은 통나무를 들치면 예전처럼 풍뎅이나 딱정벌레가 움직이고 있는 것을 볼 수 있다. 그러나 좀 더 자세히 살펴보면 겉으로는 변화가 없는 것처럼 보이는 것이 모두 허상임을 알 수 있다. 20년 전에 들쳐 보았던 통나무는 이미 썩어 없어졌고, 오늘 본 통나무는 얼마 전까지 수관층을 차지하고 있던 나무이었음을 알 수 있다. 이처럼 안정된 군집에서 평형상태를 유지하며 생물이 교체되는 것을 **교체변화**(replacement change)라고 하며, 이것에 속하는 순환교체와 삼림의 수관 교체에 대하여 살펴보자.

1) 순환교체

어떤 군집에서는 교체 과정이 순환적으로 반복된다(Watt, 1947). 교체가 일어나는 규모도 면적이 작은 조각(patch)에서부터 경관(landscape)에 이르기까지 다양하다. 순환교체는 군집 자체의 동적 특성에 의하여 일어나는 것이 있고 화재와 같은 외적인 요인에 의하여 진행되는 경우도 있다.

미국과 멕시코 국경에 위치한 치와와 사막에서는 관목(*Larrea tridentata*)과 선인장(*Opuntia leptocaulis*)이 순환교체에 의해 서로 연관을 맺고 있다(Yeaton, 1978). 이 지역에서 순환교체는 부분적으로 동물에 의하여 일어난다(그림 8-2). 새와 설치류가 선인장의 열매를 먹고 관목 아래에 배설을 하면 소화관 내부에서 손상을 입지 않은 선인장의 씨앗이 함께 배설된다. 관목 수관 아래에는 바람에 날려 온 미세한 토양 입자가 쌓여서 토양 조건이 주변의 나지에 비해 양호하다. 여기에서 선인장 씨앗이 발아하여 성장하면 관목을 대체한다. 이렇게 대체되는 이유 중의 하나는 선인장 뿌리가 10㎝ 이내의 토양 표면에 집중하여 분포하기 때문에 수분경쟁에서 선인장이 관목보다 유리하기 때문이다.

선인장이 살고 있는 곳은 캥거루쥐 등의 사막 설치류가 좋아하는 장소인데, 이들은 땅에 구멍을 파고 선인장의 뿌리를 먹어 치운다. 또한 선인장의 뿌리는 얕게 분포되어 있어서 관목이 없는 경우 바람이나 물의 침식에 의해 쉽게 지면에 노출되기 때문에 손상을 입게 된다. 이런 이유로 선인장이 죽으면 나지가 형성되고 여기에 관목이나 선인장이 다시 침입한다. 그러나 관목의 종자 생산이 선인장보다 훨씬 많고, 입자가 거친 토양에서 선인장 종자의 발아가 적당하지 않기 때문에 관목이 나지를 대부분 차지한다.

2) 삼림의 수관 교체

수관층을 형성하는 나무는 보통 두 가지 방법으로 제거된다. 하나는 서있는 자리에서 죽은 뒤 쓰러지는 것으로 너도밤나무나 느릅나무는 죽은 다음 곧 쓰러지지만 참나무와 밤나무는 오랜 시간이 지난 다음 쓰러진다. 다른 하나의 방법은 바람에 의해 나무가 수관층에서 제거되는 것이다. 이 경우에는 보통 나무가 뿌리 채 뽑혀 구덩이와 흙더미를 만들거나

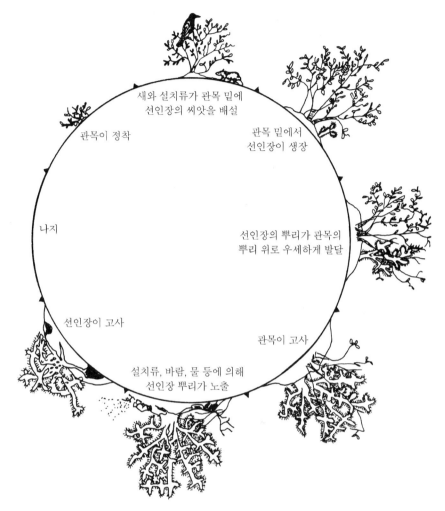

새와 설치류가 관목 밑에
선인장의 씨앗을 배설

관목 밑에서
선인장이 생장

관목이 정착

선인장의 뿌리가 관목의
뿌리 위로 우세하게 발달

나지

선인장이 고사

관목이 고사

설치류, 바람, 물 등에 의해
선인장 뿌리가 노출

그림 8-2. 치와와 사막에서 일어나는 순환교체 (Yeaton, 1978).

줄기가 꺾여 높이 1~2m 또는 이보다 큰 그루터기를 남긴다.

일단 **숲틈**(gap)이 형성되면 수관층에 전 태양광이 통과되는 공간이 형성된다. 때로는 태풍이나 회오리바람에 의해 넓은 숲틈이 형성되기도 한다. 또한 벌목, 산불 또는 해충의 침입으로 넓은 면적의 수관층이 파괴되기도 한다. 그러나 대부분의 숲에서는 하나 또는 몇개의 나무가 제거되어 숲틈이 형성된다. 대부분의 수관층 교체는 이러한 소규모의 숲틈이 채워지는 현상이다. 삼림의 임목 밀도에 증감이 없다면 각각의 나무는 1 : 1로 교체될 것이다.

그러나 모든 숲틈에서 이런 식으로 교체되는 것은 아니다. 경우에 따라서는 숲틈의 주변

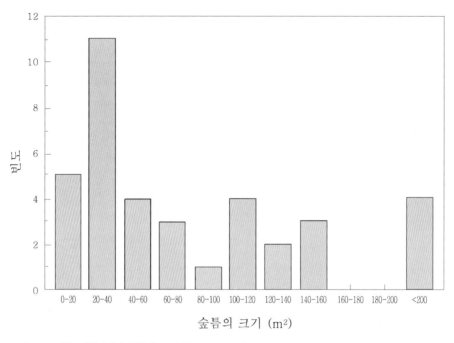

그림 8-3. 광릉 자연림에서 숲틈의 크기 분포 (조, 1992).

에 있는 나무들이 자신의 수관을 확장시켜 숲틈을 메우기도 한다. 어떤 개체가 숲틈을 메우느냐 하는 문제는 숲틈 내에서의 개체의 위치, 키 그리고 길이생장의 속도 등에 의해 결정된다. 여기에는 우연한 요인도 작용할 수 있다. 숲틈을 메우기에 가장 적당한 장소에 위치한 개체가 나무가 쓰러질 때 손상을 입거나 죽을 수도 있다.

경기도 광릉의 500년 이상 잘 보존된 낙엽활엽수 자연림에서는 수관을 차지하던 나무가 죽어서 생긴 숲틈이 숲 전체 면적의 5%를 차지하였다(조, 1992). 숲틈의 크기는 다양하였는데 평균 면적이 92 m^2이고 최대 524 m^2이었다(그림 8-3). 전체 숲틈의 75%가 한두 그루의 나무가 죽어서 형성된 작은 규모이었다. 숲틈을 만드는 수목이 죽는 양식은 줄기가 부러지는 경우가 65%, 뿌리 채 넘어지는 경우가 14%로서 많았고 서서 죽는 경우는 14%에 지나지 않았고 나머지는 큰 가지가 부러지는 경우이었다.

이렇게 숲틈을 형성하는 수목은 서어나무가 50%, 갈참나무, 신갈나무, 졸참나무 등의 참나무류가 26%를 차지하여 광릉 자연림에서 대부분의 숲틈이 이들에 의하여 형성되었다. 반면에 숲틈을 대체하는 수목은 까치박달과 서어나무가 가장 많고 그 다음이 참나무류이었다. 숲틈 아래의 임상에서는 양수뿐만 아니라 까치박달과 서어나무와 같은 음수의 어린 실생도 많은 것으로 보아 음수의 재생도 숲틈에 의존하고 있었다.

숲틈의 교체 양상은 온대림과 열대림 사이에 근본적인 차이가 있다. 온대림에서는 앞에서 설명한 바와 같이 수관층 바로 밑의 생육이 억제된 개체에 의해 숲틈이 채워지는데 이러한 개체는 이미 나이가 많은 개체이다. 그러나 열대림에서는 규모가 아주 작은 숲틈은 기존의 어린 나무에 의해 점유되지만, 대부분은 숲틈이 형성된 후 발아되는 광발아 수종에 의해 숲틈이 점유된다(Whitmore, 1978).

3. 변동

서식지 환경의 변화로 군집구조나 종조성이 교대되는 것을 **변동**(fluctuation)이라고 한다. 예를 들면 연꽃이나 애기부들이 전형적인 대상분포(zonation)를 하는 연못에서 지하수위가 낮아지면 습초지로 변하게 된다. 그러나 지하수위가 원 상태로 높아지면 다시 연못이 형성된다. 이처럼 변동이 예측 가능한 서식지에서는 주기적 변동의 어느 한 시기에만 번성하는 종의 교체가 일어난다. 어떤 식물 종은 적합한 조건으로 회복될 때까지 발견되지 않는데, 이러한 식물은 종자나 지하부 기관을 통해 불리한 기간을 견디는 것으로 생각된다.

변동에 관한 좋은 예로는 미국의 대평원에서 1930년대에 있었던 대한발(Great Drought) 기간과 그 후의 초지식생 변화에 대한 연구를 들 수 있다(Weaver and Albertson, 1956). 이 지역의 강우량은 장기간 평균치인 580 mm와 비교하면, 1933년 이전 6년 동안은 평균치보다 130 mm가 많았고, 한발이 시작된 처음 몇 년 동안은 평균치보다 180 mm나 부족하였다. 방목을 하지 않은 단경초원의 피도는 가뭄 전에 85% 이상이었으나(그림 8-4), 가뭄이 시작되면서 풀이 죽거나 봄에 싹이 나오지 않아 피도가 점점 감소되어 1935년에는 65%이었고 1940년에는 20%로 낮아졌다. 또한 부가되는 낙엽량보다 분해되는 양이 많아서 낙엽층은 사라졌다.

한발은 1941년과 1942년 사이의 겨울에 끝났다. 강우량이 증가되었고 수 년 동안 지상에 모습을 드러내지 않았던 많은 화본과 식물의 지하경이 아직도 살아 있어 싹을 틔우기 시작하였고 그 결과 식물의 피도가 증가하였다. 1943년에는 전년에 자란 식물의 잎과 줄기가 지표면을 다시 덮게 되었고, 광엽 초본도 땅속 줄기나 휴면 상태에 있던 토양의 종자로부터 발아되기 시작하였다.

그림 8-4. 대한발 기간 중 대평원 초지의 피도 변화 (Weaver and Albertson, 1966).

4. 천이

새로 형성된 사주나 노천 채광으로 형성된 나지와 같이 식물이 없는 지역에 처음으로 형성되는 군집을 **개척 군집**(pioneer community)이라고 하는데, 개척 군집의 지속 기간은 비교적 짧다. 시간이 지남에 따라 개척 군집이 형성된 지역에서는 소실되는 종과 새로 침입하는 종이 나타나게 된다. 수십 년이나 수백 년이 지난 다음에는 이 지역에 안정된 군집이 형성되는데 이를 **극상 군집**(climax community)이라고 한다. 이와 같이 시간이 지남에 따라 한 지역에서 상이한 군집이 연속적으로 변화되는 과정을 **천이**(succession)라고 한다(그림 8-5).

개척 군집에서는 구성종의 수가 비교적 적은데, 이들 종은 대부분 종자가 바람에 날리거나 새나 포유류에 의해 멀리까지 운반되기 때문에 새로운 지역으로 분산이 잘 되며 새로운 서식지의 혹독하고 특이한 환경 조건에서 살아남을 수 있다. 또한 종자가 땅 속에서 오랫동안 살아있을 수 있거나 직사광선이나 기타 불리한 조건을 견딜 수 있다. 질소고정세균과

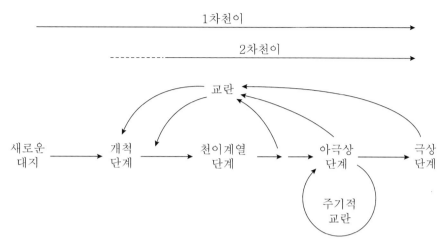

그림 8-5. 천이의 과정.

공생관계에 있는 콩과식물은 질산염이 부족한 토양에서도 자랄 수 있기 때문에 개척 군집에서 흔히 볼 수 있다.

천이 과정의 처음 1~2년 동안은 일년생 초본이 우세하나 이들은 곧 다년생 초본으로 대체된다. 이러한 원인은 다년생 초본이 일단 침입하면 영양생식으로 점유 공간을 확장시키기 때문이다. 일년생 식물은 매년 종자가 발아하여 생장을 시작하기 때문에 공간경쟁에서 불리하여 다년생 식물로 쉽게 대체된다.

다년생 초본 단계는 관목이 우점하는 군집으로 대체되며, 이것이 다시 양수인 내광성 (light-tolerant) 수종이 우점하는 교목으로 대체된다. 이러한 변화는 각각의 종이 그 지역에 침입하는 시기가 다르다는 것을 의미할 수도 있고, 단순히 우점종이 되는데 필요한 기간이 다르다는 것을 나타낼 수도 있다. 즉 교목은 관목과 거의 같은 때에 침입하지만 처음 몇 년 동안은 관목보다 키가 작은 상태로 있다가 나중에 관목보다 커져서 관목을 압도하고 군집의 모양을 바꾼다.

내광성 수종은 일반적으로 내음성이 약하며 자신이 형성한 음지에서는 번식하지 못한다. 따라서 내광성 수종의 아래에는 음수인 내음성 (shade-tolerant) 수종이 침입하고 관목과 하층 초본도 내음성이 약한 종에서 강한 종으로 바뀐다. 이때 군집의 수관층은 주로 내음성이 약한 수종으로 구성되고 반면에 하층은 내음성이 강한 종으로 구성된다. 내음성 수종의 실생이 자라고 내음성이 약한 종이 죽으면 전반적으로 내음성이 강한 수종으로 구성된 군집이 형성된다.

이때의 군집은 극상 혹은 극상에 가까운 상태가 된다. 나지에서 극상에 이르는 전 과정을 **천이계열** (successional series, sere)이라고 부르며, **천이계열 단계** (seral stages)라고 부르는 여러 시기에 다양한 군집이 나타난다. 앞의 설명과 같이 천이계열 단계는 일년생 초본, 다년생 초본, 관목, 초기 교목림 및 극상 교목림의 순으로 구분할 수 있다.

1) 천이의 유형

천이가 시작되는 장소의 수분 조건에 따라서 물에서 시작되는 천이계열을 **수생천이계열** (hydrosere)이라고 하며, 암반, 자갈밭, 건조한 사구 등과 같이 건조한 곳에서 진행되는 천이를 **건생천이계열**(xerosere)이라고 한다. 새로 형성된 사구나 용암대지와 같이 과거에 식생이 없던 불모지에서 시작되는 천이를 **1차천이**(primary succession)라 하며, 군집이 자연적 또는 인위적인 교란에 의하여 파괴된 장소나 휴경지에서 시작되는 천이를 **2차천이** (secondary succession)라 한다. 2차천이는 이미 토양이 형성되어 있고 일부의 식물체가 존재하고 있는 상태이기 때문에 1차천이보다 진행 속도가 빠르다.

천이계열 군집이나 극상 군집을 막론하고 군집 내에는 특이한 미소서식지가 있으며 이곳에서는 **미소천이계열**(microsere)을 구성하는 일련의 개체군이 유지되고 있다. 나무가 죽어 통나무가 형체를 알 수 없을 정도로 분해되는 동안에 썩어가는 통나무 속에서는 다양한 곤충과 여러 생물의 개체군이 시간에 따라서 변화하는데 이것이 미소천이계열의 예이다. 따라서 미소천이계열은 좀 더 규모가 큰 군집의 구조 안에서 진행되는 소규모의 천이 과정이다. 미소천이계열에서는 독자적인 극상 단계가 없으며 결국 마지막에는 자기가 속해있는 규모가 큰 군집과 구분할 수 없게 된다.

2) 천이의 기작

천이란 기본적으로 기후와 생물종 공급원에 변화가 없는 곳에서 진행되는 방향성이 있는 군집 변화를 의미한다. 실제로 모든 천이 과정에서는 기후 변동이나 종의 이·출입이 발생하며 이 영향으로 천이의 진행 방향이나 극상 군집이 약간 달라질 수 있다. 기후 변동이 없는 경우에도 군집의 외적 요인에 의하여 천이가 주도되는 경우가 있는데, 천이 과정에서 이러한 요인을 **타발적 요인**(allogenic factors)이라고 부른다. 암반에서 진행되는 천이 과정을 보면 암석의 붕괴가 생물체에 의해 일어나는 경우도 있지만 이화학적인 풍화에 의해 일어나기도 하는데, 이와 같은 이화학적인 풍화과정이 바로 타발적 요인이다. 연못의 천이 과정에서는 주변에서 운반된 토사로 연못이 메워지는데 이 과정도 타발적 요인이다.

천이 과정에서 군집이나 그것을 구성하는 생물에 의한 요인을 **자발적 요인**(autogenic factors)이라 한다. 식물의 지하경이나 고사체로 연못이 메워지는 것은 자발적 요인이며, 이

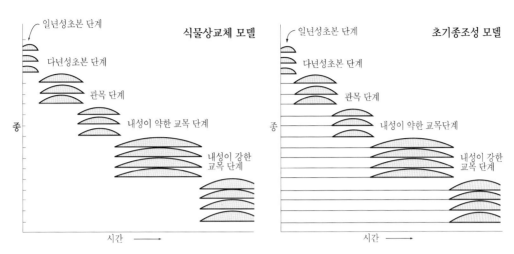

그림 8–6. 천이의 식물상교체 모델과 초기종조성 모델.

러한 자발적 요인에는 이입, 생장, 반작용, 상호작용 등이 포함된다. 이 중에서 반작용은 특히 중요하며, Clements (1916)는 반작용이 천이를 주도하는 힘이라고 주장하였다.

(1) 반작용의 역할

천이 단계에서 우점종은 반작용으로 자신이 점유하고 있던 환경을 자신에게 유리하지 않은 상태로 바꾼다. 또한 반작용으로 다음 천이 단계의 생물에게 더 유리하도록 환경을 변화시킬 수도 있다. 삼림의 천이에서는 내음성이 약한 나무가 만드는 그늘 때문에 양수림이 음수림으로 바뀌며, 질소고정생물과 공생관계에 있는 식물이 토양에 질산염을 첨가시키면 질산염을 많이 필요로 하는 식물이 침입한다. 이러한 과정은 극상에 이를 때까지 계속되는데 극상 군집을 구성하는 생물은 자신들의 반작용에 의해 변화된 환경조건에 내성이 있는 종이다.

천이 과정에서 새로운 종이 이입되는 과정은 매우 중요하다. 여기에 Egler (1954)는 두가지 가능성을 제시하였는데 하나는 **식물상교체 모델**(relay floristic model)이고 다른 하나는 **초기종조성 모델**(initial floristic composition model)이다(그림 8-6). 묵밭천이에서 식물상교체 모델을 살펴보면, 일년생 초본으로 구성된 개척 군집에 다년생 초본이 침입하여 다년생 식물군집으로 변화하고 여기에 관목이 침입하게 된다. 그러나 초기종조성 모델에 의하면 전체 천이 과정에서 그 지역을 점유할 모든 종이 천이가 시작될 때 이미 그 지역에 존재한다는 것이다. 최초의 일년생 식물 군집은 다년생 식물이 자람에 따라 다년생 초본 군집으로 상관이 바뀌고, 또한 기존의 관목이 자라 다년생 초본보다 커지면 관목림으로 상관이 바뀌게 된다.

실제 천이 과정에서는 어떤 모델도 완전히 맞지는 않는다. 암반, 강에 형성된 사주 혹은 사구에서 극상에서 나타나는 까치박달 실생이 자라고 있다고 보고한 사람은 아무도 없다. 심지어 천이 중·후기 단계에서 나타나는 초본 식물과 동물도 매우 적다. 따라서 이러한 지역에서는 식물상교체 모델이 더 타당한 것 같다. 반면에 묵밭, 절토지 또는 이와 유사한 지역에서 진행되는 천이의 초기 단계에는 많은 종류의 교목과 관목의 실생이 존재할 수 있다. 이 경우 관목림 단계는 단순히 옻나무가 미역취보다 키가 큰 기간이고, 교목림 단계는 느릅나무가 옻나무보다 키가 큰 기간이라고 볼 수 있다.

천이 과정에서 종이 언제 이입되고 또 이입된 종이 어떻게 증식하는가 하는 것은 천이 연구에서 매우 중요한 문제이다. 또한 이러한 문제는 식생 관리 측면에서도 중요한 의미를 지닌다. 이미 잘 발달된 관목 덤불에는 교목이 침입하기 어렵다. 묵밭천이에서 보는 바와 같이 관목과 같은 시기에 이미 침입한 교목이 관목을 교체한다. 만약 이 교목을 제거해 주면 매우 안정된 관목림을 유지할 수 있다. 고속도로의 가로녹지대에 이와 같이 관목림을 조성하고 관리한다면 유지관리 비용을 줄일 수 있다.

또 하나의 문제는 천이 과정에서 초기에 침입한 종이 다음에 침입하는 종에게 적합한 환경을 만들어 주는 정도이다. 초기종의 반작용으로 자신이 살 수 없을 정도는 아닐지라도 자신에게 다소 부적합하게 환경을 바꾼다는 데에는 거의 모든 생태학자가 동의하고 있다. 초기종의 반작용으로 나타날 수 있는 상황을 다음 세 가지로 구분할 수 있다(Connell and Slatyer, 1977; 그림 8-7).

① **촉진모델**(facilitation model): 초기종의 반작용으로 후기종에게 적합한 환경이 조성되는 경우이다. 즉 천이 초기종이 후기종의 정착을 촉진한다. 자신이 변화시킨 환경에서 천이 초기종이 불리하고 다른 종에게 유리하여 결국 천이 초기종은 사라진다. 이미 정착한 종이 다른 종의 침입을 촉진하지 않을 때까지 천이 전 단계의 생물은 다음 단계의 생물에 의하여 교체되는데, 이 과정이 식물상교체 모델로 설명이 된다.

② **내성모델**(tolerance model): 초기종의 반작용이 후기종의 생장에 거의 영향을 주지 않는 경우이다. 내성모델이 촉진모델과 다른 점은 첫째, 초기 이입종이 소수의 개척 종으로 제한되지 않고 극상의 우점종조차 천이 초기단계에서 나타날 수 있다는 것이다. 즉 이것은 초기종조성 모델로서 설명이 된다. 두 번째 차이점은 천이 초기종이 후기종의 정착을 촉진하지 않는다는 것이다. 천이 후기종은 천이 초기 단계의 환경에서 견딜 수 있다. 천이가 진행됨에 따라서 가장 내성이 강한 종만 남을 때 극상에 도달한다.

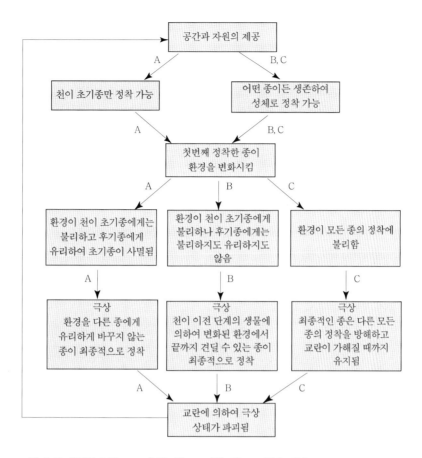

그림 8-7. 천이의 모델 - A: 촉진모델, B: 내성모델, C: 억제모델(Connell and Slatyer, 1977).

③ **억제모델**(inhibition model): 초기종의 반작용으로 형성된 환경 조건이 후기종에게 불리한 경우이다. 내성모델과 같이 억제모델도 천이계열의 모든 생물종이 천이 초기단계에서 생존할 수 있다. 즉 이 모델도 초기종조성 모델을 따른다고 할 수 있다. 그러나 억제모델에서는 초기종에 의한 환경의 변화가 자기 자신 뿐만 아니라 천이 후기종에게도 불리하다. 먼저 정착한 종이 다른 종의 정착을 방해하는데, 천이 후기종은 천이 전 단계 생물이 사망하거나 교란에 의하여 파괴되었을 때만 열린 공간에 침입할 수 있다. 결국 수명이 길고 교란에 잘 견디는 특성을 생물이 극상 상태를 차지한다.

이러한 세 가지 모델은 모두 가능하고, 같은 천이계열에서 이 세 가지 경우가 동시에 적용될 수 있다.

(2) 상호작용의 역할

반작용과 마찬가지로 상호작용도 천이에서 중요한 역할을 한다. 이미 살펴본 바와 같이 천이 전 단계의 종이 다음 단계의 종으로 대체되는데 경쟁이 중요하다. 천이계열에서 식물 종조성은 흔히 빛과 공간에 대한 경쟁에 의하여 변하게 된다. 동물에서의 변화도 경쟁에 기반을 두고 있다고 생각된다. 예를 들면, 삼림으로 천이되면서 초지 설치류가 사라는 것은 경쟁 때문일 것이라는 증거가 많다.

비경쟁적인 상호작용도 역시 중요하다. 동물의 서식은 식물의 반작용에 의한 미기후 변화에 따라서 결정되기도 하고, 식물이 횃대, 둥지에 적합한 나무 및 둥지를 만드는 재료를 제공하는 것에 영향을 받는다. 천이에서 우점종과 대체 속도를 결정하는 것에 동물 혹은 균류와의 비경쟁적 상호작용이 중요하다. 어떤 지역에 특정 나무가 침입하는 것이 근균에 의존한다고 알려져 있다. 대부분의 참나무, 소나무류의 확산에는 다람쥐와 어치와 같은 동물에 의한 종자 산포가 중요하다.

동물이 어떤 종류의 식물을 섭식하는가에 의하여 천이의 다음 단계가 영향을 받을 수 있다. 초원에서 소나 말은 일반적으로 가시가 달린 식물을 먹지 않는다. 따라서 초식동물이 많은 곳에서는 가시달린 식물의 사바나가 발달되기 쉽다. 토끼는 참나무 잎을 유달리 좋아하여 천이의 초기 교목 단계에서 토끼의 섭식 때문에 벚나무나 느릅나무가 우점하기도 한다. 곤충도 비슷한 역할을 할 것이며 이것이 천이에서 보다 넓게 영향을 미칠 것이다.

(3) 자원 이용비 가설

천이에 대한 내성모델에 의하면 천이 후기종은 제한된 자원에 내성에 있으며 결국 이러한 환경에서 살아남아 천이 초기종을 제압할 수 있다. 결국 자원을 이용하는 종의 전략에 의하여 종의 교체가 일어난다고 볼 수 있다. Tilman (1988)은 빛과 영양소(주로 질소)의 두 가지 자원의 상대적인 이용도에 따라서 우점하는 종이 결정된다는 **자원 이용비 가설** (resource ratio hypothesis)을 제안하였다.

천이가 진행하면서 낙엽이 축적되고 토양이 형성되어 영양소 이용도는 증가하는 반면에 식물이 그늘을 형성함에 따라서 광도는 감소한다. 천이 초기에는 영양소 요구도가 낮고 빛 요구도가 높은 식물(종 A)이 먼저 정착한다(그림 8-8). 최종적으로 영양소 요구도가 높고 내음성이 강한 종(종 E)이 우점할 때까지 침입종(종 B, C, 및 D)은 방향성을 가지고 순차적으로 교체된다.

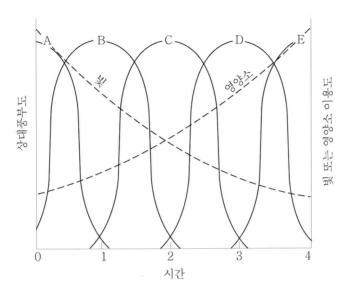

그림 8-8. 천이의 자원 이용비 가설 (Tilman, 1988).

5. 천이의 예

1) 사구의 천이

규모가 큰 호수나 하구에는 물과 바람의 작용으로 사구가 형성된다. Cowles (1899)는 미국 미시간호에서 **사구**(sand dune) 식생의 천이에 대한 고전적인 연구를 수행하여 천이에 대한 이해의 폭을 넓혔다. 미시간호에서 천천히 호수 수위가 낮아지고 강한 바람에 의하여 침식이 일어나서 모래 나지가 형성되고 이곳에서 천이가 시작된다.

드러난 모래 나지에는 맨 처음 사구 형성을 촉진하는 초본 식물이 들어온다. 사구 형성 식물로는 화본과 식물인 물대풀(*Ammophila breviligulata*)과 사구풀(*Calamovilfa longifolia*)이 대표적인데, 이들은 다년생 식물로서 모래에 묻힌 줄기에서 새로운 뿌리가 나오고 긴 지하경을 뻗어 새로운 지상부를 만든다. 이밖에도 화본과에 속하는 다른 식물과 몇 종의 목본이 상부 사구 식생의 구성원으로서 중요한 역할을 한다. 사구 형성에 가장 중요한 목본은 장미과의 작은 관목(*Prunus pumila*)인데, 뿌리에서 새로운 줄기가 나와서 생육지를 빠르게 넓힌다. 어린 사구에서 최초로 침입하는 교목은 미루나무인데, 이것도 모래에 묻히면 새 뿌리가 나오고 모래 위로 줄기를 내어 살 수는 있으나 화본과 초본이나 장미과 관목처럼 옆으로 확산하는 것은 불가능하다.

사구 형성 식물에 의하여 사구가 형성되고 안정되면, 즉 천이가 시작한 지 50~100년 후

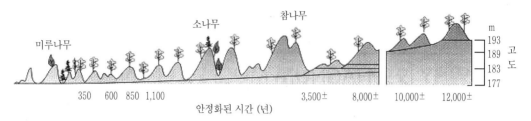

그림 8-9. 미시간호 사구의 단면 모식도(Olson, 1958).

에는 방크스소나무 등의 소나무류가 빠르게 침입한다. 또한 보통 천이가 시작한지 100~150년 후에는 참나무가 소나무를 대치한다. 미루나무와 마찬가지로 방크스소나무 단계에서는 수관층이 개방된 상태이므로 임상에 참나무가 발아하여 생장하기에 충분한 빛이 들어온다. 미시간호의 남쪽 끝 부분에는 키가 작고 수관층이 개방된 참나무류인 *Quercus velutina* 림이 형성되어 있는데 이것이 사구천이의 마지막 단계인 것으로 생각된다(그림 8-9).

이 지역에 좀 더 중습한 삼림이 형성되지 못하는 이유는 본래 모래가 척박하고 수분 보유능이 낮으며 참나무에 의해 토양 조건이 개선되지 않기 때문이다(Olson, 1958). 한편 이 지역에서 자주 발생하는 불도 중습림의 형성을 방해하는 중요한 원인 중의 하나이다 (Henderson and Pavlovic, 1986). 잘 보호되고 있는 일부 지역에서는 참피나무, 당단풍, 너도밤나무, 솔송나무 등이 *Quercus velutina* 림에 침입하기도 한다.

지금까지 설명한 사구의 식생 천이계열은 선행하는 우점종의 반작용에 의해 진행되는데 이중에서도 특히 그늘 형성과 토양 발달이 중요하다(표 8-1). 그 밖의 반작용에 의하여 극한 온도의 완화, 풍속의 감소, 상대습도의 증가, 대기의 증발력 감소 등이 일어난다. 이러한

표 8-1. 사구 천이에서 천이 단계에 따른 환경 특성의 변화(Brewer, 1994)

물리적 특성	천이 단계				
	물대풀	미루나무	방크스소나무	참나무	너도밤나무−단풍나무
여름의 지표면에서 상대수광량	96	—	37	2	1
토양수분 (%)	1	—	2	5	24
여름의 증발량 (mL/day)	—	21	11	10	8
토양 pH	7~8	—	5.5~7.0	5.5~7.0	5.5~6.0

환경 변화에 의하여 아우점하는 식물과 동물도 천이의 전 과정에서 변화하게 된다.

2) 묵밭천이

경작을 그만 둔 묵밭에서 진행되는 천이를 **묵밭천이**(old-field succession)라고 한다 (Keever, 1950). 일반적으로 묵밭의 토양은 오랫동안의 경작활동으로 유기물 함량이 적다. 이러한 토양 속에는 농작물과 함께 있던 야초의 종자가 묻혀 있으며 흔치는 않지만 일부 식물의 영양생식경도 묻혀 있다. 토양은 일반적으로 척박하며, 지역에 따라서는 경작할 때 첨가한 비료의 잔여물이 남아 있는 곳도 있지만 경작을 그만둔 후 1~2년 내에 유실된다.

묵밭천이의 초기 단계는 어느 지역을 막론하고 매우 유사하여 바랭이나 뚝새풀과 같은 일년생 식물이 흔한데, 이러한 식물은 종자를 많이 생산한다. 따라서 이러한 곳은 비둘기, 참새, 생쥐 등을 위시하여 종자를 먹는 동물에게 먹이를 제공하는 장소가 된다. 두 번째 해 에는 식생의 밀도가 증가하는데, 일년생 식물은 감소하고 개망초나 달맞이꽃 같은 2년생 식물이 개화하며 쑥이나 참억새 같은 다년생 식물이 눈에 띄기 시작한다. 3년째는 일반적으로 다년생 식물이 우점종이 된다.

우리나라에서는 과거에 많은 화전이 성행하였으나 최근에 농촌 인구의 감소와 농업 경쟁력의 상실로 많은 경작지가 방치되고 있는 실정이다. 강원도 진부에서 0~80년이 경과된 화전 묵밭에 대한 연구는 전형적인 2차천이 과정을 보여준다(그림 8-10). 화전 묵밭의 천이 과정은 1년생 단계(0~1년차), 개망초-쑥 단계(1~6년차), 관목 단계(6~15년차), 초기 교목 단계(15~25년차), 중기 교목 단계(25~50년차) 및 후기 교목 단계(50~80년차)의 6 단계로 구분할 수 있다(이, 2006; 그림 8-11).

1년생 단계에서는 바랭이, 여뀌류, 뚝새풀, 별꽃, 강아지풀 등의 1년생 식물이, 개망초-쑥 단계에서는 2년생인 개망초, 다년생인 쑥 등이 우점한다. 관목 단계에서는 산딸기, 쉬땅나무, 조팝나무 등의 관목과 참억새, 마타리 등의 다년생 초본이, 초기 교목 단계에서는 소나무, 참싸리, 물푸레나무 등의 교목과 참억새, 새, 마타리 등의 초본이, 중기 교목 단계에서는 신갈나무, 소나무, 미역줄나무 등의 교목과 대사초 등의 초본이 나타난다. 최종적으로 후기 교목 단계에서는 신갈나무 숲이 형성되는데 임상에는 우산나물, 단풍취, 애기나리 등과 같이 내음성이 강한 초본이 출현한다.

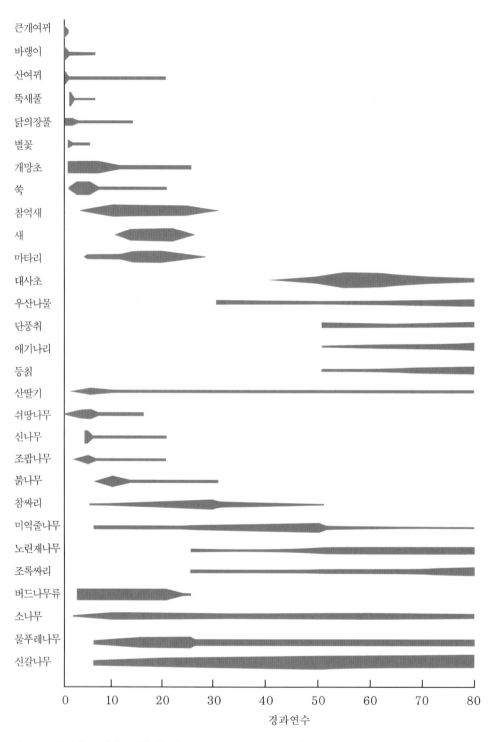

그림 8-10. 화전 후 묵밭에서 진행되는 천이 과정에서 식물상의 변화 (이, 2006).

| 1년생 단계 | 개망초-쑥 단계 |
| 관목 단계 | 교목 단계 |

그림 8-11. 화전 후 묵밭에서의 천이 과정(이규송 사진).

6. 극상 군집

천이의 최종 단계를 **극상**(climax)이라고 한다. 극상 군집은 환경과 평형을 이루고 있는데, 특히 이 환경요인 중에서 기후가 중요하다. 극상은 종의 경쟁, 구조 및 에너지 흐름이 **정상상태**(steady state)에 있다. 극상의 역동적인 특성인 정상상태에서는 계속 변화가 일어나지만, 이 변화가 군집을 바꾸는 것이 아니고 영속시키게 한다. 극상에 대하여 다양한 견해가 주장되고 있는데, 특히 단극상(monoclimax), 다극상(polyclimax) 및 극상유형(climax pattern)의 세 가지 가설이 대표적이다.

단극상설은 미국 생태학자인 Clements가 주창한 것으로 극상 상태인 한 종류의 군집이 특정 지역의 모든 지면을 차지한다는 것이다. 이 극상은 지역의 기후에 의하여 결정된다. 기후가 안정되면 극상 군집은 안정적으로 유지된다. 실제 자연에서는 단극상설에 맞지 않는 것으로 보이는 것이 경우가 많다. 예를 들면 하나의 산에서 계곡에는 느티나무 군집이, 사면에서는 서어나무 군집이, 능선의 암석지대에서는 소나무 군집이 나타나고 이들 군집은 상당히 오랜 시간에 걸쳐 안정적으로 유지되고 있다. 이러한 군집은 지형, 토양 혹은 생물 요인에 의하여 결정된다.

영국의 생태학자 Tansley와 미국의 Daubenmire 등이 주장한 **다극상설**에 의하면 어떤 지역에서 토양 수분, 토양 영양소, 동물 활동 등의 여러 요인에 의하여 조절되는 다양한 극상 군집이 존재한다. 그러나 Clements는 다극상의 다양한 군집은 일시적으로 나타나며 충분한 시간이 경과하면 기후와 균형을 이루는 하나의 극상으로 변할 것이라고 했다. 그는 이러한 다극상의 다양한 군집을 속도가 느리거나 일시 중단된 천이 단계에 있는 **아극상**(subclimax) 혹은 **방해극상**(disclimax)으로 정의하였다. 예를 들면 능선 암반의 소나무 군집은 아극상 상태로서 지질학적으로 오랜 시간이 경과하면 침식되어 평탄지가 되거나 양질의 토양이 형성되어 결국 기후에 의하여 결정되는 극상으로 대치된다는 것이다.

세 번째 가설이 미국의 Whittaker가 주창한 다극상 개념의 변형인 **극상유형설**(climax pattern concept)이다. 그에 따르면 자연 군집은 기후, 토양, 불, 바람과 같은 환경요인과 생물요인의 총체적인 유형에 적응되어 있다고 한다. 단극상설에서는 하나의 기후극상이, 다극상설에서는 몇 가지의 극상만이 나타나는 반면에 극상유형설에서는 환경 경사에 따라서 극상의 유형이 연속적으로 변하고 이를 뚜렷이 구분되는 극상형으로 나눌 수 없다는 것이다.

이상에서 살펴본 바와 같이 극상은 추상적인 개념으로서 실제로 기후가 계속적으로 변하기 때문에 극상에 도달하는 것이 매우 어렵다. 기후가 식생의 전반적인 조절요인이지만 하나의 기후대에서도 식생은 토양, 지형, 동물 등에 의하여 다양하게 변화한다. 군집의 변화 속도는 천이 초기에는 매우 빠르지만 극상 군집에 가까울수록 매우 느려지게 된다. 결국 극상 군집은 절대로 도달할 수 없을 것이다.

우리나라 삼림의 극상 군집 종류에 대하여도 여러 의견이 제안되고 있다. 경기도 광릉의 삼림에서는 군집 분석을 통하여 아래와 같이 척박한 토양의 소나무 군집에서 천이가 일어나 비옥한 까치박달 군집의 극상으로 도달할 것으로 추정되었다 (강과 오, 1982).

소나무 → 신갈나무, 졸참나무, 갈참나무 → 서어나무 → 까치박달

그러나 수목의 흉고직경을 측정하여 그 크기 빈도를 조사한 결과에 의하면 소나무 → 갈참나무 → (졸참나무, 서어나무, 까치박달)로 천이가 진행된다고 추정하였다 (유 등, 1995). 특히 졸참나무는 평형 상태에서는 서어나무나 까치박달로 대치되지만, 숲틈과 같은 교란이 반복되는 비평형 상태에서는 이들 세 종이 공존할 수 있다고 예상하였다.

한편 다극상설에 바탕을 둔 강원도 점봉산의 천이 연구에서는 삼림의 지형적 위치에 따

표 8-2. 강원도 점봉산에서 지형에 따른 삼림의 천이 과정(이 등, 2000)

지형 (토성)	현재 군집	중간 천이 군집	극상 군집
계곡 (양토에서 식양토, 돌더미)	신갈나무-물푸레나무	고로쇠나무-전나무	전나무-고로쇠나무
산복 (양토, 돌더미)	가래나무-피나무	고로쇠나무-층층나무	층층나무-고로쇠나무
능선 (식양토)	신갈나무-음나무	신갈나무-피나무	피나무-고로쇠나무

라서 천이 과정과 극상을 달리 예측하였다(이 등, 2000). 자연 활엽수림의 세 가지 지형 (계곡, 산복, 능선)에서 상층목과 하층목을 조사하여 시간 경과에 따라서 상층목이 하층목 으로 대치되는 과정을 추정한 결과 지형에 따라서 극상 군집에 달랐다(표 8-2). 특히 약 200~250년 후 도달할 것으로 예상되는 극상에서 번성하는 전나무와 고로쇠나무는 내음성 이 강한 수종이다. 그러나 생태학자에 따라서는 고도 700 m 이상의 고지대에서 현재 분포 하고 있는 신갈나무가 극상으로 유지될 것이라고 생각하고 있다.

7. 천이에 따른 군집 속성의 변화

미국의 생태학자 Odum (1969)은 천이가 진행되는 동안 일어나는 군집의 구조와 기능의 변화를 24개 항목의 표로 제시하였다. 그가 제시한 표에 포함된 가설 중 일부는 다른 사람 의 연구 결과에 의하여 타당하지 않은 것으로 판명된 것도 있고 일부는 수정된 것도 있지 만 아직도 타당성을 인정받고 있는 것이 많다. 여기서는 천이 과정 중 군집 변화의 경향성 을 설명하기 위하여 14개 항목을 선정하여 설명하고자 한다(표 8-3). 이 표는 단지 천이의 초기 단계와 후기 단계를 비교하는 것이며, 모든 항목에는 예외가 있을 수 있고, 또한 모든 요인의 변화율은 천이의 전 과정에서 일정하지 않다.

1) 군집과 생육지의 특성

생물량, 피도, 잎의 밀도(엽면적지수) 및 식물체의 높이는 천이가 진행됨에 따라 증가한 다. 또한 천이가 진행됨에 따라 식물의 생활형이 다양해지므로 상관(physiognomy)은 더욱 복잡해진다. 교목이 포함된 천이계열의 경우 교목의 잎의 배열과 방향이 변화하기도 한다 (Horn, 1971; 1975). 소나무나 미루나무 같은 천이 초기 단계의 대표적인 수종은 키가 크

표 8-3. 천이과정에 따른 식생과 생태계 속성의 변화

속 성	초기 단계	후기 단계
생물량	적다	많다
상 관	단순	복잡
잎의 배열	다층	단층
영양염류 저장고	토양	생물체
부식질의 역할	중요하지 않다	중요하다
영양염류 순환	개방적	폐쇄적
1차순생산성	높다	낮다
지소의 성질	극단적인 조건	중간
대기후의 중요성	크다	적다
안정성	낮다	높다
식물의 종 다양성	낮다	높다
종의 생활사	r - 선택	K - 선택
종의 분산매체	바람	동물
분산체의 수명	길다	짧다

고 수형이 가늘며, 수관이 원추형이고 생장이 빠르다. 이러한 식물의 잎은 크기가 작고 수가 많으며, 특정한 방향성이 없고 다층 구조로 되어있어 다른 잎에 의해 그늘이 지는 잎이 많다. 이에 비해 극상 군집을 구성하는 서어나무나 까치박달 같은 수종은 생장이 느리고 잎이 크며, 수가 적고, 다른 잎에 의해 그늘이 지는 잎들이 적은 단층 구조로 되어 있다.

천이가 진행됨에 따라 영양염류의 주요 저장 장소가 토양에서 생물체(다년생 식물의 뿌리, 저장기관, 교목의 줄기와 뿌리)로 바뀐다. 그 이유는 식물이 영양염류를 흡수하여 체내에 오랫동안 보유하기 때문이다. 부식질은 식물이 흡수한 영양염류의 일부를 토양으로 회수시켜 다음 생육 기간의 식물 생장에 필요한 양분을 공급하게 된다. 천이가 진행됨에 따라 많은 양의 영양염류가 식물체의 비활동 부위에 저장되므로 영양염류의 순환속도는 느려진다. 그러나 비활동 부위에 영양염류가 축적되므로 생태계로부터 유실되는 영양염류의 양은 적어진다. 따라서 천이 후기 단계에서는 영양염류 순환이 느리지만 순환효율은 증가한다.

천이가 진행됨에 따라 순생산량은 다음과 같은 이유 때문에 감소한다. 첫째는 비광합성 부위의 양이 증가되어 이것을 유지하는데 광합성 산물의 상당량이 소비되기 때문에 순생산량이 감소되며, 둘째는 영양염류가 식물체의 비활동 부위에 축적되어 영양염류의 부족현상이 일어나며, 셋째는 상층 수관을 형성하고 있는 나무들이 늙어 전체적인 광합성량이 줄어들기 때문이다.

한편 환경은 점점 중습한 상태로 되며 **대기후**(macroclimate)의 영향력은 약해지고 수관층이 밀폐됨에 따라 온도와 습도의 일변화가 완만해진다. 부식질이 증가되고 토양이 깊어지며 토양의 점토 함량이 증가됨에 따라 토양의 수분 보유능이 커지고 그 결과 강우량의 계절 변화에 따른 영향력이 완화된다.

2) 안정성과 다양성

안정성(stability)이란 용어는 다양한 의미를 가지고 있다. 교란이 가해졌을 때 변화 없이 안정된 상태로 남아 있으려는 경향을 **저항안정성**(resistance stability)이라고 한다. 또한 교란을 받아 변형된 후에 원래 상태로 회복되는 능력을 **복원안정성**(resilience stability)이라고 한다.

일반적으로 천이가 진행됨에 따라 군집의 안정성은 증가 또는 감소할 수 있다. 안정성을 단순히 변화가 없다는 의미로 사용하는 저항안정성은 천이가 진행됨에 따라 증가한다. 극상 군집을 구성하는 식물은 수명이 길고, 큰 교란이 없는 극상 군집에서 일어나는 변화는 임의적이며 평균 근처에서의 소규모의 진동이다. 왜냐하면 식생이 존재함으로 인하여 환경 내의 변동이나 극단의 환경 조건이 완화되기 때문이다.

그러나 불이나 폭풍우같이 자주 발생하는 교란에 의하여 군집이 교란된 후에 다시 원상태로 회복되는 능력인 복원안정성은 천이 초기 군집이 가장 안정성이 높고 극상 군집이 가장 불안정하다. 그 이유는 극상 군집이 파괴된 후 원 상태로 회복하는 데에는 100년 이상이 소요되기 때문이다.

생물의 종다양성은 천이의 초기 단계에서 증가하지만, 온대지방의 경우 천이의 후기 단계에서는 수관층이 밀폐되고 소수의 종이 우점종이 됨에 따라 종다양성이 감소한다. 따라서 온대지역에서 종다양성을 최대로 유지시키기 위해서는 군집을 천이의 초기 단계로 후퇴시키는 주기적인 소규모의 교란이 필요하기도 하다(Loucks, 1970; 그림 8-12). 일반적으로 천이의 중간 단계에서는 초기 및 후기 단계를 구성하는 종이 혼합되기 때문에 초기나 후기 단계에 비하여 종다양성이 높다.

한편 천이가 진행됨에 따라 종다양성이 감소하는 경우도 있다. 오클라호마 주의 묵밭천이에서는 천이 초기의 야초 군집에서 극상인 대초원 군집에 이르는 동안 종다양성이 꾸준히 감소하였다(Perino and Risser, 1972). 천이의 전 과정에서 종풍부도(전체 종의 수)는 증가하였지만 종다양성지수는 거의 절반으로 감소되었다.

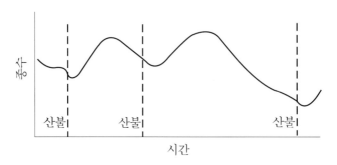

그림 8-12. 교란에 의한 종다양성의 변화.

3) 개체군의 특성

　일반적으로 개척식물은 수명이 짧고 생장이 빠르며, 비교적 많은 양의 에너지를 생식에 배분하고 광합성률이 높으며, 종자는 가볍고 바람에 의하여 산포되는 전형적인 r-선택형이다. 이에 비해 극상 군집을 구성하는 종은 생장이 느리고 수명이 길며, 생식에 배분되는 에너지가 적고 광합성 효율이 낮으며, 종자는 무겁고 동물에 의해 산포되는 전형적인 K-선택형이다. 그러나 r-선택형의 식물도 극상 군집 내에 존재할 수 있다. 이러한 경우 r-선택형의 식물은 극상 군집에서 수관층이 뚫린 숲틈을 점유하고, 이들의 종자는 숲틈이 형성될 때까지 오랫동안 토양 속에서 휴면 상태로 생존할 수 있다.

　일반적으로 천이의 초기 단계에 비하여 후기 단계에서 식물과 동물, 식물과 식물, 그리고 식물과 미생물 간의 상호작용이 증가된다는 가설이 제시된 바가 있으나, 이에 대한 실험적인 증거는 별로 없다. 오히려 지의류나 질소고정식물이 나타나는 개척 군집이 극상 군집에 비해 상호작용에 대한 의존도가 큰 경우가 있다. 실제로 개체군을 다룬 부분에서 설명한 상호작용에 관한 연구 결과가 극상 군집이 아닌 천이계열 군집에서 얻어진 것이 많다.

1. 교체변화와 진화를 천이의 한 유형이라고 할 수 있는 이유와 없는 이유는 각각 무엇인지 설명하시오.

2. 숲틈이 형성되면 내음성이 강한 식물과 약한 식물이 숲틈에서 나타내는 반응을 비교하여 설명하시오.

3. 1차천이와 2차천이의 차이점을 예를 들어서 설명하시오.

4. 화전의 묵밭 천이 과정을 설명한 그림 8-10에서 식물상교체 및 초기종조성 모델 중에서 어떤 것이 적합한지를 설명하시오.

5. 천이에서 촉진, 내성 및 억제 모델의 차이점을 예를 들어 설명하시오.

6. 우리나라 삼림에서 극상에 대한 세 가지 개념 중에서 어떤 것이 타당하다고 생각되는지 설명하시오.

7. 안정성의 다양한 개념과 천이에 따른 안정성의 변화를 설명하시오.

8. 동해안의 소나무 숲에서 대형 산불이 발생한 이후의 천이 과정을 예측하고, 조림하는 방법과 자연 재생시키는 방법 중 어느 방법이 옳다고 생각하는지 설명하시오.

9. 하천과 강에서는 자연적인 홍수에 의하여 주기적인 교란이 가해지고 있다. 어떤 강에 댐이 축조되어 하류에 홍수와 범람이 경감되는 경우에 이 범람원에서 댐 축조 이전과 이후의 천이 과정을 비교하여 설명하시오.

10. 과거 마을 주변에 번창하던 소나무 숲이 최근 들어 점차 활엽수림으로 바뀌고 있다. 과거 소나무숲이 유지될 수 있었던 이유와 왜 최근에 활엽수림으로 바뀌고 있는지를 설명하시오.

11. 학교 캠퍼스를 잔디밭과 이 지역의 극상림으로 유지하는 경우에 천이의 관점에서 생태계 특징을 비교하고 관리상의 차이점을 설명하시오.

12. 생산성 혹은 종다양성을 높게 유지하기 위하여 천이를 중단시키는 주기적인 교란이 필요한 생태계를 찾아서 그 특징을 설명하시오.

13. 우리 주변의 산에서 우점하는 식생의 종류는 무엇이며 천이에서 어떤 단계에 있다고 생각하는지 설명하시오.

제**9**장

생물군계

제9장 생물군계

생태학의 연구 목적 중 하나는 생물의 분포와 풍부도에 영향을 주는 환경 요인을 이해하는 것이다. 종의 풍부도에 영향을 미치는 환경 요인은 이미 제 5장에서 다루었으므로 이 장에서는 생물의 분포에 대하여 알아본다. 생물의 공간 분포와 시간 분포를 연구하는 생물지리학에서는 동물과 식물의 분포 유형을 밝히고 그의 유래를 규명한다. 현재 지구상의 생물 분포는 과거의 긴 지질시대에 일어난 생물의 이동으로 설명되는데 그 이동은 환경 변화에 의하여 일어난 것이다. 그러므로 생태학과 생물지리학은 밀접한 관련이 있으며 서로 중복되는 학문이다. 지구상의 생물 분포는 각 지역의 환경 특성에 의해 삼림, 초원, 사막, 호수, 해양 등을 이루며 이러한 특이한 상관은 각 지역의 지형과 융합하여 고유한 경관을 형성한다. 이러한 경관에 의해 지구상의 생물 분포는 몇 가지로 크게 나누어진다. 이 장에서는 육상생태계에서 여러 가지 환경에 적응하여 이루어진 생물군계를 구분하고 그 분포와 생태적 특성을 알아본다. 이러한 생물군계는 지구의 기후변화 (엘리뇨, 라니냐)로 인하여 앞으로 크게 바뀔 것이다.

1. 생태계를 만드는 기후

누군가 비행기를 타고 적도에서 극지방으로 가면서 비행기 아래에 펼쳐진 식생을 보게 된다면 열대림, 온대낙엽수림, 북방침엽수림, 툰드라 등으로 바뀌는 것을 볼 수 있을 것이다. 그러면 무엇이 이와 같은 식생(생물군집)의 분포 유형을 결정짓는가? 그것은 그 지역의 기후, 즉 온도와 강수량이다. 그런데 지구적인 기후는 태양에너지의 유입량의 차이나 지구의 움직임에 의하여 대부분 결정된다.

지구는 둥글기 때문에 태양에너지를 똑같이 받지 못한다. 태양은 적도를 수직으로 비추고 적도에서 멀어질수록 비스듬하게 비추게 되며 똑같은 양의 빛에너지는 넓게 퍼지게 된다. 이와 같이 적도와 그 근처의 육지 및 대양은 북쪽이나 남쪽보다 훨씬 더 많이 열을 흡수한다.

계절이 바뀌는 것은 지구의 자전축이 기울어진 채 태양의 주변 궤도를 돌고 있기 때문이다. 북반구는 6월에 태양에 가장 가깝게 기울어져 있으므로 1년 중 낮의 길이가 가장 긴 여름이 된다. 이 때 남반구에서는 낮의 길이가 제일 짧은 시기가 되고 겨울이 된다. 남반구는 12월에 태양에 가장 가깝게 기울어지므로 여름이 되고 이 때 북반구는 겨울이 된다. 열대(23.5°N~23.5°S)는 가장 많은 태양에너지를 받으며 계절 간 격차가 가장 적다.

온도 분포가 달라 지구의 바람 방향과 강수량 역시 서로 다르게 나타난다. 적도에서는 태양의 직사광선으로 데워진 습한 공기가 위로 올라간다. 적도의 공기는 위로 올라가서 식으면서 구름을 형성하여 비를 내린다. 따라서 열대우림은 적도에 집중되고, 일년 내내 덥고 비가 많이 온다. 적도 지방에서 수분을 잃은 덥고 건조한 공기는 극지방 쪽으로 이동하다 열이 식으면 위도 30° 근처에서 다시 내려온다. 이 건조한 공기가 수분을 흡수하므로 세계의 큰 사막인 사하라사막과 아라비아사막은 각각 남위 및 북위 30° 지역에 분포하게 된다. 건조한 공기는 내려오면서 일부는 다시 적도로 향하게 되는데 이 공기는 적도로 이동하면서 점차 따뜻해지고 주위에서 수분을 흡수하여 다시 상승하게 된다.

열대지방과 북극권 및 남극권 사이에 있는 온대지방은 열대지방이나 극지방보다 기후가 온화하고 계절의 변화가 크다. 위도 30° 근처에서 내려가던 건조한 공기의 일부는 위도 30° 이상의 지역으로 향한다. 이 건조한 공기는 수분을 흡수하는데 위도가 높아지면서 공기가 차가워지면 비를 형성한다. 그래서 남위 및 북위 60° 근처의 온대지방은 습해진다. 이러한 지역은 상대적으로 습하고 차가운 기후를 이루므로 침엽수가 우점한다.

지구상의 공기의 움직임을 **탁월풍**(prevailing wind)이라 한다. 아래, 위로 이동하는 다량의 공기의 흐름과 지구의 자전운동 때문에 탁월풍이 발생한다. 지구가 둥글기 때문에 다른 지역에 비해 적도 표면이 훨씬 빠르게 움직인다. 열대지방에서는 지구 표면이 빠르게 움직이므로 수직 방향으로 오는 공기가 편향하여 북반구에서는 북동향의 **무역풍**(trade wind)를 만들고 남반구에서는 남동향의 무역풍을 만든다. 온대 지방은 지구 표면이 서서히 움직이기 때문에 서쪽에서 동쪽으로 부는 **편서풍**(prevailing westerlie)를 만든다.

지구의 자전, 복합적인 향풍이나 수표면이 고르게 열을 받지 못하는 대륙의 형태와 위치로 인해 **해류**(ocean current)가 생긴다. 해류는 특정지역의 기후에 더 큰 영향을 미친다. 예를 들면 멕시코만에 흐르는 멕시코만류가 겨울에 북쪽으로 따뜻한 물을 순환시켜 뉴잉글랜드 해안보다 더 북쪽에 있는 서해안이 더 따뜻해진다. 반대로 미국의 뉴잉글랜드해안은 그린랜드에서 오는 차가운 해류로 인해 더 춥다. 이와 같은 현상은 우리나라에서 동해안 강릉의 겨울철 온도가 서해안의 군산보다 높은 것에서도 알 수 있다.

지형에 의해 기후가 영향을 받기도 한다. 큰 산에 의해 강우량이 영향을 받는 **푄** (föhn)

현상도 있다. 워싱턴 주는 편서풍의 영향을 받는 온대지방이다. 습기가 많은 공기가 태평양을 넘어 육지로 불어오면서 북아메리카의 태평양 연안에 있는 산의 서쪽 봉우리와 만나게 되고 산을 따라 고도가 위로 올라감에 따라 차가워져서 마침내 많은 양의 비가 내리게 된다. 이렇게 습기가 많은 지역의 생물군집은 온대우림을 형성하게 된다. 세계적으로 큰 나무에 속하는 미국 전나무의 대부분은 이 지역에서 자라고 있다. 내륙으로 더 들어가면 공기는 더 큰 봉우리를 넘어 더 높이 움직이게 된다. 캐스케이드산맥의 동쪽 지역은 강우는 없고 공기가 수분을 흡수하여 워싱턴 중심부의 대부분은 사막이 된다. 이러한 예는 우리나라의 영동지방과 영서지역에서도 관찰된다.

2. 상관

육상생태계는 식생의 구조와 지형에 따라 여러 가지의 형태로 나눌 수 있으며, 이런 생태계의 형태를 **경관**(landscape)이라고 한다. **상관**(physiognomy)은 경관과 비슷하나 식생을 강조하는 더 좁은 의미이고 육상생태계가 우리에게 보여주는 전체적인 모습을 말한다. 상관의 결정에 영향을 미치는 식물의 특성은 ① 교목, 관목 및 초본 같은 우점종의 생장형, ② 낙엽성 또는 상록성으로 나뉘는 기능, ③ 식물체의 크기, ④ 식물이 바위, 흙, 물, 얼음 등을 덮고 있는 정도인 피도, ⑤ 잎의 크기와 모양, ⑥ 다육성, 두께 및 단단함 같은 잎의 소질 등 여섯 가지가 있다(Dansereau, 1957). 이러한 특성을 이용하면 상관을 수 천 가지로 나눌 수 있다.

이러한 상관에 의한 경관형은 교목의 수관이 서로 연결되어 있는 삼림(forest), 초원이나 관목지대에 교목이 드문드문 나 있는 사바나(savanna), 키가 큰 관목이나 키가 작은 교목이 밀생하여 걸어 다니기가 어려운 덤불숲(thicket), 목본이 거의 없고 초본이 우세한 초원(grassland), 식물이 거의 없거나 있어도 왜소하며 식물로 덮여 있는 면적보다 모래나 바위로 덮여 있는 면적이 더 넓은 사막(desert) 등 다섯 가지로 크게 구분할 수 있다. 경관형은 위의 다섯 가지 외에도 10여 가지가 추가되기도 하며, 식물지리학자들은 더 세분하기도 한다.

경관형을 결정하는 중요한 요인은 기후이다. 19세기 초 독일의 식물지리학자인 Humbolt와 Grisebach는 기후가 같은 곳은 상관이 같으며, 비슷한 기후에서는 비슷한 상관이 나타난다고 하였다. 그들은 서로 다른 대륙에서도 건조한 곳에서는 비록 종조성은 다를지라도 사막이 형성된다는 것을 알았다. 한편 Grisebach (1838)는 상관에 의한 경관형을 나누는데 **군계**(formation)라는 용어를 사용하였다. 기후와 상관의 상호관계로 군집의 유형이 결정되는

데, 기후에 따라 건생식물, 중생식물 및 수생식물이 나타나듯이 초본, 관목 및 교목이 나타 난다. 상관은 군집 내에서 이러한 식물들의 구성비에 따라 결정된다. 새나 포유류 같은 운 동성이 큰 동물이 서식지를 선택할 경우에는 그곳에 서식하는 식물 종보다는 경관이나 상 관에 의해 서식지를 결정한다(Odum, 1945).

3. 생물군계의 체계

지역에 따라 나타나는 경관형은 1차적으로 그 지역의 기후에 의해 결정되나 지역에 따 라서는 그렇지 않은 곳도 있다. 이는 벌목, 토양의 비옥도, 습도 등과 관계가 있다.

Clements는 식생형의 분류에 군계를 사용하였다. 그는 군계를 극상 우점종의 생활형에 따라 결정되는 식물군집이라고 정의하였으며, 극상을 강조하여 군집 내의 계열군집은 면적 이 아무리 넓어도 군계의 일부분으로 취급하였다. 그는 북방의 넓은 미류나무림은 낙엽수 림이지만 북방침엽수림 군계의 일부분이라고 하였다.

Clements와 Shelford(1939)는 군집의 분류에 식생이나 동물상을 별도로 취급하기보다는 동물과 식물을 모두 포함하는 생물군계라는 개념을 제안하였다.

생물군계(biome)는 극상 우점종의 뚜렷한 상관의 차이로 결정되는 지리적 범위의 생물군 집이다. 생물군계의 구별에서 식물의 생활형이 중요하지만 독특한 생리적, 행동적 특징을 갖는 동물과 연관짓는 것도 필요하다(Kendeigh, 1954). 서로 다른 지역에서 동물 및 식물 군집이 유사하면 동일한 생물군계 유형으로 간주할 수는 있지만 동일한 생물군계는 아니 다. 생물군계는 어느 정도 지리적 및 고생태학적 특이성을 가지고 있다.

주요 생물군계는 열대우림, 온대낙엽수림, 북방침엽수림, 아고산대 및 산지침엽수림, 광 엽경엽수림, 차파렐, 초원, 툰드라, 사막 등이 있다(그림 9-1).

4. 온대낙엽수림

1) 분포와 환경

온대낙엽수림(temperate deciduous forest)은 북미 동부, 서부 유럽, 한국, 일본, 중국의 동 부 및 칠레에서 나타난다. 이 생물군계의 기후 특성은 더운 여름과 추운 겨울이 뚜렷하게

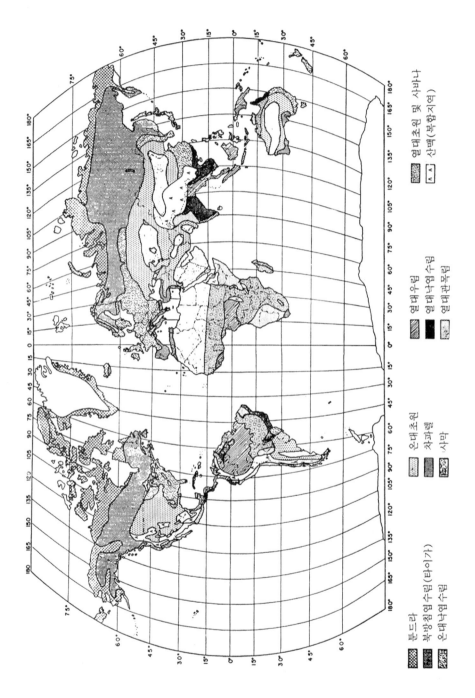

그림 9-1. 생물군계의 분포

구분되고, 대부분의 지역은 강수량이 많아 잉여 수분이 개천으로 흘러내리지만, 일부 지역에서는 강수량과 잠재증발산량이 거의 평형을 이룬다. 남북으로 비교하면 북반구에서는 남부로 갈수록 강수량이 많아지고, 겨울이 온난하며 강설량은 적고 생육기간이 길어진다.

2) 식물과 식생

온대낙엽수림의 우점종은 충분히 그늘을 만들 수 있는 광엽교목이다. 극상림의 수관을 형성하는 교목은 주로 참나무류와 단풍나무류 등이며, 아수관층은 층층나무, 너도밤나무, 서나무 등이다. 관목층에는 국수나무, 개암나무, 산딸기나무 등이 드문드문 분포하며, 지역에 따라서는 초본층이 넓게 발달한다. 그 중 일부는 생육기간 동안 계속 꽃이 피는 것도 있으나 일부는 이른 봄에 꽃이 피고 죽는 **춘계단명식물**(spring ephemeral)도 있다.

순1차생산량은 보통 4,000~8,000 kcal m^{-2} yr^{-1}이며(Cannell, 1982), 목본은 그 중 2/3~3/4을 목재에 축적하기 때문에 모두 초식동물의 먹이는 될 수 없다. 성숙한 삼림의 생물량은 약 300~400 ton/ha이지만 차이가 심하며, 건조지역의 키가 작은 참나무림은 100 ton 미만이고, 생육 상태가 좋은 단풍나무림은 700 ton 이상이나 된다. 뿌리의 양은 참나무림에서는 총생물량의 20% 이상이고, 단풍나무림에서는 20% 미만이다.

일반적으로 여름에는 3~4 ton/ha의 나뭇잎이 달려있으나 이들의 약 5%는 나비나 나방의 유충과 같은 초식동물에 의해 소비되며, 나머지는 낙엽으로 임상에 떨어진다. 단풍나무나 피나무가 우점종인 삼림에서는 당년에 생산된 잎의 소비와 분해가 일 년 이내에 이루어지기 때문에 낙엽층이 거의 발달하지 않으나 참나무림에서는 소비와 분해가 일 년 이상 걸려 낙엽층이 두껍게 발달한다.

3) 동물

낙엽수림에 서식하는 동물에 영향을 미치는 환경조건은 기후의 계절 변화, 교목의 종류와 피도, 먹이 등이다.

(1) 교목과 그늘

동물은 교목을 둥우리, 굴, 식량원 및 휴식처로서 광범위하게 이용한다. 가금류를 제외하면 지표에 둥우리를 짓는 새는 휘파람새류뿐이다. 나무 위에 둥우리를 만드는 새는 많지 않으며, 대부분 몸을 숨길 수 있는 나무 구멍 속에 둥우리를 만든다. 딱따구리와 박새는 나무에 스스로 구멍을 파서 둥우리를 만들고, 딱새, 원앙 및 수리부엉이 등은 자연적으로 만들어진 구멍이나 오래된 딱따구리의 둥우리를 이용한다.

낙엽활엽수림의 포유류는 굴속에 사는 종류도 흔하지만 대부분 나무 위에서 생활하는데 다람쥐가 그 예이다. 땅에 굴을 파고 생활하는 포유류들도 먹이를 얻거나 적을 피하기 위해서는 나무에 오른다.

양서류와 파충류의 일부도 나무 위에 사는데, 이들은 나무를 붙잡을 수 있는 꼬리나 점액성의 발가락이 있어 나무에 잘 오를 수 있으며, 비막(patagium)으로 활강할 수 있도록 형태가 적응되었다. 대부분의 새들은 숲 속에서 세력권을 알리기 위하여 큰소리로 울어대며, 숲에 사는 동물들은 나뭇가지와 잎이 시계를 가리므로 청각이 발달되었다.

(2) 계절성

숲 속의 환경은 그곳에 사는 생물의 생활에 알맞은 시기와 그렇지 않은 시기가 교체되며, 이러한 교체성은 모든 동물에게 유리한 것만은 아니다. 부드러운 잎이 돋아나는 봄과 초여름은 흰불나방이나 멸구 같은 초식 곤충류가 살기에 알맞지만, 잎이 거칠어지는 늦여름과 낙엽이 지는 가을은 적당하지 않다. 이때부터는 낙엽을 분해하는 세균과 곰팡이가 풍부하나 추운 겨울이 되면 수가 줄었다가 봄이 되면 다시 늘어난다. 초식곤충은 식충조류의 먹이가 되고, 지중 무척추동물은 더 큰 지중 무척추동물이나 파충류, 양서류, 포유류의 먹이가 된다.

겨울에는 대부분의 변온동물과 포유류의 일부가 동면을 하며, 철새는 따뜻한 곳으로 이주하기 때문에 개체수가 줄어든다. 남아있는 텃새는 곤충의 번데기, 숨겨진 알, 식물의 종자와 열매 등을 먹고 산다. 작은 새들은 떼를 이루어 사는데, 이는 먹이 얻기와 적의 방어에 유리하기 때문이다.

이 지역의 무척추동물상은 매우 풍부하며, 밀도가 가장 높은 곳은 낙엽층으로, 여기에는 톡토기, 진드기, 노래기, 지네, 달팽이, 딱정벌레 등이 많이 산다. 이들은 지렁이 및 선충류와 함께 토양 속에서도 많이 발견된다. 초본, 관목 및 교목에 사는 초식성 무척추동물에는 모기, 파리, 나방, 나비, 매미충, 삽주벌레 등이 있다.

5. 툰드라

러시아어로 툰드라는 삼림대 이상의 고위도에서 나타나는 식생을 일컫는다. 툰드라는 수평적으로는 고위도에서 나타나는 북극 툰드라와 남극 툰드라가 있으며, 수직적으로는 고산에서 나타나는 고산 툰드라가 있다.

1) 북극 툰드라

북극 툰드라(arctic tundra)는 유라시아, 북미, 그린란드 및 아이슬란드의 고위도에서 나타나는 식생을 말한다. 이곳에 분포하는 툰드라는 거의 비슷한 동·식물상을 이루고 있다. 70°N부터 북극까지는 고북극(high arctic), 그 남부는 저북극(low arctic)이라고 한다.

북극 툰드라의 생육 기간은 매우 짧아 100일 미만이며, 겨울은 춥고 길다. 알래스카 주 Barrow의 12월 평균기온은 −20℃ 이하이고, 1~3월도 이와 비슷하다(Barry *et al.*, 1981). 연평균 강수량은 250 mm 이하로 매우 낮으며, 고북극은 200 mm 이하이다. 그나마 대부분이 여름과 가을에 비로 내리므로 겨울철 눈의 평균 깊이는 단지 10~20 cm에 불과하다. 그러나 바람이 강하게 불어 더 깊게 쌓이는 곳과 전혀 쌓이지 않는 곳이 있다.

여름은 짧고 서늘하여 북극 툰드라의 최남단에서도 최난월의 월평균기온이 10℃를 넘지 못한다. 일평균기온은 5~6월에는 0℃ 이상으로 올라가지만 토양은 계속 얼어 있으며, 밤은 춥다. 또한 결빙 온도는 연중 매일 나타난다(그림 9-2). 광주기는 여름에는 길고 겨울은 짧으며, 광도는 여름에도 매우 낮은데 이는 태양광선의 입사각이 작고 구름이 많기 때문이다.

툰드라 토양의 윗부분은 여름에 약간 녹으나 아래 부분은 연중 계속 얼어 있어서 영구 동토를 이룬다. 그 결과 배수가 불량하고 여름에는 토양이 침수되어 연못, 호수 및 늪이 생긴다.

툰드라의 식생은 키가 20 cm 이하로 매우 작으며, 벼과, 사초과, 선태류 및 지의류가 우세하게 자란다. 때로는 키가 크고 아름다운 꽃이 피는 초본도 있으나 일년생식물은 거의 없다. 목본은 대부분 지표식물이며, 왜소한 버드나무와 자작나무가 분포한다. 툰드라는 교목의 분포가 끝나는 지역부터 시작되므로 교목은 없다.

툰드라의 식생형은 배수와 눈의 피복 정도에 따라 모자이크 상으로 나타나며, 주요 식생형은 표 9-1과 같다. 툰드라 기후에 적응된 식물은 키가 작으며 방석형이나 덤불 형태를 이루는데, 이는 지표면 근처는 풍속이 낮고 더 온화하여 에너지 평형과 수분 수지에 유리하기 때문이다. 이곳의 식물들은 곤충의 매개에 의한 수분을 기대할 수 없기 때문에 흔히 자가수분을 많이 한다.

1차순생산력은 낮아 보통 1,000 kcal m^{-2} yr^{-1} 이하이며, 고북극의 바위지대는 이보다 낮고 생산물질의 대부분은 인경이나 뿌리에 저장된다.

툰드라의 동물상과 먹이사슬은 매우 단순하다. 나그네쥐와 들쥐는 사초과 식물을 먹고, 이들은 족제비와 이리 등의 먹이가 된다(그림 9-3). 지의류는 순록의 겨울철 먹이가 되고,

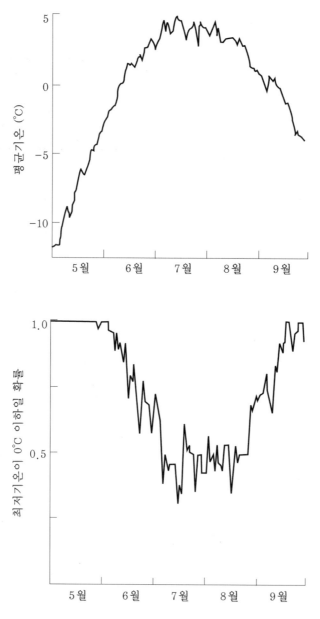

그림 9-2. 툰드라의 기온(위: 북위 71°알래스카 주 Barrow에서 5월 1일부터 9월 30일까지 측정한 기온, 아래: 하절기의 일최저기온이 0℃ 이하일 확률).

순록은 이리의 먹이가 된다. 버드나무 등 관목이 있는 지역에는 뇌조와 홍방울새가 관여하는 다른 먹이사슬이 있다. 또한 툰드라의 다른 지역에는 두껍게 쌓이는 낙엽으로부터 시작되는 부니먹이사슬이 있으며, 여기에서는 지렁이와 파리가 주가 되며 초식성 곤충은 드물다. 파리는 여름철의 대부분을 유충으로 지내며 성충기는 매우 짧다. 툰드라에서는 활동할

표 9-1. 툰드라의 식생형

툰드라 형	특 징
협엽초본형	배수가 불량한 곳에서 나타나며 여러 가지 사초과 식물이 방석 모양으로 자란다. 우점종은 항상 사초과 식물이다.
광엽초본형	대개 산악지방에서 나타나며, 바위떡풀속, 양지꽃속, 바늘꽃속 등의 광엽초본이 우점한다.
덤 불 형	배수 능력이 보통 정도인 곳에서 나타나며, 황새풀이 덤불을 이루고 백산차와 왜소한 자작나무가 흔히 분포한다.
방 석 형	배수가 양호한 곳에서 나타나며, 담자리꽃나무속과 같은 장미과의 질소고정 능력이 있는 몇 종의 식물이 우점한다.
관 목 형	시냇가에 나타나며, 1.5 m 이상의 관목이 우점한다. 왜소한 미류나무, 자작나무, 월귤나무, 시로미 등 황원식물이 많다.

수 있는 기간이 짧고, 동면할 장소가 마땅하지 않아서 파충류와 양서류는 서식하지 못한다.

북극지방에 살고 있는 인간은 20세기 중반까지는 주로 사냥으로 식량을 해결했으며, 서구의 기술이 쉽게 들어가지 못하였다. 춥고 어둠이 계속되는 6개월간의 겨울, 그리고 토양이 불안정한 영구동토대이기 때문에 집과 도로의 건설이 어려워 개발되지 못하였다. 1940년대 말 알래스카의 인구는 75,000명 이하였으나 1985년에는 50만 명이 되었고, 이는 연평균 6%의 증가율로 다른 지역보다 훨씬 높다.

이유는 이곳에서 유전이 발견되어 점차 개발이 시작되었기 때문이다. 1968년 유전이 발견되었고 1970년대 초에는 툰드라와 북방삼림대의 1,300 km를 관통하는 긴 알래스카 송유관이 건설되었다. 건설이 끝나던 1973년에는 환경 보호 규정이 만들어졌으나 뜨거운 기름이 흘러가면서 영구동토대를 녹이고 식생과 토양을 파괴하였으며, 순록과 같은 동물의 이동 통로를 막았다. 송유관을 설치함으로서 순록이 싫어하는 모기가 생겼으며, 가까운 곳으로 이동하더라도 송유관을 따라 멀리 돌아가지 않을 수 없게 되었다. 송유관이 건설됨으로 툰드라는 극심한 변화가 일어났으며, 서구 기술의 투입이 툰드라 생태계의 파괴를 가져왔다.

2) 남극 툰드라

북극해와 고산의 정상에는 빙하와 만년설이 있으나 남극은 모두 얼음으로 덮여 있다. 연평균 강수량은 30 mm 이하이고, 대부분 지역의 월평균 기온이 0℃ 이상인 달이 없다. 러시아 남극탐사연구소가 Vostok에서 조사한 최고기온은 -21℃이다. 남극반도와 일부 섬들의

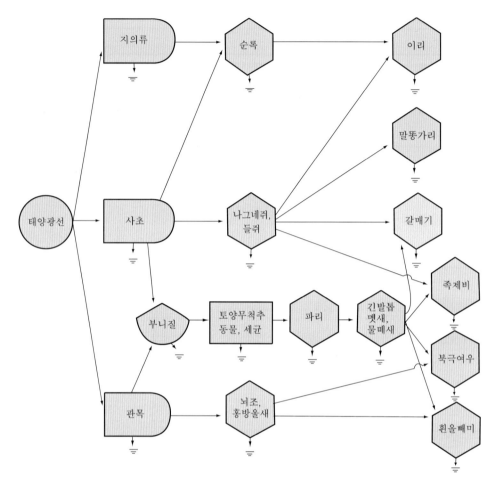

그림 9-3. 북극 툰드라의 에너지 흐름.

환경조건은 이보다 조금 더 양호하며, 도서지방은 해양의 영향으로 약간 온화하여 겨울에
도 빙점 온도에서 크게 벗어나지 않는다. 이런 지역의 식생은 북극 툰드라와 비슷하고
(French and Smith, 1985), 50°S에 위치한 South Georgia섬에는 6종의 고사리와 고유의 현
화식물 16종이 분포한다.

남극반도에는 *Colobanthus quitensis*와 *Deschampis* 속에 속하는 초본이 유일한 현화식물이다.
이 두 종은 북극 툰드라와 고산 툰드라에도 흔히 분포하며, 키가 작고 줄기가 밀집하여 방
석형을 이룬다. 또한 조류, 지의류 및 선태류가 있으며, 이들은 진드기와 톡토기를 포함하
는 먹이사슬의 근간을 이룬다 (Llano, 1962). 이 지역의 해양 먹이사슬은 주로 생산성이 높
은 척추동물에 의해 이루어진다. 어류와 크릴새우는 펭귄, 바다제비 등 조류와 물개 및 고
래의 먹이가 된다.

3) 고산 툰드라

고산 툰드라(alpine tundra)는 높은 산의 교목한계 위쪽에 분포하는 식생이다. 생육기간이 짧고 겨울이 길고 추워서 북극 툰드라와 비슷하나, 기후는 매우 다르다. 강수량은 많으나 주로 눈으로 내리고, 광주기의 변화는 심하지 않으며 바람이 강하고 기온의 일교차가 심하다. 북극 툰드라와 비교하면 날씨의 변화가 심하고 산소 농도가 희박하며 자외선 복사량이 많다.

고산성 교목이 정상적인 크기로 자라나는 위쪽 한계선을 **수목한계선**(timberline)이라 부르는데, 수목한계선은 울창한 삼림의 한계선인 **삼림한계**(forest line, forest limit)와 그 위쪽의 드문드문 자라는 교목의 한계선인 **교목한계**(교목한계, tree line, tree limit)를 포괄하는 용어이다. 높은 산에서는 교목한계의 위쪽에도 교목이 분포하지만 왜소화되고, 바람에 의해 가지가 한 쪽으로만 퍼지는 기형이 되는데, 이러한 지역을 **관목화 지대**(krummholz zone)라고 한다.

고산 툰드라의 식물상과 상관은 북극 툰드라와 비슷하다. 고산 툰드라에는 겨울에 찬 바람이 많이 불어와서 눈에 덮이지 않은 싹을 죽이므로 자연적으로 가지치기가 이루어지고, 눈보라가 잎을 죽여서 나무의 모양을 조절한다.

고산 툰드라는 북극 툰드라에 비하여 벼과, 사초과 및 광엽 초본은 많지만 관목과 지의류는 적다. 또한 협엽 초본이 우점하는 광활한 지역이 형성되는데 이를 **고산초원**(alpine meadow)이라 한다. 초본이 왜소화된 방석형이 많으며, 바위 사이의 얕은 토양층에 많이 분포한다. 영양번식을 하는 광엽 초본류는 북극 툰드라에 비해 적고, 주로 곤충의 매개에 의한 타가수분을 한다.

고산 툰드라에 사는 동물은 매우 적고, 이곳에 서식하는 종들은 저지대의 다른 식생형에 사는 종들과는 매우 다르며, 사철 이곳에서 살기도 하지만 겨울에는 저지대로 이주하기도 한다. 또한 먹이는 툰드라에서 구하지만 아고산대의 나무에 구멍을 파 둥우리를 만들어 사는 종도 있다.

고산 툰드라에는 독특한 고산성 포유류가 많으며 가장 특이한 것은 새양토끼(*Ochotona* spp.)로 미국 서부에 많이 서식한다. 북부에는 목걸이새양토끼가 많으며 아시아의 고산지대에도 몇 종류가 있다. 이들은 군서생활을 하며, 집은 바위틈에 짓고 겨울에는 저장해 놓은 건초를 먹고 지낸다. 또 다른 독특한 동물은 마못(*Marmota* spp.)인데 이들도 군서생활을 하며 동면을 한다. 파충류와 양서류는 드물고 개미, 거미류 등의 절지동물은 많다. 여기의 곤충은 대부분 날개가 없으며, 날개가 있는 종은 거의가 다른 지역에서 날아온 것들이다.

티베트 툰드라의 원주민은 오래 전부터 고산 툰드라에서 살아왔으며, 이들의 생활은 부

그림 9-4. 중국 Muztagh Ata 산의 가축화된 야크.

드러운 털과 크고 긴 뿔을 가진 야크(티베트의 들소, 그림 9-4)와 밀접한 관계를 맺어왔다. 그들은 야크를 교통수단으로 이용하고 젖과 고기는 먹으며 배설물은 연료로 사용한다. 지난 50년 동안 많은 야크를 가축화시키고 사냥해서 지금은 야생 상태로 남아있는 것이 거의 없다.

세계 각 지역의 고산 툰드라는 관광지로 개발되어 날로 파괴되고 있다. 미국 서부에는 300만 ha의 고산 툰드라가 있으나 1976년 조사 결과 12%가 파괴되었고, 매년 15,000 ha가 파괴되고 있다. 광산의 개발도 파괴의 원인이지만 이는 국가 정책으로 억제하고 있다.

고산지대에는 눈이 늦게까지 내리고 천천히 녹으므로 일시적으로 일어날 수 있는 홍수를 막아주며, 수분이 많이 필요한 여름철에 물을 제공한다. 고산 툰드라에서 흘러 내려오는 물은 수질은 좋으나 토양 침식이 매우 심각하다. 또한 침식에 의해 황철광과 같은 산성광물이 노출되어 산성수가 흐르게 되면 저지대의 수생군집이 파괴된다.

6. 북방침엽수림

1) 분포와 환경

침엽수림대는 북미의 북부와 유라시아 대륙 북부에 널리 분포하며, 남쪽의 고산에 형성되는 아고산대림에서도 볼 수 있다.

북방침엽수림의 기후 특성은 겨울은 춥고 길며, 여름은 짧고 온난하다. 생육기간은 남부에서는 120일 정도이나 북부에서는 그 이하이다. 최난월(보통 7월)의 월평균 기온은 10~15℃이고, 최한월(보통 1월)의 월평균 기온은 -15~-40℃로서 기온의 일교차가 매우 심하다. 연평균 강수량은 400~1,000 mm로 낮은 편이지만 증발량이 적어 습윤하며 눈이 많이 내린다.

토양은 기후와 식생에 의해 거친 부식질이 쌓여 두꺼운 층을 이루며, 아래에는 검은 회색의 무기 토양층이 발달하여 재가 쌓인 것처럼 보인다. 북방침엽수림의 북단은 영구동토대인 툰드라에 연결되며, 남으로는 대개 50°N 이상이다. 연못, 호수 및 늪지대에는 흔히 이탄지대가 발달하며, 산악지대에는 토양층이 얕고 바위가 많다.

2) 식물과 식생

북방침엽수림은 5~10 m의 키가 작은 식물로 이루어지며, 종다양성은 낮아 1~2종이 넓은 면적을 우점한다. 흰가문비나무(*Picea glauca*)와 발삼전나무(*Abies balsamea*)는 이 생물군계의 동반부에서 공동 우점종이 되고, 검은가문비나무(*Picea mariana*)와 서양측백은 습한 지역에 많이 분포하며, 미국잎갈나무는 천이계열 군집에서 흔히 나타난다.

상록침엽수가 북방지역을 우점할 수 있는 것은 잎이 상록성이며 바늘 모양이기 때문이다. 상록수는 해마다 봄에 새잎을 만드는 데 에너지를 투입할 필요가 없고, 기온이 올라가면 즉시 최대 광합성을 할 수 있고, 침엽은 잎이 뾰족하여 눈의 피해를 덜 받는 이점이 있다.

북방삼림에서는 임상의 죽은 가지와 두껍게 쌓인 낙엽 때문에 산불이 흔히 발생하며, 산불 후에는 초원과 사바나 또는 방크스소나무가 우점하는 삼림이나 발삼포플러, 사시나무 및 자작나무의 활엽수림이 천이단계에서 나타난다. 산불이 난 후에 발달하는 삼림은 수관을 이루는 나무들의 연령이 거의 비슷하여 동령림을 이룬다. 산불이 수십 년마다 발생하는 곳에서는 뿌리의 생장 능력이 강하고, 열을 받아야 구과의 종자가 떨어지는 가문비나무와 특히 방크스소나무에게 유리하다.

극상림에는 관목이 드물다. 천이단계에 나타나는 관목은 키가 불과 10여 cm 밖에 되지 않고 다육질의 열매를 갖는 벚나무류, 월귤나무류, 서양까치밥나무류, 층층나무류 등이다. 초본층에는 고사리, 선태류 및 린네풀이 드물게 분포하는데, 이는 피음이 심하고 동령림으로 되어있기 때문이다.

생육기간은 짧지만 상록수로 되어있어서 온도가 높아지면 즉시 광합성을 할 수 있기 때문에 생산성은 매우 높다. 연순생산량은 보통 2,000~3,000 kcal/m^{2}이며(Gordon, 1985), 대부분은 목재나 낙엽에 축적된다.

3) 동물

Shelford는 북방삼림을 가문비나무-말사슴 군계라고 하였다. 이는 이 지역의 대형 초식동물의 대표종이 말사슴이기 때문이다. 그러나 최근에는 뇌에 기생하여 치명적인 피해를 주는 선충류 때문에 말사슴의 수가 감소하고, 대신 피해가 적은 흰꼬리사슴(*Odocoileus virginianus*)의 수가 증가하고 있다.

조류상은 다양하며, 번식기에는 개체수가 8~13 개체/ha나 되지만 겨울에는 다른 곳으로 이주한다. 부엉이류, 딱따구리류, 갈가마귀, 회색어치 등의 텃새도 먹이가 부족하면 남쪽으로 이주한다. 조류와 포유류는 나무에 살도록 적응되어 나무에 둥우리를 만들어 살며, 큰 소리로 우짖는다. 솔잣새는 침엽수의 열매와 핵과를 먹기에 알맞고, 눈신토끼와 족제비 등은 겨울에는 흰털을 가지고 여름에는 갈색으로 변한다. 동면하는 종도 있고, 곰과 다람쥐는 겨울에는 잠을 자며, 다른 여러 종들은 툰드라지역보다는 두껍고 더 완전하게 단열된 눈 밑에서 활동을 하며 겨울을 보낸다.

북방침엽수림에는 도롱뇽이 거의 없으나 개구리는 흔하다. 파충류는 50°N 이하에만 분포하지만 예외로 누룩뱀(*Thamnophis sirtalis*)은 60°N 이상의 캐나다 북서부에까지 분포한다. 곤충상은 매우 풍부하여 새 잎을 갉아 먹는 벌레, 낙엽송잎벌, 나뭇잎을 갉아먹는 나무좀과의 여러 곤충 등이 있어 나무가 서있는 채로 죽기도 한다. 모기, 진드기, 등애 및 파리류가 많아 대형 유제류와 인간에게 큰 피해를 준다.

7. 온대초원

1) 분포와 환경

온대초원의 기후는 다양하나 (표 9-2), 대체로 여름은 덥고 겨울은 춥거나 온화하다. 식물의 물의 생육기간은 120~300일로 차이가 심하다. 강수량은 300~850 mm이고, 대개 늦여름, 가을 또는 겨울이 건기이기 때문에 가을이나 봄에 불이 나기 쉽다. 이 군계에서 발생하는 불은 번개에 의한 것도 있으나 주로 인간이 초원을 태우다가 부주의로 인하여 발생한다.

대부분의 초원은 대륙의 안쪽에 분포한다. 북미 중동부의 키가 큰 초본으로 이루어진 것은 **초원**(prairie)이라 하고, 중서부의 것은 **평원**(plain)이라 하였으나 요즘은 모두 미국 초원이라는 의미로 **대평원**(prairie)이라고 부른다. 각 지역의 초원은 제각기 이름이 달라 동유럽의 항가리에서는 **푸스타**(puszta), 러시아에서는 **스텝**(steppe), 아르헨티나에서는 **빰빠스**

(pampas), 그리고 뉴질랜드에서는 **초원**(grassland)이라 한다.

초원의 토양은 기후만큼이나 다양하다. 강수량이 너무 적어 점토나 양이온이 세탈되지 못하고, 연생산성($500 \, g \, m^{-2} \, ha^{-1}$)이 높아 매년 많은 유기물이 첨가된다. 그 결과 토양은 중성이고 비옥하며, 유기물 함량이 높다.

2) 식물과 식생

초원식물은 주로 협엽초본인데, 북미대륙 중부에는 260만 ㎢ 이상의 광대한 초원이 분포한다(그림 9-5). 미국의 일리노이 주에서 콜로라도 주까지, 캐나다의 알버타에서 미국의 텍사스 주까지는 강을 따라 나타나는 일부 삼림을 제외하고는 광활한 초원이 이루어져 있다. 동쪽으로 갈수록 점점 목본이 섞여 나타나다가 참나무사바나가 이루어지고 초원은 사라지며, 인디애나 주와 미시간 주에는 삼림과 초원이 섞여 나타난다. 초원의 서부에는 초원이 불연속적으로 분포하여 대평원(Great Plains)과 태평양 사이에서는 광대한 모자이크상의 식생형을 이룬다.

지상부의 연생산성은 $100 \, g \, m^{-2} \, ha^{-1}$ 이하에서 $1,500 \, g \, m^{-2} \, ha^{-1}$ 이상까지 매우 다양하며, 이중 60~90%는 협엽초본이 차지한다. 또한 생산성은 수분과 깊은 관계가 있어서 일부 지역에서는 건조한 해와 습한 해의 차이가 100%나 된다(Mueggler and Steward, 1980). 봄철이 건조하면 지상부가 잘 자라지 못하기 때문에 건조한 해에는 많은 종들이 왜소해진다. 초원의 생물량은 다년생 협엽초본이 차지하는 양이 많지만 종다양성은 광엽초본이 높고 특히 국화과, 콩과 및 꿀풀과 식물이 많다.

협엽 초본은 개화 시기의 키에 따라 단경, 중경 및 장경초원으로 구분된다. 초원식생은

표 9-2. 북미 초원의 기후

기후 요소	초원형과 위치		
	장경초원 (일리노이 중부)	사막평원 (텍사스 남서부)	Palouse 초원 (워싱턴 남동부)
온도 (℃); 7월	24	30	19
온도 (℃); 1월	−4	12	−2
생육기간 (일)	170	270	150
연평균 강수량 (mm)	860	550	400
2.5 cm 이상 눈이 덮이는 기간 (일)	45	<1	50

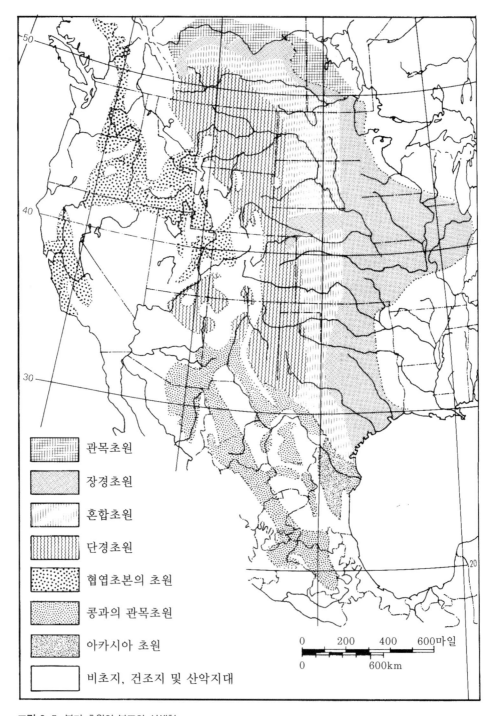

그림 9-5. 북미 초원의 분포와 식생형.

매년 봄에 생장이 시작되기 때문에 장경초본도 봄에는 키가 불과 수 cm 밖에 안 된다. 제비꽃과 같이 이른 봄에 개화하는 종들은 키가 작고, 국화과식물과 같이 늦여름, 또는 가을에 개화하는 종들은 키가 크다. 장경초본은 대개가 개화할 때까지 자라며, 개화 후 생장이 멈춘다. 일부 풍매화는 원활한 수분을 위하여 다른 식물의 키보다 더 자라서 개화하며, 개화 종이 가장 많은 여름에는 수분에 유리하게 줄기 끝에서 꽃이 피는 종들이 흔하다.

불은 초원의 중요한 환경 요인이며, 삼림과 사막이 연결되는 초원의 변두리에서는 산불을 방지하면 목본의 침투가 수월해진다. 주기적으로 발생하는 불은 목본의 지상부를 태워 죽이지만 초본은 피해가 적어 협엽초본은 불이 난 후 몇 년 동안은 불이 나지 않았을 때보다 더 잘 자란다(Petersen, 1983).

초원에서 식물의 생활형에 영향을 미치는 또 다른 요인은 대형 초식동물의 방목이다. 협엽 초본은 생장점이 식물체의 아래 부분에 있고 열매에 가시가 있어 동물이 먹지 못하기 때문에 방목 후 쉽게 회복될 수 있으나, 광엽초본은 줄기 끝에 생장점이 있어서 동물에 의한 피해가 크다. 그래서 광엽초본 중에는 동물의 피해를 줄이기 위하여 독성을 가진 종들이 많다.

3) 동물

초원의 동물상은 식생, 지형 및 기후에 따라 다양하다. 들종다리, 참새 등의 조류는 등이 갈색이고 줄무늬가 있어서 위장이 되고 굴속에서 생활하여 목숨을 보전하나, 족제비와 흰족제비는 굴속에까지 들어가서 이들을 잡아먹기도 한다. 대형 초식동물은 굴을 팔 줄 모르기 때문에 굴속으로 피신할 수 없으나 무리를 지어 살아가며, 우수한 시력과 뛰어난 기동력을 가지고 있어서 포식자를 피할 수 있다. 대형 유제류는 긴 다리를 가지고 있고 또한 발가락 수가 줄어들어 빨리 달릴 수 있도록 형태적으로 적응되어 있다. 반추동물은 먹이를 먹을 때 포식자에게 노출되는 시간을 최소화하기 위하여 되새김위를 가지고 있으며, 풀을 먹기에 알맞은 편평한 어금니가 있고 거친 풀에도 다치지 않도록 온몸이 강한 가죽으로 덮여 있다.

초원식물의 피도와 생산성은 계절에 따라 달라져서 동물에게 큰 영향을 미치며, 매년 변화하여 한 해에 높으면 다음 해에는 낮아진다. 초원에 사는 조류는 다른 곳의 조류보다 세력권이 복잡하며, 교목이 없으므로 흔히 덤불이 우거진 땅 위에 둥우리를 만든다.

초원의 바람은 메뚜기와 같은 곤충과 새처럼 잘 나는 동물에게는 유용하다. 북미 초원에는 날지 못하는 새는 거의 없으나 열대초원에는 날지 못하는 조류가 있다. 날지 못하는 대형 조류에는 아프리카 사바나의 타조, 브라질과 아르헨티나 초원 및 사바나의 레아, 호주

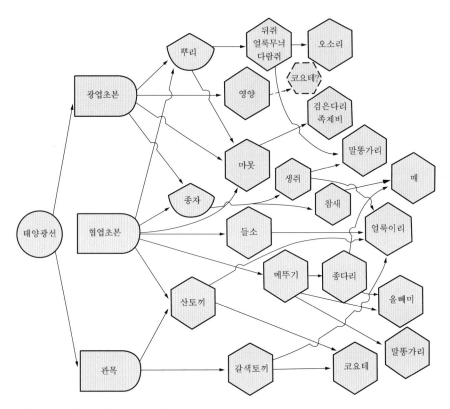

그림 9-6. 전형적인 초원의 에너지흐름.

초원의 에뮤 등이 있으며, 이들은 초원에 사는 대형 포유류와 닮아가는 현상을 보인다. 그 예는 포유류와 비슷한 군서생활을 하며, 아직은 말과 같이 발가락이 한 개인 것은 없으나 발가락 수가 줄어드는 것 등이 있다.

동물은 초원에 여러 가지 중요한 영향을 미친다. 굴을 팜으로써 땅속에 묻혀있던 무기영양물질이 위쪽으로 올라오게 하고, 유기물을 혼합하여 토양을 비옥하게 만들기도 한다. 물소는 둑에 구멍을 내기도 하고, 바닥에 뒹굴어서 침식을 일으키거나 토양을 다지기도 한다. 들소와 다른 대형 초식동물은 초원을 짓밟아 목본의 침입을 막아 초본이 계속 자라도록 하기도 한다.

교란되지 않은 초원의 먹이사슬은 그림 9-6과 같다. 장경초원과 혼합초원은 대부분이 밭으로 개간되고, 사냥이 심하여 초원의 특징 동물이 감소되었다. 한 때에는 북미 초원의 포유류 중 가장 널리 분포하였던 종 중의 하나였던 들소가 지금은 수가 급감되어 일부 공원과 보호지역에만 남아 있을 뿐이고, 동쪽으로 미주리 주까지 분포하였던 영양은 지금은 록키산맥에만 남아있을 뿐이다. 조류도 과거 수십 년 동안 수가 많이 줄어들었으며, 오늘날

초원에서 흔히 볼 수 있는 종들은 다른 지역에서 새로 옮겨온 것들이다.

번식기의 조류 밀도는 습도, 지형 등에 따라 다르고 해마다 다르다. 보편적으로 세력권을 갖는 수컷의 수는 ha 당 장경초원에는 3~3.5마리, 혼합초원에는 2~2.5마리, 단경초원에는 1마리 이하이다.

4) 초원의 복원과 복구

인간의 파괴로 인하여 혼합 및 장경초원은 다른 어떤 생태계보다 많이 사라졌다. 이제 그 종들은 철로변이나 개척민들의 묘지에 남아 있다. 과거 수 년 동안 초원의 회복을 위해 노력한 결과 일부 좁은 지역에서 초원이 되살아나고는 있으나 단시간에 자연생태계를 재건한다는 것은 거의 불가능한 일이다. 숲을 만들기 위해 나무를 심기 위해서는 비용이 많이 들며, 또한 이에 필요한 낙엽, 목재, 초본식물은 또 다른 숲을 훼손해야 얻을 수 있다. 그래도 초원은 우점종이 초본이며, 이들은 종자에서 발아하여 쉽게 자라 초원의 형성에 용이하다고는 하지만 초원 본래의 형태를 만들기 위해서는 수년이 걸린다.

이렇게 초원의 식물은 회복된다 하더라도 동물을 원 상태로 회복시킬 수는 없으며, 동물의 증식은 식물보다 더 어려운 일이다. 또한 아직은 초원의 면적이 너무 좁아서 동물이 살 수 있는 서식면적이 될 수 없으며, 이 때문에 곤충, 설치류뿐만 아니라 특히 들소 같은 대형동물이 살 수 없다. 그러나 하루빨리 초원을 회복시키고 면적을 넓혀 동물들이 살 수 있도록 하여야 할 것이다.

8. 사막

1) 분포와 환경

사막은 산악지대의 비그늘에 의해 이루어진 건조한 지역과 대륙내부에서 나타난다. 넓은 사막은 북미의 남서부, 남미의 서부, 아라비아, 아프리카의 북부, 남아프리카, 중앙아시아와 호주의 중심부 등에 분포한다.

연강수량이 250 mm 이하이며, 증발량이 많아서 잠재증발량이 강수량보다 훨씬 높다. 미국 애리조나 주 피닉스의 잠재증발량은 1,300 mm이지만 강수량은 180 mm이다. 연평균 강수량에 따라 진사막(true desert)과 반사막(semi-desert)으로 나누기도 하는데 진사막은 150 mm 이하, 반사막은 150~250 mm를 말한다.

사막의 토양은 입자가 굵고 중성 또는 약 알칼리성이며, 유기물이 적다. 강수량이 적기 때문에 염기성 양이온과 토양 콜로이드를 세탈시키지 못하여 칼슘과 마그네슘이 토양 표층에 그대로 남아 있으며 가끔 B층에 석회집적층이라 부르는 탄산염반층이 형성된다.

사막은 바람이 심하고 풍식작용과 침식작용이 토양의 미세입자를 날려 보내 돌만 남게 되는데 이를 **사막포장**(desert pavement)이라 하며, 이런 곳에는 식물이 자라기 어렵다. 사막에는 흔히 사구가 있으며, 이곳은 나지로 되었으나 식생에 의해 안정된 곳도 있다.

2) 식물과 식생

사막식생은 여러 가지 형태의 건생식물이 엉성하게 자라는 것이 특징인데, 일반적인 모습은 키가 1m 정도이고 가지가 넓게 퍼지며 작은 잎을 가진 관목으로 되어 있다. 대부분의 사막식물은 많은 가시를 가지고 있어 동물이 먹지 못하게 하고, 햇빛을 가려 생육에 유리하게 한다. 또한 염지사막에는 염생식물이 자란다.

대부분의 사막에는 비가 내려 토양이 습할 때 빨리 생장하고 개화, 결실하여 생활사를 완결하는 1년생 식물이 많기 때문에 건기에는 식물이 거의 없다. 또한 사막은 환경의 물리적 변화가 느려 천이 속도가 매우 느리다.

3) 동물

사막은 건조하고 여름이 몹시 덥기 때문에 동물이 살아가기에는 환경이 알맞지 않다. 사막에는 파충류상은 다양하나 피부가 습해야 하는 양서류는 많지 않다. 파충류는 변온성이며, 소변을 요산으로 배출하여 수분의 낭비를 막는 등 건조에 대한 방어 기구가 발달되었다. 조류는 요산을 생성하고 체온이 높으며 이동성이 좋아서 사막에 많이 서식하고, 포유류는 생활이 사막에 잘 적응되지는 않았으나 여러 종들이 성공적으로 살아가고 있다.

사막지역에 분포하는 대표적인 대형 포유동물은 낙타이다. 낙타는 거칠고 가시가 있거나 염분이 있는 먹이를 먹을 수 있으며, 사막에서 걷기에 알맞은 발을 가지고 있다. 또한 이것은 오랫동안 먹이와 물을 먹지 않고서도 살 수 있고, 고온에서도 살아갈 수 있는 등 여러 가지로 사막생활에 적응되어 있다. 이러한 것들은 그들의 큰 몸체와 직접 연관되어 있다. 예를 들면 450 kg이나 되는 체중은 체온의 무리한 증가 없이 열을 흡수할 수 있으며, 체온이 41℃ 가까이 올라가더라도 땀을 흘리지 않기 때문에 수분의 손실을 최대한 억제하면서 살아갈 수 있다.

소형 포유류는 낙타와는 달리 더운 낮에는 굴속에서 생활하고 비교적 시원하고 상대습도가 높은 밤에만 밖에 나와 활동한다. 중형 포유류는 대형 및 소형 포유류에 비해 적응이 되지 않아 거의 분포하지 않는다. 조류와 같이 굴속에서 생활하지 않는 동물은 더운 낮에는 활동을 하지 않고 그늘에서 보낸다.

사막동물 중에는 가장 건조한 여름에는 굴속에 들어가 활동하지 않는 것이 있는데 이를 **하면**(aestivation)이라 한다. 특히 무척추동물은 대부분 하면을 하며, 얼룩다람쥐 같은 척추동물도 하면을 한다. 거북이의 일종은 1년 중 10~11개월을 하면을 하다가 여름에 폭풍우가 불어와 웅덩이에 물이 고이면 일시적으로 땅 위에 올라오는 것도 있다(Cornejo, 1985). 그들은 비가 쏟아져 빗물이 땅을 때리면 그 진동으로 하면을 멈추고 땅 위로 올라와서 즉시 교미를 하여 알을 낳으며, 약 9일이 지나면 부화가 된다.

9. 열대우림

1) 분포와 환경

열대우림은 위도가 적도에서 10° 이내에 드는 지역으로 가장 넓은 지역은 남미의 아마존분지, 서부아프리카 및 인도네시아이지만 열대지방의 높은 산악지대의 산악비가 내리는 곳에도 좁은 면적의 열대우림이 나타난다.

연평균 강수량은 매우 높아 보통 2,000 mm 이상이며, 곳에 따라서는 10,000 mm가 넘는 곳도 있다. 열대우림에도 1개월 미만의 건기가 있으며, 이때는 서늘하다. 기온의 계절 변화는 매우 적으며 연중 월평균기온이 27℃를 유지하고, 오히려 일변화가 더 심하다(그림 9-7). 습도도 일변화가 연변화보다 심하다.

열대지방의 토양은 오랫동안 풍화를 받아 대부분이 노년기 토양이다. 높은 기온과 많은 강수량은 모암의 수용성 물질을 세탈시켜 산화알루미늄과 산화철로 구성된 적토 또는 황토가 대부분이다. 토양은 산성이고 층위구조의 발달이 미약하며 분해 속도가 빨라서 부식층이 거의 없다.

열대지방에는 식물의 생장에 필요한 무기염류가 대부분 식물체에 들어있기 때문에 이 지역에서의 벌채는 생산성을 감소시키는 중요한 원인이 된다. 벌채에 의해 무기염류가 다른 곳으로 빠져나가 순환이 교란되고, 세탈에 의해 빠져나가게 되면 토양이 척박해지고 단단해져서 붉은색의 **홍토**(laterite)로 바뀌게 된다. 그렇게 되면 관목림만이 형성된다.

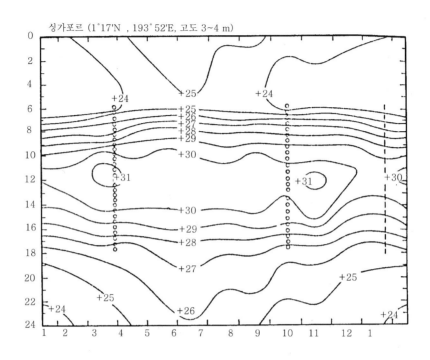

싱가포르 (1°17'N , 193°52'E, 고도 3~4 m)

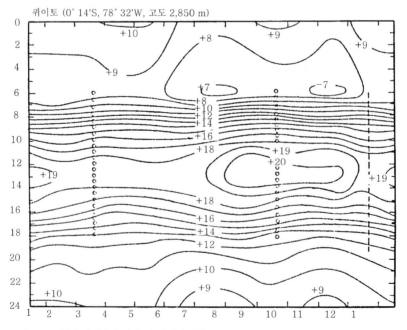

퀴이토 (0°14'S, 78°32'W, 고도 2,850 m)

그림 9-7. 열대우림지역의 일별 및 계절별 기온 변화.

2) 식물과 식생

열대림은 정글(jungle)이라 부르기도 하는데, 이는 열대림을 뚫고 나아가기 위해서는 조밀하게 얽힌 식물들을 긴 칼로 쳐서 잘라야만 하기 때문이다. 이와 같이 밀집된 식생은 삼림이 완전히 파괴되어 다시 천이가 일어나는 곳과 (표 9-3), 햇빛이 충분히 들어와 덩굴식물이 교목의 장벽을 만들 수 있는 개방된 강변을 따라 나타난다. 임상의 광도가 낮은 전형적인 열대우림에는 임상식물의 발달이 미약하고 수관의 높이가 높아 쉽게 통행할 수 있다. 이러한 현상은 극상림에서도 마찬가지이다.

우림은 키가 큰 상록성 광엽수로 이루어진 삼림이며, 대개 세 개의 교목층으로 되어 있다. 맨 위층은 45~55m 높이의 둥글거나 우산 모양의 교목으로 이루어지는 데, 이 교목은

표 9-3. 열대우림의 극상군집과 계열군집의 특징

	개척 단계	천이 초기	천이 후기	극 상
군집 연령 (년)	1~3	5~15	20~50	100<
수관의 높이 (m)	5~8	12~20	20~30 (일부는 50)	30~45 (일부는 60<)
목본의 종 수	1~5	1~10	30~60	100 이상
층 수	1	2	3	4~5
수 관	동질, 밀생	얇고 수평	이질, 매우 넓음	매우 다양함
하 층	밀 생	밀 생 대형 초본이 우점	비교적 소생 내음성 종이 있음	내음성 종이 소생
우점종의 수명 (년)	<10	10~25	40~100	100~1,000
우점종의 내음성	매우 약함	매우 약함	초기에는 강하나 후기에는 약함	강함
종자의 산포	새, 박쥐, 바람	바람, 새, 박쥐	주로 바람	중력, 포유동물 설치류, 새
종자의 크기	작 다	작 다	작거나 중형	크 다
종자의 생명력	길 다	길 다	길거나 중간	짧 다
우점종의 잎	상록성	상록성	대개 낙엽성	상록성
관목의 개체수	많 다	비교적 많다	적 다	적 다
관목의 종수	적 다	적 다	적 다	많 다
착생식물	없 다	적 다	수는 많으나 종은 적다	종과 생활형이 다양함
덩굴식물	초본성이 많다 종은 적다	초본성이 많다 종은 적다	많으나 대형은 적 다	대형 목본을 포함하여 많다
초 본	많 다	많거나 드물다	드물다	드물다

그림 9-8. 열대우림의 판상지지근.

드문드문 있어서 수관층을 형성하지 못하여 **돌출목**(emergent tree)이라 한다. 이들은 곧게 자라고 수관부 근처까지 분지하지 않으며, 키는 크지만 직경은 크지 않다. 대부분 수피는 얇고 매끄러우며 색이 엷고, 뿌리는 깊이 뻗지 않아서 지상부의 안정을 위한 적응 현상으로 **판상지지근**(buttress roots; 그림 9-8)을 이루는 경우가 많다. 잎은 전형적인 타원형이며 거치는 없고, 혁질이며 진한 녹색이다.

두 번째 교목층은 높이가 30~40m이며 돌출목 사이의 공간을 채우고 있다. 이 층은 수관층을 형성하며 강한 바람을 받지 않기 때문에 판상지지근이 없다. 세 번째 교목층은 높이가 단지 10~15m이고 수관부는 좁고 원추형이며, 줄기가 간혹 다른 식물에 기대여 꼬이거나 구부러

그림 9-9. 열대우림의 착생식물.

졌다. 이 층을 이루는 교목 중에는 잎이 달린 가지보다는 굵은 원줄기에서 꽃이 피고 열매가 달리는 종이 많다. 그리고 잎과 소엽은 돌출목의 그것보다 크며 끝이 길고 뾰족하다.

관목층은 소형의 종려와 바나나 같은 넓은 잎을 가진 대형 초본으로 되어있으며, 숲 안에는 다른 초본은 거의 없어 임상이 깨끗하다. 항상 그늘이 짙은 군집에서도 햇빛이 드는 곳에서 볼 수 있는 두 가지 형태의 식물, 즉 뿌리는 토양 속에 두고 있으나 줄기가 수관까지 기어 올라가는 **만경식물**(lianas)과 다른 식물의 줄기에 붙어사는 **착생식물**(epiphytes; 그림 9-9)이 자란다.

식물생리학자인 Kenoyer가 파나마의 Barrow Colorado Island의 식물상과 온대지역인 미국 미시간 주의 Kalamazoo군의 식물상을 비교 분석한 결과 온대지방에서도 양담쟁이, 포도와 같은 만경식물이 있었으나 이는 전체의 1% 미만이었으며, 우림에서는 10~15%나 되었다. 열대 만경식물에는 바닐라(*Vanilla planifolia*)와 토란과 식물이 있다. 그리고 온대지방에는 착생식물이 없으나 Barrow Colorado Island에는 관속식물의 10% 이상이 착생식물이었다.

열대 착생식물에는 난류, 아나나스류, 선인장류 등 크고 눈에 잘 뜨이는 식물과 상록수의 잎에서 자라는 조류와 지의류 같은 작은 식물이 있다. 무화과나무류에는 다른 식물을 교살하는 **반착생식물**(hemiepiphytes)이 있으며, 이들은 기주식물 수관의 가지에서 발아하여 뿌리가 서서히 자라서 지상에 내려와 땅에 닿으면 수분과 양분을 더 잘 공급받아 더 빨리 성장하여 마침내는 기주식물을 죽이게 된다. 이 때 기주식물을 죽이는 것은 기주식물을 조여서 죽이는 것이 아니고 피음에 의해 죽이는 것이며, 기주식물이 죽으면 무화과나무류의 줄기만 남게 된다.

군집 수준에서 열대우림의 가장 뚜렷한 특성은 종의 다양성이 높고, 한 종 또는 수 종에 의해 우점되지 않고 우세 종이 많은 것이다 (Kenoyer, 1929). 멕시코 이북의 북미대륙에는 800여 종의 교목이 있으나 말레이 반도에는 약 2,500종이 있다. 말레이반도에는 ha 당 보통 40종이 있으며 100종 이상이 있는 경우도 있으나, 미시간 주에는 가장 비옥하고 토양이 양호한 삼림이라 하더라도 20종 이하이며, 2~3종이 우점한다.

열대우림의 순1차생산량은 대개 8,000 kcal m^{-2} yr^{-1} 이상으로 많으며, 이것의 대부분이 목질부에 저장되나 저장률은 온대림에 비해 낮다(Jordan, 1983). 이는 상대적으로 많은 양의 잎과 낙엽이 초식동물의 먹이가 되기 때문이다. 현존량은 온대우림 다음으로 높다.

3) 동물

열대림에는 동물의 종도 풍부하지만 지역에 따라 차이가 많다. 아마존의 조류상은 콩고

보다 풍부하며, 콩고의 조류상은 온대림의 두 배 이상이다. 그러나 각 종의 밀도나 생물량은 낮다. 동물들은 생애 중 많은 기간을 삼림의 맨 위 층에서 보내기 때문에 땅 위에 사는 인간의 눈에는 잘 띄지 않는다. 뱀, 원숭이, 새, 박쥐 등과 여러 종의 다람쥐들은 일생동안 수관부에서만 산다. 개구리들은 물이 고인 나무 구멍에서 살며 나뭇잎에 산란하기 때문에 연못에는 나타나지 않으며, 도마뱀은 수관부에 살지만 대부분 땅 위에 산란한다. 그러나 날도마뱀(*Ptychozoom homalocephalum*)은 나무줄기에 알을 붙여 놓는다.

열대우림에 사는 동물은 온대림에 사는 동물보다 나무에서 살기에 알맞도록 잘 적응되었다. 몇 종은 나무 위에서 잘 미끄러지기에 알맞은 피부와 편평한 몸으로 되어 있으며, 이들은 주로 맨 위층에서 산다. 대부분의 원숭이와 영장류는 수관부와 그 아래의 하목층에 살며, 나무 사이를 뛰어다니거나 긴 팔로 나뭇가지를 잡고 흔들어 다른 가지로 이동한다. 이들은 나뭇가지를 움켜잡기에 알맞은 긴 꼬리를 갖고 있다. 뱀과 도마뱀류는 가끔 위장을 하고 매복하여 먹이가 지나가면 몸으로 덮쳐잡으며, 일부 도마뱀은 긴 혀로 먹이를 잡는다.

수관에 사는 잘 알려진 동물의 하나가 나무늘보이며, 이 동물은 전 세계에 7종이 있으나 모두 나뭇가지에 매달려 일생을 보낸다. 이들은 긴 갈고리 모양의 발톱과 뒤로 향한 부드러운 털로 덮여 있어 이 생활에 알맞게 되어 있다. 느린 행동은 빨리 움직이면 오히려 포식자의 눈에 잘 띄기 때문에 얻어진 적응현상이다.

열대우림의 상부에는 많은 새들이 살고 있다. 신대륙에 사는 특징적인 새로는 과일을 먹고 사는 앵무새와 꿀을 먹고 사는 벌새가 있고, 구대륙에는 수관부에 흩어져 사는 태양새 등이 있다. 열대지방만이 일 년 내내 과일과 꿀이 있기 때문에 다양한 조류상을 이루며, 물론 육식성 조류도 많이 있다.

임상에는 곤충 및 다른 무척추동물과 식물의 뿌리, 괴경, 인경 등 먹을 수 있는 것이 풍부하여 잡식성 동물이 많다, 개미와 흰개미도 많으며, 이들은 나무 위에서도 산다. 또한 독사류, 여러 종의 매와 올빼미 및 고양이과의 육식동물이 많으나 고양이과 동물은 인간이 너무 많이 사냥하여 지금은 매우 드물다. 임상에 사는 초식동물과 잡식동물은 바늘, 가시, 껍질 등의 보호기관으로 덮여있고, 날카로운 발톱이나 어금니를 가지고 있으며, 군서생활을 하고 조심스럽게 행동한다.

4) 열대우림의 파괴

열대의 생태계가 심하게 파괴되고 있다. 매년 열대삼림의 약 245,000 km^2가 파괴되며 (Myers, 1983), 이 면적은 한반도 전체 면적보다 더 넓다. 열대우림의 파괴 속도는 인구밀도와 관계가 있으며, 이런 속도로 계속 파괴된다면 2021년경에는 모두 파괴되고 말 것이다.

열대우림 국가에서는 선진국에 목재와 합판의 재료로 수출하기 위해, 또는 농경이나 목축을 위해 나무를 벤다. 나무를 벤 후 불을 놓거나 제초제를 살포하여 교목의 재생을 막으면 6~10년 동안 초원이 형성되어 소를 기를 수 있으나 이 기간이 지나면 관목림으로 바뀐다.

환경학자들은 지구상에서 광합성과 증발산량이 가장 많으며 탄소의 양을 조절하는데 크게 기여하는 열대림이 파괴되면 기후의 변동 등 매우 무서운 결과가 발생할 것이라고 경고한다. 그들은 열대림이 관목사바나로 바뀌면 현재와 같은 높은 밀도의 인간사회를 유지할 수 없으며, 토양의 악화로 생산성이 떨어지고 일부지역은 사막으로 바뀔 것이고, 그 결과 미확인 종을 포함하여 수천종의 동식물이 멸종할 것이라고 한다.

그러나 우리는 이것을 심각하게 생각하지 않고 있어 이대로 계속 파괴된다면 머지않아 우림은 북미대륙의 초원처럼 바뀌고 말 것이다. 이러한 사실을 일깨우기 위하여 UN에서는 1992년 6월 브라질의 리우데자네이로에서 환경개발회의를 개최하여 기후 온난화 조약과 생물 종다양성 조약을 채택하였다. 또한 같은 기간, 같은 장소에서 민간단체들의 주도로 환경보호를 위한 세계적인 모임이 있었다.

10. 사바나

1) 분포와 환경

열대지방에는 우기와 건기가 교대로 나타나는데 건기가 짧아서 토양 내의 잠재 함수량이 충분한 지역에서는 열대우림이 형성되지만 반대로 건기가 길어 잠재 토양함수량이 부족한 지역에서는 우림이 사라진다. 건조가 심해지면 교목의 피도가 감소하여 여러 가지 임지와 사바나형이 나타나고, 결국 스텝과 사막으로 이루어진다. 사바나초원은 벼과식물로 구성되며, 아프리카에서는 키가 2 m 이상 되지만 남미에서는 1.5 m 이상 되는 것은 드물다 (Huber and Prance, 1986). 콩과의 교목도 있으나 키가 10 m 이하이고 수관이 편평하며 가시가 있다. 열대사바나는 아프리카에서 가장 넓으며, 남부 아시아, 호주, 베네수엘라 및 브라질에도 넓게 나타난다. 베네수엘라의 사바나는 야노(llanos), 브라질의 사바나는 세라도(cerrados)라 부른다.

열대사바나의 교목 밀도는 다양하나 대체로 낮기 때문에 수관이 개방되어 온대지방의 초원이나 평원처럼 보인다. 사바나에는 따뜻하고 비가 내리는 계절, 서늘하고 건조한 계절, 그리고 덥고 건조한 계절이 있다. 열대사바나는 연평균 강수량이 900~1,500 mm인 곳에서 형성되며, 1년 중 가장 건조한 3개월 동안은 50 mm 이하이다. 이곳 식물의 대부분은 건기에 개화하여 결실한다. 건기는 신속하게 우기로 전환되며, 비가 내리면 불과 며칠 후에 싹이 나고 육식성 조류는 집을 짓고, 대형 유제류는 우기가 시작될 무렵 새끼를 낳는다.

토양은 일반적으로 산성이며 심하게 세탈되었으나 영양물질의 공급은 삼림토양보다 양호하다.

2) 식물과 동물

사바나의 독특한 모습은 흰개미가 만든 흙무더기이다. 이 흙무더기는 흰개미가 지하에서 흙을 파내어 그들의 침과 섞어 만든 것으로 높이는 대개 2~4 m이고 아래 폭은 높이의 4~5배이며, 수는 지역에 따라 다르지만 10~150개 ha^{-1} 정도이다. 이런 흙더미를 만들면서 세토가 첨가되므로 암석지대나 자갈이 많은 곳에서는 토양단면의 발달에 큰 영향을 미친다. 또한 이 흙더미는 흰개미가 죽으면 분해자가 이를 분해하여 양분을 첨가하기 때문에 인근 토양보다 양분함량이 높다.

흰개미는 사바나에서 낙엽의 중요한 분해자이며, 실제 죽은 식물체의 1/3 이상을 분해한다. 또한 이들은 여러 가지 동물의 중요한 먹이가 되어 땅돼지(*Oryteropus afer*)와 땅늑대(*Proteles cristanus*) 등 일부 종은 일 년 내내 이들을 먹고 산다. 다른 일부 종들도 우기가 되어 번식기가 되면 이들을 먹으며, 150종 이상의 조류가 흰개미를 먹는다는 보고도 있다.

연순생산량은 기후에 따라 500~8,000 kcal/㎡로 매우 다양하다. 연순생량의 대부분은 잎이고, 이 잎을 초식동물이 먹고 또 이들은 육식동물의 먹이가 된다.

식물상과 동물상은 지역에 따라 다르며, 아프리카 사바나에 있는 대형 초식동물이 남미 사바나에는 없다. 아프리카 사바나는 동물원에서 흔히 볼 수 있는 얼룩말, 아프리카 들소, 기린, 가젤, 코끼리 등 대형 초식동물과 하이에나, 사자, 표범, 치타 등 대형 육식동물의 원산지이다. 조류상도 풍부하여 교목이 없는 곳에도 온대초원보다 많은 종이 있으며, 교목층이 있는 곳에는 더욱 많다.

아프리카 사바나에는 유제류처럼 잘 달리는 타조가 유명하고, 타조와 비슷한 조류로 남미 사바나에는 아메리카타조, 호주에는 에뮤가 있다. 중요한 양서류에는 개구리류와 두꺼비류만이 서식하며 이들은 물가에 살고, 파충류는 삼림이나 사막보다 수가 적다. 열대 사바나에 사는 대형 포유류나 조류는 대부분 이주를 하는데, 남아프리카 영양, 얼룩말 및 일부의 조류는 건기가 되면 습한 곳으로 이주한다.

아프리카 사바나의 일부가 야생동물보호지역으로 지정되었다. 가장 잘 알려진 곳은 탄자니아의 Serengeti 국립공원으로 면적이 14,500 km^2나 되며, 이곳 외에도 20여 곳이 더 있다. 현재 이런 보호지역 외에는 한 때 큰 동물들이 살았던 흔적만이 남아있을 뿐이다. 이는 19세기말 소의 전염병이 발생하여 많은 반추동물이 죽었고, 또한 사냥으로 많은 동물이 희생당했기 때문이다. 특히 2차대전 후 인구의 폭발적인 증가로 그 수가 급격히 감소하였다.

연·습·문·제

1. 생물군계를 결정짓는 환경요인에 대하여 설명하시오.

2. 우리나라는 온대낙엽수림에 속하지만 상록수인 소나무숲이 많은데, 그 이유를 설명하시오.

3. 각 생물군계에서 토양의 특성을 설명하시오.

4. 열대우림이 파괴되면 생기는 문제점을 물질순환의 측면에서 설명하시오.

5. 지구가 온난화되면 어떤 생물군계가 가장 큰 영향을 받으며, 그 이유는 무엇인지 설명하시오.

6. 초원에서 초본들이 우세한 이유는 무엇인지 설명하시오.

7. 북극 툰드라와 고산 툰드라의 기후와 식생의 차이는 무엇인지 설명하시오.

8. 사바나에는 다른 군계보다 대형 초식동물이 많은 이유를 설명하시오.

제 **10** 장

수중 생태계

제10장 수중 생태계

생물이 지구상에서 처음 출현한 곳은 물속이었고 현재도 생명현상의 기본적인 매질은 물이다. 생물이 점차 육상으로 올라오면서 체외의 환경은 대기로 바뀌었지만 물은 모든 생물에 있어 매우 중요한 의미를 가지고 있다. 우리는 육상생태계의 다양한 생물에 익숙해져 있지만 수중생태계에 대해서는 그렇지 못하다. 육상의 다양한 생물들이 다양한 환경에 다양한 방법으로 적응해 살아가듯이 수중의 다양한 생물도 육상생물만큼 복잡하고 질서가 있는 생태계를 형성하고 있다. 또한 육상과 수중의 두 생태계는 직접·간접으로 관계를 맺으면서 공존하므로 지구 전체의 생물권은 한 가족을 이루고 있다. 대기 환경이 육상생물의 모든 활동을 지배하듯이 수중 환경은 수생생물의 조절자로서 구실을 한다. 그러므로 수중생물을 이해하는 데는 수중 환경에 대한 지식이 필요하며, 수중 환경은 육상 환경만큼이나 환경 요인이 다양하고 요인 사이의 상호관계도 복잡하다. 인류는 물속의 신비에 대한 지적 욕구뿐만 아니라 자원의 확보나 람사협약에서 잘 보여주듯이 지구 환경의 보존 등에 매우 중요하기 때문에 지구 생물의 미래를 위하여 수중생태계에 대한 더 많은 관심을 가져야 할 것이다.

1. 호수와 연못

지표면 중 담수로 된 부분의 면적은 약 2%이며, 호수나 하천의 물은 지구 전체 물의 0.2% 이하로 적지만, 담수생물의 서식지이며 육상생물에게 생명체의 매질인 물을 공급해 주기 때문에 매우 중요하다. 대표적인 정수지인 호수와 연못의 명확한 경계는 없으나 대략 연못은 작고 얕은 호수로 간주하면 된다.

1) 생성 기원

호수는 낮은 지면에 물이 고인 것으로 생성 원인은 다양하다(Cole, 1979). 빙하의 작용은 여러 형태의 호수를 만드는데, 케틀호(kettle lake)는 후퇴하는 빙하에 의하여 형성되었으며, 미국의 미시간 주나 미네소타 주의 호수가 전형적인 예이다. 권곡호(tarn)는 산악지대에서 빙하가 바위덩이를 운반하여 댐을 만든 후, 빙하가 녹아 생긴 웅덩이이다. 빙하시대에는 해수면이 낮았고, 이 기간에 바다 가까이에 생긴 계곡은 그 후 해수면 상승과 함께 해수가 침입하여 협만이 생겼다. 우각호(oxbow lake)는 사행천이 반듯하게 되면서 과거의 강이 호수로 된 것이다.

한편, 칼데라호(caldera lake)와 마르호(maar lake)는 화산의 분화구에 생긴다. 암반이 약하고 지표면에 가까운 지역에서는 카르스트호(karst lake)가 생기는데, 이것은 석회암 같은 암반이 물에 용해되고 지하수의 흐름을 막을 때 형성되며, 암반이 석회암으로 된 미국의 플로리다 주와 인디애나 주에서 볼 수 있다. 이외에 댐을 축조하여 만든 인공호가 있는데 이것은 물의 이용 목적에 따라 크기가 다양하다. 대부분의 호수는 수원지가 있고 물을 저장할 수 있는 주위보다 낮은 지대에 형성된다.

2) 물리적 환경

(1) 서식지로서의 수계

물은 비열이 커서 육상의 환경보다 온도의 일변화 및 계절변화가 심하지 않다. 호수에 유입되는 에너지는 주로 태양방사에너지인데, 이중 일부는 반사되고 일부는 물속을 통과하면서 열에너지로 바뀐다. 물속에 통과한 에너지의 절반은 수심 1 m 이내에서 흡수되는데, 그 중 적색광의 95%는 6.5 m까지, 청색광의 95%는 550 m까지 투과하는 데 혼탁한 물에서는 투과거리가 감소한다.

광합성으로 산소의 생산량이 소모량보다 많은 상층을 **영양생성층**(trophogenic zone), 수지가 균형을 이루는 깊이를 **보상심도**(compensation depth), 그 이하를 **영양분해층**(tropholytic zone)이라 하는데, 보상심도에서 빛의 강도는 태양광선의 1%에 불과하며, 탁도와 물색에 따라 다르나 대략 깊이는 50 cm에서 수 m 정도다.

물은 밀도가 공기의 775배나 되기 때문에 생물은 부력에 의하여 쉽게 수영할 수 있지만, 반대로 저항 때문에 이동 속도가 느리다. 다른 물질과 달리 담수는 빙점보다 높은 온도(4℃)에서 밀도가 가장 높기 때문에 얼음은 위부터 얼게 된다. 이러한 현상은 서식지로서 중요한 의미를 지니며 만약 바닥부터 얼기 시작한다면 생물에 큰 변화를 주게 된다.

(2) 열층형성과 산소 결핍

물은 밀도-온도의 관계 때문에 깊이별로 온도가 달라지는데 이러한 현상을 **열층형성**

(thermal stratification)이라 하며 온대지방의 깊은 호수는 계절에 따라 변한다(그림 10-1). 즉, 봄에는 얼음이 녹으면서 상하층의 온도가 비슷해지며 이때 바람에 의하여 호수 전체가 순환하므로 수온이 3~10℃로 거의 일정하다. 그러나 여름에는 표면수의 온도가 상승하고 하층보다 고온, 저밀도화 되므로 이들끼리만 순환하는 **표수층**(epilimnion)을, 하층은 정지한 **심수층**(hypolimnion)을 형성하며 이 사이에 **변수층**(metalimnion)이 생긴다.

깊은 호수는 심수층의 온도가 4℃ 정도이며 여름에도 그다지 상승하지 않는다. 가을에는 호수에 유입되는 에너지보다 유출되는 에너지가 많기 때문에 상층의 수온이 점점 내려가 결국 상하층의 수온이 비슷하게 되며 다시 한 번 물이 순환된다. 겨울이 되면서 수온은 더 내려가고 표면수가 4℃ 이하로 되면 더 이상 순환하지 않으나 0~4℃에서 물의 밀도차이

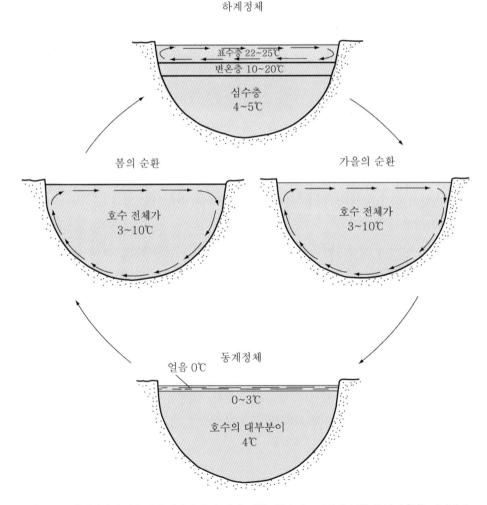

그림 10-1. 온대지방의 깊은 호수에서 수온의 계절 변화. 화살표는 바람에 의한 물의 순환을 나타낸다.

때문에 약간의 바람으로도 순환이 가능하다. 일단 물이 얼면 상층은 0~2℃, 하층은 4℃로 된다. 이처럼 1년에 2회 물의 순환이 일어나는 호수를 **복순환호**(dimictic lake)라 하며 이는 온대지방에서 나타나고, 다른 지역에서는 전혀 다른 형태인 연중 1회, 수회 또는 순환하지 않는 것 등이 있다.

물의 산소 농도는 공기보다 낮고 시간과 장소에 따라 큰 차이가 있다. 그러므로 산소가 가장 적은 시기와 장소가 생태학적인 연구의 대상이 된다. 산소가 결핍되는 예는 크게 세 가지가 있다. 첫째는, 정수식물로 덮여 있는 얕은 연못이나 호수에서 볼 수 있는 것으로, 늦여름 식물이 죽어 생긴 유기물이 빨리 분해되면서 산소량이 급격히 저하되어 물고기가 죽는데 이를 **하사**(summer kill)라 한다.

둘째는, 광선이 투과되지 않는 심수층에서 일어나는 경우로 광합성이 일어나지 않아 산소공급이 중단되고 기존의 산소를 동물과 세균이 소모하여 나타나는데, 이것은 **하계정체**(summer stagnation) 동안에 유기물이 많고 생산 활동이 활발한 호수에서 일어나기 쉽다. 셋째는, 겨울에 눈이나 얼음이 빛을 차단하여 조류의 광합성을 억제하여 산소가 고갈되는데 심하면 어류가 전멸하는 **동사**(winter kill)를 가져온다.

(3) 부분순환호

하층의 수온이 하층보다 높더라도 다른 요인에 의하여 하층의 밀도가 상층보다 높아서 상하층의 물이 섞이지 않아 층형성이 영원히 유지되는 **부분순환호**(meromictic lake)에서는 상하층이 전혀 이질적인 환경이며 하층은 영원한 무산소 상태가 된다. 이러한 호수에서도 때로는 지진이나 단층작용으로 물이 순환한다(Kerr, 1986; Kling, 1987).

3) 생물과 군집

(1) 호수의 구조

호수는 크게 **연안대**(littoral zone)와 **조광대**(limnetic zone)로 구분되며 전자는 정수식물이 있는 가장자리의 얕은 지역이고, 후자는 이 외의 지역으로 특히 바닥은 **심저대**(profundal zone)라 한다(그림 10-2). 따라서 전체가 정수식물로 덮인 얕은 호수는 조광대나 심저대가 없으며 깊은 호수일수록 심저대가 넓어진다.

(2) 서식형

호수의 생물을 서식형별로 구분하면 **저서생물**(benthos), **부착생물**(periphyton), **부유생물**

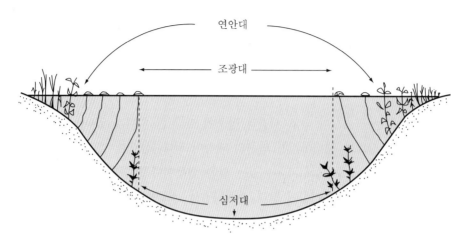

그림 10-2. 호수의 구조.

(plankton), **유영생물**(nekton) 및 **수표생물**(neuston)의 다섯 가지가 있다(Welch, 1952).

① 저서생물

연안대의 유근식물은 별도로 수생 대형식물(aquatic macrophytes)에 포함시킨다. 저서생물이란 호수의 바닥에 사는 생물들로서 미소 무척추동물이 대부분인데 여기에는 해면, 편형, 환형, 갑각 및 연체동물, 수서곤충 등과 세균이 포함되며, 이들은 바닥에 쌓인 생물의 시체나 부식질을 먹는다.

저서생물의 종다양성은 연안대에서 높고 심저대에서 아주 낮은데 이것은 환경이 단순하고, 일부 부영양호에서 여름의 정체기 동안 극단적인 산소 결핍을 견디어낼 수 있는 종만 살 수 있기 때문이다.

저산소 환경을 극복하는 방법은 여러 가지인데, 어떤 유충은 심저대를 빠져나오고, 일부는 헤모글로빈을 보유하여 산소 운반을 효율적으로 하며, 세균은 대부분 혐기성이다. 또한 심저대의 동물은 이 기간 동안 비효율적이지만 포도당을 젖산으로 분해하여 에너지를 얻고 젖산은 체외로 배설한다. 그러나 산소가 풍부해지면 포도당을 이산화탄소와 물로 완전 분해한다.

② 부착생물

대형의 수생식물, 동물, 바위 등의 표면에 부착하여 생활하고 대부분 매우 작은 동식물인데 규조와 기타 조류, 히드라, 원생동물인 나팔벌레, 종벌레 등이 있다.

③ 부유생물 (플랑크톤)

물에 떠 사는 매우 작은 생물로서 동물플랑크톤과 식물플랑크톤으로 구분된다. 대부분의 동물플랑크톤과 일부 식물플랑크톤은 운동성이 있지만 부유생물의 이동은 주로 물의 흐름과 바람에 의한 표수층의 순환에 의한다. 대부분의 부유생물은 물보다 비중이 높기 때문에 다음과 같은 Stokes의 법칙에 따라 가라 앉는다.

$$S = [Kr^2(b-m)] \div v$$

S : 침강 속도
K : 상수 (입자의 모양에 따라 달라짐)
r : 입자의 반지름
b : 생물의 밀도
m : 매질의 밀도
v : 매질의 점도

여기서 m과 v가 일정하다면 생물의 침강 속도는 크기, 모양, 밀도에 의하여 결정되며 대부분의 부유생물은 가라앉지 않기 위하여 크기를 작게 하거나, 젤라틴으로 체표를 덮어 밀도를 낮춰서 침강 속도를 조절하는 기작을 가지고 있다. 예를 들어 직경이 0.1 mm의 생물은 0.01 mm의 생물보다 침강 속도가 100배 빠르며, 1 mm의 모래는 하루에 8 km를 침강한다 (Clarke, 1954).

따라서 0.001 mm의 생물은 하루에 0.1 m을 침강하는데, 이 정도는 약간의 운동으로도 침강을 방지할 수 있다. 또한 계절에 따라 모양을 바꾸기도 하는데 이러한 것을 **형태순환**(cyclomorphosis)이라 하며, 따뜻할 때는 체표를 투명한 돌기로 덮는 것이 대표적이다. 이러한 현상은 진화적으로 확실히 규명되지는 않았지만 운동성이 부족한 식물플랑크톤에서 부력을 증가시키는 기작으로 생각되며, 궁극적인 이유는 물의 점도 변화에 침강 속도를 맞추는 것이다. 특히 식물플랑크톤은 광합성 때문에 침강을 막아야 한다.

식물플랑크톤은 호수에서 고등식물과 더불어 중요한 생산자인데 규조, 남조 및 녹조류가 있다. 동물플랑크톤은 식물플랑크톤을 먹는 소비자로서 윤충류, 요각류, 패충류, 물벼룩 등이 있다. 물벼룩 같은 동물플랑크톤은 매일 수직 이동을 하는데 밤에는 수면으로, 낮에는 밑으로 향하며 상승 속도는 시간당 몇 cm에 불과하지만 하루의 이동 거리는 수 m에 달한다. 이 운동의 직접적인 요인은 빛이지만 궁극적인 원인은 확실치 않으며, 밤에 수면으로 이동함으로써, 첫째, 조류의 단백질 함량이 가장 높은 때인 밤에 포식할 수 있고, 둘째, 물벼룩의 포식자가 밤에 가장 적어 덜 잡혀 먹히고, 셋째, 빨리 포식하기 위해서는 고온의 수온이 좋으나 생활에는 저온이 알맞아 수온을 적절히 이용할 수 있는 이점이 있다.

온대지방에서는 식물플랑크톤의 풍부도가 계절에 따라 변한다. 봄이 되면 일장과 광도가 증가하고 물의 순환으로 유기물의 공급이 많아지며 수온이 올라가기 때문에 풍부도가 최고에 달한다. 그러나 여름이 시작되면 유기물의 공급이 줄어 풍부도가 감소하는데 특히, 식물플랑크톤의 대부분을 차지하는 규조는 규소가 제한요인이 된다. 일부 부영양호에서는 남조류에 의하여 여름에도 풍부도가 증가한다. 가을이 되면 물의 순환과 유기물의 공급으로 풍부도가 증가하나 겨울에는 감소하여 가장 낮으며 이동성 조류인 편모조류가 주종을 이룬다.

④ 유영생물

어류, 양서류 및 일부 조류가 이에 속하며 이들의 먹이는 매우 다양하다. 특히 어류는 몸의 크기에 따라 먹이가 다른데 농어의 경우 10 cm 이하의 것은 작은 동물플랑크톤을, 10~20 cm의 것은 큰 동물플랑크톤이나 무척추동물을, 20 cm 이상의 것은 작은 어류를 먹는다(Allen, 1935).

⑤ 수표생물

이들은 소금쟁이와 같이 대기와 물의 경계면에서 생활하며 물의 표면장력을 이용하여 긴 다리로 물 위를 걷고 눈은 두 부분으로 나뉘어져 상부는 공기의 굴절률에, 하부는 물의 굴절률에 맞게 되어있다.

4) 에너지 흐름

호수의 종속영양생물에 공급되는 에너지원은 크게 세 가지 형태로서 식물플랑크톤과 부착조류의 광합성 산물, 고등식물의 광합성 산물 및 외부로부터 유입되는 용해성 유기물이 있다. 호수생태계의 전형적인 에너지흐름은 식물플랑크톤으로부터 시작하여 동물플랑크톤, 무척추동물, 작은 어류 등을 거쳐 송어와 같은 육식성 어류에서 완결된다.

육상생태계와 마찬가지로 방목먹이사슬보다 부니먹이사슬이 중요하며 바닥에 퇴적되는 육상식물, 수생고등식물, 및 식물성 부유생물의 사체를 무척추동물이나 세균이 이용하는데 그 양이 매우 많다.

5) 천이와 부영양화

호수는 주변으로부터 유입된 유기물이나 무기물이 퇴적하여 결국에는 건조한 육지로 바뀐다. 생성 초기의 호수는 **빈영양**(oligotrophic) 상태이며, 깊고 부유생물도 적다. 또한 유기물이 바닥에 쌓여도 분해가 잘 되지 않아 산소를 고갈시키는 일이 없다. 따라서 저온성 어류인 곤들메기, 송어 등을 비롯하여 종이 다양하다. 그러나 시간이 지나 퇴적물이 증가함에 따라 **부영양**(eutrophic) 상태로 되면, 상하층의 수온이 같아지고, 심저대의 유기물이 분해되어 산소결핍을 가져와 어류가 전멸한다. 자연적인 부영양화는 인이나 질소 등의 영양소가 공급되어 일어나며 남조류 같은 조류가 번성한다.

이러한 원인이나 과정은 호수에 따라 다르다. 초기의 호수는 처음 얼마 동안은 빈영양 상태이지만 이 후로는 장기간 일정한 상태를 유지한다. 이러한 이유는 매년 유입되는 영양소의 양이 일정하여 이에 따라 생산량도 일정하기 때문이다. 많은 양의 유기물이 바닥에 퇴적되면 육상으로의 천이가 가속화되며, 인간 활동에 의한 부영양화는 자연발생적인 것보다 심하다.

농경지, 목초지, 골프장 등으로부터 유입되는 오수에는 인과 질소가 많기 때문에 호수의 부영양화를 일으키므로 유수의 유입을 차단하면 이를 막을 수 있다. 이러한 예로 미국 시애틀시에 있는 워싱톤호는 1960년대 초반까지 하수오염으로 인하여 심한 부영양 상태였으나 1960년대 중반 하수의 유입을 막은 결과 1969년에는 이러한 현상이 사라졌다 (Edmondson and Lehman, 1981).

식생의 동심원적 구조(concentric zone)는 깊이에 따라 형성되기 때문에 호수의 중심부로부터 육상까지 일정한 경사를 가진 경우에는 침수식생, 부유식생, 정수식생, 소택관목식생으로 천이가 진행되며, 호수가 메워질 경우에도 이와 같은 순서로 이루어진다. 각 식생대의 주요 구성종은 다음과 같다.

① 침수식생 (submerged vegetation): 붕어마름, 말즘, 나자스말, 새우가래, 검정말, 물질경이, 물수세미
② 부유식생 (floating vegetation): 개구리밥, 좀개구리밥, 생이가래, 어리연꽃, 마름
③ 정수식생 (emergent vegetation): 애기부들, 갈대, 줄, 고랭이, 보풀, 벗풀, 미나리, 택사, 올미, 물옥잠, 창포, 골풀
④ 소택관목식생 (swamp shrub vegetation): 버드나무

2. 하천

다른 수중생물과 비교하여 하천(stream)에 사는 생물은 물이 흐르는 특수한 환경에서 생활하며, 물은 흘러가지만 생물은 대체로 그 자리에 머문다. 하천은 크기에 따라 폭이 3m 이내는 도랑(creek)이나 개천(brook)이라 하고, 3m 이상은 강(river)이라고 한다. 또한 유속이 빠르고 얕은 **여울**(riffle)과 깊고 느린 **소**(pool)로 구분되나, 생물의 서식지 조건으로 나누면 여울과 소는 보통 인접해 있다.

1) 여울

여울은 진정한 의미의 하천 서식지로서 물은 바위나 자갈위로 소용돌이치며 빠르게 흐르기 때문에 용존산소량이 많다. 식물은 대부분 사상체의 부착조류로 매트를 형성하며 일부 규조 역시 다른 조류나 바위에 붙어산다. 이 외 물이끼를 제외하면 종수는 많지 않다. 이곳의 동물의 적응 형태는 표면에 고착, 빠른 운동으로 이동, 그리고 흐름을 피하는 것의 세 가지로 구분되는데, 대부분은 이 세 가지를 적절히 병용한다.

해면동물이나 이끼벌레는 식물처럼 바위나 죽은 나뭇가지에 부착하여 생활하고 꽃양산조개는 빨리 이동하다가 바위나 식물에 매달린다. 갑충류 유충은 납작하여 바위 표면에 붙기 쉽고 잔디등애는 실을 뽑아 자기 몸을 다른 물체에 고정시킨다. 하루살이 유충이나 다른 곤충의 유충은 부착성 다리를 갖고 있으며, 날도래 무리는 견고한 집을 짓는다.

운동성이 약한 동물은 바위, 돌조각 및 나뭇잎 밑이나 심지어 식물이 밀집한 곳으로 피하며 거북이나 물새는 급류가 흐를 때는 물 밖으로 나온다. 가재나 단각류 같은 무척추동물도 수영을 할 수는 있지만 흐름을 이겨낼 수 있을 정도의 능력을 가진 것은 어류뿐이며, 이들만이 흐름에 대한 주성, 즉 **주류성**(rheotaxis)을 가지고 있다.

2) 소

하천 중 유속이 느린 곳으로 물은 상부에서 유입되어 상층으로 이동한 후 하부에서 유출됨으로써 진정한 의미의 흐름은 거의 없다. 유속이 느리기 때문에 바닥에 모래 등이 퇴적되어 환경과 서식생물이 호수와 유사하다. 식물로는 오직 저수지에만 있는 양갓냉이를 비롯하여 공통으로 분포하는 애기부들, 소귀나물, 갈대, 고마리 등이 있다. 동물은 하루살이 유충, 십각류의 유충, 민물지렁이, 게 등이 있으며 어류가 대표적 유영동물인데 호수의 종과 유사하나 하천에만 있는 것도 있다. 부유생물은 규조, 윤충, 물벼룩, 요각류 등이 있지만 대체로 빈약하다.

3) 하류로의 생물 이동

생물의 하류 이동은 원인이 확실히 밝혀지진 않았지만 하천에서 기본적이고 중요한 현상으로 낮보다 밤, 가을이나 겨울보다 봄과 여름에 많다(Waters, 1972). 하루살이는 어릴 때 하류로 갔다가 성충이 되어 상류로 오는 회유의 일환으로 생각되며 이것의 진화적 이점은 과밀화를 방지할 수 있고, 홍수 때 줄어든 개체군을 빨리 회복시킬 수 있다는 것이다.

4) 에너지 흐름

삼림 내에 위치한 하천에서 유기물의 99%는 외부에서 유입된 것이고 1% 이하만이 하천 내에서 생산된 것이다(Fisher and Likens, 1977). 따라서 이러한 하천에 서식하는 동물은 대부분 낙엽, 낙지, 종자 등의 형태로 유입되는 외부 에너지에 의존한다. 즉, 세균, 균류 및 동물은 큰 유기물을 먹는다(Cummins, 1974). 이러한 생물들이 이용하고 남은 유기물은 날도래, 모기아재비, 강도래 등이 먹으며, 나머지는 부니질식자가 처리하는데, 이들은 낙엽에서 얻는 양만큼의 에너지를 세균에서도 취한다. 이 외의 뱀잠자리, 강도래의 일부, 둑중개 등은 부니질식자이자 초식동물이다.

하천이 넓어져 강이 되면 외부로부터 유입되는 유기물이 감소하고 대신 사상체의 조류나 정수식물이 고정하는 에너지가 증가한다. 따라서 삼림 내의 작은 하천은 각 하천마다 유입된 유기물의 양과 질이 다르므로 환경과 생물이 이질적이지만, 비슷한 기후대에 있는 강들은 독립영양이므로 서로 유사하다. 그러나 강이 더욱 커지면 다시 종속영양으로 되는데 이것은 자체 내의 생산량이나 강 주변의 식생으로부터 유입되는 에너지 때문이 아니고, 상류나 늪지로부터 유입되는 유기물에 기인한다.

5) 지리적 천이

육지가 생길 때는 하천은 거의 없었고 배수 역시 불량하였으나 시간이 지남에 따라 하천이 생겨 계곡과 골을 만들었다. 일단 수계가 시작되면 상류수는 흘러 강, 호수, 바다에 이른다. 신생 하천은 좁고 V자 모양이며 지류가 없고 유속이 빠르나, 나중에는 이와는 반대가 되어 사행천으로 바뀐다.

하천은 발원지로부터 하구까지 생물상이 연속적으로 변하는 종의 종적 대상구조 (zonation)가 나타난다. 또한 시간 경과에 따라 서식지나 생물상이 상류 방향으로 이동하는 데 이것을 **지리적 천이**(physiographic succession)라 한다. 무척추동물은 간헐천이나 하천이 생길 때는 거의 없지만 골이 깊어지고 물이 정체하면 출현한다. 간헐천의 깊은 곳은 일시적 저수지가 되며 가재, 갑각류, 수서 달팽이가 항상 서식하는데 건기에는 구멍으로 들어간다. 댐을 축조하면 저수지는 수면이 일정해지고 영구적 저수지가 되기 때문에 저수지 생물이 서식하게 되고 표수생물도 생기게 된다. 시간이 지나면 **급류군집**(swift stream community)이 형성되고 마지막에는 **완류군집**(sluggish stream community)으로 변한다.

Hynes (1970)는 지리적 천이에서 수평 구조의 기본 개념은 타당하지만 실제 하천생태계를 연구하는 데는 예외가 많다고 주장하였다. 예를 들어 미국 일리노이 주에 있는 Jordan Creek은 하류로 감에 따라 완류에서 급류로 바뀌고, 상류는 옥수수농장을 지나는 곳으로 저속이며 저토는 미사이지만, 하류는 삼림지대의 범람원을 통과하기 때문에 빠르고 하상은 자갈과 암반이다. 이런 경우는 어류의 분포상이 반대이다.

또한 봄에 설원으로부터 녹은 물이 흐를 경우에도 일반적인 하천과 다르다. 하천을 댐으로 막아 흘러나가는 쪽의 수위가 낮으면 유속이 빨라져 새로운 침식작용이 일어난다. 그 결과 하천 서식지는 범람이나 퇴적으로 인하여 항상 교란을 받게 된다.

3. 해양

해양의 면적은 지표면의 70%를 차지한다. 평균수심은 4,000 m이나 서태평양에 있는 가장 깊은 곳은 11,000 m나 된다. 담수와 가장 큰 차이점은 높은 염분 농도로서 담수는 0.3‰이나 해수는 35‰이며, 이 중 78%는 NaCl이다. 따라서 내륙에 비하여 환경 조건이 불량하고 다양성이 매우 낮지만 때로는 그 반대일 수도 있다. 대부분의 생물은 해양에 더 잘 적응하고, 빗살해파리, 완족동물, 모악동물, 극피동물 등 해양에서는 모든 문(phylum)이 존재하나 담수에는 일부만 있다.

그러나 해양에는 가장 진화된 생물인 종자식물과 곤충은 별로 없고 환경이 비교적 균질하며 종형성에 중요한 기작인 지리적 격리가 불완전하기 때문에 전체 종수는 담수가 1,000,000여 종인데 비해 160,000여 종 밖에 되지 않는다 (Thorson, 1971). 해수의 온도는 -2~30℃이며, 빙하와 이것이 녹은 물은 염수인 해수 밀도보다 낮아 해수 위에 뜨게 된다.

1) 해양생물대

해양은 크게 조간대인 **연안대**(littoral zone), 수심 200 m 이내의 대륙붕 지역인 **천해대**(neritic zone), 깊은 먼 바다지역인 **외양대**(oceanic zone)로 구분된다. 저생생물이 서식하는 바닥을 중심으로 구분하면 연안대(littoral zone), 대륙붕의 **아연안대**(sublittoral zone), 대륙사면의 **점심해저대**(bathyal zone), 수심 2,000~6,000 m인 **심해평원**(abyssal plain)의 **심해대**(abyssal zone), 그리고 수심이 11,500 m나 되는 해구 등의 **초심해저대**(hadal zone)로 나뉜다(그림 10-3).

탁도나 계절에 따라 다소 달라지지만 대략 150 m 깊이까지는 광합성이 일어나며 이 지역을 **유광대**(photic zone), 그 이하를 **무광대**(aphotic zone)라 한다.

(1) 연안대

연안대는 하루 두 번 만조시 물에 잠기고 간조시는 육지이기 때문에 온도나 다른 물리적 환경이 극단적으로 변하며, 생물은 파도의 영향을 받는다. 연안대는 다시 사리 때만 잠기거나 해수 입자의 영향을 받는 **조상대**(supratidal zone), 평균 간조선 아래인 **조하대**(subtidal zone) 그리고 이 둘 사이의 **조간대**(intertidal zone) 등 세 지역으로 나뉘며 여기에 서식하는 생물들은 암석과 모래에 따라 구성종이 달라진다.

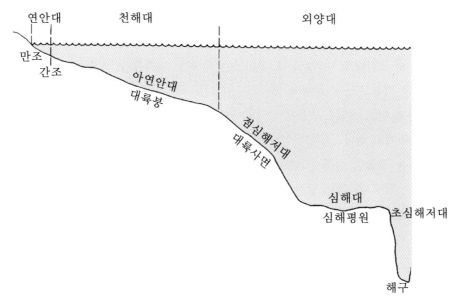

그림 10-3. 해양의 구조.

① 암벽 해안

대부분의 생물은 바위에 부착하여 생활한다. 조상대에는 흑색의 남조류가 있으며 경단고둥이 이것을 먹고 대형 등각류인 갯강구는 파도에 밀려온 해초를 먹는다. 조상대 아래쪽의 조간대에는 혹독한 환경이지만 다양한 생물이 서식한다. 즉, 우리나라 서해안의 경우 따개비, 군부, 맵사리, 총알고둥, 두두럭고둥, 눈알고둥, 대수리, 거북손, 굴, 말미잘, 담치, 삿갓조개, 배무래기, 성게 등이 바위의 겉이나 틈 그리고 해조류에 부착하여 고착생활을 한다. 말미잘은 일부 운동성이 있는 것도 거의 움직이지 않는다. 뜸부기를 비롯한 해조류도 그 종류가 매우 많다. 연안대의 생물은 대부분 아가미 호흡을 하지만 썰물 때도 적응할 수 있는데 이때는 움츠리거나 고둥 등의 버려진 패각으로 들어가서 수분 손실과 포식을 피한다.

조하대에는 대형의 갈조류가 서식하며 만조시 조간대로 올라오는 종류를 포함하여 동물의 종이 다양하다. 전형적인 동물로는 말미잘, 불가사리, 성게, 다모류, 해삼, 나새류, 게 등이 있다. 대형 해초에는 규조, 태선충류, 척색동물인 우렁쉥이 등 여러 가지 생물이 붙어살며 해초의 엽상체 뿐만 아니라 흡착부에도 하조대의 대표적 저생생물인 해면, 원색동물 등이 산다. 고착생물의 수직 분포는 상부에서는 물리적인 요인에 의하여, 하부에서는 생물적 요인에 의하여 결정된다(Connell, 1961). 즉 상부에서는 건조나 온도 변화가 중요하고, 하부에서는 경쟁이나 피식에 의해 결정되지만 유충의 서식지 선택도 대상분포에 근인(proximate factor)으로 작용한다(Underwood and Denley, 1984).

② 모래 및 개펄 해안

기질이 불안정하기 때문에 부착생물보다는 구멍 속에서 생활하는 것이 많다. 조상대의 동물은 간조시 조간대로 내려오는데 여기에는 유령게, 다지류가 있고, 조간대에는 단각류, 대합, 바지락, 비단고둥, 쇠우렁이, 등각류, 다모류, 갑각류 등이 있으며 간조시는 구멍 속에서 생활하고 만조시에는 구멍에서 나와 활동한다. 큰 동물이 만든 구멍을 간조시 작은 동물이 이용하기도 한다. 조하대에는 복어, 숭어, 도다리, 놀래미 등의 어류와 만조시 조간대로 올라오는 생물인 성게, 가리비, 꽃게 등이 있다.

모래해안은 암벽해안과는 달리 해조류에 의한 유기물 생산량이 적기 때문에 초식자보다 부니식자가 많다.

③ 하구

하구(estuary)는 해안가의 수계로서 해수와 담수가 합쳐지는 지역인데 생산자나 소비자의 생산성이 높은 곳이다. 그 이유는 우선, 조수가 영양분을 공급하고 노폐물을 제거하며,

다음으로는 다양한 부유생물, 해초 그리고 늪지의 단자엽식물 등 생물종이 풍부하기 때문이다. 하구에서 생산된 유기물은 인근 바다로 흘러나가는데 대부분의 연안 어패류는 생활사 중 일부를 이곳에서 보낸다.

일반인들은 최근에야 하구와 해안염습지의 중요성을 인식하기 시작하였다. 내륙의 습지와 마찬가지로 염습지는 정부나 일반 시민에게 모기가 들끓는 곳으로 여겨져 보통은 이곳을 개간하여 공장부지, 운동장, 계류지 등으로 활용되었다. 해안의 염습지는 미국뿐만 아니라 17, 18세기에 간척 계획을 수립한 영국의 Fenland에서도 수난을 겪고 있다.

이 지역의 원주민들에 의하면 염습지를 개발하기 전에는 습지에서 어류와 목초를 얻고 거위 등을 사육하여 풍요로운 환경에서 살아왔으나 공장지대나 농장으로 간척한 뒤 생산성은 높아졌지만 생물종은 감소하였으며, 이탄이 고갈되면서 지표가 하강하고 황폐해져 원주민은 고향을 버릴 수밖에 없었다. 일부 지역에서는 화학오염의 효과가 나타나고 있으며 지금은 간척사업이 중단되었다.

우리나라에서는 전 국토의 5%가 간척지인데 1970년대 이후 현재까지 대규모 간척사업이 진행되어 서해안의 지형이 바뀌었다. 간척지는 농경지, 공장부지, 쓰레기 매립장 및 위락시설로 이용되고 있으며, 이로 인하여 어획고가 급감하는 등 주변 생태계가 변화되었다.

④ 산호초

Odum (1971)은 산호초를 사막의 오아시스라 하였지만, 산호초는 아름다울 뿐만 아니라 생산성, 종다양성 및 복잡한 상호 의존관계의 측면에서 실로 경이적이다 (Fricke, 1973). 산호류에는 여러 가지가 있지만, 산호초는 수온이 20℃ 이상(최적온도는 23~25℃)에서만 생기므로 위도가 남·북위 30° 이내에서만 나타나며 한류의 영향을 받는 대륙의 서해안에는 없다.

산호초 (coral reefs)는 강장동물인 산호충의 군체이지만 산호충 이외에 다양한 동물이 산다. 그리고 산호초에서 실제 살아있는 부분은 얇은 표면뿐이며, 그 아래는 과거에 형성된 죽은 골격인 탄산칼슘으로 되어 있다. 산호는 간조 수위로부터 깊이 50 m까지 서식하며 해면이 올라오면 위로 더 클 수 있고, 하강하면 섬으로 나출되어 상부의 산호는 죽고 골격이 분해되기 시작한다.

육지와 바다의 상대적인 관계에 따라 산호초의 종류가 달라지는데 해안에 붙은 **거초** (fringing reef), 산호초와 해안이 서로 떨어져 그 사이에 해협이 있는 **보초**(barrier reef), 육지와 떨어져 있고 산호초가 대체적으로 환상을 이루나 중심부가 더 낮은 **환초** (atoll) 등이 있다. 산호초는 섬의 주변부나 대륙을 따라 적당한 깊이에서 성장하는데 육지가 침강하거

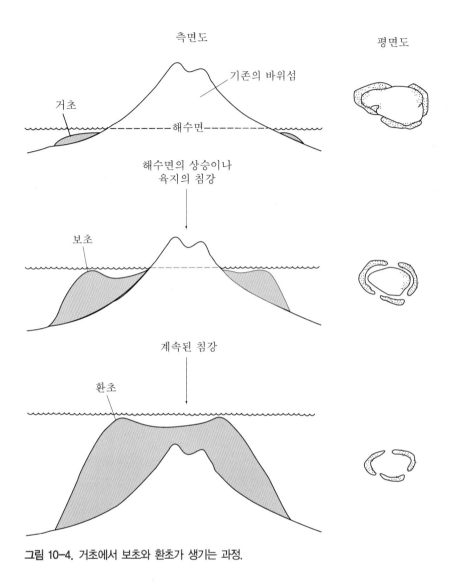

측면도   평면도

기존의 바위섬

거초

해수면

해수면의 상승이나
육지의 침강

보초

계속된 침강

환초

그림 10-4. 거초에서 보초와 환초가 생기는 과정.

나 해수면이 올라오면 상부로 성장하며, 파도는 생장을 촉진하지만, 담수나 흙은 억제시킨다. 거초가 생긴 후 보초가 형성되고 기존의 육지가 해수면 이하로 침강하면 산호가 상부로 성장하여 환초가 된다(그림 10-4).

   보통 산호초라 부르지만 이것을 형성하는데 여러 종류의 생물이 관여한다. 무척추동물이나 녹조류는 탄산칼슘을 침적시키고 태형동물이나 홍조류는 이러한 골격을 다져줌으로써 산호초 형성을 도와준다. 또한 낡은 산호초를 먹어 없애기도 하고, 파도는 산호초를 부수며 조개, 다공류, 해면 등은 구멍을 뚫고 들어가고, 해삼은 산호초를 파괴한다. 놀래기는 살아 있는 산호를 갉아먹고 소화하여 다시 미세한 탄산칼슘 입자를 내놓는다(Fricke, 1973). 산호초의 형성에 직접 관여하지는 않지만 다양한 생물이 산호군집을 이룬다. 1 m 이상이나 되는 거대한 조개는 잘 알려진 동물 중의 하나이며 성게, 산호충, 해면류, 불가사리 등을 먹고사는 새우 등의 무척추동물이 있다.

어류는 매우 다양한데 이들은 색조가 밝고 자기구역을 가지며, 크고 납작한 형태가 일반적이고 산호의 가지나 갈라진 틈으로 민첩하게 이동한다. 길고 주머니 형태로 된 입은 틈에 있는 먹이를 꺼내기 쉽게 적응된 것이며 큰 육식동물에는 상어, 창꼬치, 곰치 등이 있다. 산호군집 내에는 어떤 작은 어류가 큰 어류의 입 속이나 아가미로 들어가 체외기생충인 단각류를 먹음으로써 이루어지는 **청소공생**(cleaning symbiosis)이 있다(Eibl-Eibesfeldt, 1955; Limbaugh, 1961).

청소공생이 선천적인 것인지 후천적인 것인지는 확실하지 않다. Hediger는 6년 동안 농어의 치어를 1 m 정도 크기로 사육한 후 사육통에 놀래기를 넣었더니 농어는 입과 아가미 뚜껑을 열고, 이때 놀래기는 농어에 기생충이 없음에도 불구하고 청소하러 들어갔다. 두 마리의 놀래기를 더 넣었더니 이들도 같은 행동을 하였으며 며칠 후 농어는 몸을 흔들고 구석으로 숨었으나 놀래기를 잡아먹으려고 하지 않았다. 청소공생은 상리공생인데 청소를 당하는 생물은 기생충이 제거되므로 이롭고, 청소하는 생물은 먹이를 공급받고 피식을 피할 수 있기 때문이다.

산호초의 생산성을 측정하기는 곤란한데 이는 여기에 서식하는 생산자와 소비자가 긴밀히 연결되어 있고 생산자가 다양하기 때문이다. 생산자의 생물량은 열대우림의 45 kg/m^2에 비하여 매우 적은 1 kg/m^2 이하이지만 순생산력은 대략 $2,500 \text{ g m}^{-2} \text{ yr}^{-1}$으로 매우 높다 (Odum and Odum, 1955).

⑤ 맹그로브 소택지

열대지방 해안의 60~70%는 맹그로브(mangrove)로 되어 있으며 이것은 산호초의 배후면이나 만의 내부, 섬으로 둘러싸여 보호를 받을 경우만 형성된다. 또한 산호초나 모래해안에도 있으나 조간대의 개펄 해안에 잘 발달된다. 만조시에는 수관만 보이나 간조시에는 토양 표면의 뿌리까지 들어난다. 맹그로브는 광엽상록교목, 혹은 관목인 염생식물이다. 대부분 피목을 통하여 산소와 이산화탄소를 교환하는 **호흡근**(breathing root)을 가졌으며, 열매가 모체에 붙어 있는 동안 열매 속에서 종자가 발아하여 지표면으로 떨어지는데 그 자리에서 자랄 수도 있고 해류를 따라 멀리 이동할 수도 있다(그림 10-5).

이러한 것은 고장액에서의 발아를 피하는 장점으로 볼 수 있다(Joshi, 1933~1934). 일단 뿌리를 내리면 뿌리로부터 들어오는 염을 제한할 수 있고 잎의 염선을 통하여 밖으로

그림 10-5. 맹그로브 소택지(오경환, 2004).

배출하기도 한다. 맹그로브는 종간경쟁, 해수의 염분도, 토양의 특성, 침수의 빈도 등에 의하여 성대구조가 형성된다.

(2) 점심해저대, 심해대 및 초심해저대

점심해저대(bathyal zone)는 대륙붕(continental shelf)과 해저 사이의 사면으로 골짜기가 있고 동물상이 비교적 풍부하다. 규소골격인 유리해면, 불가사리와 유연관계가 깊고 고착 생활을 하는 갯나리, 새우, 대합, 전두류 등이 있다.

심해대(abyssal zone)는 깊어질수록 생물의 수나 종류가 감소하며 대부분은 보편종인데 이는 수온이 2~3℃이고 항상 어둡고 물리적 환경이 일정하기 때문이다. 바닥은 분비물이나 붉은 점토로 되어 있으며 생물은 바닥의 유기물질을 먹는 부니식자와 이들을 먹는 포식자로 구분된다. 부니식자에는 해삼이나 투명한 극피동물이 대부분이지만 이 밖에도 연체류, 갑각류, 다공류 및 세균이 있으며 포식자로는 어류가 있다.

열수구 생태계를 제외하고는 해저의 저생생물은 유광대에서 내려오는 에너지원인 부니질에 의존한다. 생물량은 5 g/m^2 이하로서 많지 않은데, 수분 함량을 빼면 건량은 0.1 g/m^2 이하이다(Thorson, 1971).

바다 전역에는 해류가 있기 때문에 호수와 같은 산소의 고갈 현상은 나타나지 않는다.

따라서 생물은 저산소에 적응하는 기작보다는 불안정한 바닥과 어둠에 대한 적응력이 더욱 중요하다. 여기에 사는 어류나 오징어 등은 긴 발, 긴 지느러미, 가시돌기 등으로 불안정한 바닥에 적응하고, 발광기관으로 먹이를 찾거나 이성을 확인한다. 이때 빛은 탐조등처럼 밝은 것도 있고 형광처럼 약한 것도 있다. 350기압에도 불구하고 압력에 대한 특수 적응 기작이나 부레가 없는데, 이는 생물체의 내외가 같은 압력하에 있기 때문이다.

(3) 천해대와 외양대

천해대(neritic zone)의 가장 낮은 부분만 제외하면 주요 생산자는 식물플랑크톤이며 특히 규조와 와편모조류가 대부분이다. 크기가 2~20 μm인 **미세플랑크톤**(nanoplankton)이나 0.2~2 μm인 **극미세플랑크톤**(picoplankton)의 생산량이 상당 부분을 차지하며, 이들은 너무 작아 1 mm의 플랑크톤네트에는 걸리지 않는다(Li *et al.*, 1983). 식물플랑크톤은 동물플랑크톤에게 먹히고 이들은 더 큰 생물에게 먹힌다. 세균은 죽은 세포, 다른 부유생물의 배설물 및 용해성 유기물을 분해하는데, 세균을 작은 편모류가 먹고 이것을 원생동물이 먹는지는 확실하지 않다.

해양의 동물플랑크톤은 다양한데, 특히 천해대에서는 고착동물과 저서동물의 운동성 유생도 한 몫을 하고 있다. 이렇게 일시적으로 부유생물인 경우는 따개비, 성게, 다모류 및 게의 유생이 있다. 이 지역의 주요 종으로는 단각류, 크릴새우, 해파리, 빗살해파리, 유공충류나 방산충류 등이 있다.

동물플랑크톤을 먹는 유영생물은 청어, 정어리, 오징어, 수염고래 등이 있고 그 위 단계의 육식동물로는 이가 있는 고래, 상어 및 새가 있다. 원양에는 주로 신천옹, 섬새류, 바다제비, 펭귄 등뿐이지만, 천해대에는 이 외에도 갈매기, 제비갈매기, 바다오리, 펠리컨, 북양가마우지 등 많은 종이 있다.

광합성량이 식물의 호흡량보다 많은 곳의 깊이는 천해대의 탁한 물에서는 30 m 정도이며, **원양대**(pelagic zone)의 아주 맑은 곳에서도 200 m 이상을 넘지 못한다. 따라서 이보다 깊은 곳의 생물은 상층에서 생산된 유기물에 의존하며, 비교적 얕은 지역은 부유생물이나 다른 생물의 사체가 침강하여 많은 양이 유입되지만 깊은 곳에서는 여분의 유기물이 바닥에 퇴적되기 전에 분해된다.

2) 생산성

바다는 자원이 무한한 곳으로 알려져 있지만, 식량으로서의 어류나 조류는 결코 무한한

것일 수는 없다. 더욱이 바다의 대부분이 생산성이 매우 낮은 곳으로 이곳의 순1차생산량
은 육상의 반사막과 같은 $500 \sim 600 \, kcal \, m^{-2} \, yr^{-1}$이다. 대양에서 1차생산량의 제한요인은 인
이며 생물의 사체가 바닥으로 침강하여 광합성층에서 영양소의 손실이 일어난다. 더구나
육상 호수와는 달리 바닥이 너무 깊기 때문에 물의 회전이 일어나지 않아 영양소의 재공급
이 되지 않는다.

모든 영양소의 재생산이 생물의 사체가 바닥에 도달할 때까지 늦춰진다면 실제보다 영
양소의 공급은 더욱 악화될 것이다. 그러나 유기물은 서서히 침강하면서 부패하며, 동물의
배설물은 즉시 식물성 부유생물에게 이용되고 이들의 배설물도 즉시 세균에 의하여 분해되
어 영양소가 된다.

사람이 식량으로 이용할 수 있는 2차생산량은 매우 적은데 이는 먹이사슬이 길고 세균
과 같은 종속영양생물이 복잡하기 때문이다. 대양에서의 먹이사슬은 생산자로부터 연어나
참치까지는 5단계 (식물플랑크톤 → 작은 동물플랑크톤 → 큰 동물플랑크톤 → 더 큰 동물플
랑크톤 → 큰 어류)나 된다. 일부의 바다는 영양소가 풍부하고 생산성이 높다. 특히 사람에
게 중요한 용승류는 하부에 있는 영양소를 상부로 이동시켜 생산성을 높이는데, 페루만류
가 대표적이다. 태평양에서는 미시간호만한 넓이를 기본으로 연간 1,050만 ton의 멸치 어
획고를 보인다. 1차생산자인 규조의 연순생산량은 $4,000 \sim 5,000 \, kcal/m^2$로 높으며 하구나
산호초는 이보다 더 높다.

4. 습지

얼마 전까지만 하여도 습지는 쓸모없는 땅으로 여겨져 개간하여 농경지나 주택지로 이
용하는 것이 최상이었다. 1970년대 들어서면서 환경에 관한 인식이 새로워져 재평가되면
서 습지의 개발이 법으로 금지되었다. 근래에 습지를 보호하려는 국제적 제도인 람사협약
이 제정되어 여기에 가입된 나라는 임의로 습지를 훼손할 수 없다.

습지 (wetland)란 미국 어류 및 야생생물협회에 따르면 물로 포화됨으로써 토양 내외부에
서식하는 생물군집의 유형과 토양의 발달 특성이 결정되는 지역이다. 지하수위가 표면 근
처이거나 표면이 얕은 물로 덮여 있으며 육상생태계와 수중생태계의 추이대이다 (Cowardin
et al., 1979). 담수습지는 크게 **늪지** (marsh), **습원** (bog), **알칼리습원** (fen), **관목습원**
(shrub-carr) 및 **소택지** (swamp)로 구분된다 (Jeglum *et al.*, 1974).

그림 10-6. 벼과와 사초과가 우점하는 우포(오경환, 2006).

1) 늪

늪(marsh)은 부들 등 벼과식물과 사초과 식물이 우점하며, 호수나 연못의 주변부나 강을 따라 형성되지만 수위가 높은 곳에서는 수계로부터 멀리 떨어져서도 생긴다(그림 10-6). 정수는 연중 혹은 우기에만 생기며 깊이는 대략 2 m 이내이다. 토양은 대부분 무기질이지만 유기물의 함량도 높고 pH는 7 또는 그 이상이다. 여름에 물이 말라 바닥이 드러나면 **습초지**(wet meadow)라 불리는 늪지로 바뀌며 사초속 식물이 우점하게 된다.

늪의 식생은 수심, 천이계열 및 침입의 시기에 따라 군반을 형성하는데, 예를 들어 부들 늪에는 개연꽃이 자라는 깊은 곳, 갈대가 자라는 부분, 관목이 우점하는 곳, 사초가 우점하는 높은 지역 등이 있을 수 있다. 천이계열은 늪에서 관목습지를 거쳐 소택지삼림으로 되는 것이 일반적인 경향이다. 강우나 비버 때문에 수위가 높아지거나, 수위가 낮아지면 불이 나서 목본이 살지 못하기 때문에 늪지의 식생이 유지된다.

늪의 동물상은 물이 고여 있을 때는 연못생물인 무척추동물이 많으며 개구리나 두꺼비의 생식장소가 된다. 또한 조류도 매우 많아 300~400쌍/ha가 서식하며 뜸부기, 알락해오라기, 개개비, 흰뺨검둥오리, 논병아리, 쇠물닭 등이 대표적이다(Aldrich, 1943). 먹이는 건조지에서 구하지만 둥우리는 늪에 만드는 조류도 있다. 포유동물로는 초식성의 사향뒤쥐, 밍크 및 이를 잡아먹는 몇 종이 있다(Erington, 1957).

2) 습원

습원(bog)은 이탄이 쌓인 것이 특징이며 북반구, 특히 빙하가 있는 곳에서는 이탄이 집적된 함몰지가 흔하다. 이탄으로 덮인 얇은 습원은 습윤기후 지역에 널리 분포한다.

(1) 습원의 천이

전형적인 습원의 천이는 연못이나 호수의 가장자리에서 시작된다(그림 10-7). 여기에는 침수식물, 부엽식물 및 정수식물 뿐만 아니라 물 밖으로 부유성 매트를 형성하는 사초나 버드나무가 자란다. 매트 위에 물이끼나 다른 식물이 나타나는데, 이러한 식물들이 호수의 바닥에 퇴적되어 이탄층을 형성한다(그림 10-8). 수백 년 혹은 수천 년이 지나면 식물의 매트는 중앙부까지 침입하고 얼마 지나면 관목과 교목이 침입하여 삼림으로 되며, 죽은 식물은 이탄층을 형성하여 건조한 지역으로 바뀐다.

(2) 습원의 생육지 환경

습원에 물이끼가 생기면 다른 생물이 살기 좋은 환경으로 된다(Curtis, 1959). 습원의 물은 중성이지만 물이끼 등의 식물이 많아짐에 따라서 산성화된다(표 10-1). 그 이유로 첫째, 물이끼가 칼슘 같은 양이온을 흡수하는 대신 수소이온을 방출하고 둘째, 폴리갈락톤산 같은 유기산이 해리되어 수소를 내기 때문이다(Kilham, 1982). 그 결과 습원의 pH는 5, 때로는 4 이하가 된다(Boelter and Verry, 1976).

이탄과 마찬가지로 살아있는 물이끼는 건량의 15~20배의 물을 흡수하며 이들로부터 물이 쉽게 빠져나가기도 한다. 그러나 분해 중의 이탄으로 부터는 물이 쉽게 빠지지 않는다. 습원의 토양은 항상 물로 채워져 있지만 가끔 수위가 낮아져 마르기도 하는데, 이 때 식물의 지하부는 모관수를 이용한다.

습원은 수분 함량이 높고 물의 비열이 크며 이탄층의 단열작용으로 온도 변화가 느리다. 습원은 집수지에 있기 때문에 환경이 복잡하며, 주위 산지로부터 차가운 공기가 유입되어 봄에는 온도 상승이 매우 완만하지만 가을에는 온도의 하강이 완만하지 않다. 위스콘신 주와 같은 위도에서는 습원에 연중 어느 밤이라도 서리가 내릴 수 있으며 주위의 산지보다 밤 기온이 10~15℃ 낮은 것이 보통이다(Curtis, 1959).

물이끼의 검은 색깔은 햇빛을 잘 흡수하기 때문에 습원의 온도 상승을 가속화시킨다. 근권의 저온, 물의 산성 및 잎 부분의 고온으로 인하여 습원의 식물은 흡사 건조지대 식물처럼 형태를 변화시켜 적응하고 있는데, 잎이 두껍고 뒷면에는 털이 있으며 끝은 말려져 물

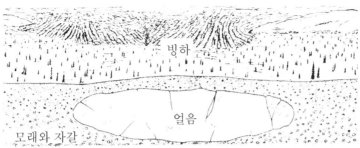

1. 11,000년 전 자갈 속에 파묻힌 얼음덩이

2. 얼음덩이가 녹은 후 물로 채워진 케틀호

3. 개방 수면의 가장자리로부터 발달하는 습원

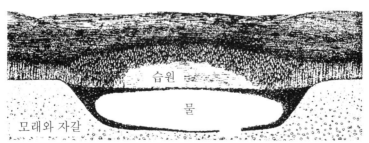

4. 현재의 케틀호 습원. 매트가 완전히 개방 수면을 덮고 교목이 들어서기 시작한다.

그림 10-7. 케틀호 습원의 발달 과정.

그림 10-8. 미시간주 Kalamazoo 지방의 케틀호 습원의 조감도. 습원의 중앙에는 물이끼와 진퍼리 꽃나무가 우점종이고 침엽수림대에는 미국잎갈나무이며 그 바깥으로 활엽수인 적단풍이 분포하고 있다.

을 저장하기에 알맞은 형태로 된다. 토양 내의 환경은 저온, 산성, 침수 및 저산소 상태이기 때문에 분해가 잘 일어나지 않아 바닥에 축적된 유기물은 이탄으로 되어 습원이 형성되는 것이다.

또한 이러한 환경은 미생물의 활동을 억제하므로 질소고정이 일어나지 않아 영양분이 적다. 이러한 습원에서는 대기로부터 무기영양분이 공급되는데, 빗물에는 영양분이 매우 적은데다 물이끼가 대부분 흡수하기 때문에 다른 식물은 이용하지 못한다. 일부 식충식물이 동물로부터 질소를 얻는데, 습원의 식충식물로는 *끈끈이주걱*, *끈끈이귀개*, *벌레잡이통발* (그림 10-9), *개통발* 등이 있다.

표 10-1. 미국 미네소타 주 Itasca 지방의 습원과 알칼리습원의 수질

수질 항목	습원	알칼리습원
pH	3.6	6.5
유기질소 (mg/L)	0.69	0.33
황산염 (mg/L)	4.6	6.0
칼슘 (mg/L)	2.4	16.6
마그네슘 (mg/L)	0.97	2.88
전기전도도 (μmho, 25℃)	51	125

그림 10-9. 벌레잡이통발(오경환, 2004).

(3) 알칼리습원

알칼리 습원(fen)은 영양소가 많은 이탄지이다. 이온이 많은 지하수가 흘러가는 사면의 아래쪽에 생기기 때문에 중성이거나 약알칼리성이다. 대부분 사초가 우점하지만 끈끈이주 걱같은 대표적인 습원식물도 있고 식물상이 매우 다양하다.

천이계열을 보면 잎갈나무가 먼저 들어오고 서양측백이 다음에 나타나지만 잎깔나무 없이도 서양측백이 들어오기도 하며, 서양측백림은 매우 오랫동안 유지된다. 이 삼림에는 특이한 몇 종의 새가 서식하며, 가문비나무림이 되면 아한대지역의 종들이 나타나 북방활엽수림의 조류상과 같아진다(Brewer, 1967; Ewert, 1982).

(4) 고층습원

대암산 용늪은 강원도 양구군과 인제군의 경계에 위치한 대암산(1,316 m) 정상 부근 북서 사면의 1,200 m 지점에 습원이 형성된 우리나라의 대표적인 고층습원이다. 학술적 보존의 가치가 높아 1973년부터 천연보호구역(천연기념물 제246호)으로 지정되어 보호를 받아 온 이곳은 큰 용늪과 작은 용늪으로 되어 있다. 이곳에도 이탄층이 형성되어 있으며 초본식물로 는 가는오이풀, 물이끼, 물꼬챙이, 삿갓사초, 새, 갈대 등이 분포하고 목본식물로는 꼬리조팝 나무가 자생한다.

3) 관목습원과 소택지

관목습원(shrub-carr)은 여러 종의 관목이 숲을 이루는 습지로서 관목은 늪, 알칼리습원 및 습원에 침입한다. 습원이 개방되면 대부분의 고유한 식물이 관목림의 형성과 함께 사라진다. 관목습원에는 덩굴성 식물종이 많으며 이들은 소택지가 형성될 때까지 계속되는데 여기에는 머루, 담쟁이덩굴, 으아리, 새모래덩굴 등이 있으며, 이곳에 여러 가지 조류가 서식한다.

소택지(swamp)는 교목성 목본식물이 있는 습지이며 위치나 구성종에 따라 세 가지로 구분된다. 즉, 이탄층에 잎갈나무, 가문비나무, 서양측백 등이 생육하고 있는 북방 침엽수소택지, 느릅나무, 물푸레나무, 자작나무 등이 대표종인 활엽수소택지, 낙우송, 삼나무 및 남방분자들이 우점하는 삼나무소택지 등이다.

4) 습지의 생산성

습지의 생산성은 다른 어느 곳보다 높아서 온대지방의 비옥한 갈대습지는 순생산량이 연간 15,000 kcal/m^{2}나 되며(Westlake, 1963), 열대의 늪지는 이보다 더 높다. 알칼리습원은 비교적 생산성이 높지만 습원은 연간 200 kcal/m^{2}이며 관속식물이 적은 곳은 더욱 낮다(Bartsch and Moore, 1985).

습지식물의 지하부는 생체량이 많지만 분해는 매우 느리다. 식생이 빈약한 알칼리습원에서 지상부의 분해 속도는 물이끼의 경우 연간 12% 이하이고 사초류는 13~22%이다(Bartsch and Moore, 1985). 분해속도는 영양소의 함량에 따라 달라지는데 물이끼가 우점하고 비옥도가 낮은 습원에서는 벼과의 알칼리습원보다 느려 훨씬 이탄이 빨리 축적된다.

5. 동굴

온대지방에서 습지, 암석지, 동굴 및 다른 특수한 서식지의 생물상은 주위의 일반적인 삼림의 생물상과는 전혀 다르다. 이러한 서식지는 지리적으로 일부 지역에만 국한되는 것도 있지만, 전 세계적으로 여러 곳에서 흔히 나타나는 것도 있다. 또한 최근에 공업의 발달로 제련소, 방사능 지역 주변의 변화된 환경에 새로 적응하는 종들이 나타나고 있다. 동굴은 지표면 밑으로 길게 뻗은 빈 공간으로, 가장 잘 알려진 것은 지하수에 의하여 형성된 석회암지대의 석회동굴이다(그림 10-10). 동굴에는 지하수가 연중 있는 것, 일정 계절에만 있는 것, 항상 없는 것 등이 있다.

동굴의 가장 중요한 특징은 빛이 없으며, 수량의 변화를 제외하면 물리적 환경이 일정하

그림 10-10. 석회동굴의 내부.

다는 것이다. 또한 습도가 매우 높고 기온은 일변화 및 연변화가 없으며 지상부의 연평균 기온에 가깝다. 물은 경수이며 알칼리성이다. 빛이 없어 광합성을 하지 못하므로 에너지원은 외부에서 들어오는 유기물에 의존한다. 그 결과, 물과 함께 내려온 용해성 혹은 입자성 유기물을 먹는 세균이나 부니식자로부터 먹이사슬이 시작된다. 입구가 크면 낙엽, 낙지, 지렁이, 곤충 등의 큰 유기물이 내려오기도 한다.

또 다른 형태의 유기물 공급은 동굴 밖에서 활동하다 들어오는 생물에 의한 것인데 대표적인 종은 박쥐이다. 그 밖에 많은 동물이 동굴을 수면, 번식과 새끼의 양육, 동면 등에 이용하는데 독수리, 늑대, 곰 등은 잘 알려진 동물이며, 이들이 동굴로 들어올 때 동식물을 묻혀오고 이들의 사체 및 분뇨를 동굴에 남김으로써 많은 양의 에너지가 유입된다. 동굴생물은 지표생태계와 직접 관계를 맺지만 전혀 밖에 나오지 않고 영원히 동굴생활만 하는 생물도 있다. 박쥐는 초음파를 사용하며 그 밖에 쏙독새와 칼새가 둥우리를 만들고 사는데 이들도 음파 탐지를 이용한다.

동굴에 사는 생물은 전 세계적으로 유사한데 플라나리아, 등각류, 이각류, 파충류, 동굴어류 및 도롱뇽 등이 있다. 동굴귀뚜라미, 다족류, 거미, 톡토기, 딱정벌레 등은 육상에도 있으며 거미와 동굴어류는 동굴생태계의 최종 육식동물이다. 동굴생물은 성장이 늦고 적은 수의 알을 낳기 때문에 이들은 K-선택종으로 볼 수 있으며 동굴 환경에 매우 알맞은 형태이다.

동굴생태계가 안정된 이유 중의 하나는 먹이가 너무 적어 제한요인으로 작용하기 때문이다. 따라서 동굴생물은 먹이 결핍에 적응할 수 있는 내성종이어야 하며(Grime, 1979), 이들은 물질대사 속도가 매우 느리다. 동굴동물의 공통점은 눈과 색소가 없다는 것이며 (Elgenmann, 1909), 이러한 특징은 유리한 것으로 볼 수 있지만(Culver, 1982), 환경에 대한 능동적 적응현상인지 우연한 유전적 결함이 자연선택에 유리하였기 때문인지는 알 수 없다. 눈이 소용없는 서식지에서는 긴 더듬이 같은 다른 감각기관을 발달시키는 것이 유리하다.

연·습·문·제

1. 호수 생태계에서 물의 밀도와 수온과의 관계에서 생물에게 유리하게 작용하는 내용을 설명하시오.

2. 복순환호와 부분순환호에 대하여 다음 사항을 간단히 설명하시오.
   1) 복순환호가 주로 온대지방에 분포하는 이유
   2) 복순환호에서 물의 순환에 의하여 표수생물과 저생생물이 각각 얻는 이점
   3) 얕은 호수(수심 2 m 이내)와 깊은 호수(수심 100 m 이상)에서도 물이 복순환하는지의 여부
   4) 복순환호와 부분순환호 중 생물의 층구조가 뚜렷한 곳과 그 이유

3. 호수 생물을 서식형별로 구분하여 중요한 제한요인을 제시하고 이에 대한 적응 형태를 설명하시오.

4. 담수호의 연안대와 해양의 연안대에서 물리적 환경의 차이와 이에 따른 생물의 분포 양상을 비교하여 설명하시오.

5. 하구 생태계가 생산성이 높은 이유를 설명하시오.

6. 늪과 습원을 비교 설명하시오.

7. 지구의 온난화가 진행된다면 고층습원은 어떻게 변할지를 설명하시오.

8. 해양에서 심해대 생물의 적응 형태를 설명하시오.

생태학의 응용

제11장 생태학의 응용

인간 활동에 의한 자연의 훼손과 파괴는 대부분의 다른 생물들에게 해를 끼쳐왔고 인간 자신에게도 다양한 형태로 악영향을 미치고 있다. 복원생태학은 그러한 추세를 역전시켜 다양한 생물들에게 새로운 서식처를 찾을 기회를 제공하고 인간에게도 그러한 영향으로부터 벗어날 가능성을 제시하고 있다. 교란된 지소에서 자연현상 중 하나로 진행되는 천이는 인간의 어떤 도움이 없이도 생태계를 재창조하는 자연의 능력을 보여주는 좋은 예라고 할 수 있다. 이러한 사실을 고려할 때 어떤 목적을 가지고 체계화된 인간의 보조가 뒷받침된다면 훼손된 환경은 보다 신속히 개선될 것이다.

경관이란 우리가 눈으로 보고 직관적으로 느낄 수 있는 자연의 생김새이다. 즉 농촌과 도시 경관, 자연과 인공 경관에서 보이는 하천과 호수, 토지의 경계나 산림의 생김새를 말한다. 우리가 구별할 수 있는 논과 밭, 숲, 습지, 마을 등은 이들 경관을 구성하는 요소이다. 경관 요소들은 시간에 따라서 변하고 생태적 기능에 영향을 준다. 경관을 변하게 하는 요인은 물리적인 환경, 자연적 교란, 인간 활동에 의한 공간의 단편화 및 변형 등이 있으며 이를 통해 공간 요소의 배열과 생태적 성질이 변화된다. 경관생태학은 이렇게 상호 연결되어 있는 요소들이 변화됨으로써 생기는 공간적인 유형화의 중요성을 밝히는 생태학의 한 연구 분야이다.

1. 복원생태학

인류는 많은 생물과 그들의 환경으로 이루어진 생태계 내에 존재하는 하나의 생물 종에 불과하지만, 그 생존을 위해 다른 생물과 비교하여 너무 많은 자원과 에너지를 필요로 한다. 그것을 얻기 위해서 다른 생물과 생태계에 여러 가지 영향을 주고 때로는 그것을 파괴하면서 인류가 존재하고 문명을 발전시킨다.

특히 현대 문명에서는 인구의 급속한 증가와 도시에 과도하게 인구를 집중시킨 결과 많은 생물 종을 사멸시켰으며, 자연생태계를 오염시키고 파괴시켰다. 인간이 자신의 생활 터전이기도 한 환경을 그렇게 만들어 자신들은 환경문제에 직면하게 되었고, 그러한 환경문제는 이미 전 지구적 규모에 이르고 있다.

우리들이 오랜 기간 즐기며 우리와 함께 살아왔던 자연환경이 급속히 변화되거나 사라지고 있기 때문에 얼마 전까지 우리 주변에 가까이 있던 식물, 곤충, 작은 동물, 그리고 들판에서 지저귀던 새소리와 물소리까지도 인간으로부터 멀어져 가고 있다. 그러나 인류도 하나의 생물종인 이상 다른 생물들과 그 주위의 환경의 조합으로 이루어진 생태계와 별도의 삶을 유지할 수는 없다. 자연과 공존하고 다양한 자연과 조화로운 관계를 유지하여야만 인류의 존속이 가능하다.

그리고 자원과 에너지의 이용에 있어서도 그 소비와 폐기물의 양을 가능한 한 줄이고 재순환(recycle)을 위해 노력하여 생태계 전체의 안정성을 확보하여야 생존할 수 있다. 더 나아가 이제 인류는 새로운 차원의 재순환인 토지의 재순환, 즉 자연환경의 복원을 추구하여 인간을 비롯한 모든 생물의 생존 환경을 확보하기 위한 노력을 기울여야 한다.

복원생태학(restoration ecology)은 온전한 자연의 체계와 기능을 모방하여 인간이 훼손시킨 자연을 치유하여 다양한 생물들에게 서식공간을 제공하고 인류의 미래 환경을 확보하고자 하는 환경기술이다(Aronson *et al.*, 1993; Berger, 1993; National Research Council, 1991). 그것은 어떤 대상을 탐구하여 그 실체를 밝히는 단계를 지나 의사가 환자를 수술하여 치료하는 것과 같이 그 동안의 연구를 통하여 획득한 자연에 대한 지식과 정보를 바탕으로 병든 자연을 수술하여 치료한 후 온전하게 되돌려 놓으려는 자연환경에 대한 수술이고 치료이다.

자연 복원은 오늘날 그 연구와 실천이 널리 행해지고 있다. 그러나 자연 복원에 대한 생태학적 연구의 역사는 짧고 실증적 주제의 연구 성과도 매우 적다. 자연 복원의 기본은 현존하는 자연환경을 충분히 이해하고 활용하면서 기존의 자연을 유지시키는 것이다. 즉, 자연 복원은 자연의 체계에 바탕을 두고 훼손된 자연을 치유하는 행위로서 자연의 유지, 복원, 보전 및 보호를 주요 관심 대상으로 삼고 있다.

그 동안의 연구를 통하여 생태학은 인류를 포함하여 수많은 생물들이 살아가는 모습과 그 환경을 지배하는 원리를 밝혀왔다. 그러나 아직 그 원리를 실제 현장에 적용하는 실용화 측면의 연구는 크게 진전되지 못하였다. 이처럼 학문적인 성과가 아직 미숙하기 때문에 자연 복원이라는 말을 사용하지만 종종 자연환경을 오히려 파괴하고 그것을 오용하는 경향도 있다. 한번 훼손된 자연을 복원하는 데는 많은 시간과 에너지가 필요하고, 또 많은 시간과 에너지를 투자하고도 성공을 장담할 만한 과학적 기술이 아직 정립되지 못하고 있다.

복원생태학은 비교적 최근에 하나의 보존 전략과 학문으로 인정받기 시작하였다. 그럼에도 불구하고 선진국의 경우를 보면 그 원리와 개념은 정부기관이나 민간단체의 환경계획 및 프로그램 개발에서 주요한 역할을 담당하고 있다(MacMahon, 1997). 생태학적 복원은 학술 분야에서도 활발하게 발전되고 있다. 1987년에 창설된 복원생태학회는 공식 학술지로 'Restoration Ecology'를 발행하고, 미국생태학회는 복원생태학 분야가 중심이 되어 기존의 학회지와 별도의 공식 학술지인 'Ecological Applications'를 발행하여 이 분야가 날로 발전해가는 모습을 반영하고 있다. 뿐만 아니라 Wisconsin대학에서는 1982년 이후 학술지 'Restoration and Note'를 발행하여 대표적 실천과학으로서의 복원생태학에 관한 연구와 정보 교환을 주도하고 있다.

1) 복원 사상의 성립 배경

어떤 생물 개체를 둘러싸고 있는 실체를 통틀어 환경이라고 한다. 이러한 환경은 본래 모두 자연적 요소로 구성되어 있었다. 즉, 환경은 본래 자연환경 그 자체였다. 그런데 여기에 인간이 등장하면서 인간은 자연환경 속에서 자신의 생활에 보다 편리한 별개의 환경을 만들어내고 있다. 그것은 당초에는 부족한 점이 많았지만 점차 그 규모가 확대되고 질적으로 향상되어 특히 지난 몇 세기 동안에 자연환경과 대등한 수준에 이르게 되었다.

그리고 현재는 그것을 능가하는 규모가 되고 있다. 이와 같이 인간에 의하여 만들어진 환경을 자연환경에 대하여 인위환경이라고 한다. 이러한 인위환경은 자연환경과 독립적으로 존재할 수 없다. 그것은 내적으로 완전히 인위적 요소만으로 이루어진 것이 아니고, 외적으로도 자연환경과 독립적으로 존재할 수 있는 것이 아니다. 즉, 자연환경은 인위환경이 존재하지 않아도 성립될 수 있지만 인위환경은 자연환경 없이는 성립될 수 없다. 그러한 인위환경이 이제는 자연환경의 규모를 넘어 계속 확대되어 소위 지구환경의 위기라고 불리는 문제의 근본적인 원인이 되고 있다.

이러한 사태는 수십 년 전부터 여러 학자에 의해 주장되어 온 것이다. 그리고 그것은 인위환경의 무제한적 확대로 인하여 자연환경이 위기를 맞고 있다는 측면에서 받아들여졌고, 급기야는 그 면적이 계속적으로 축소되고 있는 자연환경을 지키자는 주장이 제기되었다.

다양한 경로를 통하여 이러한 인식이 확산되면서 자연에 대한 사람들의 관심은 점점 높아져 자연을 지키는 것이 바로 인류의 삶의 터전인 환경을 지키는 것이라는 생각이 자리를 잡아가고 있다. 이러한 생각은 위기의식을 느낄 정도로 주변의 자연이 소실된 데 기인한다고 볼 수도 있다. 더욱이 이제 사람들은 단순히 자연을 보호하고자 했던 과거의 생각에서 한 단계 더 나아가 자연을 가꾸고 그것이 부족할 때는 복원을 통하여 보충하고자 하는 수준에 와 있다고 할 수 있다. 그리고 이러한 의식 수준의 진전이 복원 사상을 태동하게 한 배경이라고 할 수 있다.

2) 생태적 복원이란?

생태적 복원에 대한 정의는 다양하다(National Research Council, 1991; Jackson *et al.*, 1995; SWS, 2000). 모든 정의는 적극적으로 인간이 개입하여 부정적 결과를 이루어 낸 생태계 개발을 되돌려 놓는다는 생각을 내포하고 있다. 우선 국제복원생태학회(SER International; SER 2002; www.ser.org)가 제시하고 세계자연보전연맹(IUCN)이 채택한 다음과 같은 정의를 수용하고자 한다.

즉 **생태적 복원**(ecological restoration)은 질이 저하되거나 훼손 또는 파괴된 생태계의 회복을 돕는 과정이다. 이 정의는 매우 광범위하지만 복원이 어떤 실질적인 책무도 없이 이론적인 것만 주장하는 것이 아니라 현재의 사회 및 환경문제에 적극적인 관계를 갖고 참여하고 있다는 것을 분명하게 보여준다.

실질적으로 실행을 할 때는 생태적 복원이라는 말을 사용하고, 이러한 행동이 바탕을 삼아야 하는 기초과학에는 복원생태학이라는 용어를 사용한다. 생태적 복원은 복구(rehabili-tation), 기능적 복원(reclamation), 생태공학(ecological engineering) 및 조경(landscaping)과는 생태계의 구조나 기능의 모든 면이 고려되고 다루어진다는 점에서 차이가 있다.

3) 복원의 개념과 종류

자연의 복원은 가능한 모든 과학기술을 동원하여 훼손된 자연을 훼손되기 전의 상태로 회복시키는 것을 말한다. 즉, **복원**(restoration)은 생태학적 원리를 바탕으로 자연적이며 자기유지적인 자연을 재창조하는 것이다. 이러한 복원은 생태학과 농학의 이론을 결합한 응용생태학의 한 분야로서 온전한 자연을 모방하여 훼손된 자연을 치유하는 일종의 환경기술이다(Aronson *et al.*, 1993; Berger, 1993; National Research Council, 1991).

훼손된 자연의 복원은 적합한 과학적 원리를 이용하여 약화된 자연의 기능을 회복하려는 시도로서, 훼손의 정도에 따라 복원 방법이 다르다. 즉, 자연의 회복 능력에 맡기는 방법, 최소한의 생물에너지를 투입하여 회복을 촉진시키는 방법, 종자의 파종, 묘목의 식재등 적극적으로 생물에너지를 투입하여 빨리 회복시키는 방법이 있다(Bradshaw, 1984).

한편, 복원의 종류는 공간 규모의 차이에 의해서도 구분될 수 있다(그림 11-1). 즉, 생태계 수준의 복원과 경관 수준의 복원이 이러한 기준에 근거한 구분이다(이 등 1998, Noss 1991). 그 중 지금까지의 복원은 대체로 생태계 수준의 복원을 추진하고 계획해왔다. 그러나 다양한 야생생물의 서식 기반을 되돌려주는 행위로서의 복원을 생각하면 경관 수준에서의 복원이 그러한 기회를 더 많이 제공할 수 있을 것으로 기대된다. 경관은 여러 개의 생

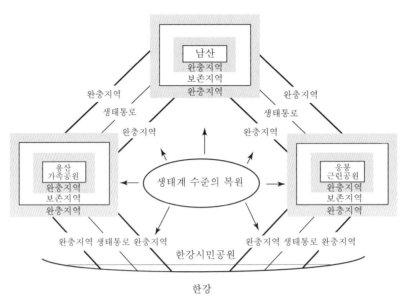

경관수준의 복원

그림 11-1. 남산의 생태적 질을 향상시키기 위한 복원계획. 복원계획은 생태계와 경관의 두 차원에서 검토되었다.

태계가 조합된 복합 생태계이다(Forman and Gordron, 1986; Forman, 1995; Zonneveld, 1995).

경관 수준의 복원이란 복원을 어느 한 생태계에 국한시키는 것이 아니라 생태계 복합체로서의 경관 수준으로 공간의 규모를 확장하여 보다 다양한 종류, 특히 고차 소비자의 생활환경을 확보해주는 복원이라 할 수 있다. 실제로 자연에서 동물들의 서식 활동을 보면 그들의 공간적 지위(spatial niche)가 하나 이상의 생태계에 걸쳐 있는 경우가 일반적이다. 그러나 문명화가 진행될수록 서식처 단절 현상은 심화되어 그러한 현상은 종을 절멸시키는 주요인으로 등장하고 있다.

이러한 현실에서 앞으로의 복원은 이러한 경관생태학의 원리가 반영된 복원을 고려하여야 할 것이다. 그러나 생태계 차원의 복원이 의미가 없는 것은 아니다. 상실되었거나 약화된 구조와 기능을 복원하는 생태계 차원의 복원이 이루어지지 않는 상황에서 경관 수준의 복원은 기대할 수 없기 때문이다. 다만 보다 충분한 야생의 상태를 회복하기 위해 생각을 크게 갖는 것이 필요한데(Noss, 1991), 다양한 경관 요소를 포함하는 복원은 그만큼 다양한 종의 회복을 가져올 수 있기 때문이다(Naveh, 1994; 1998).

4) 복원의 목표

어떤 지역을 복원하고자 할 때 우리는 그 출발선상에서 어떤 복원이 가능할 것인지를 잘 물어야 할 것이다. 우리가 알고 있는 자연적 토양 형성 과정과 자연적 생태계 발달 과정의 측면에서 볼 때 그 답은 틀림없이 긍정적이다. 그러나 있는 그대로의 물질로부터 시작하여 잘 발달된 생태계가 만들어지기까지는 100여년의 시간이 걸린다(Dickson and Crocker, 1953; Crocker and Major, 1955).

지질학적 시간 규모로 볼 때 이것은 초 정도에 불과하나 황폐화되거나 파괴된 토지 주변에 살면서 그것을 경험하는 인간에게 그것은 일생의 거의 두 배에 해당한다. 이것이 문명화의 안락함을 얻은 것에 대한 대가로 누구나가 치러야 하는 벌칙은 아니다. 따라서 우리는 계획의 추진에 앞서 어떤 수준의 복원을 목표로 하는가를 결정하여야 한다. 실제적인 측면에서 볼 때 적어도 네 가지 대안이 있다(그림 11-2).

복원과 관련된 몇 가지 용어의 개념을 파악하기 위하여 그들을 일반 생태학의 배경에 대

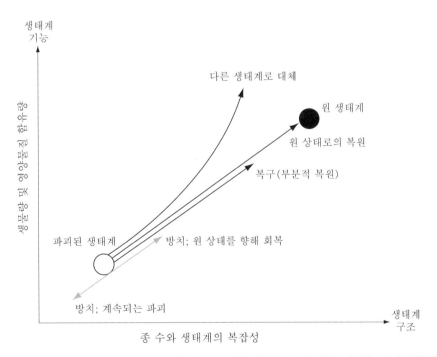

그림 11-2. 파괴된 생태계는 그 구조와 기능을 잃는다. 복원 계획의 목표는 우선 파괴된 장소를 복원을 할 것인지, 복구를 할 것인지, 대체할 것인지, 또는 가장 좋은 방법으로 아무런 행동을 취하지 않을 것인지 결정해야 한다. 복원 과정은 그 생태계를 원 상태로 바로 되돌리려는 시도이다. 완전한 복원은 원 상태로 돌아가는 것이고, 다른 경로는 복구나 다른 생태계로 대체되는 결과가 나타난다.

비시켜 보자. 생태계는 몇 가지 중요한 특징을 가진다. 첫째, 복원의 목적상 가장 중요한 것은 그들이 자연 발달 과정을 거친다는 것이다. 새로 만들어진 토지의 표면은 어떠한 식물도 없는 토양의 모재로서 자연 발달 과정을 시작한다. 토양 모 재료는 풍화되기 시작하여 영양염류를 유리시키고 식물이 정착하기 시작하며 토양에 유기물을 공급한다. 그러면 그 환경은 더 종류가 많고 몸집이 큰 종을 보유할 수 있게 되고, 그 결과 어떤 종집단이 다른 것으로 대치되며 점차 더 복잡한 생태계로 발달하는 천이가 일어난다.

중요한 변화가 생태계의 구조와 기능 모두에서 발생한다. 구조는 종수와 그들의 생태적 다양성이 증가함에 따라 더 복잡해진다. 기능은 생물량 및 염류순환의 측면에서 증가한다. 이러한 과정은 두 개의 축으로 생태계의 구조와 기능을 표현한 이차원 그래프로 나타낼 수 있다. 생태계의 자연적 발달 과정, 즉 천이는 그래프의 왼쪽 아래의 단순한 상태로부터 오른쪽 위의 더 복잡한 상태로 진행된다.

복원 과정을 같은 그래프로 나타낼 수 있다. 초기의 위치는 왼쪽 아래 부분이 될 것이다. 아무런 처리도 가해지지 않으면 보호되지 않은 물질들이 침식되기 쉽고 심지어 전체가 쓸려나갈 수도 있기 때문에 그 상황이 더 악화될 수 있다. 그러나 이러한 방치는 자연적 천이과정을 멈추게 하지 못하고, 생태계는 충분히 발달된 생태계로 서서히 발달하기 시작한다. 특별한 제한요소가 없을 때 이 과정은 온대지역에서 약 100년이 걸린다. 그러나 산성화, 중금속 독성 등과 같은 제한요인을 가지면 50년 또는 100년이 지나도 식물이 전혀 정착하지 못하는 경우도 있다(Bradshaw, 1995).

훼손된 환경에 대한 교정이 적극적으로 수행될 때 세 가지 목적이 가능하다. 첫째는 **복원**(restoration)인데 여기에서 시도하고 있는 것은 정확히 교란 이전의 상태로 돌아가는 것이다. 본래의 생태계가 수세기 또는 수천 년에 걸쳐 발달해왔기 때문에 이러한 수준에 도달하기는 매우 어려울 것 같지만 호주(Bradshaw and Chadwick, 1980)와 영국(Gillham and Putwain, 1977)에서는 상당히 성공한 사례도 있다. 두 번째 가능성은 충분한 복원과 유사한(그 보다는 약간 덜한) 어떤 것을 목표로 삼고 있는데, 우리는 그것을 **복구**(rehabilitation)라고 한다. 모든 복원을 사실 복구라고 주장할 수도 있으나 성과보다는 목표를 고려할 때 이와 같이 구분할 수 있는 것이다. 여기에서 정의하는 복구는 충분한 복원을 기대하지 않고 아극상(subclimax)과 같은 수준의 평형 상태를 목표로 한다.

세 번째 가능성은 본래의 상태를 회복하려는 시도가 아니다. 그 대신 본래의 생태계를 다른 어떤 것으로 **대체**(replacement)하는 것이다. 대체된 생태계는 더 단순하지만 더 생산적인 생태계가 되거나, 대체된 것이 더 단순하고 덜 생산적인 것이 될 수도 있다(그림 11-2). 본래의 생태계가 가지고 있는 모든 미묘한 특징들의 회복이 요구되지 않기 때문에 이 방법은 가장 수행하기 쉬운 방법이다. 대체는 원 토양이 소실되고 지형이 완전히 변하였으며 주변 지역이 완전히 변화되어 본래의 생태계와 토지 이용이 현재로서 불가능한 지역에 적용할 만하다. 따라서 우리는 어떤 대상 지역의 생태적 특성에 대한 진단 결과에 기초하여 각각에 적합한 복원의 수준을 결정하여야 할 것이다.

그러나 그 수준은 인간의 입장보다는 자연 본래의 입장에서 결정하는 것이 바람직하다. 이 모든 것은 가능성이고 한편으로 이 모든 것은 적합한 복원 과정이다. 극단적인 환경주의자들에게 모든 훼손된 환경의 교정은 복원이 되어야 하고, 사실 정부도 여기에 최종 목표를 둘 것이다. 몇몇 경우에 충분한 복원이 타당하고 바람직하지만 그것이 너무 어렵고 비용이 많이 들어 실현 불가능한 경우가 많다.

5) 생태적 복원의 실제

복원을 자연적 과정에 맡기게 될 때 생기는 문제는 시간이 많이 걸린다는 것이다. 그 경우 수 십년 또는 수 백년이 걸릴 수도 있고 발달된 군집이 성립되기 위해서는 천년 또는 그 이상이 걸릴지도 모른다. 그러나 이와 같이 긴 시간이 필요한 것은 특별한 문제 때문인데 일단 그것이 밝혀지면 인위적 간여에 의해 그러한 문제를 극복할 수 있다. 인위적 간여는 자연적 과정을 이용하거나 모방하면 성공할 수 있다. 이러한 식별과 간여의 과정이 생태적 복원의 본질이다. 생태적 복원의 일반적 방법을 개괄적으로 검토해보기로 하자.

(1) 기질의 복원

생태적 복원을 시행하는 데 있어서 대체로 토양이 주된 문제를 제공한다. 토양의 복원은 토양의 층구조와 기질로 구분하여 검토할 수 있다. 전자는 자연토양의 층구조를 모방하여 간단히 해결할 수 있는 것으로서 (이와 유, 1998) 여기에서는 후자에 초점을 맞춰 논의하고자 한다.

각각의 문제에 대해서는 즉시 대처할 수 있는 대응책과 장기적 측면의 대책이 있다. 이러한 대책들은 교란되기 전의 원 토양을 다른 곳에 보관하였다가 사용하면 해결할 수 있는 문제들이다. 그러나 이러한 대비를 해두지 않은 지소들이 대부분이며 그러한 준비가 요구되지도 않는 것이 우리나라의 현실이다.

널리 이용되는 기질의 복원 방법을 표 11-1에 종합하였다. 그 중에서 우리의 관심을 끄는 것으로 **식물정화**(phytoremediation)를 들 수 있다. 토양 복원에서 가장 어려운 문제는 오염된 토양을 개량하는 것이다. 금속 오염에 대해 현재 적용되는 기술은 세탈(leaching), 전기

표 11-1. 생태적 복원에서 토양 문제의 처리 (Bradshaw, 1984; Donson *et al.*, 1997; 문 등, 1997; 이 등, 1998).

제한 요소	특정 변수	문제점	단기 처리	장기 처리
물리적	구조	매우 단단	기경	식생 도입
		매우 엉성	다지기 또는 멀칭	식생 도입
	안전성	불안정	안정제 처리, 멀칭, 보호시설 도입	경사 조절 또는 식생 도입
	수분	매우 습함	배수 처리	식재동산 조성
		매우 건조	유기물에 의한 멀칭 또는 보호시설 도입	내성 식물 도입
영양소	필수원소	질소	시비	콩과식물 도입
		기타	시비 + 석회 시비	시비 및 석회 시비
	미량원소	부족	시비	—
독성	pH	매우 낮음	석회, 돌로마이트 및 유기물 도입	석회, 돌로마이트 및 유기물 도입
		매우 높음	철광 폐기물 또는 유기물 도입	자연적 세탈
	중금속	매우 높음	유기물 멀칭 또는 내성식물 도입	고정제 또는 내성식물 도입
	염도	매우 높음	자연적 세탈 또는 관개	내성식물 도입

삼투(electric-osmosis), 불용화(immobilization) 등 물리화학적 방법이 중심을 이루고 있다.

그러나 이러한 방법은 특수 장비와 숙련된 기술자를 필요로 하여 비용이 많이 들기 때문에 소규모 지역에 적용하기에는 부적합하다. 더구나 그러한 방법은 그것이 적용된 지역에서 모든 생명체들을 제거하기 때문에 오히려 역효과를 가져올 수 있고 복원의 의미와도 거리가 멀다. 따라서 최근 오염 토양의 개량 수단으로 생물에 의한 흡수 제거의 가능성에 많은 관심이 모아지고 있다.

식물을 이용하여 오염물질을 제거하는 원리는 단순하고도 멋진 개념이다. 적당한 식물을 선택하여 오염된 환경에서 키운 후 그들을 수확하여 유해 폐기물로 처리하거나 저온에서 연소시킴으로서 재에 농축된 금속을 수거·제거할 수 있다. 더구나 식물 중에는 그러한 금속을 많이 함유한 토양에 본래부터 생육하여 그러한 금속을 고농도로 축적할 수 있는 종류도 있다. 그러나 그러한 식물이 일반적으로 크기가 작고 생장 속도 또한 느려 널리 적용하기에는 문제점을 가지고 있지만 이 점도 기존의 육종기술이나 생명공학 기술을 이용하여 개선해 나가고 있다

(2) 생물군집의 도입

일단 토양이 복원되면 식생을 복원하는 것은 어렵지 않다. 일반적인 방법은 ① 생태계의 기능을 복원하는데 중요한 종, ② 최종 생태계의 주요 구성원이 될 종, ③ 그 생태계의 최종 생물다양성을 이루어야 할 식물과 동물을 선발하여 도입하는 방법을 취하고 있다. 그러나 이들의 재정착은 매우 느리고 인근에서 그러한 자원을 확보하지 못할 수도 있다. 그런 점에서 우리는 가능한 한 다양한 자연자원을 보존하고 그에 관한 정보를 확보해야 하는 것이다.

생물의 도입은 자연적 이입을 통한 방법이 바람직하지만 이것이 불가능할 경우 인위적 도입이 필요하고 이 경우 종자의 확보와 양묘를 위한 준비 또한 요구되는데 이러한 점에 대한 인식이 우리나라에서는 크게 부족하다. 따라서 대부분의 복원사업이 고유종의 묘목을 확보하지 못하여 이름뿐인 복원으로 그치고 마는 것이다.

한편, 군집을 이루는 식물들의 조합에서 간호식물(nurse plant) 또는 비료식물(fertilizer plant)로 알려진 종의 도입에 관한 검토도 요구되는데 이런 점에서 생태적 복원은 생태학의 개념과 이론을 시험하는 기회를 제공한다(Jordan *et al.*, 1987; Dobson *et al.*, 1997).

(3) 경관 차원의 복원을 위한 환경계획

생물 개체의 생활에는 생명을 유지하는데 필요한 물, 식량, 영양염류와 함께 휴식과 재생산 활동을 위한 집과 배우자가 필요하다. 또 그러한 생활 조건이 있어도 종을 지속적으로 존속시키기 위해서는 늘 변화하는 자연계에 대응할 수 있는 유전적 다양성과 진화의 가능성을 내포한 개체군의 확보가 필요하다. 그리고 그것을 수용할 만큼의 공간도 필요하다.

그러한 내용에는 인위적 확장에 의해 야기되는 야생생물의 생활 장소의 단편화가 종의 절멸의 주원인이 되고 있다는 의미가 포함되어 있다. 그러한 종의 절멸을 막기 위해서는 자연환경의 보존, 복원을 통하여 지역에 있는 종내 및 종간 다양성, 즉 생물적 관계를 보존, 복원하여야 한다.

동일한 면적의 공간에서도 그 장소의 물리적 구조의 차이가 생물환경의 질적 차이를 가져올 수 있다. 예를 들면, 단조로운 공간에 비해 복잡한 자연환경은 보다 많은 동물의 생식환경과 생육환경이 된다. 그렇지만 동일한 면적에 존재할 수 있는 생물의 양에는 한계가 있다. 따라서 동일한 평면적 크기 속에서 생활공간이 달라질 수 있어도 각 생물간의 관계의 유지에는 그 평면 구조가 무엇보다도 중요하다. 즉, 생물다양성의 유지·복원을 위해 일정 수준 이상의 수평공간이 확보되어야 한다.

인간과 야생 동·식물의 공존에서도 먼저 인간의 이용을 중심으로 하는 구역과 동·식물의 생식·생육을 지속적으로 보존하는 구역(자연지역)을 명확하게 구분할 필요가 있다. 자연지역은 인위를 가능한 한 배제하면서 야생생물의 보호구역으로 보존하여 자연 보존의 핵으로서 작용하게 한다. 그렇지만 이와 같은 경우에도 어떤 공간에 어느 정도의 개체군이 확보될 때 종의 존속이 보장될 수 있는지는 확신할 수 없다. 야생생물의 보호를 위해 자연의 핵을 보존하는 방법은 다음과 같다. 즉, 야생생물의 보호의 핵이 되는 자연 지역은 가능한 한 큰 덩어리 하나로 뭉쳐 있고 원형에 가까우면 좋다.

그러나 하나의 구역에서 충분한 크기를 확보하는 것은 어려운 점이 많고, 특히 행동권이 큰 야생생물의 경우는 더 큰 자연지역이 요구되기도 한다. 따라서 각 자연지역의 생물적 관계를 강화하기 위해서는 그것을 가능한 한 크게 만들고, 또는 그것을 연결시키는 자연의 통로(corridor)를 설치하여 생물적 네트워크를 확보하는 것이 중요하다(Meffe et al., 1997). 자연의 통로는 자연지역과 동질의 상태가 이상적이지만, 그것이 불가능할 경우에는 인위 등 외적 영향이 가능한 적은 상태를 유지하게 한다(이 등, 1999). 수생생물 등 수계환경에 의존하는 생물에게 하천, 수로, 그리고 바닷가는 그 자체가 생활환경이자 이동통로가 된다.

또 육상에서는 이차림과 초지, 그리고 경우에 따라서는 인공림과 가로수 지대 등도 통로로서 기능을 발휘할 수 있다. 자연지역과 인위지역 사이에는 자연지역의 환경을 인위적 환경의 직접적 영향으로부터 지켜주면서 사람이 자연을 이용할 수 있게 하는 지역(반자연지역), 즉 완충지역을 배치한다. 이상과 같이 야생생물과 인간의 생활지역의 구획화는 작은 공원으로부터 지역이나 나라, 그리고 더 나아가 지구 전체에 이르는 다양한 수준의 공간적 다양성의 유지·복원을 위해 공통적으로 적용할 수 있다(Farina, 1997; Meffe et al., 1997; Primack, 1995).

(4) 시간 차원에서 자연복원의 검토

육상과 수계의 모든 생태계는 시간의 흐름과 함께 자발적이고 질서정연한 변화를 한다. 즉, 천이가 진행된다. 따라서 자연계의 조성과 구조는 당연히 일정하지 않다. 자연의 유지·복원에서도 언제나 현존 자연의 상태를 이해하면서 천이의 계열을 인지하고 어떤 단계의 자연을 목표로 하는가를 결정하고 그 목표와 현재의 천이 단계 사이의 차이를 잘 관찰하여 이에 대응하여야 한다.

어떤 곳을 나지화할 경우 1년째에는 일년생 초본 군락이 성립되고, 2년째부터 3년째가 되면 토양 조건에 따라서 다소 차이가 있지만 일년생 초본과 함께 이년생 초본이 우점한다. 3년째가 되면 그들을 대신하여 다년생 초본 군락이 성립되고 이 상태를 계속 방치하면 그 군락이 더 변화하여 관목림이 형성되고, 10년 이상이 경과하면 소나무와 같은 양수가 우점하는 숲이 나타나며 그것이 더 지속되면 신갈나무, 서어나무 등이 우점하는 낙엽활엽수림으로 천이가 진행된다(이, 1989; 이, 1995). 이와 같이 식물군락이 시간과 함께 일정한 방향성을 가지고 질서 있게 변화하는 천이에 대해서는 이미 8장에서 언급한 바 있다.

천이는 식물의 종조성과 그 군락 구조의 변화만이 아니라 그곳에 사는 동물과 토양 등 그 장소의 생태계 전체가 변화하는 것이다(Barbour *et al*., 1999). 천이가 시작되는 조건은 많다. 밭이었던 곳이 방치되고 건물과 숲이 파괴된 후 평지가 생긴 다음 시작되는 천이도 있고, 화산의 분출과 큰 산사태가 난 토지에서 시작되는 천이도 있다. 화산 분출 후 분출물이 굳어 이루어진 용암상에서 전혀 새로운 상태의 무기적 조건에서 시작하는 천이를 1차천이라고 한다.

1차천이는 무생물 상태의 기질로부터 시작되는 천이이지만 2차천이는 그것이 시작될 때부터 토양이 있고, 또 그 중에는 다소의 종자나 영양번식체도 있다. 따라서 그 진행속도가 1차천이와 비교하여 매우 빠르다. 이러한 천이는 저수지와 호수에서도 일어날 수 있다. 이와 같이 습한 지역에서 나타나는 천이계열을 앞서 언급한 건생천이 계열과 구분하여 습생천이 계열이라고 한다. 이러한 습생천이 과정을 거쳐 저수지와 호수가 오랜 세월이 지나는 동안 육지화하여 삼림이 되기도 하는데, 묵논의 천이에서도 비슷한 현상을 관찰할 수 있다(Lee *et al*., 2002).

생태계는 언제나 인위적 영향을 비롯하여, 여러 가지 영향을 받고 있다. 그러한 외적, 내적인 영향으로 그것이 비정상적인 상황에 처한 경우에도 천이를 통하여 생태계의 회복이 가능하다. 이와 같이 천이는 생태계가 자신의 상태를 정상으로 보존하기 위해서 그 복원력을 발휘하고 있는 과정이라고 볼 수 있다. 따라서 천이에 대한 연구로부터 얻은 생태학적 결과는 자연복원을 위한 귀중한 정보가 된다.

인간적 가치관으로 보면 생태계는 자연 그대로의 상태가 항상 최고는 아니고 생태계의 전체적인 균형 속에서 여러 가지 상황에 대응한 목표의 모습을 그릴 수 있다. 목표라는 것도 현재의 자연이 그대로 목표가 될 수도 있고, 그 토지의 잠재적인 별개의 자연, 또는 전혀 다른 새로 창조된 자연에 이르기까지 여러 가지가 있다. 이와 같은 목표 자연을 유도하고 그것을 존속시키기 위해서는 인간이 그것을 어떻게 관리하는가가 중요하다.

그것은 자연과 인간 사이의 관계의 원점이고, 또 인간의 역사나 문명과 깊이 관계되는 것도 있다. 인간 간섭에 의해 그 균형이 상실된 생태계를 대상으로 그것에 부합하는 목표를 세우고 시간과 공간의 균형 속에서 정확히 자연을 손질하고 관리하여 목표로 하는 자연에 도달하게 하는 것이다. 이것이 자연복원의 목적이 된다.

동물들에게 식물군락은 식량과 은둔처를 제공하는 등 그 서식 환경에 크게 영향을 미친다. 따라서 어떤 지역의 식생 관리는 그 생태계 전체의 조절에 크게 관계한다. 구체적으로는 목표로 하는 자연을 명확히 함과 동시에 군락 자체의 천이적 변화를 감안한 방법이 필요하다. 식생의 생태학적 관리 방식은 자연에의 순응, 천이 억제, 천이 촉진, 군락조성 및 이용의 다섯 가지를 들 수 있다. 이러한 관리 방식에 토대를 두고 천이축을 기본으로 한 생태계 관리 방식을 정리하면 다음과 같다.

① 천이 촉진

천이의 진행을 인위적으로 촉진시킨다. 목표로 하는 자연이 현재보다 진행된 천이단계일 경우, 천이의 진행에 맡기는 것에 더하여 인위적으로 그 진행을 촉진시킬 필요도 있다. 이 경우 간접적인 환경에 인위를 가하고, 목표로 하는 생물군집의 생식, 생육을 위한 조건을 지원하며 직접적인 목표 자연을 구성하는 생물을 이입하는 수단이 이용되고 있다.

예를 들면, 매립지인 시화공업단지에 환경림을 조성하는 과정에서 운반된 삼림토양에 부식질과 유기질 비료를 혼합하여 성숙한 삼림토양과 유사한 토양 조건을 만들고 주변 지역에 대한 식생 조사 결과를 바탕으로 이 지역에서 천이 후기의 숲을 이룰 것으로 예상되는 참나무류와 이러한 참나무류 군락의 수반종을 중심으로 식물종을 선발, 식재하여 좋은 결과를 얻고 있다(Lee and You, 2001).

② 천이 억제

천이의 진행을 인위적으로 정지시키거나 지연 또는 역행시킨다. 목표로 하는 자연이 현재의 천이단계, 또는 이전 단계인 경우 자연 천이의 진행을 억제할 필요가 있다. 구체적으로는 목표 자연을 구성하는 생물상이 다른 생물의 영향으로 성립되지 않을 때 이것을 제거하고 적절한 교란을 가하는 조치가 필요하다. 주기적으로 발생하던 자연적 화재가 인간의 철저한 화재 방지 및 관리 시책으로 인해 자연 교란 체제로서의 기능을 발휘하지 못하게 됨에 따라 그 존재의 위협을 받고 있는 미국 뉴욕 주의 Pine Bush에서는 과거의 교란 체제를 모방한 인위적 불을 그 보전 방안으로 채택하고 있다(Lee et al., 2005). 그러나 이러한 특수한 경우를 제외하면 이 방법은 자연복원 본래의 개념을 벗어나는 경우가 종종 발생하여 바람직한 방법은 아니라고 본다.

③ 천이 순응

자연의 변화를 자연 천이와 재생에 맡기고 그 이상의 특별한 간섭은 행하지 않으며, 천이에 따라 발생하는 생물군집과 생태계 스스로의 변화를 존중한다. 목표로 하는 천이단계는 지정하지 않고 변화의 과정 자체가 목표가 된다. 기본적으로 인위는 가하지 않고 주위로부터의 영향에 대해서는 가능한 것만을 배제하고 정상적인 진행을 유지한다. 이 방법은 가벼운 교란이 발생한 지역에 적합한 복원 방법이다.

서울시 주변의 대부분의 조림지에서 자연적 천이가 진행되고 있음을 고려하면 적극적인 방법 일변도로 진행되고 있는 서울시의 환경림 조성 방법보다 이러한 방법을 따르는 것이 지금의 방법보다 나은 결과를 낳을 것으로 예상된다.

(5) 자연환경 유지·복원의 기본 유형

여기에서는 자연의 유지·복원에 있어서 유지를 중심으로 하는 보존형, 보전형, 보호형 등과 복원을 중심으로 하는 수복형, 재현형, 창조형 등의 여섯 가지 유형으로 분류하고 그 기본 사항과 문제점 등을 정리하고자 한다.

① 보존형

기본적으로 현재의 자연 모습을 그 상태 그대로 지키는 것이다. 자연의 생태계는 자기 힘으로 그 조성과 구조를 변화시키는 천이를 진행시킨다. 따라서 현재 보이는 모든 자연의 모습은 천이계열의 한 부분의 모습일 수밖에 없다. 어떤 자연을 보존하기 위해서는 천이를 진행시키지 않고 현재의 상태를 유지시키는 방법, 즉 천이를 억제시키는 방법이 필요하다.

특히 천이계열의 초기 단계로서 천이의 진행 속도가 빠른 군락, 예를 들면 초지나 습원의 생태계를 지속시키기 위해 천이를 억제시키는 행위로서 정기적으로 풀을 태우거나 풀베기를 하는 경우가 있다. 그러나 이러한 방법은 복원의 진정한 의미를 벗어난다는 비판을 받고 있다(이 등, 1999).

② 보전형

인간이 그 자연을 이용하면서도 자연을 풍부하고 건전하게 지키는 것이다. 오랜 인류의 역사에서 인간들이 생산 활동을 하면서도 생물다양성이 높고 풍부한 자연이 보존되고 있는 경우가 있다. 특히 논농사 중심의 동양의 전통적 농경 방식으로 가꾸어진 자연은 세계적으로도 풍부한 아름다움과 식량 생산의 측면에서뿐만 아니라 나무와 물, 국토의 보전이라는 여러 가지 면에서 인간의 생활환경을 지켜왔다. 야생 동·식물 중에서도 그러한 농업자연에 의존하여 그 속에서만 생존이 가능한 종도 많다.

따라서 이러한 다양한 생물과 그들의 생식·생육 환경을 유지하기 위해서는 전통적인 농업의 장과 그 형태를 존속시키지 않으면 안 된다. 전통적 농업도 자연을 다양하게 개조하고 변화시키는 것이지만 그것은 천이를 촉진하고 억제하며, 또는 그것에 순응하기도 한다. 그리고 시·공간적인 자연 본래의 활력과 항상성을 잃는 일이 없이 자연에의 대책을 세우고 있다.

③ 보호형

인위적 영향을 배제하면서 자연을 지키고 그 회복을 촉진하는 것이다. 자연을 귀중하게 여기고 인위를 가하는 일이 없이 천이에 순응하고 있는 그대로의 상태의 자연과 그 변화를 지키는 것이다. 이 경우, 장기간의 경우에는 그 자연의 내용이 변화하는 것을 인지하여야 한다. 또, 주위 환경의 변화 등 그 외의 간접적인 영향도 생각하여야 한다.

④ 수복형

인위적 영향을 가하여 이전의 자연으로 유도, 회복시키는 것이다. 인위적 영향 등 외적 영향에 의해 자연이 악화된 경우, 천이를 진행시켜 목적으로 하는 자연을 수복할 필요가 있다. 그때 영향을 미친 외압이 있으면 그것을 제거하고 인위에 의한 천이의 촉진과 억제의 대책을 세우지 않으면 안 된다.

⑤ 재현형

생물이 없는 것에 가까운 상태의 땅에 이전의 자연을 만드는 것이다. 자연이 한번 완전히 파괴된 후에 과거에 존재하였던 토지 본래의 모습을 재현하는 행위이다. 도시의 재개발 등에서 공장대지 등에 공원을 만들고 원래의 자연을 복원시키는 사업은 그대로의 상태에서는 자연환경을 복원할 수 없고 천이를 진행시키기 위해서는 어느 정도의 기반 정비나 식재 등 생물의 이입이 필요한 경우가 많다.

⑥ 창조형

본래의 자연의 상태를 중요시하지 않고 새로운 자연, 즉 자연을 새로 창조하는 것이다. 과거의 자연 혹은 그 토지 본래의 자연의 복원이 어려운 경우와 또 의도적으로 다른 자연을 만들어 낼 필요성이 있는 경우도 있다. 예를 들면, 앞에서 언급하였던 시화공업단지의 환경림 조성지는 옛날에 바다였던 곳을 매립하여 육지로 만들고 그곳에 육상의 자연을 도입한 경우인데, 그러한 사례가 이에 해당한다.

본질적으로 이러한 임해 매립이 바람직하지 않고, 틀림없이 매립 이전에 이곳에 삼림이나 강이 존재했던 것은 아니지만 자연의 완충 기능이 크게 필요함에도 불구하고 자연이 크게 부족한 지역 여건을 감안하면 이러한 곳에서도 나무가 많고 풍부한 동식물이 살아 있는 공간을 만드는 것은 중요한 의미를 가질 수 있다. 그 경우 천이적 측면에서 새로운 계열이 만들어지고 그것에 대응한 대책이 필요하다. 자연을 창조하고 그것을 유지하기 위해서는 천이를 촉진하거나 혹은 억제하기 위해서 기반의 정비와 함께 인위적으로 생물의 이·출입을 조절해야 하는 상황도 생긴다.

6) 결론

인간 활동에 의한 자연의 훼손과 파괴는 대부분의 다른 종들에게 해를 끼쳐왔고 인간 자신에게도 다양한 형태로 악영향을 유발하고 있다. 복원생태학은 그러한 추세를 역전시켜 다양한 생물들에게 새로운 서식처를 찾을 기회를 제공하고 인간에게도 그러한 영향으로부터 벗어날 가능성을 제시하고 있다. 천이는 인간의 어떤 도움이 없이도 생태계를 재창조하는 자연의 능력을 보여주는 좋은 예라 할 수 있다. 이러한 사실을 감안할 때 어떤 목적을 가지고 체계화된 인간의 보조가 뒷받침된다면 훼손된 환경은 보다 신속히 개선될 가능성이 있을 것이다.

사실 성공적인 복원을 이룬 예가 많은데 캐나다의 Sudbury 지역을 하나의 예로 들 수 있다. 이 지역은 얼마 전까지 세계에서 가장 심하게 오염된 지역으로 알려져 많은 교과서에서 대기오염 피해의 전형적 지역으로 소개되었던 지역이다. 그러나 오늘날 이곳은 또 다른 측면에서 우리의 관심을 끌고 있다. 즉, 지역의 시민, 대학 및 연구소의 연구원, 기업, 그리고 행정부서가 하나가 되어 오염된 토양을 개량하고 오염에 견디는 식물을 선발, 양묘하여 식재하는 복원을 추진한 결과, 과거의 불명예스런 소개와 달리 이제는 대표적인 복원 성공 사례 지역으로 여러 문헌에 등장하고 있다(Gunn, 1995; 1996).

이러한 복원 사업들이 진정한 복원으로서의 성공을 거둔 것인지는 아직 확인할 수 없지만 그러한 기술, 특히 식물을 이용한 오염물질 제거 기술과 같이 생물의 특성에 기초하여 개발된 기술을 적용한 복원 기술은 생물다양성의 보존에 기여하여 보존주의자들로부터 환영받고 있다.

물론 무엇보다도 우선 환경의 훼손이 일어나지 말아야 되겠지만 문명의 지속적인 발달과 인구의 성장은 불가피하게 훼손을 유발한다. 토지 이용의 요구가 계속되고 있기 때문에 많은 토지가 여러 가지 용도로 계속 전환될 전망이다. 또한 그러한 과정에서 기존의 기능은 잃은 채 아무렇게나 방치되고 있는 토지 또한 속출하고 있다. 이러한 토지를 복원할 때 그것은 토지 이용의 기회를 늘려 지속 가능한 개발에 기여하는 작용도 한다.

자연자원의 지속 가능한 이용을 위한 지금까지의 시도는 생태계 수준에 초점을 맞추어

왔으나 성공적인 복원의 열쇠가 복원된 토지를 다양한 생물들이 재점령하는 것임을 고려하면 이제 우리의 관심은 경관 수준에서 자연자원의 이용을 검토할 필요가 있다. 그것을 보장하기 위한 유일한 방법은 자연보전지역이나 자연이 풍부한 지역의 생물다양성을 보다 엄격하게 보존하는 것일 것이다.

2. 경관생태학

1) 경관생태학이란?

우리가 일상생활에서 경험하고 있는 지구온난화, 식량문제, 환경오염, 사막화 및 황사현상 등 여러 환경문제들의 발생 원인과 해결은 경관 규모 이상의 지구적인 또는 국가적인 공간 규모에서 해결해야 할 문제들이다. 반면 생물자원과 서식지의 분포, 생태적 천이과정에 영향을 주는 경관 모자이크 같은 공간 유형을 이해하기 위해서 경관생태학에 대한 개념과 원리를 알아야한다.

최근 개발을 위한 도로 개설 등 인간 활동이 자연생태계의 파괴와 생물다양성의 변화와 맞물려 인간 활동과 자연적 교란이 연계된 경관의 시간적, 공간적인 변화, 경관이질성 및 경관 복원에 대한 연구가 진행되고 있다.

경관(landscape)이란 우리가 눈으로 보고 직관적으로 느낄 수 있는 자연의 생김새이다. 즉 농촌과 도시경관, 어촌과 산촌 경관, 자연과 인공 경관에서 보이는 하천과 호수, 토지의 경계나 산림의 생김새를 말한다. 따라서 우리가 구별할 수 있는 논과 밭, 숲, 습지, 마을 등은 경관을 구성하는 요소이다.

경관을 구성하는 요소들은 시간에 따라서 변하고 생태적 기능에 영향을 주게 된다. 경관을 변하게 하는 요인은 물리적인 환경, 자연적 교란, 인간 활동에 의한 공간의 단편화(fragmentation) 및 변형(transformation) 등이 있으며, 이를 통해 경관을 구성하는 공간요소 배열과 생태적 성질이 변화된다(그림 11-3).

생태계는 서로 다른 구성 요소들이 상호 연결되어있다. 경관생태학은 상호 연결되어 있는 요소들이 변화함으로써 생기는 공간적인 유형화의 중요성을 밝히고 개념과 원리를 제시하는 생태학의 한 연구 분야이다. 즉 **경관생태학**(landscape ecology)이란 공간 이용의 변화와 주변 생태계 변화에 대한 영향을 연구하는 생태학의 한 분야이다.

경관생태학이라는 용어는 지리학과 식생과학의 전통을 가지고 있는 독일의 생물지리학

그림 11-3. 주변에서 볼 수 있는 인공적인 경관 및 자연적인 경관 유형:
(왼쪽) 도시 주변의 생태공원, (오른쪽) 동해안 산불 후 복원지(이은주 사진).

자인 칼 트롤(Carl Troll)에 의해 1939년에 도입되었다. 특히 경관생태학은 지리학자들의 공간적 접근 방법에 생태학자들의 기능적인 접근이 결합되면서 더욱 발전하게 되었다. 경관생태학에서 주요한 용어는 표 11-2에 정리하였다.

2) 경관생태학의 필요성

생태학 연구의 기본 단위라 할 수 있는 자연생태계는 개방 시스템(open system)이다. 따라서 생태계와 생태계 사이는 서로 영향을 주고받고 있으며, 자연생태계 사이의 관계는 서

표 11-2. 경관생태학에서 사용하는 용어

용 어	의 미
공간배열 (configuration)	공간 요소의 특별한 배열
연결성 (connectivity)	경관에서 서식지나 피복 유형의 공간적 연속성
통로 (corridor)	비교적 좁은 혁대 모양의 독특한 연결 공간
피복 유형 (cover type)	경관 내 다양한 서식처나 생태계, 식생 유형
가장자리 (edge)	경계와 접한 생태계나 서식처. 내부와 다른 환경 조건 가짐
단편화 (fragmentation)	큰 서식지나 피복 유형이 작고 고립된 형태로 나누어지는 것
이질성 (heterogeneity)	경관이 서로 다른 다양한 공간 요소로 구성된 상태
경관 (landscape)	다양한 공간 요소로 이루어진 공간 패턴
기질 (바탕, matrix)	경관의 배경이 되는 피복 유형. 넓은 피복과 연결성 가짐
단위조각 (patch)	주변과 다른 겉 표면이나 모양새
척도 (scale)	대상 물체나 과정의 공간적, 시간적 차원

로 조화를 이룬 상태이므로 각 생태계는 항상성을 유지하고 있다. 그러나 급격한 변화를 겪고 있는 도시생태계를 비롯한 인공생태계가 주변의 자연생태계에 미치는 영향은 통제 불가능한 수준으로 진행되고 있다.

그 결과 오늘날 생태계 사이의 상호 영향의 관계가 분명히 나타나고 있다. 즉, 오염물질의 장거리 이동에서 비롯된 삼림 쇠퇴 현상, 인간의 간섭이 심해서 그 영향이 지속되는 도시 주변이나 농·산촌의 특성이 반영된 경관 유형, 경관의 단편화로 인한 생물서식처의 단절과 이로 인한 생물다양성의 감소 등이 그 예이다.

예를 들면, 인구밀도가 높아지고, 토지 이용 압력이 높아짐에 따라 복합 생태계인 경관은 질적으로 저하되고, 생물 다양성이 낮아지고 있다. 또한 서로 다른 기능을 갖는 생태 단위 사이의 상호작용으로부터 발생하는 제반 문제를 해결하는데 그 목적을 두고 학제간 또는 통합과학 차원의 연구를 추구하는 경관생태학이 새롭게 부각되고 있다. 맥아더 생물학상의 수상자인 데이비드 틸만(David Tilman)은 미국생태학회지(*Ecology*)에 투고한 그의 수상기념 특별 기고에서 다음 같이 언급하였다.

1900년대 대부분에 걸쳐 생태학자들은 박물학자의 전통을 이어 주로 인간의 간섭이 배제된 장소를 연구의 대상으로 삼아 생태학적 연구를 수행해 왔다. 그러나 이제 그러한 연구는 거의 불가능해졌다. 인간 외에 다른 어떤 생물 종도 지구상의 군집 및 생태계의 안정성, 동태, 다양성, 조성, 구조 및 기능에 인간보다 더 큰 영향을 주는 생물은 없다. 엄청난 인구 증가와 소비의 증가는 세상을 돌이킬 수 없게 변화시키고 이전의 학구적 생태학(academic ecology)도 변화시키고 있다. 이제 지구상의 모든 생태계가 인간의 영향 하에 있다. 인간은 탄소와 질소의 지구적 차원의 생물지화학적 순환에서 주된 역할을 담당하고 지구 표면 전체를 소유하며 조절한다. 이런 점에서 인간의 영향은 자연을 연구하는 사람들이 더 큰 관심을 가져야 할 대상인 것이다.

데이비드 틸만은 생태학자의 의무를 '지구와 그것의 생물적 자원을 이해하고 관리하는데 필요한 지식을 사회에 공급하고, 여러 가지 유형의 세계에 미치는 인간의 영향을 예측할 수 있을 만큼 충분히 자연을 이해하고, 그러한 지식을 대중에게 제공하는 것'이라고 언급하였다. 천이를 연구한 대표적인 학구적 생태학자인 그는 경관생태학에 대한 이해를 바탕으로 새로운 방향으로의 생태학 발전을 예측하였다.

다음 두 가지 관점에서 경관생태학과 일반 생태학 사이에 다른 점이 있다. 첫째, 경관생태학은 생태적 과정에 대한 공간적 배열의 중요성을 강조한다. 경관생태학에서는 생태계를 구성하는 요소들의 양적 특성뿐 아니라 공간적인 배열을 중요하게 연구한다. 경관생태학에서는 경관 모자이크 크기 및 공간적인 형태가 생태계에 명확하게 영향을 주며, 모자이크 구성이나 배열이 달라지면 이 영향도 달라진다는 것이다. 즉, 지형과 식생유형이 소나 염소의 방목에 어떤 영향을 주는지, 유역 내에서 토지 이용이 질소 동향에 어떤 영향을 미치는지 등과 같은 연구를 한다.

둘째, 경관생태학은 전통적인 생태학에서 연구하는 범위, 즉 인간이 관찰할 수 있는 범위 이상의 광역적인 공간 범위를 강조한다. 즉, 경관생태학에서는 내몽고 초원 및 브라질론도니아 열대림 등 넓은 지역에서 펼쳐지는 다양한 생태적 동향을 설명한다. 비록 이 지역들이 군집 또는 생태계 수준의 연구 공간보다는 넓지만 공간 규모가 절대적이지 않다는 사실이 중요하다. 경관생태학에서는 우선적으로 특정 공간 규모를 정하지 않고, 공간적 불균일성과 생태 과정 사이의 상호관계를 밝히는 데 적절한 규모를 찾는 것을 강조한다.

따라서 경관생태학은 지리학, 조경학, 환경계획학, 도시공학, 토목학, 경제학, 임학, 보전생물학 등을 포함하여 사회과학과 학제적인 연구가 가능하다. 이런 경관생태학을 잘 이해하게 되면 지속 가능한 토지 관리나 토지 이용 계획에 필요한 과학적 정보를 얻을 수 있다.

3) 경관생태학의 원리

위에서 본 것처럼 다양한 연구 분야로부터 온 여러 가지 원리가 경관생태학이라는 학문으로 수렴되어 있다. 이러한 이유 때문에 경관에 대한 여러 가지 정의가 있는데 정리하면 다음과 같다.

① 지역(region)의 전체 특성
② 자연과 인간 활동에 의해 야기된 모든 유형과 과정을 포괄하는 물리적, 생태적 및 지리적 실체의 총체
③ 넓은 범위에 걸쳐 유사한 모양으로 반복되어 나타나는 상호작용하는 생태계 복합체로 구성된 이질적인 토지
④ 자연적, 문화적 과정과 활동의 결합체의 한계를 정하는 지형, 식생, 토지 이용 및 인간주거 유형의 특별한 구성
⑤ 총체적인 인간생태계로서 출현하는 모든 구체적인 시·공간 시스템
⑥ 어떤 단일 구성원을 자세히 보지 않고 우리가 우리 주변을 포괄적으로 인식하고 우리에게 친숙해 보이는 한 면의 토지
⑦ 지구 표면에서 인식할 수 있는 부분을 함께 형성하고, 생물적 구성원과 비생물적 구성원의 상호작용뿐만 아니라 인간의 작용에 의해 형성되고 유지되는 체계의 복합체

그 개념을 종합하면 경관은 자연의 과정과 인간 활동을 포괄한 복합 생태계로서 그 기본 단위가 되는 생태계 구성이 유사한 공간과 상호작용하는 구성원을 통틀어 말한다. 경관생 태학은 이런 경관을 대상으로 경관의 구조, 기능 및 변화를 연구하는 학문이다.

경관 구조(landscape structure)는 생태계와 생태계 사이에 존재하는 요소, 즉 에너지, 물질, 생물종(크기, 형태, 종류)의 분포와 이들 경관 요소의 공간적인 관계를 말한다. **경관 기능**(landscape function)이란 일련의 공간적인 구조를 갖춘 공간생태계(ecotope)들의 상호관계, 즉 물리, 화학적인 흐름과 생물학적인 이동을 말한다. **경관 변화**(landscape change)는 시간이 경과함에 따라 경관의 구조와 기능이 변화되는 현상으로서 수평 및 수직적 측면에서 경관의 변화를 의미한다.

경관생태학의 개념 이해를 돕기 위해 프랭크 골리(Frank Golley)가 요약한 경관생태학 연구의 특징을 검토해 보자. 첫째, 수 km^2 이상의 경관을 조사 대상으로 삼고 있다. 둘째, 이러한 경관을 구성하는 **단위조각**(patch)을 여러 가지 축척의 지도로 나타낼 수 있도록 정량적인 방법으로 표현하고 있다. 셋째, 경관 형성에 미치는 인간의 역사, 혹은 동물의 생활사, 행동 등을 생태학적으로 접근하고 있다.

그리고 이와 같은 연구 성과가 지역의 개발 및 그 환경의 관리에 어떻게 도움이 되고 있는가를 실례를 들었다. 다시 말하면, 경관생태학은 수 km^2 이상의 경관을 대상으로 그 지역의 경관이 형성된 배경을 이해하고, 이와 같은 이론 또는 방법론의 실제적 적용 가능성 여부를 진단하는 학문이다. 더 나아가 경관을 구성하는 개개 경관 구성 요소의 기능을 생물 종의 분포 형태, 이동, 물질 순환, 에너지 흐름 등의 측면에서 이해하고 경관 구성 요소 간의 상호작용을 밝히는 학문이다.

4) 경관의 공간단위(척도)

경관의 공간단위인 척도(scale)란 연구 대상 또는 변화 과정의 공간적 차원을 말한다. 경관은 넓은 의미로는 자연계에 존재하는 물체로 구성되어 있다. 비생물적 경관에는 풍화도의 차이에 따른 암석의 크기, 구성 성분과 성인(成因)의 차이에 의한 종류의 차이, 지구내부인자와 기후인자에서 파생된 지형의 다양성, 수반하는 물과 얼음의 양과 질, 움직임의 차이 등에 따라 다차원의 크기로 인지할 수 있다. 이와 같이 각 단계 수준에서 **비생물적 경관**(physiotope)을 이해할 수 있다(그림 11-4).

생물이 구성인자로서 포함된 **생물적 경관**(biotope)의 공간 단위는 세 단계 수준으로 이루어진다. 즉 개체, 개체군 및 군집이다. 이런 생물집단의 단위 중 가장 큰 단위인 군집이 비생물 환경과 조합된 것이 생태계이다. 경관생태학에서는 일반적으로 이런 생태계를 연구를

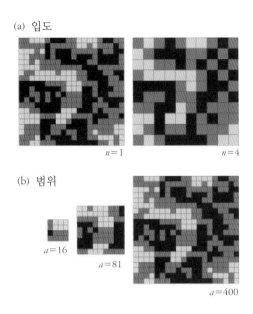

(a) 입도

$n=1$

$n=4$

(b) 범위

$a=16$

$a=81$

$a=400$

그림 11-4. 공간 척도의 두 가지 구성 요소: (a) 입도, (b) 범위(Turner *et al.*, 1989).

위한 기본 공간 단위로 삼고 있다. 그리고 실제 공간에 존재하는 이런 생태계 각각을 **공간생태계**(ecotope)라고 부른다.

경관을 연구하기 위해 조사지역의 척도가 정해져야 한다. 빈번하게 사용하는 자연경관의 단위는 집수역(watershed), 즉 유수역이다. 왜냐하면 물이 지형적으로 자연경계를 결정해왔기 때문이다. 경관을 이루는 단위들의 수준, 즉 **식생 단위조각**의 수준도 경관 유형 결정에 중요하다.

식생 단위조각의 조성 및 유형은 지역적인 기후(온도와 강수량)와 관련이 있으며 또한 토양과 지형 유형 및 지형 변화와도 관련이 있다. 큰 유형 내의 소규모 유형은 더 작은 규모의 토양 특성이나 미세한 기후 변이에 의해 결정된다. 식생 단위조각의 분포와 식생천이 단계는 교란에 의하여 결정된다. 교란의 정도는 식생 단위조각의 규모와 유형을 결정한다. 지역 내에 인간 교란은 생태계와 경관을 형성하고 유지하는 데 중요한 영향을 미쳤다.

단위조각의 크기와 모양은 단위조각 가장자리에 영향을 준다. 물리, 화학적 그리고 생물학적 이동과 흐름은 한 단위조각에서 인접한 단위조각으로 진행되는데 그 과정은 단위조각의 크기와 모양에 기인하는 **주변효과**(edge effect)에 의해서 조절된다(그림 11-5).

경관이질성은 서로 다른 경관 요소의 크기, 형태, 조성과 시공간적인 상호관계가 포함된다. 단위조각과 단위조각 사이의 연결성은 중요한 생태학적 의미를 가진다. 이런 연결을 통해서 단위조각들 사이에 생물 이동이나 물질 흐름이 끊임없이 일어난다. 예를 들면 동물개

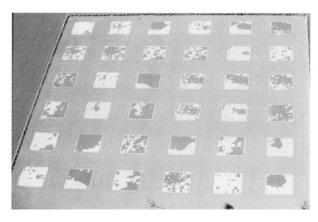

그림 11-5. 농업 생태계에서 곤충 군집에 미치는 단편화의 효과를 보기 위한 실험 경관
(Turner *et al.*, 2001; Kimberly A. With 사진).

체군의 경우, 공급지-소멸(source-sink) 관계를 통해 이웃하고 있는 개체군과 관계하고 있다. 네트워크란 생물상의 이동이 활발하여 개체군의 생존력이 높아질 수 있도록 연결된 네트워크로서 경관의 생태적 기능을 높이는 공간적인 요소이다.

이런 네트워크는 녹지나 하천 등 선형적인 구조의 통로이며 이러한 단위조각이나 통로가 생태적 건전성을 확보하기 위해서는 이들 주변 공간에 있는 **기질**(matrix)이 가능하면 친화적이어야 한다. 도로 건설로 인해 서식지가 단편화되는 과정에서 많이 도입되는 개념이 **생태통로**(eco-corridor)이다. 이것은 단절된 서식지 사이를 이어주는 통로의 역할을 하며 경관 관리와 보전에 중요한 요소이다. 경관의 단위인 척도와 관련된 용어를 정리하면 표 11-3과 같다.

표 11-3. 경관의 단위인 척도와 관련된 용어

용 어	의 미
범위 (extent)	연구 대상지의 전체 크기
위계 (hierarchy)	상위 단계, 하위 단계를 연결 또는 통제하는 조직 체계
임계치 (critical threshold)	갑자기 속성이 변하는 시점
입도 (grain)	주어진 자료에서 가능한 공간 해상도의 정밀도 수준
절대척도 (absolute scale)	실제 거리, 방향, 모양, 지형
조직 단계 (level of organization)	생물학적 위계 내 순서
척도 (scale)	입도와 범위에 의해 정해지는 시·공간적 차원의 대상
해상도 (resolution)	측정의 정확성: 공간상 입도 크기를 의미

5) 경관생태학의 연구 동향

경관생태학은 최근 수십 년간 생태계 관리 연구의 필요성에 의해 빠른 속도로 발전하고 있다. 경관생태학은 원래 유럽의 중부와 동부에서 시작하였지만 경관생태학 연구의 방향은 지역 또는 국가에 따라 다르며 특히 북미와 유럽은 지역 간에 서로 다른 연구 성향을 나타낸다. 북미지역의 경관생태학적 연구는 광활한 대지를 대상으로 경관이라는 단위의 해석과 그 공간에 적용될 수 있는 생태학적 원리를 밝히는 데 중점을 두고 있다.

유럽지역의 연구는 그러한 기초 연구에 더하여 인간의 생활환경 주변에서 경관 형성에 대한 인간의 간섭을 경관생태계 수준에서 해석하려고 시도하는 등 종합적, 학제적 색채가 강하다. 경관은 본래 인간의 역사와 밀접하게 관련되고, 유럽의 경관은 확실히 그러한 배경을 가지고 있다. 따라서 경관은 정치, 경제, 종교와도 관계된다. 문화경관(cultural landscape)이나 시대에 따른 경관 변화를 통하여 그것을 확인할 수 있다.

우리나라에서 이루어진 경관생태학적 연구는 아직 그 성과가 미진한 수준이다. 그러나 단위로서의 경관을 인식할 수 있는 많은 자료를 확보하고 있다. 예를 들면, 국립산림과학원에서 작성하여 비축하고 있는 임상도(林相圖)와 그것을 모태로 삼아 환경부에서 주관하여 작성하였고 현재도 작성 중인 전국 생태·자연도 등이 그러한 기초 자료에 해당한다.

또한 환경부, 국립지리원, 서울시를 비롯한 각 지방 행정기관 등이 확보하고 있는 인공위성사진 및 항공사진도 앞으로 노력이 첨가된다면 경관생태 자료로 재탄생할 수 있다. 그런 다음에 이들을 분석하여 하나의 통일된 틀로 종합한다면 우리나라 전 지역을 여러 수준의 단위로서의 경관으로 인식할 수 있는 날도 멀지 않을 것이다.

이런 바탕 위에서 우리가 경관생태학적 연구를 추구할 때 생태학을 기초로 한 과학기술의 연장선상에서 경관을 연구 주제로 삼고 있는 북미의 연구 성향은 학술적 측면에서 의미가 있는 지침으로 활용할 수 있을 것이고, 인간의 영향이 포함된 문화 경관을 축으로 경관의 관리를 주된 목적으로 삼고 있는 유럽의 연구 성향은 응용적 측면에서 중요한 토대를 제공할 수 있을 것이다.

1. 경관 및 경관생태학을 정의하시오.

2. 경관생태학의 발전에 영향을 준 학문에는 어떤 것이 있는지 설명하시오.

3. 경관생태학은 생태계 관리와 어떤 연관성이 있는지 설명하시오.

4. 경관생태학 용어 중 단편화, 기질, 단위조각 등의 연관성을 설명하시오.

5. 경관의 단위인 척도에 대해 설명하시오.

제 **12** 장

생태학과 인류

제12장 생태학과 인류

과학과 기술의 발달은 정치, 문화, 경제 및 사회의 모든 분야에 영향을 미쳤을 뿐만 아니라 다른 생물들과 인류 자신에게도 충격적인 악영향을 미치고 있다. 새로운 과학기술은 그 이점과 함께 많은 문제점을 수반한다. 예를 들어 자동차나 비행기를 움직이는 내연기관은 대기오염과 화석연료의 고갈을 가져왔고, 합성수지는 물과 토양을 오염시키며, 원자력은 대량 살상무기로 이용될 수 있다. 유전자변형생물은 생태계에 미치는 영향이 충분히 검토되기도 전에 실용화되거나 사고로 인하여 환경으로 누출될 가능성이 높아졌다. 그리고 식량 생산을 극대화하기 위한 대규모의 현대적 농업 방식은 막대한 살충제, 제초제, 첨가제, 화학비료, 관개시설, 농기계 등의 보조에너지를 요구하며, 그 결과는 생물다양성을 감소시킬 뿐만 아니라 자연보전지역의 감소로 인한 멸종을 가져온다. 이와 같이 인류 활동이 생물권에 미치는 악영향은 점차 증가하고 있으며, 환경오염, 에너지 고갈 및 식량생산과 관련된 문제는 인류가 시급히 해결해야할 과제가 되었다. 따라서 현재의 상황이 미래에 미칠 영향을 미리 예상하고 미래의 불행에 대한 대책을 모색하는 것이 필요하다. 이와 같은 관점에서 이 장에서는 생태학적 지식을 인류 활동에 실제적으로 응용하는 측면에 초점을 맞추어 오염물질의 종류, 생물학적 농축, 수질오염, 대기오염, 유전자변형생물, 에너지, 식량 생산과 유기농법 등에 대하여 살펴본다.

1. 지구의 오염

오염(pollution)이란 인간의 활동으로 환경이 바람직하지 못하게 변하는 것이다. 다시 말하자면 오염은 인간의 반작용에 의해 자연발생적으로 일어나는데, 자연발생적이라고 다 좋은 것은 아니다. 예를 들어, 효모는 발효를 통해 에너지를 얻고 에탄올을 만들지만 에탄올의 농도가 16% 이상이 되면 살 수 없으므로 자연 발효된 포도주는 이 보다 농도가 높은 것이 없다. 효모는 에탄올 농도가 16% 정도가 되면, 자신이 변화시킨 환경 때문에 죽게 된다. 인류는 항상 자신의 환경을 부분적으로 변화시켜 왔으며, 최근 반세기 동안 그 영향은 다음과 같은 이유로 지구 전체에서 심각하게 되었다.

① 인류는 지구 전체에 분포하는데, 이처럼 광범위하게 분포하는 생물은 없다.

② 인류는 몸집이 크고 그 수가 많다. 항상 국지적인 환경 변화를 많이 일으킨다.

③ 인류는 화석연료를 사용하므로 대사에너지만을 이용하는 다른 동물들보다 환경에 미치는 영향이 더 크다.

④ 인류는 각종 새로운 화학물질들을 생산한다. 새로 개발된 화합물은 본래의 개발 목적과 어긋나게 인류에게 피해를 주고, 이런 화합물들을 에너지원으로 하는 생물들이 적으므로 생물권에 축적된다.

지난 20년 동안 오염에 대한 관심도가 높아짐에 따라 오염은 인류 자신뿐만 아니라 자연계에도 해로우며, 대부분의 오염은 방지할 수 있으나 여기에는 막대한 비용이 필요하다는 사실도 인식하게 되었다. 사업가와 정부당국이 오염 방지에 투자를 하지 않으면, 일반인들의 세금 부담이 늘어나고, 돈으로 환산할 수 없는 손해도 보게 된다.

2. 오염물질의 종류

1) 살충제

살충제(pesticide)는 해충을 죽이는 물질이며, 해충이란 인류의 이익, 편리 및 복지에 방해가 되는 생물로서 이 정의는 인간을 중심으로 내린 것이다. 모기는 늪 자체의 해충이 아니라 늪 주변에 사는 사람들에게 해충이다. 예전의 살충제는 비소와 니코틴 같은 무기 및 유기약품이었다. 그러나 새로 개발된 유기살충제는 1930년대부터 합성되기 시작하였고, 특히 1940년대에 많이 개발되었다.

오늘날 살충제는 세 가지로 구분되는데, DDT, DDD, 알드린(aldrin), 디엘드린(dieldrin), 엔드린(endrin), 헵타크로르(heptachlor) 등의 유기염소제, 말라티온(malathion), 파라티온(parathion), 다이아지논(diazinon), DDVP(dichlorvos) 등의 유기인제, 카바릴(carbaryl)과 젝트란(zectran) 같은 카바메이트제 등이다(표 12-1). 그 외에도 살균제(fungicide)와 제초제가 있다.

대부분의 사람들이 살충제의 심각한 독성을 잘 이해하지 못하고 있다. 사람들은 비소(As)가 매우 유독하기 때문에 가까이 두지 않으면서도, 파라티온이 비소산납(lead arsenate; $PbHAsO_4$)보다 140배나 독성이 강하다는 사실은 모르고 있다.

많은 살충제가 쓸 데 없이 사용되기도 하지만 대부분의 살충제는 농업에서 질병을 일으

생산성과 시장성을 높이기 위하여 여러 종류의 살충제를 다량으로 사용한다.

(1) 인체에 대한 독성

한 해 동안 전 세계에서 살충제 중독으로 약 10,000명이 죽는다 (Begley *et al*., 1986). 이들은 대개 농부이거나 농도가 진한 살충제에 직접 접촉된 사람들이다. 살충제를 취급하던 직장을 그만 둔 사람 중 사망자가 얼마나 되고, 어떤 살충제의 독성 때문에 죽어가는 지는 아직도 알려져 있지 않다.

(2) 목표 이외의 생물에 미치는 영향

좋은 살충제는 원하는 해충만 죽여야 되나, 대부분은 그렇지 못하다. 느릅나무에 병을 일으키는 딱정벌레를 없애기 위해 DDT를 뿌린 결과 딱새과의 새들이 멸종되었고 (Wallace *et al*., 1961), 이는 무분별한 살충제 사용을 반대하는 좋은 계기가 되었다.

미국 일리노이즈 주에서는 일본딱정벌레를 막기 위해 디엘드린을 $100 \ m^2$ 당 $33 \ g$ 씩 뿌

표 12-1. 살충제의 종류와 특성

구 분	살충제	분자식	치사량 (LD₅₀)*	비 고
유기 염소제	DDT (dichloro-diphenyl-trichloroethane)	$C_{14}H_9Cl_5$	113	접촉살충제, 가축의 살충제
	DDD (dichloro-diphenyl-dichloroethane)	$C_{14}H_{10}Cl_4$	4,000	살충제
	알드린 (aldrin)	$C_{12}H_8Cl_6$	39 (60)	제조 및 사용 중지된 살충제
	디엘드린 (dieldrin)	$C_{12}H_8Cl_6O$	46	〃
	엔드린 (endrin)	$C_{12}H_8Cl_6O$	18 (7.5)	〃
	헵타크로르 (heptachlor)	$C_{10}H_5Cl_7$	100 (162)	목화씨바구미 구제
유기인제	말라티온 (malathion)	$C_{10}H_{19}O_6PS_2$	1,375 (1,000)	저독성, 가축의 외부 기생충 구제
	파라티온 (parathion)	$C_{10}H_{14}NO_5PS$	13 (3.6)	맹독성, 피부오염 주의
	다이아지논 (diazinon)	$C_{12}H_{21}N_2O_3PS$	?	살충제
	DDVP (dichlorvos)	$C_4H_7Cl_2O_4P$	80 (56)	살충제, 가축의 구충제
카바 메이트제	카바릴 (carbaryl)	$C_{12}H_{11}NO_2$	250	접촉살충제, 가축의 외부기생충 구제
	젝트란 (zectran)	$C_{12}H_{18}N_2O_2$	37 (25)	연체동물 구제

* 중앙치사량 (mg/kg)

린 결과, 해충의 일부는 죽었지만 꿩, 개똥지바퀴, 찌르레기, 다람쥐, 산토끼, 고양이 등 여러 종류의 동물들도 죽었다 (Scott *et al.*, 1959).

물론 그 때는 1959년이었고 오늘날의 살충제는 훨씬 선택적으로 작용한다고 알려져 있지만, 정확하지는 않다. 1974년 미국환경보호청(EPA)이 디엘드린의 사용을 금지시켰지만, 아직도 좀이나 흰개미를 막는 데는 허용되고 있다 (Regenstein, 1982). 미국의 Shell 화학회사는 제 3세계 국가에서 디엘드린을 계속 생산·판매하는데, 이들 국가에서 미국으로 수입되는 식량과 철새들을 통해 디엘드린이 유입된다. 작용 범위가 넓어서 사용이 제한된 살충제들이 상표에만 제한 표시가 되어 있으므로, 실제로 사용이 규제되는지의 여부는 의문시되고 있다.

특정 표적생물에게만 작용한다는 각종 살충제의 경우 환경에 미치는 피해는 적지만, 다른 생물에게도 영향을 준다는 사실이 밝혀졌다 (Ingham, 1985). 예를 들어 카보푸란 (carbofuran; Furadan)이란 살충제는 선충과 미소 절지동물에게만 작용하는 것으로 알려져 있으나, 귀뚜라미, 지렁이, 그리고 질소를 고정하는 *Rhizobium* 속 세균과 남조세균도 감소시켰다.

(3) 지속성과 축적

고양이는 먹이그물의 맨 위에 위치하는 육식동물이므로 일리노이즈 주의 디엘드린 살포 지역에서 고양이가 죽은 것은 당연하다. 최근에 개발된 몇 가지 살충제가 지속성이 강한 유기염소제 보다는 빨리 분해되지만, 상당히 많은 지속성 살충제가 아직도 널리 사용되고 있다. 반감기가 약 10년이나 되는 엔드린(endrin)이 바로 그런 경우이다.

1981년 미국에서는 몬태나 주를 포함한 4개 주에서 1,012 km^2의 농토에 엔드린이 사용되었는데, 이동성 물새에서 허용치 보다 3~4배 이상이 검출되었다 (Regenstein, 1982). 지속성과 생물학적 농축 문제는 다음에 더 자세히 기술할 것이다.

(4) 확산의 문제

살충제는 뿌린 지역에만 머무는 것이 아니라 그 주변으로도 이동되며, 더구나 지속성 살충제는 물과 공기를 통해 멀리 확산된다. DDT와 각종 유해한 유기화합물들이 여러 생물의 지방조직에서 발견되는데, 이 약품들을 전혀 사용한 적이 없는 지역에서도 나타난다. 예를 들어 남극의 펭귄에서는 1964~1965년에 이미 18 ppm 이상의 DDT가 검출되었다.

선진국에서 현재 사용이 금지되었거나 제한된 여러 가지 살충제들이 아직도 다른 나라에서는 널리 사용되고 있다. 이미 언급한 디엘드린 외에도 DDT, 클로르덴(chlordane),

BHC 등의 지속성의 위험한 살충제가 바나나, 커피, 초콜릿 및 기타 수입식품 속에 잔류물로 남아 사람들이 섭취하고 있다.

회귀성동물도 살충제를 운반한다. 1972년 DDT가 미국에서 사용이 금지되기 전후에는 가마우지의 수가 적었지만, 최근에는 그 수가 크게 증가되었다(Brewer, 1981; Ludwig, 1984). 이러한 이유 중의 하나는 이들 가마우지들이 주로 미국에서 겨울을 지내는 새이기 때문이다. 아직도 DDT를 많이 사용하는 열대지방에서 겨울을 지내는 다른 종류의 가마우지들은 줄어든 수가 다시 증가되지 않고 있다.

(5) 치사효과

살충제는 생물들을 직접 죽이기만 하는 것이 아니다. 송어 조직에 DDT가 축적되면 부적합한 온도와 같은 환경 스트레스에 대하여 더욱 민감해지며, 매와 펠리칸을 포함한 여러 종류의 조류에서는 DDT에 의해 생식률이 낮아진다. 몇 가지 이유 가운데 중요한 것은 DDT와 그 분해산물 때문에 조류의 알 껍질이 얇아져서 정상적인 부화가 어렵기 때문이다 (그림 12-1).

미국에서는 DDT 사용이 금지됨에 따라 독수리와 물수리와 같은 몇 종류 생물의 체내 DDT 농도가 낮아지고 생식률이 회복되었다(Grier, 1982). 보통 사람들의 지방조직에는 DDT, 알드린, 디엘드린 및 기타 여러 가지 살충제가 농축되어 있다. 사람들은 음식물을 통해 30/100 μg 정도의 린덴(lindane), 디엘드린, 말라티온 및 기타 살충제를 매일 섭취하고 있다.

(6) 상승작용

제한요인에 대한 장에서 지적한 바와 같이, 어떤 환경요인들은 단독일 때 보다 복합적일 때 더욱 강하게 작용한다. 말라티온은 간에서 쉽게 해독되므로 비교적 안전한 살충제인데, 간의 해독작용을 방해하는 화학물질이 있을 경우 말라티온 중독의 위험성이 높아진다. 이런 작용을 하는 살충제로 EPN (ethyl *p*-nitrophenyl benzenethiophosphonate)이 있는데, 개에게 말라티온과 EPN을 동시에 투여할 경우 말라티온의 독성은 50배 이상 증가한다.

인간이 만든 화합물 중 살충제, 식품첨가물, 헤어스프레이, 페인트, 가솔린 첨가제 및 기타 용도로 사용되는 화학약품은 50만 종류에 달하는데, 이런 화합물들이 많아짐에 따라 예상하지 못했던 **상승작용**(synergism)도 증가한다.

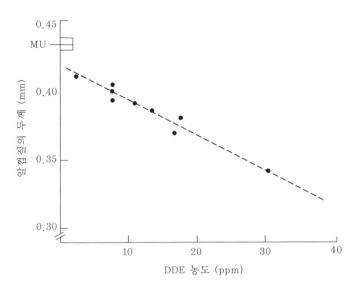

그림 12-1. 가마우지의 알 껍질 두께와 DDE(DDT의 분해산물) 농도와의 관계. 시료는 1965년 미국 북부의 중앙부 및 이와 인접한 캐나다의 남부지방에서 얻은 것이다. MU는 DDT가 사용되기 전 같은 지역에서 채집된 박물관의 표본에서 측정한 껍질 두께이다(Anderson *et al.*, 1969).

(7) 생태계에 대한 영향

살충제의 직접적인 영향은 한 종류의 생물에게만 국한되지 않으며, 더군다나 전반적으로는 해충에게만 국한되지도 않는다. 어떤 생물이 줄어들면 이 생물과 같은 영양단계에 있거나 다른 영양단계에 있는 생물들에게 또 다른 영향을 준다. 대개 살충제들은 해충 자체를 없애는 것보다 해충의 포식자를 더 많이 제거시킨다. 그 이유는 포식자들이 살충제가 포함된 해충을 많이 먹게 되고, 개체수도 해충보다 적기 때문이다. 따라서 살충제를 뿌리면 해충은 많이 살아남는 반면 천적은 대부분 없어지므로, 남아있는 해충들이 천적의 간섭 없이 증가하게 된다.

살충제를 사용한 결과 처음에는 해충이 감소하다가 그 후 폭발적으로 증가한 사례가 많다. 화학적 처리가 새로운 해충을 생기게 하는 수도 있는데, 유럽의 붉은진드기가 화학적 살충제를 많이 사용한 후 과수원의 중요한 해충으로 나타난 이유는 그들과 경쟁관계에 있던 포식자가 없어졌기 때문으로 추정된다.

(8) 살충제에 대한 내성

대부분의 해충은 세대가 짧고 밀도가 높아 진화가 쉽게 일어나고 그 결과 살충제에 대한 **내성**(resistance)도 쉽게 생긴다. 곤충과 진드기 중 400여종이 최근 35년 동안 널리 사용된 하나 또는 그 이상의 살충제에 대하여 내성이 생겼다(Taylor, 1986).

이를 해결하려면 우선 살충제의 사용량을 늘려야 한다. 호두나무진딧물을 방제하는데 처음에는 물 1리터에 0.3 g의 파라티온을 섞었으나, 7년 후에는 그 양이 1.2~1.8 g으로 늘어났다. 그 다음에는 새로운 살충제를 개발하여야 한다.

미국 미시간 주의 Macinac 섬에서는 관광객을 위한 교통 수단으로 500여 마리의 말을 이용하였는데, 말의 분뇨 속에서 자란 파리를 방제하기 위하여 DDT를 살포하였다. 1950년대 초에는 DDT에 내성을 가진 파리가 생기자 행정 당국은 유기인제인 말라티온을 살포하였다. 1960년대 초에는 말라티온에 내성을 가진 파리가 생겨서 디메소에이트(dimethoate)로 바꾸었지만, 1970년대 초에는 이 역시 효과가 없었다(Coulson and Witter, 1984). 이런 경우에는 다른 예와 마찬가지로 위생 시설의 개선, 방충망과 파리 잡는 끈끈이종이, 인간의 인내 등이 장기적인 해결책이 될 수 있다.

해충의 포식자나 기생자인 일부 곤충에서는 몇 가지 이유 때문에 살충제에 대한 내성이 생기기 어렵다. 포식자의 개체수는 피식자보다 적으므로, 새로 개발된 살충제가 피식자의 대부분을 죽이면 살충제에 내성을 가진 포식자는 번식하기도 전에 굶어 죽기 때문이다.

해충에 내성이 생기지 않으면 살충제 사용으로 해충의 수가 곧 줄어든다. 집에 바퀴벌레가 많을 때 살충제를 쓰면 없앨 수 있으나 사람, 고양이 및 환경에 어떤 위험이 따르는지는 확실하지 않다. 음식물을 잘 보관하고 바퀴 잡는 끈끈이상자와 같이 해롭지 않은 방법을 쓰는 것이 장기적으로는 더 나을 것이다.

2) 제초제

동물 대신 식물을 죽이는 약품이 **제초제**(herbicide)인데, 경작지에서 잡초를 없애기 위해 사용되지만 가장 유명한 제초제는 다른 목적에 사용되었다. 2,4-D와 2,4,5-T를 배합한 오렌지탄(Agent Orange)은 미국이 베트남에서 적을 쉽게 발견하기 위하고 적이 숨을 수 있는 숲을 없애기 위해서 **고엽제**(defoliant)로 사용되었다. 1960년대에 그 좁은 나라에서 200만 ha의 면적에 100 ton이 넘는 제초제가 뿌려졌는데, 이의 생태학적 영향은 Tschirley (1969)에 의해 조사된 바 있다.

미국 공군의 수송기들은 그 지역에 사람이 있던 없던 상관없이 72 m 너비로 초당 15 리터를 뿌렸다. 1970년 미국 국립과학원(NAS)에서 이 제초제가 베트남인 가운데 기형아를 낳게 한다는 결론을 내린 후 살포가 중지되었으나, 베트남전 참전 군인들에서는 암, 간과 신장 질환 및 기타 질환이 후유증으로 나타났고, 1984년에는 제약회사와 참전군인 15,000명 사이에 1,800억 달러의 배상화해가 이루어졌다.

다이옥신(dioxin, TCDD)은 독성이 매우 큰 물질로서 목재보존제인 5-클로로페놀(pentachlorophenol)과 방부제인 6-클로로펜(hexachlorophene)에 불순물로 들어있다. 오렌지탄과 2,4,5-T가 다이옥신의 독성에 얼마나 기여하는지는 아직 불확실하다. 2,4,5-T 와 실벡스(silvex)는 유사한 물질로서 이들 제초제는 1970년대에 삼림에 널리 사용되었는데, 인체에 유해하여 미국 환경보호청(EPA)가 사용을 일시적으로 중지시켰지만, 그 후 산림과 논에 계속적으로 사용하는 것을 허용하였다.

미국 북서부에서는 이들 제초제가 목재회사와 미국 산림청의 협의에 따라서 전나무 같이 중요한 상록수에게 도움이 되도록 활엽수들을 제거하는 데 사용되었다. 상록수의 생장이 실제로 증가했다는 연구 결과는 없는데, 이는 질소고정식물의 파괴, 유출수의 증가 및 기타 해로운 효과가 활엽수와의 경쟁 감소로 생기는 이익을 상쇄하기 때문일 것이다.

2,4-D와 2,4,5-T를 포함한 여러 가지 제초제들은 오늘날 널리 사용되는 화학약품으로서, 그 양은 살충제 및 기타 동물 제거제를 능가하고 있다. 제초제는 전국적으로 길가의 잡초 제거, 송전선 주변의 정리, 경작지, 공원과 개인주택의 잔디밭에서 무해한 민들레나 바랭이를 죽이기 위해서 뿌려진다. 얕게 갈거나 갈지 않는 농사법이 늘어남에 따라 잡초를 제거하는 경작 수단으로 제초제가 많이 사용되는데, 환경의 측면에서는 침식에 의한 표토 유실이 적어지는 이점이 있다.

제초제가 인류의 건강과 생태계 및 생물권 전체의 기능에 얼마나 위협이 되는지는 분명하지 않다. 2,4-D나 2,4,5-T 같은 유기염소계 제초제는 접촉된 식물의 뿌리만 죽이고 곧 토양세균에 의해 분해되므로 동물과 사람에게는 해가 없다는 주장도 있다.

요즈음 널리 사용되는 다른 제초제들의 안정성에 대한 비슷한 주장들도 거짓일 가능성이 있다. 미국 국립암연구소에서는 최근 2,4-D를 정기적으로 사용한 농부들이 비사용자들보다 특정 림프암에 6배 정도 많이 걸린다는 자료를 발표하였다.

3) 방사성 물질

지구상의 모든 생물은 지각의 **방사성물질**(radioactive materials)과 우주에서 오는 우주선(cosmic ray)의 형태로 낮은 수준의 방사선을 자연적으로 받는데, 이를 **자연방사선**(background radiation)이라고 한다. 이러한 자연방사선은 지구상의 위치에 따라 차이가 많은데, 이 자연적인 차이가 생태학적으로 어떤 영향을 나타낸다는 증거는 없다.

그러나 자연방사선량이 많은 지역에서는 언청이와 구부러진 다리 같은 선천성 기형 및 특정 암이 많이 나타난다 (Wilkison, 1986). 자연방사선이 높은 지역일지라도 그 양은 진단용 X-선과 비교할 때 아주 미미한데, 치과에서 두 번의 X-선 촬영은 생애 중 15~30년 동안 받는 자연방사선량에 해당된다.

따라서 관심의 대상은 **인공방사선**(artificial radiation)이다 (표 12-2). 진단용 X-선은 보건상의 문제이지 생태학적 문제는 아니다. 문제가 되는 것은 환경에 방사성물질을 방출하는 경우인데, 첫째는 핵무기의 실험이나 실제 사용이고, 둘째는 원자력의 평화적 이용 특히 원자력발전소의 문제이다.

방사선이 해로운 이유는 세포 내에서 전자를 첨가하거나 유리시켜 물질들을 이온화시키기 때문이다. 방사성물질들은 세 가지 **이온화방사선**(ionizing radiation)을 방출한다:

① 알파(α)선은 침투력이 비교적 약해서 발생원이 생물체의 내부에 있을 때 해롭다.
② 베타(β)선은 조직 속으로 수 cm 침투할 수 있다.
③ 감마(γ)선은 X-선과 유사하며 침투력이 가장 높다.

방사선과 방사성물질의 측정 단위는 여러 가지가 있다. 1 rad는 조직 1 g 당 100 erg의 에너지를 흡수하는 양으로서 과거의 roentgen (R)에 상당하는 양이며, Gy (gray)는 rad를 대치하는 국제단위(SI)인데, 1 Gy (gray)는 100 rad이다. rem (roentgen equivalent in man)은 X-선이나 감마선 1 roentgen을 흡수시켰을 때 나타나는 생물학적 상해와 같은 정도의 이온화방사선의 조사량이다. Sv (sivert)는 rem을 대치하는 국제단위로서 1 Sv는 100 rem이다.

이온화방사선의 생물학적 영향은 다음의 세 가지로 구분된다.

① 급성증은 높은 선량의 방사선에 일시적으로 노출되었을 때 나타나는데, 사람의 경우 LD_{50}은 500 rad이다. LD_{50} (중앙치사량, median lethal dose)은 방사선에 노출된 사람 가운데 수 시간 혹은 수일 안에 절반은 죽고 절반은 살아남을 경우의 방사선 조사량(dose)이다. 살아남은 50 %의 사람들은 대개 백내장, 불임증, 백혈병 등으로 고생하게 된다. 급성증의 정도는 생물의 종류에 따라 다른데, 포유류가 가장 민감하고 세균이 가장 덜하다.
② 만성증은 낮은 수준의 방사선에 노출되었을 때 나타나는 여러 가지 영향인데, 대부분 암으로 진행된다.
③ 만성증과 연관된 증세로서 정자와 난자에 돌연변이가 생기는 경우이다. 유전학자들에 의하면 돌연변이를 일으키는 방사선의 역치 선량은 없다고 한다. 다시 말하자면 방사선이

표 12-2. 자연환경으로 방출되는 방사선의 종류별 조사량과 그 효과

발생원	방사선의 종류	노출시간	환경에 대한 조사량	2차적 영향	열과 폭풍 효과	영향 면적	직접 영향	물질순환 관련여부
자연방사선	α β γ	수십억년	연간 01-0.5 rads	—	—	지구 전체	—	+
치료 및 직업	(정상적인 환경에는 영향이 없음)							
4,000Ci의 ^{60}Co	γ	만성적, 수년	시간당 수천 rads 이상	—	—	수십 km²	+	—
차폐된 원자로	혼합된 γ및 중성자	간헐적	자연방사선의 수배 이상	무시할 정도	—	수 ha	—	무시할 정도
비차폐 원자로	혼합된 γ및 중성자	간헐적	시간당 10만 rads 이상	+	—	수 km²	+	무시할 정도
원자로 방류수	α β γ	계속적	자연방사선이상	—	—	수백 km²	—	+
폐기물 처리	α β γ	계속적	자연방사선 보다 약간높음	—	—	수 km²	—	가능함
사고로 인한 폭발	α β γ	급성	시간당 수천 rads 이상	—	+	수 ha	+	—
핵실험	α β γ	급성	시간당 수백만 rads 이상	+	+	수백 km²	+	—
폭발 및 핵실험의 낙진	α β γ	만성적, 수천년	자연방사선의 수배 이상	—	—	지구 전체	—	+
핵전쟁 (가상)	α β γ	급성	시간당 수억 rads 이상	+	+	수천 km²	+	—
핵전쟁의 낙진 (가상)	α β γ	만성적, 수천년	시간당 수 rads 이상	—	—	지구 전체	+	+

조금씩 증가하면 돌연변이의 발생율도 따라서 증가한다. 대부분의 돌연변이는 해롭기 때문에 방사선에 의해 해로운 돌연변이를 나타내는 어린이의 비율이 증가된다.

원자력발전소와 관련된 방사능의 문제는 첫째, 소량의 방사성물질을 정기적으로 대기와 수중으로 방출, 둘째, 방사성 폐기물의 운반, 저장 및 폐기, 셋째, 발전소에 영향을 미칠 수 있는 돌발적인 재난의 가능성 등이다.

정기적으로 방출되는 낮은 수준의 폐기물은 그 양이 원자로의 형태에 따라 다른데, 여기에는 **삼중수소**(tritium; H^3)와 함께 I, Xe, Kr, Sr, Cs, Co, Mg, Fe, Cr, Mo, Zn 등의 방사성 동위원소가 포함된다. 이런 물질이 방출되면 자연방사선의 양이 증가할 뿐만 아니라, 낮은 수준의 폐기물이 생물학적 농축을 통하여 높은 수준으로 변할 수 있다.

사용이 끝난 폐연료봉과 같은 높은 수준의 폐기물은 저장, 운반, 재처리 및 폐기가 필요하다. 폐기물을 밀폐된 용기에 담아 바다 속에 버리는 나라도 있으나, 미국은 폐기물을 일시적으로 저장하고 있다. 1985년까지 미국에서는 라디움 36 ton에 상당하는 32,300,000 큐리(Ci; curie)의 폐연료봉을 원자력발전소 내부에 일시적으로 저장하고 있다 (Oak Ridge National Laboratory, 1986). 그러나 높은 수준의 핵폐기물은 대부분 무기산업에서 발생하며 1,430,000,000 Ci에 달하는 폐기물이 미국방성의 시설에 저장되어 있다.

폐기물의 저장에는 매우 오랜 시간이 필요하므로 상당히 어려운 문제이다. 플루토늄은 반감기가 24,360년이나 되므로, 재처리하지 않은 폐연료봉은 약 7,000년 정도 저장해야 우라늄 원광 정도의 무해한 수준에 도달할 수 있다 (Klingsberg and Duguid, 1982).

저장하는 장소도 지진, 화산 및 지각 변동으로 폐기물이 퍼지지 않도록 오랫동안 지질학적으로 안정될 수 있는 곳을 택해야 한다. 미국에서는 네바다 주의 화산재와 부석으로된 응회암지역이 적당한 곳으로 간주되는데, 이 지역은 이미 핵무기 실험으로 오염되었다는 이점도 가지고 있다.

1975년 알라바마 주의 Brown's Ferry 발전소에서 비상냉각계통의 고장으로 일어난 사고처럼 몇 차례의 사고가 있었으나, 원자력발전소의 안전성은 1979년 까지는 큰 문제가 없었다. 그러다가 1979년 3월 28일 펜실베이니아 주의 드리마일 섬에서 사고가 일어났는데, 사고 1년 후에도 방사성 물질의 배출을 동반한 부분적인 용융이 일어났다. 이 시설은 아직도 가동되지 않고 있는데, 정화 비용이 약 20조 달러에 이를 것으로 추정된다.

가장 심각한 사고는 1986년 4월 25일 옛 소련의 우크라이나에 있는 키에프 (Kiev) 근처의 체르노빌 (Chernobyl)에서 일어났는데, 폭발과 화재에 뒤이어 부분적인 용융이 일어나 Kr, Xe, I, Cs, Co 등의 방사성원소가 대기 중으로 퍼져나갔다. 이 사고는 이틀 후 스웨덴에서 방사성물질이 구름에서 검출됨으로서 세상에 알려졌다.

체르노빌 발전소에 있던 몇 사람은 사고 후 수 시간 안에 사망하였고, 다른 사람들은 그 다음에 사망하였다. 사고 후 넉 달 동안 희생자는 36명에 달했는데, 비공식 통계에 의하면 6만 명의 사망자와 15만 명의 부상자가 발생했을 것으로 추정된다. 미국의 한 의료진은 장차 암 등으로 7만 여명 정도가 사망하게 될 것이며, 이 중 절반은 사고지점에서 멀리 떨어진 유럽 사람들이 될 것이라고 예측하였다. 발전소 주변의 경작지는 높은 방사능 때문에 다시 사용하려면 수 십 년이 걸릴 것이고, 그 지역 주민들은 영원히 이주해야 할 것이다.

체르노빌 사고는 비교적 사람이 적게 사는 농업지역에서 일어난 결과인데, 이와 비슷한 사고가 대도시 주변의 원자력발전소에서 일어난다면 아마도 더 많은 주민이 사망하고 이주해야할 것이다.

핵의 문제는 사고로만 일어나는 것이 아니고 여러 가지로 공포의 대상이 될 수 있다. 테러분자들이 플루토늄 5 kg을 훔치면 핵폭탄을 제조할 수 있고, 이것으로 어떤 도시나 주혹은 정부까지도 협박할 수 있을 것이다. 그러나 구태여 핵폭탄을 제조하지 않더라도 농축된 핵폐기물을 상당량 훔쳐서 이를 재래식 폭탄으로 날려 보내겠다는 협박만으로도 충분히 경악하고도 남을 일이 될 것이다.

4) 핵전쟁

요즈음 원자력과 핵무기의 평화적 이용에 관심이 집중되고 있다. 1963년 지상에서의 핵실험을 위법으로 규정한 핵실험 금지조약이 조인되었으나, 프랑스와 중국은 모두 조약에 가입하지 않고 대기 중에서의 핵실험을 시행하였고, 북한을 포함하여 핵무기를 보유하는 나라가 점차 증가하고 있으며, 핵무기 사용을 고려하려는 정부도 늘어나고 있다.

전 세계의 핵 무기고에는 40,000~50,000개의 핵탄두가 있는데, 이는 11,000~20,000 megaton에 해당한다. 1 megaton은 TNT 1백만 ton에 해당되며, 2차 세계대전에서 사용된 폭탄은 모두 합쳐 2 megaton이었다. 그러나 핵공격 목표가 될 만한 도시나 주요 표적이 40,000개나 되지는 않는다. 따라서 핵전쟁에 대한 대부분의 행동계획은 5,000~6,500 megaton의 핵무기가 사용될 것으로 가정하고 있다(Grover and White, 1985)

이만한 양이면 폭풍, 열 및 초기 이온화방사선에 의한 직접 영향으로 미국, 러시아, 유럽, 중국, 일본 등에서 11억 명이 무참히 죽게 될 것이다(Harwell and Grover, 1984). 그리고 그 이상의 인명이 심하게 다치게 되므로, 그 들을 살리려면 수일 내지 수주일 내에 집중적인 치료가 필요하게 될 것이다. 예를 들어 방사선 및 화상 환자들은 고급 의료진과 힘들고 집중적인 간호가 지속적으로 필요한데, 이와 같은 치료는 기대할 수 없을 것이다.

이러한 영향과 함께 식생 감소, 침식 증가, 먹이사슬 및 생물지화학환의 파괴 (Odum, 1965) 등과 같은 생태학적 영향도 발생할 것이다. 최근에는 생물권에 미치는 영향도 알려졌는데 (Turco et al., 1983), 도시 및 일부 식생의 화재에서 발생하는 매연과 핵폭발 시 대기 중으로 방출된 먼지로 인하여 지표면에 도달하는 햇빛이 크게 감소되고, 그 결과 온도가 낮아질 것이다.

북반구와 열대지방에서는 광합성이 크게 감소되어 많은 식물들이 죽게 되고, 동물들은 어둠 속에서 보잘 것 없는 먹이를 먹게 된다. 폭풍, 열, 초기 방사선 및 후기 방사성 낙진을 견디어낸 사람들은 대부분 **핵겨울** (nuclear winter) 동안에 굶어 죽게 되는데, 이 핵겨울은 대기 중의 입자들이 가라앉아서 광합성이 다시 가능해질 때까지 아마도 수 개월 동안 지속될 것이다. 그렇게 되면 인도에서는 미국과 러시아에서 핵폭발의 직접 영향으로 죽은 사람보다 더 많은 사람들이 굶어 죽고 (Pittock, 1986), 북반구에서는 바다를 제외한 호수와 하천들이 얼어붙을 것이며, 남반구는 다소 영향을 적게 받을 것이다.

그 외에도 심각한 영향이 예상되는데, 스모그가 걷히면 오존층이 많이 파괴될 것이고 자외선이 많이 침투하게 된다. 자외선을 많이 받으면 피부암이 증가하고 면역체계가 교란되며, 많은 양의 석면이 대기 중으로 방출되어 생존자 가운데 암환자가 증가할 것이다.

핵전쟁의 결과가 얼마나 심각할지는 알 수 없다. 현재의 농작물은 종자 생산, 비료, 살충제 등을 공학에 크게 의존하고 있기 때문에 살아남기가 힘들 것이며, 동물들도 대규모의 멸종이 예상된다. 생태계와 생물권 차원에서 나타나는 최후의 영향은 여러 가지 개별적인 결과들의 상호작용으로 일어나므로 예측이 불가능하다.

5) 기타 유독성 물질

법률은 살충제, 의약품 및 식품첨가물을 시판하기 전에 검사하고, 방사성 폐기물을 안전하게 취급하도록 규정하고 있으나, 이러한 안전규정 중에는 부적합하면서 법률로만 존재하는 경우도 있다. 이외에도 잠재적으로 위험한 화학물질들이 규제 대상에 포함되지 않은 상태에서 환경에 유입되어 살충제와 마찬가지로 커다란 해를 끼치고 있다.

예를 들면, 석면은 자동차 제동장치, 활석가루 및 광산 폐기물을 통해, 수은은 곰팡이 제거제, 전기 스위치, 치과 치료 및 제지공업을 통해 환경으로 유입되며, PCBs (polychlorinated biphenyls)는 DDT와 유사한 물질로서 매우 안정된 화합물인데, 전기절연체, 가소제, 카본지 등으로 널리 사용된다.

PCBs는 환경에 유입되는 양이 많지 않지만 DDT 만큼 해로우며, 더구나 체내 여러 부위로 퍼져서 간암, 간비대, 선섬유증(adenofibrosis), 체중 감소, 탈모, 입술과 눈꺼풀의 부종,

혈색소의 감소, 위점막의 궤양과 재생능력 감소 등을 일으킨다. 1976년 미국의회는 유독물질 규제법을 통과시켜 이러한 화학물질의 사전 시험과 안전 취급을 규정하였지만, 법률의 완전한 시행은 아직도 지지부진한 상태에 있다.

잠재적 위험성은 PBB (polybrominated biphenyl)에서도 볼 수 있는데, 이 물질은 PCB와 마찬가지로 공업적 용도가 다양하고 매우 안정된 탄화수소류이다. Michigan Chemical Corporation에서는 'Firemaster'라는 상표로 PBB가 포함된 진화용 소화제를 제조 판매하였는데, 이 회사에서는 가축의 사료에 사용되는 'Nutrimaster'라는 사료첨가제도 제조하고 있었다. 1973년 여름 축산 당국은 이 회사로부터 Nutrimaster 대신 Firemaster의 화물을 받아 가축 사료에 섞기 시작했으며, 이 사료는 1,100개 이상의 농장에 보급되었다 (Stadtfeld, 1976). 이 사료를 먹은 가축들이 병들어 죽었지만 그 원인은 여러 달 동안 알 수 없었으며, 1974년 5월 PBB임이 확인되었는데, 그 때까지 소극적인 태도를 취하던 미시간 주 농무성이 비로소 조사에 착수한 결과, PBB가 미시간 주 전역의 우유와 쇠고기에서 검출되었다.

이 사고의 문제점은 여러 해가 지나도록 해결되지 않았는데, 그 중 한 가지 어려운 점은 PBB의 생물학적 영향에 관한 실제적인 연구가 부족하다는 사실이었다. 주민들이 자기 목장에서 기른 젖소의 우유를 마시고 정육점에서 구입한 고기를 통하여 오염된 결과, 체내에서 높은 농도의 PBB가 검출되었다. 역학조사로 목장의 주민들은 뇌손상과 저항력의 약화를 포함한 여러 증상을 나타낸다는 것이 밝혀졌다. 1981년에는 미시간 주의 주민 중 97 %가 체내에 미량의 PBB를 함유하고 있음이 밝혀졌다.

다른 주에 사는 사람들도 미시간 주의 불행과 무관할 수 없다. 미시간 사건에서는 불과 수백 kg의 PBB가 문제되었지만, Michigan Chemical Corporation에서는 1974년에만 해도 2,400 ton의 PBB를 제조했으며 그 전에는 더 많았다. 이 화합물은 널리 보급되었으며 틀림없이 미국 전역을, 나아가서는 전 세계를 오염시켰을 것이다.

매스컴을 통해 발암성과 화학물질의 위험성을 자주 접하게 됨에 따라, 모든 화학물질이 위험하기 때문에 걱정할 필요가 없다는 잘못된 생각에 빠지기 쉽다. 화학물질은 대부분 정상적인 양의 범위 내에서는 해롭지 않다. 1980년 현재 약 7,000종류의 화학물질에 대한 발암성이 조사되었는데, 그 중 겨우 8%인 500종류가 암을 일으켰다.

자연계에 존재하는 물질도 몇 종류가 발암성물질 목록에 포함되어 있지만, 석면이나 카드뮴처럼 자연 상태에서는 대개 희석되거나 접촉의 기회가 적은 물질이다. 많은 화학물질이 비교적 안전한 것은 사실이지만, 몇 가지는 인체나 생물권에 위험하다. 암과 돌연변이를 일으키는 유독성 화학물질은 대부분 진화 과정에서는 생소한 화합물로서, 제약회사에서 합성되어 환경으로 확산되고 있다.

3. 생물학적 농축

'희석이 오염을 해결한다'는 말이 있는데, 이는 역사적으로 보아 도시와 공장들이 강, 호수 및 바다 옆에 위치하는 이유 중의 하나로서, 폐기물을 하수도로 흘려보낼 수 있기 때문이다. 폐기물 처리 방법으로서의 희석은 몇 가지 만족스럽지 못한 점이 있다. 첫째, 폐기물이 너무 많이 발생되어 어떤 도시나 공장이든지 수질을 해치지 않으면서 폐기물을 희석시킬 만큼 충분한 물을 구할 수 없다.

둘째, 인구가 너무 많아서 한 사람의 오염을 해결하면 바로 다음 사람에게 문제가 된다. 예를 들어 어떤 강에 마을이 하나만 있으면, 강으로 버린 하수가 32~48 km 내에서 분해되고 물은 다시 깨끗해질 수 있지만, 16 km 마다 마을이 있으면 이러한 회복은 일어나지 않는다.

희석 방법을 더 이상 쓸 수 없는 또 다른 복잡한 이유가 있다. 환경에 희석되어 유출된 독성물질이 생물의 특정 조직이나 기관에 높은 농도로 농축되기 때문이다. 이러한 **생물학적 농축**(biological concentration), 다시 말하자면 **생물농축**(bioconcentration)이나 생물축적(bioaccumulation; biological magnification)에 의해 농축되는 오염물질 중에는 살충제, 중금속, 기타 인위적 화학물질 및 방사성동위원소가 포함되어 있다.

생물농축이 일어나는 원인은 크게 세 가지가 있는데, 생물이 특정한 물질을 선택적으로 흡수한다는 것, 그 물질이 생물체 내에서 화학적으로 분해가 어렵다는 것, 그리고 체내로부터의 배출 속도가 느리다는 점이다. 따라서 농축된 독성물질은 먹이사슬과 영양단계의 구조 때문에 최종소비자로 갈수록 그 농도가 높아진다. 이러한 성질 때문에 환경에 잔류되어 있는 독성물질의 농도는 실제로 그 물질에 의한 독성 효과를 예측하는데 부적당한 경우가 많다.

일반적으로 생물농축은 화학물질의 지용성, 생물의 농축 능력 그리고 화학물질의 잔류성에 따라 달라진다. 박테리아나 곰팡이, 열, 햇빛, 기타 환경요인에 의한 분해에 내성이 크면 클수록 그 물질이 환경에 잔류하는 시간은 길어지며, 따라서 생물과 접촉할 기회가 많아진다.

1) 살충제의 생물농축

DDT는 다른 인위적인 화학물질과 마찬가지로 지속성이 아주 강하므로 쉽게 분해되지 않는다. 그 이유 중의 하나는 이런 물질이 새로운 것이어서 생물에게 생소하고 이들을 분해하는 대사경로를 가진 생물이 적기 때문이다. DDT도 언젠가는 분해되는데, 일부는 물리화학적 요인에 의하고, 일부는 생물의 작용에 의해 일어난다. 분해의 초기 산물 중에는 그 자체가 유독성인 것이 있는데, DDE는 특히 조류에서 독성을 나타낸다.

　DDT 같은 유기염소제는 분해에 저항성이 크며, 물에 녹지 않고 지방에는 잘 녹는다. 그러므로 DDT가 포함되었거나 묻은 먹이를 초식동물이 먹으면 배설되는 대신 체내의 지방조직에 농축된다. 식물에 들어 있는 살충제의 희석된 농도를 1이라고 가정할 때, 어떤 초식동물이 먹고 살기 위해 100포기의 식물을 먹으면 이 동물은 식물 속의 낮은 농도에 비해 100배의 농도가 된다. 같은 방법으로 어떤 육식동물이 100마리의 초식동물을 먹으면 살충제 농도는 식물에 비해 10,000배가 된다.

　먹이사슬의 위쪽에 있는 생물이 DDT에 오염된 피식자를 먹게 되면 DDT는 결국 포식자의 지방 속에 축적되며, 이러한 현상이 계속 진행되면 결국 DDT는 높은 농도로 농축된다. 이것은 피식자의 체내에 들어있던 DDT가 포식자의 체내에 이입된 후 배출되지 않고 농적되며, 포식자는 생장을 위해 이들 피식자를 다수 포식하기 때문이다. 따라서 수중에 들어 있는 DDT 농도에 비하여 물고기를 포식하는 새의 몸속에는 DDT의 농도가 수백만 배나 높을 수 있다(그림 12-2).

　최종 소비자인 육식동물들은 생물농축의 결과 살충제의 피해를 특히 많이 받게 된다. 그 좋은 예가 매와 대형 바닷새의 경우인데, 이들은 살충제의 농도가 높아져서 생식에 결함이 생겼다. 미국의 오대호 지방에서는 최종 소비자인 연어와 송어가 대부분 PCB, DDT 및 수은에 오염되어서 가임 연령의 여성들은 먹지 못하게 하고 있다. 온타리오호의 무지개송어에서 검출된 몇 가지 화학물질의 농도는 물속보다 1,000~14,000,000배에 달하였다(표 12-3).

표 12-3. 미국 Ontario호에서 무지개송어와 호수에 포함된 유기화합물의 농도 비교

화합물	농도		생물농축계수*
	물속	어류	
Lindane	0.0003	0.3	1,000 ×
Trichlorobenzene	0.0005	0.6	1,200 ×
PCB 18	0.00002	13	650,000 ×
PCB 153	0.00003	250	8,000,000 ×
Mirex	0.000008	110	14,000,000 ×

*생물농축계수= $\dfrac{어류의\ 농도}{물속의\ 농도}$

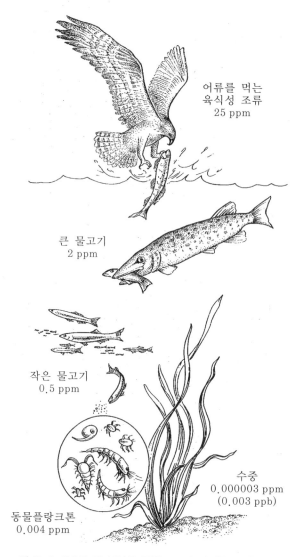

어류를 먹는
육식성 조류
25 ppm

큰 물고기
2 ppm

작은 물고기
0.5 ppm

수중
0.000003 ppm
(0.003 ppb)

동물플랑크톤
0.004 ppm

그림 12-2. 물속의 먹이사슬을 통한 DDT의 생물학적 농축.

2) 방사성동위원소의 생물농축

방사성동위원소(radioactive isotope)도 거의 같은 방법으로 농축되는데, 여기서 특히 문제되는 것은 생물체에 필수적이면서 환경에는 비교적 미량으로 존재하는 원소들이다. 생물은 이런 물질을 가능한 한 많이 보유하려는 경향이 있다. 예를 들어 인(phosphorus)은 자연계에 조금 존재하지만 ATP 같은 세포내 중요 화합물의 구성 성분이며, 새알 속에도 농축되어 있다. 오리와 거위의 근육에 있는 방사성 인은 이들이 마시는 물보다 7.5배에 달하고,

방사성
요오드

대기중으로 방출

초지에
낙하

원자력
발전소

소가 풀을 먹음

우유를 통해
사람몸으로 흡수

갑상선암을 유발할 수 있음

그림 12-3. 먹이사슬을 통한 방사성 요오드의 생물농축.

알에는 물보다 200,000배나 농축되어 있다.

원자력발전소에서 방사성 요오드가 주변 풀밭으로 유출되고 소가 그 풀을 먹을 경우 우리가 마시는 우유에 방사성 요오드가 함유될 수 있다(그림 12-3). 요오드는 자연계에 미량 존재하며 갑상선 호르몬인 티록신의 구성 원소이다. 개개의 생물들은 요오드를 갑상선에 축적시키므로, 생물농축에 의해 먹이사슬을 따라 점점 농축되는데 요오드는 사람의 혈액으로부터 갑상선으로 능동적으로 흡수된다. 방사성 요오드가 갑상선에 농축되어 방사선을 방출하면 갑상선암을 유발시킬 수 있다.

그 외에도 여러 가지 방사성동위원소의 생물농축이 알려졌는데, 황어의 성체에서 1,000배의 아연이, 조류(algae)에서 100,000배의 철이, 사향뒤쥐의 뼈에서 3,900배의 스트론튬(Sr)이, 물새의 근육에서 250배의 세슘(Cs)이 각각 검출되었다.

세슘과 스트론튬은 대사작용에 필수적인 원소는 아니지만, 세슘은 칼륨과 함께, 스트론튬은 칼슘과 함께 농축된다. 이 두 원소는 1960년대 초기의 핵실험 과정에서 상당한 양이 방출되었는데, 인체뿐만 아니라 다른 동물의 조직 속에도 농축되어 있다.

3) 중금속의 생물농축

중금속도 생물농축이 되는데, 체내에서 화학적인 분해가 어렵기 때문이다. 중금속의 생물농축을 촉진시키는 또 하나의 이유는 이들이 생체 내의 단백질과 강하게 결합하기 때문이다.

독성물질의 생물농축은 방사성 요오드에서처럼 농축이 일어나는 생물 자신뿐만 아니라

그림 12-4. 방사성 오염물질을 제거하기 위한 해바라기 부도.

그것을 먹는 생물에게 심각한 피해를 줄 수 있다. 물에 용해되어 있는 물질을 먹이로 하는 가리비와 기타 연체동물은 해수로부터 특정한 독성물질, 예를 들면 아연, 구리, 카드뮴, 크롬 등의 중금속을 선택적으로 흡수한다. 오염지역에 서식하고 있는 가리비에 들어 있는 카드뮴 함량은 해수의 230만 배에 달한다. 가리비에게는 해가 없지만 그것을 먹는 동물에게 해를 줄 수 있다.

4) 식물정화

생물농축 현상을 이용하여 환경에 방출된 오염물질을 제거하는 기술이 개발되고 있다. 1986년 붕괴사고가 난 체르노빌 원자력발전소 주변에 있는 작은 연못에는 해바라기가 심어져 있는 부도가 설치되어 있다(그림 12-4). 부도에 심어져 있는 해바라기의 뿌리는 물에 노출되어 있는데, 해바라기는 물 속에 들어 있는 방사성 물질을 흡수하여 체내에 농축시킨다. 이러한 시설은 방사성 물질에 오염된 물을 정화하기 위한 것으로 세계의 여러 곳에서 중금속이나 기타 독성물질에 오염된 토양이나 물을 정화하는데 사용되고 있는 것이다.

식물을 이용하여 중금속이나 기타 독성물질로 오염된 지역을 정화하는 방법을 **식물정화** (phytoremediation)라고 한다. 이것은 특정한 식물이 독성물질을 흡수하여 저장하는 능력을 활용하는 것으로 경우에 따라서는 식물이 흡수한 독성물질을 무독화 시키기도 한다. 이를 위해서는 먼저 오염지역에 서식하고 있는 자생 식물종을 탐색하고 이들 중 중금속의 축적 능력이 탁월한 종을 선별하여 이들을 통해 토양의 중금속을 흡수하도록 한 다음 생장이 끝났을 때 수확하여 적절한 방법으로 이들 식물체를 처리하는 것이다. 식물은 보통 세균이나 곰팡이의 도움을 받는데, 이들은 일부 화학물질을 분해시키는데 도움을 준다.

체르노빌 원전 주변의 해바라기 부도는 생물학적인 스폰지 역할을 한다. 해바라기 뿌리는 방사성 세슘을 흡수하며, 흡수된 방사성 세슘을 줄기에 저장된다. 3주 정도가 지나면 해바라기를 수거하여 제거하면 된다. 이러한 방법은 정교한 제거 방법에 비해 소요되는 경비가 극히 일부에 지나지 않는다.

일반적으로 생물농축을 나타내는 식물을 축적자(accumulator)와 지표종(indicator)으로 구분할 수 있는데, 축적자는 체내의 중금속 함량이 높아 식물을 수확하여 중금속을 토양으로부터 제거할 수 있는 경우이다. 지표종은 토양의 중금속 농도에 비례하여 지상부의 농도가 비례하기 때문에 이들을 분석함으로써 토양의 오염도를 측정할 수 있다.

4. 환경오염

1) 수질오염

사람들은 폐기물을 물 속에 버리는 습관을 가지고 있다. 이런 방법은 폐기물을 희석시키며, 특히 하천에서는 폐기물의 발생원에서 멀리 보내 버리는 효과가 있다. 수질오염원에는 다음과 같은 종류들이 있다.

① 하수 및 기타 유기성 폐기물(예; 제지공장의 목질섬유)
② 인체의 노폐물에서 발생한 병원성 세균과 바이러스
③ 유독성 물질(예; 염, 수은, 살충제, 유류)
④ 부영양화에 중요한 인과 질소의 화합물(이미 제한요인과 호수 및 연못에 대한 부분에서 언급함)
⑤ 열오염을 일으키는 폐열

모든 오염원은 위에 언급한 것 중 몇 가지를 포함하고 있다. 그동안 수질오염을 개선하기 위한 연구와 시행에 많은 시간과 경비가 투입되었는데, 그 이유는 첫째 수질오염이 색깔과 냄새로 대중들에게 쉽게 인식되기 때문이고, 둘째 맑은 물은 경제적 가치가 있고 공중 보건에 중요하기 때문이며, 셋째 수질오염의 문제를 해결하기 위해서는 빌딩의 하수관이나 대규모의 복잡한 하수처리장 같은 기술적 해결책이 필요하기 때문이다.

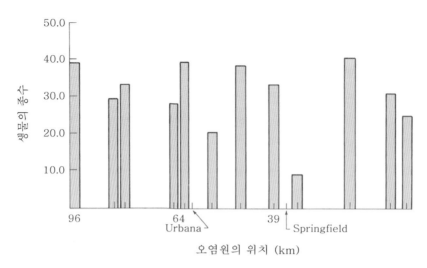

그림 12-5. 미국 오하이오 주의 Mad강에는 1950년대에 오염원이 두 군데 있었는데, 하나는 Dayton에서 64 km 떨어진 곳에 위치한 Urbana이고, 다른 하나는 39 km 떨어진 Springfield였다. 오염물질은 대부분 하수와 제지공장 폐기물이었다. 두 군데 방류 지점의 바로 아래에서는 다양도가 감소하였다. 강도래와 날도래와 같이 맑은 물에 사는 종은 감소한 반면 붉은지렁이와 하수구벌레 같이 오염에 내성이 있는 종들은 증가하였다(Gaufin, 1958).

(1) 유기물

하수와 기타 유기성 폐기물로 하천이 오염되면 세균과 균류와 같은 분해자에게 먹이가 대량으로 공급되는 것이 가장 큰 문제이다. 하수의 균류인 *Sphaerotilus*는 유기물로 오염된 하천에서 특징적으로 나타난다. 분해자들의 호흡작용으로 용존산소가 없어지면 하천의 여러 동물들이 산소 부족을 견디지 못하게 되지만, 내성이 있는 하수구 벌레들은 그 수가 증가된다(그림 12-5).

BOD (biochemical oxygen demand, 생화학적 산소요구량) 는 유기물을 이산화탄소, 물, 무기염류 등으로 분해(산화)시키는데 필요한 산소의 양이다. 대개 한 사람이 하루 동안 77 g의 BOD를 발생시키므로, 유기물 오염은 BOD로 직접 나타내거나 BOD를 77 g으로 나눈 PEs (population equivalents)로 나타낼 수 있다. 유기물의 가장 큰 오염원은 단연 식품산업으로서, 가축을 기르고 고기와 기타 식품을 처리하는 과정이 포함된다. 도살장 마다 가축 1 ton 당 100~200 PEs의 수질오염을 일으키는데, 이는 하루 동안에 100 내지 200명이 일으키는 수질오염에 해당된다.

(2) 폐열

물에 **폐열**(waste heat)이 첨가되는 원인은 주로 화력발전소와 원자력발전소의 발전기를 냉각시키기 위해 사용된 물이 호수나 강으로 다시 돌아가기 때문이다. 열폐수의 방류지점 부근에서 생물상에 국지적인 변화가 일어나지만, 얼마나 피해를 주는지는 아직도 불확실하다(Sharitz and Gibbons, 1981). 규모가 큰 발전소가 작고 깊은 호수 옆에 위치할 경우, **수온약층**(thermocline)이 낮아지고 **하계정체기**(summer stagnation period)가 어느 정도 늘어나 특정 어류에게 해가 될 수 있다.

하천에 더운 물이 첨가되면 동물의 종수가 줄어들고 다양도가 감소되지만, 어떤 경우에는 약간 바람직한 영향을 줄 수 있는데 겨울에 개방수면에서 물새를 기르는 경우가 그 예이다. 요즈음에는 열오염의 문제를 해결하기 위하여 호수나 하천 대신 냉각탑을 통해서 대기 중으로 열을 방출하고 있다.

'오염이 제자리를 찾지 못한 자원'이라는 말(Spilhaus, 1966)은 유기물과 폐열에 의한 수질오염을 아주 잘 표현하고 있다. 두 가지 오염 문제를 궁극적으로 해결하려면, 이들을 단순히 버리는 대신 유기물로 토양을 비옥하거나 폐열을 활용하여야 한다.

(3) 제빙염

추운 겨울에 모래와 함께 **제빙염**(de-icing salts)을 도로에 뿌리는 것은 일종의 오염으로서 미국에서는 한 해 겨울에 450만 ton이 사용된다(EPA, 1980). 재빙염의 잠재적인 위험성은 지하수의 염분 오염과 근처에 있는 하천에 영향을 주는 것이다. 제빙염은 도로 주변의 민감한 식물을 죽이거나 염생식물이 유입되게 할 수도 있다(Reznicek, 1980).

염분오염이 심한 곳에서는 무척추동물의 종다양성이 감소한다. 염분 농도가 조금 낮은 곳에서는 퇴적물이 증가함으로서 변화가 일어나는데, 이는 식생이 파괴되어 도로변이 침식되고 도로에 뿌린 모래가 쌓이기 때문이다. 퇴적에 의해 무척추동물의 생물량에 계절적인 감소가 일어나고, 빈모류(oligochaetes)의 비율이 높아진다(Molles, 1980).

(4) 수질오염원

수질오염물질의 절반 이상이 고정적 배출원인 점오염원 대신 광범위한 비점오염원(nonpoint sources) 때문인데, 그 예는 다음과 같다.

① 도시의 폭풍우 유출수; 기름 찌꺼기, 가솔린의 납, 제동장치의 석면, 잔디밭에 뿌린 화학 물질

② 건축; 침식을 유발하여 하천과 호수로 침전물을 내려 보냄

③ 임업; 막대한 제초제와 살충제 사용으로 인한 영향

④ 채광; 침전물을 발생시키고 광석에서 유해한 화학물질을 방출

⑤ 오수정화 시설; 호수 가까이 위치할 경우 하수, 세균, 가정의 화학물질 등이 대부분 그대로 호수로 흘러간다.

⑥ 대기의 침전물; 톡사펜(toxaphene), PCBs, 각종 산 등은 측정이 어렵지만 유독성 유기화합물이다.

⑦ 농업; 토양 침식으로 인한 침전물의 발생, 목장의 유기물, 살충제, 제초제, 비료에 포함된 인산염과 질산염 등 광범위한 오염의 약 절반이 농업에 의한 것으로 추정된다.

(5) 지하수의 오염

지하수(ground water)의 오염은 1980년대에 들어와서 일반의 관심을 끌게 된 환경 문제이다. 10~20년 전에만 하더라도 땅에 매립한 것들이 지하수를 통해 우리가 마시는 음료수로 되돌아온다는 생각을 하는 사람은 별로 없었다. 실제로 쓰레기를 처리하는 행정부서를 포함해서 대부분의 사람들이 이러한 사실을 알지 못했을 뿐만 아니라, 지하를 통한 이동 속도를 과소평가하였고 분해와 토양입자에의 흡착은 과대평가하였다. 미국에서는 **대수층**(aquifer)의 약 1%가 오염된 것으로 추정되는데(Abselson, 1984), 이 1%는 대부분 인구밀도가 아주 높은 지역에 위치하고 있으므로, 위험한 물에 노출된 인구비율은 이 보다 훨씬 더 많을 것이다.

트리클로로에칠렌, 사염화탄소, 벤젠, PCBs 및 기타 공장과 가정에서 배출된 독성물질을 땅에 파묻으면 지하수를 오염시키는 중요한 원인이 된다. 몇 년 전까지만 하더라도 저습지를 주로 매립하였으므로, 위험한 화학물질이 **지하수위**(water table)로 내려가지 않고 바로 그 자리에 머물렀으나, 지금은 아무데서나 땅을 매립하므로 잠재적으로 독성이 매우 높은 물질들로 오염된다.

그러나 지하수를 오염시키는 가장 큰 원인은 매립이 아니고 석유산업이다. 미시간 주에서는 지하수의 오염지역 중 약 13%가 매립에 의한 것이고, 적어도 30%, 많으면 40%가 석유산업에 의한 것이다. 석유화학 제품이 저장, 운반, 송유관 수송 등을 통해 처리되는 동안 매일 일정하게 누출될 경우 지하수위에 도달하게 된다.

그 밖의 지하수 오염원으로는 공장의 원료 및 폐기물 저장, 제빙염의 저장과 사용, 세탁소, 세차장 등을 들 수 있다. 장차 지하수 오염원으로 대두될 수 있는 것이 **분사공**(injection well)인데, 이는 공장의 위험한 폐기물을 지하 1,000 m 깊이에 높은 압력으로 분사시키는

것으로서 점차 증가 추세에 있다. 유정의 파이프가 누출되어 직접 지하수를 오염시킬 수도 있으며, 크게 염려되는 것은 지하의 식수원 아래쪽에 유입된 유독성 폐기물이 그대로 머물러 있을지 아니면 옆쪽이나 위쪽으로 옮겨갈 지 불확실하다는 것이다.

미국 국민의 약 절반이 식수를 지하수에 의존하는데, 미국인의 하루 평균 물 사용량 230 리터 중 실제로 마시는 양은 0.4%인 1 리터에 불과하다. 더군다나 가정용은 농업용(주로 관개용)의 4%에 불과한데, 농업용과 공업용이 차지하는 비율은 각각 43 및 48%에 달한다 (Miller, 1982).

독성 화학물질이 계속 대수층 속으로 퍼지고 있으므로 지하수 오염은 점차 증가할 것이다. 지하수 오염과 함께 **지표수**(surface water)의 오염이 심각하므로 음료수 수준의 물을 상수도로 공급하는 일을 점차 포기하는 지역이 늘어날 것이다. 이미 여러 지역의 주민들이 수돗물 대신 생수를 구입해서 마시고 있다.

2) 대기오염

대부분의 **대기오염**(air pollution)은 가정, 공장, 발전소, 자동차 등에서 화석연료의 연소로 발생된다. 그 결과 매연, 재, 일산화탄소, 이산화탄소, 황과 질소 산화물, 황산, 불완전 연소된 탄화수소, 포름알데히드, 아크롤린(acrolein), PAN (peroxyacetylnitrate), 납, 브롬 등이 발생한다. 이 중 일부는 태양복사로 형성된 2차 오염물질이다.

대기오염이 인류 건강에 미치는 직접적인 영향은 단순히 눈과 코를 자극하는 것으로 부터 기관지염과 폐기종을 거쳐 폐암에 이르기까지 다양하다. 심각한 대기오염 사건이 일어나면 사망자가 급격히 늘어난다(표 12-4). 영국의 런던에서는 1952년 12월 초에 발생한 살인 안개(killer fog)로 닷새 동안에 평소 같은 기간의 사망자보다 4,000명 이상이 더 죽었다. 런던의 연료 공급을 고유황 석탄에서 천연가스로 대폭 전환한 결과 이러한 재난은 사라졌다.

대기오염이 야생동물에 미치는 영향에 대해서는 별로 조사된 바 없지만, 인간에게 영향을 미치는 오염물질은 식물과 동물에게도 해를 줄 것이다. 농작물과 나무 중에는 대도시나 교통량이 많은 고속도로 주변에서 제대로 살아남지 못하는 것들이 있으며, 자동차 배기가스는 숲의 낙엽 속에 사는 무척추동물들에게 해롭다. 지의류는 대기오염, 특히 아황산가스에 민감해서 대기오염의 **지표종**(indicator species)으로 가치가 있다(그림 12-6).

대기오염은 생물에게 직접적인 영향을 줄 뿐만 아니라 생태계에도 영향을 미친다. 인간은 특정 원소를 대규모로 방출하므로, 생물권 전체로 볼 때 오염은 생물지화학환에 중요한 영향을 준다. 화석연료 연소로 대기권에 첨가되는 탄소의 양이 생물의 호흡량에 비해서는

표 12-4. 주요한 대기오염 사건

날짜	장소	사망자 수
1880. 2.	영국 런던	1,000
1930. 12.	벨기에 뮤즈벨리	63
1948. 11.	미국 도노라	20
1952. 12.	영국 런던	3,500~4,500
1953. 11.	미국 뉴욕	250
1956. 1.	영국 런던	1,000
1957. 12.	영국 런던	700~800
1962. 12.	영국 런던	700
1963. 1.	미국 뉴욕	200~400
1966. 11.	미국 뉴욕	1,600

적지만, 화산에서 나오는 양보다는 많다. 화석연료의 연소와 기타 인간의 활동으로 환경에 유입되는 수은의 양은 지각의 풍화에 의한 것보다 많다.

지구 전체의 대기오염은 공업단지의 굴뚝이 아니라 눈에 잘 띄지 않는 요인에 의해 생길 수도 있다. 분무제로 사용되는 염화불화탄소는 대기권 상층부로 올라가서 오존을 산소 분자로 분해시킨다. 오존층은 지상 20~55 km 상공에 위치하는데, 태양의 자외선을 대부분 차단하는 중요한 역할을 한다. 오존층이 감소되면 햇빛에 피부를 그을리기 쉽겠지만 피부암의 발생 빈도가 높아지고 기타 해로운 영향이 나타난다.

(1) 산성비

산성비(acid rain)는 앞으로 10년 및 그 후에 가장 심각한 환경문제 중의 하나가 될 것이다. **산성강하물**(acid deposition)이 생태계에 미치는 해로운 영향은 1959년 스칸디나비아에서 처음 밝혀졌는데, 산성비에 의해 호수의 산성화가 일어나고 어류 생산량이 감소하였다.

황과 질소의 산화물이 대기 중에서 산소 및 물과 반응해서 생긴 황산과 질산에 의해 비, 눈, 안개, 이슬 등이 산성으로 되며, 건조한 입자상 강하물도 산성화를 일으킨다. 대기 중으로 대량 방출되는 황과 질소의 산화물은 화석연료의 연소로부터 발생된다. 미국 동부지방에서는 황에 의한 대기오염이 자연 상태에 비해 10배 이상이나 된다(Galloway and Whelpdale, 1980).

미국에서는 대부분의 아황산가스(SO_2)가 발전소에서 발생되지만, 다른 나라에서는 발전소 이외의 산업이 중요한 역할을 한다. 질소산화물(NOx)은 주로 자동차의 내연기관에서 발생되지만, 공장과 발전소에서도 많이 발생된다(Postel, 1984). 아황산가스는 화석연료 자

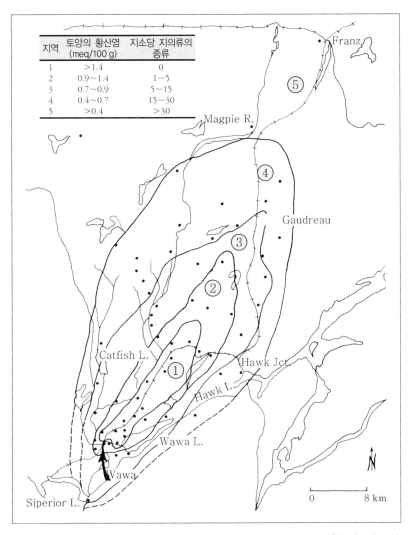

지역	토양의 황산염 (meq/100 g)	지소당 지의류의 종류
1	>1.4	0
2	0.9~1.4	1~5
3	0.7~0.9	5~15
4	0.4~0.7	15~30
5	>0.4	>30

그림 12-6. 미국 온타리오 주 Wawa에 있는 제철소 주변의 대기오염. 아황산가스의 오염
(토양의 황산염 농도로 측정)에 의해 바람이 불어가는 쪽 16 km 이상까지 교목
의 줄기와 가지에는 지의류가 자라지 못하며, 종다양성은 50 km까지 감소하였
다(Rao and LeBlanc, 1967).

체에서 발생하는데 석탄에 특히 많으며, 질소산화물은 주로 대기 중의 산소와 질소가 높은
온도에서 반응함으로서 발생한다.

오염이 안 된 정상적인 빗물의 pH는 5.6~5.7의 범위에 있는데, 그 이유는 자연 상태의
물이 대기 중의 이산화탄소를 흡수해서 생긴 탄산 때문이다. 1955~1956년에 미국에 내린
산성비는 공업지역인 오하이오 주 리버벨리에서 온타리오 주를 지나 뉴잉글랜드 주에 이르
는 북동쪽에 국한되었다.

1970년대 초에는 미국 동부지방 전체에서 pH 5.0 미만의 비가 주기적으로 내렸으며, 1983년 미시간 주 남부에는 pH 3.9~4.7의 비가 내렸다. 이외에도 훨씬 낮은 pH값을 가진 비가 때때로 내렸는데, 가장 낮은 기록치는 웨스트버지니아 주의 Wheeling에 내린 1.4였다. pH의 척도가 대수적이므로 pH 5.0은 pH 5.6에 비해 4 배의 산성을 나타내며, pH 1.4는 15,800배이다.

① 수중 생태계

자연 상태에서는 산성인 물이 흔하지 않으므로, 그런 조건에 적응된 생물들이 비교적 적다. 실제로 어류와 개구리는 pH 4.5 미만에서 모두 죽으며, 생식은 그보다 높은 pH에서도 정지된다. 자연적으로 생긴 습원(bog)과 같은 산성 호수에 생물이 전혀 없는 것은 아니다. 조류(algae), 갑각류, 곤충 등이 살고 있으며, 어류도 일부 있으나 (Patrick *et al*, 1981), 이들이 인공적으로 만든 산성 호수에서 살 수 있을지의 여부는 불확실하다. 습원에서는 유독한 중금속이 부식질에 의해 화학적으로 착염을 형성하기 때문이다.

1970년대 이후 산성비가 호수생태계에 피해를 입힌다는 증거가 밝혀졌는데, 1979년까지 뉴욕 주의 호수 200개에서 산성화로 인하여 어류가 사라졌다. 이들 호수에서 어류가 사라진 원인이 산성화 이외의 다른 원인 때문이라는 주장도 있다. 호수생태학을 실험적으로 연구하는 북방원시림에서 호수 한 개를 선택하여 2년 동안 기본적인 자료를 수집하였다. 그리고 나서 1976년, 이 호수에 황산을 첨가하면서 산성화시킨 후 호수에서 일어나는 사항들을 주변의 대조구 호수들과 비교하였는데, 산성화가 진행됨에 따라 일어난 변화를 표 12-5에 요약하였다.

조사 결과 이 호수에서 일어난 전반적인 피해는 어떤 한 가지 요인에 의한 것만은 아니라는 사실이 밝혀졌다. 가능성이 있는 중요한 요인은 정상적인 이온 균형의 교란, 낮아진 pH, 종조성의 변화 등을 들 수 있다. 첫째 요인인 정상적인 이온 균형의 교란은 가재의 껍질이 단단해지지 못한 것과 몇 종류의 생물에서 생식이 멈추게 된 현상을 설명할 수 있을 것이다.

둘째, pH가 낮아지는 것이 어떤 생물에게는 적당한 서식지를 제공하는 반면, 다른 생물에게는 오히려 불리할 수도 있다. 세균에게 불리하고 균류의 생장을 촉진하는 조건이 형성됨에 따라 생리적인 스트레스와 더불어 가재의 알에 균류가 많이 번식하는 것과 같은 병든 상태가 일어나게 된다. 셋째, 종조성의 변화는 여러 가지 또 다른 영향을 발생시키는데, 예를 들어 송어가 산란할 개울바닥을 조류인 *Mougeotia*가 덮어 버리고, 먹이가 되는 생물이 먹을 수 없는 종으로 대치되면 먹이사슬의 상호관계가 교란된다.

표 12-5. 캐나다의 노스웨스턴 온타리오에 위치한 호수의 산성화에 따른 변화

연 도	pH	변 화
1976	6.8	pH는 변하지 않았으나 염기도 (alkalinity)는 감소. 생물학적 변화는 약간 일어남.
1977	6.1	갈조류가 감소하고 녹조류 증가. 다른 변화는 빈약.
1978	5.9	새우 (Opssum shrimp)가 크게 감소. 잉어류의 번식이 안됨. 소형 곤충류 번성.
1979	5.6	이전에 없던 조류인 Mougeotia가 자라기 시작. 가재의 껍질이 약해짐. 잉어류의 수가 감소. 식물플랑크톤의 생산과 소형 곤충류의 우화는 높은 수준 유지.
1980	5.6	갈조류가 여전히 우세하나 남조류가 증가. 호산성 규조류인 Asterionella ralfsii가 번성. 호수에 있던 세 종류의 요각류 (copepod)가 거의 사라짐. 황어 (pearl dace)가 증가. 소형 곤충류의 우화는 계속 높음. 가재가 기생충에 심하게 감염되고 알 뭉치는 간혹 곰팡이에 감염되어 생식이 어려워짐. 송어의 번식이 안됨.
1981	5.0	갈조류는 크게 감소되고 남조류가 증가. 몇 종류의 윤충류가 증가하고 대부분의 요각류는 계속 감소. 흡반어류는 생장은 되나 번식이 안됨. 가재 개체군이 사라졌고 황어 개체군은 사라지기 시작.
1982	5.1	송어는 산란 장소가 Mougeotia로 덮히자 전에는 이용하지 않던 곳에 산란하고, 상태가 약해짐. 모든 어류에서 올해 태어난 새끼가 전혀 관찰되지 않음.
1983	5.1	조류 개체군이 식용에 부적합한 것으로 변화. 송어의 수는 많으나 형태가 좋지 않음. 가재, 거머리, 하루살이 등이 가을에 관찰되지 않음.

② 육상 생태계

산성강하물이 육상생태계에 미치는 영향은 더욱 느리게 나타난다. 최근 유럽과 미국 동북부지역에서 나무들이 대규모로 죽은 일은 과거에는 볼 수 없었는데, 이는 산성강하물 때문인 것으로 밝혀졌다. 독일 남서부 삼림지대 (Black Forest)의 피해가 특히 심해서, 1983년에는 전나무 숲의 75% 이상이 수관부 고사, 줄기 변형, 조기 고사 등의 피해를 입었다 (Postel, 1984). 미국 버어몬트 주의 카멜즈험프 산에 있는 가문비나무숲에서는 큰 나무들이 죽어 삼림의 생물량이 감소되고, 표고가 낮은 곳의 활엽수림에서는 밀도가 감소되었다 (Vogelmann et al., 1985).

산성강하물이 육상생태계에서 피해를 일으키는 정확한 기작은 아직 불확실하다. 토양이

산성화되면 칼슘과 같은 필수 영양분의 감소와 정상적인 토양 구조가 파괴될 것이며, 알루미늄처럼 유독한 금속의 독성이 증가될 가능성도 있다. 산성도가 높은 토양에서 견디지 못하는 주요 토양세균이나 **균근균**(mycorrhizal fungi)의 감소도 중요한 요인일 것이다. 식물의 잎에 미치는 직접적인 영향은 토양에 대한 영향보다 더 중요하다. 산성비는 단독으로 작용하지 않고 오존과 같은 다른 대기오염물질과의 상호작용도 일으킨다(Hinrichsen, 1986).

③ 취약지역

산성비가 호수에 미치는 피해는 그 지역의 토양과 호수의 완충능력의 정도에 따라 좌우된다. 토심이 얕고 칼슘이나 마그네슘이 적은 토양에서 피해가 특히 심한데, 이런 지역의 호수들은 완충능력이 빨리 감소되어 pH가 낮아진다. 산성비에 민감한 지질로 된 지역은 스칸디나비아, 캐나다 동부의 전 지역, 미국 동북부의 대부분, 애팔래치아 산맥 등이다(그림 12-7).

이러한 지역에 영향을 미치는 오염원은 대부분 다른 지역에서 날아온 것이다. 예를 들면, 미국 동부의 아디론닥 산맥에 있는 호수의 pH를 5.5에서 5.0으로 떨어뜨린 오염원의 대부분은 지난 40년 동안 중서부 지방으로부터 온 것이다. 캐나다에서 문제가 되는 산성비는 국내의 공장도 책임이 있지만, 대부분이 미국으로부터 온 것이다. 온타리오 주에 있는 International Nickel 회사의 Sudbury 제련소는 여러 해 동안 전 세계에서 가장 큰 황 배출원이었다. 현재 스칸디나비아 지방을 산성화시키는 미국의 영향은 없어졌지만, 아직도 오염원의 대부분이 영국과 독일에서 온다.

화석연료의 연소로 생긴 물질들이 오랫동안 대기 중에 첨가되었음에도 불구하고, 최근에야 비로소 산성비가 심각한 문제로 대두되었는지 의문을 갖는 사람도 있다. 단순히 산성비의 문제를 미처 인식하지 못한 것도 그 원인의 일부가 되었을 것이다. 물론 아황산가스 방출로 인한 국지적인 영향이 석탄을 사용하는 발전소, 제련소, 제철소 및 이와 유사한 공장에서 오래 전부터 알려져 왔다.

이러한 공장 주변 지역은 가죽나무와 쥐 이외에는 살기가 어렵고, 주민들도 기관지염으로 고통을 받아 살기가 어려운 곳이었다. 아주 심한 지역에서는 민감한 지의류뿐만 아니라 다른 식물들까지 죽었다. 제련소의 주변 지역, 예를 들어 테네시 주의 Copperhill (Odum, 1971)이나 호주의 Tasmania에 있는 Queenstown에서는 식생이 거의 파괴되었다.

오염원에서 멀리 떨어진 지역, 특히 수중생태계에 대한 영향은 그 동안 무시되어 왔으나, 최근 들어 문제점이 나타나기 시작하였으며 몇 가지 분명한 원인들이 밝혀지고 있다.

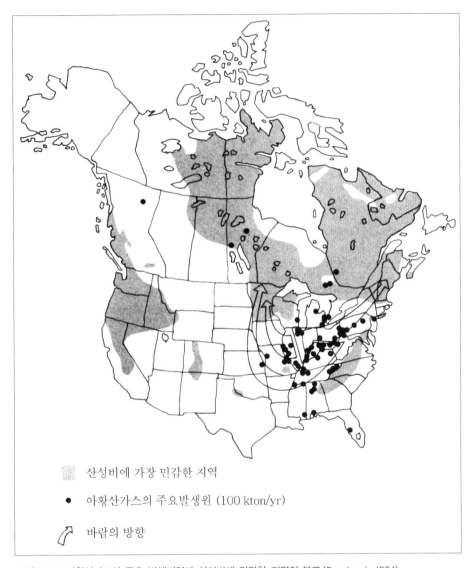

 내부 범례:

산성비에 가장 민감한 지역

● 아황산가스의 주요발생원 (100 kton/yr)

↗ 바람의 방향

그림 12-7. 아황산가스의 주요 발생지역과 산성비에 민감한 지역의 분포(Borchard, 1984).

① 첫째, 비록 아황산가스가 산업혁명의 시작과 더불어 방출되기 시작하였지만, 그 양은 1950년대 중반 이후에 증가되었다(그림 12-8). 질소산화물의 농도 역시, 오랜 기간 동안 일정하게 유지되다가, 1950년 무렵부터 증가되기 시작하였는데, 이는 자가용 승용차의 증가 때문인 것으로 추정된다.

② 둘째, 단순히 완충능력의 감소 때문이다. 많은 생태계가 오랫동안 pH의 큰 변화 없이 산성비의 유입을 중화할 수 있는 완충능력(염기도)을 가지고 있었으나, 이런 탄력성이 모두 다 소모되었다.

③ 셋째, 1950년대와 1960년대에 공업국가들이 도입하기 시작한 국지적 대기오염에 대한 기술적인 해결책 때문이다. 미국에서는 공업지역에 사는 시민들을 보호하기 위하여 1965년과 1970년에 **대기오염방지법**(Clean Air Acts)을 제정하였다.

이러한 법률 제정의 영향으로 다양한 종류의 공해방지 기술이 제안되었다. 예를 들면, 국지적 대기오염을 줄이기 위하여 공장에서는 굴뚝을 점점 더 높이 쌓아, 굴뚝의 평균 높이가 1956년의 60 m에서 1976년에는 240 m에 달했으며, 어떤 것은 360 m 이상이나 되었다(Patrick, 1981). 이런 굴뚝에서 배출된 오염물질은 바람을 타고 멀리 떨어진 곳으로 운반되었다. 또한 불행하게도, 높은 굴뚝은 황과 질소의 화합물을 대기 중에 오래 머물게 하므로, 그 결과 산성화되는 지역이 늘어났다.

매연을 제거하는 집진장치(precipitator)는 또 다른 기술적 설비로서, 미국의 석탄화력발전소에서 사용되었다. 1960년까지 많은 집진장치가 사용되었고, 1975년부터는 매연 방지를 법으로 의무화하였다(Patrick, 1981). 이 장치로 발전소 주변에 매연이 섞인 비가 내리지 않게 되었지만, 전에는 배출물 중의 산성 성분을 중화시키는데 도움을 주었던 알칼리성 금속 성분까지 동시에 제거하게 되었다.

이러한 전반적인 결과는, 공업지역의 대기가 개선된 대신에 수백 km 떨어진 호수와 산

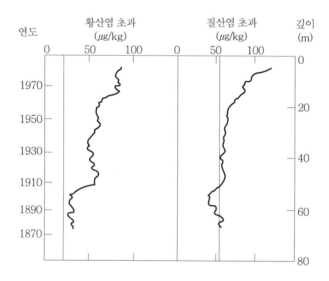

그림 12-8. 그린란드 남부지방의 얼음 시료에서 조사한 황산염과 질산염의 농도. 농도의 증가는 인간에 의해 대기 중에 첨가된 황과 질소의 화합물, 다시 말하면 대기의 산성화 능력에 대한 척도가 된다. 그린란드에 도달하는 대기는 북미 대륙과 유럽 및 아시아로 부터 온다. 대대적인 황산염의 초과는 1900년 조금 지나서부터 증가했지만, 질산염은 1955년 이후 부터이다(Mayewski, 1986).

림이 피해를 받고 있는 것으로부터 알 수 있다.

④ 전망

산성비는 어획고와 목재산업에 경제적인 손해를 주게 되므로, 어부나 등산객뿐만 아니라 모든 사람들에게 영향을 주게 된다. 또한 옥외에 설치된 예술 작품, 교량, 건물, 고속도로 등이 손상되는데, 미국 보스톤 시에서 아황산가스가 페인트에 미치는 피해는 한 해 동안에 한 사람 당 11~12달러로 추정된다.

인간에게 잠재적으로 영향을 미치는 또 다른 문제들은 아직도 잘 알려지지 않았다. 농작물의 수확량에 미치는 영향, 식수 속의 납, 석면 또는 카드뮴의 위험 농도 등과 같은 의문점이 현재 연구 중에 있다 (McDonald, 1985).

산성비 문제를 해결하기 위한 방안들이 조금씩 제시되고 있다. 호수의 산성화는 석회를 투입해서 방지할 수 있으며, 이는 종종 낚시용 고기를 살리거나 다시 기르는데 효과적이다. 석회는 산성비가 계속 내리는 한 지속적으로 투입되어야 하므로, ha 당 55~420달러나 필요하다 (Schneider, 1986).

단순하고 직접적인 해결책은 황과 질소의 산화물의 배출을 대폭 줄이는 것이다. 그러나 이 해결책은 전 세계의 에너지 수요와 결부되어 있어서, 앞으로 10년 안에 배출량이 감소되기는 커녕 오히려 증가될 전망인데, 특히 러시아와 동부 유럽의 배출량이 늘어나기 때문이다.

(2) 온실효과

대기권의 이산화탄소 함량은 화석연료의 연소와 벌채 때문에 증가되었다. 이산화탄소의 농도가 높으면 생물에게 직접 영향을 주는데, 식물에서 햇빛과 물이 충분할 경우에는 광합성이 증가하며, 이는 C_4 식물보다 C_3 식물에서 더욱 그러하다 (Sveinbjornsson, 1984).

그러나 이것은 짧은 기간에 실험한 결과이며, 오랫동안 노출시키면, 잎의 표면적, 분지유형 (branching pattern), 광주기의 영향, 질소고정 속도 등에 영향을 미친다. 이러한 영향은 대부분 개별적으로는 긍정적인 것으로 생각되지만, 실제 생산성에 대한 영향은 예측하기 어렵다.

이산화탄소의 농도가 증가됨에 따라 특별히 주목해야 할 점은 **온실효과** (greenhouse effect)이다. 이산화탄소는 가시광선을 포함하여 짧은 파장의 빛은 통과시키지만, 적외선 즉 열파장의 에너지는 많이 흡수한다. 그 결과 햇빛이 지구에 도달하여 지구를 덥히면, 지표면에서 방출되는 열복사는 대기 중의 이산화탄소에 의해 흡수된다. 그래서 대기가 가열되고, 지구도 대기로 부터의 복사로 가열되어 기온이 상승한다.

이는 자연적인 현상으로 1800년대 말부터 알려진 사실인데, 지표면의 온도는 부분적으로 이에 의존해서 유지되고 있다. 염려되는 것은 이산화탄소의 농도가 높아지면 온실효과가 증가하여 지구의 온도가 상승하며 연달아 여러 가지 현상이 나타나는 것이다. **기후대**(climatic zone)가 북쪽으로 이동하면, 북방침엽수림과 툰드라(tundra)는 온대가 되고, 현재의 온대지역은 상당히 덥고 건조해질 것이다.

극지방의 **만년설**(ice cap)이 녹으면, 해수면이 상승하고 전 세계의 여러 해안지역이 범람할 것이다. 극지방의 만년설이 녹음에 따라 해수면이 상승하게 되는데, 완전히 녹을 경우 상승폭은 약 70 m가 될 것이다(Henderson-Sellers and McGuffie, 1986). 해수면이 겨우 10 m만 상승해도, 전 세계에서는 1,000만 km^{2}가 잠기는데, 이 면적은 중국의 크기와 맞먹는 것이다. 북경, 뉴욕, 런던 등과 같은 도시와 사람이 많이 사는 농경지와 같이, 전 세계의 인구 집중지역은 대부분 해수면과 가까운 곳에 위치하고 있다. 불과 몇 m만 해수면이 상승해도, 수백만 명이 더 높은 지대로 옮겨야 하는데, 이미 그 곳은 다른 사람들이 빽빽하게 점령하여 살고 있다.

대기 중에 이산화탄소가 방출되면, 동시에 고형입자와 액체입자도 같이 방출되는데, 이것이 지구의 **반사율**(albedo)을 증가시킨다. 이는 온실효과와 반대로 작용하여, 지구에 도달하는 햇빛을 감소시키고 온도를 더 낮추게 된다.

3) 유전자변형생물과 환경

1970년대 초에 생물의 유전자 조성을 바꾸는 기술이 개발되었다. 최근 들어 가장 발전된 연구는 재조합 DNA기술(recombinant DNA techniques)을 통해 이루어지고 있다. 예를 들면, 인슐린의 합성처럼 바람직한 형질에 관여하는 공여생물의 DNA 조각을 플라스미드나 박테리오파지 같은 매개자에 연결시킨 후, 재조합 DNA 분자를 대장균 같은 숙주세포에 주입하여 인슐린을 합성하게 하는 것이다.

이전의 연구자들은 재조합 DNA기술의 사용을 상당히 자제했다. 그들은 인류의 건강에 미칠 수 있는 문제점을 최소화하기 위한 지침을 채택하여, 실험실 내에서는 물리적으로 엄격하게 통제하고 실험실 밖에서는 생존 능력이 없는 매개자나 숙주생물을 사용하도록 하였다(Fisher, 1985). 그 후, 심각하게 여겼던 문제들이 불확실해짐에 따라, 지침이 완화되었다. 현재 우리가 아는 범위 내에서는, 처음 상상했던 문제들은 일어나지 않았다. 동물종양 바이러스를 옮기는 재조합 대장균 때문에 암이 발생한 일도 없고, 인슐린을 생산하도록 재조합된 미생물들이 사람을 감염시키거나 내분비계에 불균형을 유발하는 전염병의 원인이 된 일도 없었다.

1980년대에 들어와서, 개별적인 연구자들과 생물공학회사들은 **유전자변형생물**(genetically modified organisms: GMOs)을 야외에 방출하기 시작하였다. 그 첫 시도는 농작물이 서리에 대한 저항성을 좀 더 갖도록 하려는 상업적 목적에서, 유전적으로 변화된 세균(*Pseudomonas syringae*)의 변종을 농작물에 뿌리는 것이었다.

특히 이 시도는 작물에 서리가 생기는 온도를 낮추는 것인데, *Pseudomonas*의 변종은 **빙핵형성**(ice nucleation)에 중요한 단백질을 합성하지 못한다. 식물의 잎에 살고 있는 자연 상태의 *Pseudomonas*는 대개 빙핵형성 단백질이 있어서, 0℃ 정도에서 잎에 얼음이 생기게 한다. 실험실에서의 조사 결과, 무빙핵형성 균주(non-ice-nucleation strains)가 서식하는 잎에서는 온도를 약 -5℃로 낮출 때까지 서리가 생기지 않았다 (Crawford, 1987).

이러한 실험은 법정에서 **환경보호론자**(environmontalist)들의 반대에 부딪쳤는데, 그들의 주장은 유전자변형생물을 환경에 도입할 때 생길지도 모르는 위험성을 신중하게 조사해야 한다는 것이다. 일부 환경보호론자들은, 유전자변형생물을 환경에 유입하는 일이 커다란 모험이므로, 이를 막아야 한다고 생각하고 있다. 생물권에 미치는 위험은 야외 실험으로 평가해야 하는데, 이것이 잘못되었을 때는 실험실로 되돌리기에는 이미 때가 늦는다.

이런 점에서, 생태학자들은 두 가지 중요한 항목을 제시하는데, 다른 생물의 유입에 따른 생태학적 영향과 생태계의 전망이다. 밤나무 동고병과 참새가 자연 생태계와 인위적 생태계에 도입되었을 때 일어난 결과들은, 유전자변형생물을 방출했을 때 바로 나타날 수 있는 결과를 평가하는 좋은 자료가 된다 (Tangley, 1985). 참새는 유럽과 아시아 일부 지역의 토착종으로서, 해충을 없애기 위해 미국, 호주, 뉴질랜드 등에 도입되었는데, 해충방제 효과보다는 곡식에 대한 피해가 더 컸다.

그리고 생태학자들은, 변화된 *Pseudomonas*를 환경에 뿌릴 경우 딸기밭에 서리가 내리지 않게 될 뿐만 아니라, 기후를 변화시키거나 또 다른 영향을 나타낼 수도 있다고 주장한다. 또한 곤충에 독성을 나타내는 유전자를 가진 식물은 해충으로부터 보호될 수 있겠지만, 주변의 지렁이나 독성에 견딘 해충을 먹은 새들을 죽게 할 수도 있다. 질소고정이나 기타 영양염류 순환에 미치는 영향이 원래의 목적과는 전혀 다른 효과를 나타낼 수도 있는데 (Flanagan, 1987), 이러한 잠재적 영향을 인식하고 경고하는 일이 장차 생태학자의 중요한 역할 중의 하나가 될 것이다.

5. 에너지와 인류

인간은 **에너지 보조**(energy subsidies)에 의존하는 유일한 생물이다. 선사시대 이래 인류의 생활은 불, 해류, 수차, 범선, 풍차, 가축의 힘 등을 이용함에 따라 변화되어 왔으며, 19세기의 발전은 값 싸고 흔한 화석연료 때문에 가능했다.

1973년 석유수출국기구(OPEC)가 유가를 인상한지 10년도 안 되는 동안에, 사람들은 값싼 화석연료 에너지의 시대가 끝났을 때의 생활이 어떠하리란 짐작을 어느 정도 할 수 있었다. 1970년대에 두 차례에 걸쳐 전 세계가 경험한 에너지위기는 단기적으로는 국제정치와 경제적인 문제를 일으켰지만, 장기적으로는 지구의 환경과 자원을 개발하고 이용하는데 우리 인류의 철학과 행동 양식에 문제가 있음을 깨우쳐 주는 좋은 기회가 되었다.

에너지 부족에서 얻은 여러 가지 교훈 가운데 중요한 사실은 에너지가 유한한 자원이라는 것이다. 경제학자들은 자원 고갈에 대해서 별로 염려하지 않고 있다: 한 가지 자원이 고갈되고 비싸지면, 다른 경제적인 자원이 고갈된 것을 대신하게 된다. 큰 나무를 다 써 버리면 합판을 이용하고, 합판이 비싸지면 하드보드를 쓰면 된다. 에너지의 경우, 석유가 비싸지면 혈암유(shale oil), 원자력 및 태양에너지로 바꾸게 될 것이다.

이런 전통적인 경제 분석에서는, 어떤 목적에 맞는 에너지를 얻기 위해서 또 다른 에너지가 필요하다는 사실을 깨닫지 못하고 있다. 예를 들어, 태양에너지는 풍부하지만 희석된 것이므로, 빨래는 말릴 수 있지만 보일러를 가동하려면 농축시켜야 하는데, 이때 에너지가 필요하다. 통제된 핵분열반응에서는 많은 열을 얻을 수 있지만, 너무 뜨거워서 그 열로 직접 과자를 구울 수가 없다. 우선 전기를 발생시켜야 하는데, 이 과정에서 에너지가 사용되고 감소된다. 그리고 안전을 위한 예방책도 마련해야 하는데, 여기에도 에너지가 필요하다. 폐기물을 저장하는 문제도 현재의 비용뿐만 아니라 장차 수 천년 동안 계속 에너지가 필요하다.

순에너지(net energy)란 에너지를 얻는 과정에서 사용된 에너지를 초과하여 얻을 수 있는 양이다(Odum and Odum, 1981). 100년 전에는 유전에서 땅 속으로 몇 m만 파내려 가도 많은 에너지를 얻을 수 있었지만, 지금은 많은 비용과 에너지를 들이면서 해저로 깊이 파내려 가야 할 뿐만 아니라, 생산량도 더 적다. 경제학자들이 기름을 대치할 수 있다고 제안하는 방법 중에는 순에너지가 적거나 쉽게 이용할 수 없는 경우가 많다.

이상 살펴본 바와 같이, 앞으로 에너지는 또 다시 비싸질 것이므로 인류는 이에 대한 대비를 해야 한다. 이에 대한 대책으로 단기적인 방법과 장기적인 방법이 있는데, 단기적인 것은 소극적이지만 확실한 효과를 볼 수 있는 자원의 절약과 확보(비축)를 들 수 있다. 장기적이고 적극적인 대책은 저품위 자원, 해저자원 및 핵에너지 등 미이용 자원의 개발과 활용뿐만 아니라, 자연에너지와 핵융합에너지의 개발과 같이 인류가 반드시 극복해야 하고 따라서 과학기술의 발전과 많은 투자가 요구되는 문제이다.

1) 자원의 절약

자원의 절약이 반드시 자원의 소비를 줄이자는 것은 아니다. 인류의 문명을 계속 발전시키기 위해서는 현재와 같은 자원소비가 계속될 전망이며, 발전을 멈추지 않는 한 에너지 자원의 소비는 결코 줄어들지 않을 것이다. 따라서 자원의 개발이나 소비과정에서 불필요하게 발생하는 낭비를 최소화하여 자원을 효율적으로 개발하고 사용된 자원을 재활용해야 한다.

석유의 경우 회수율 즉 석유 부존량에 대한 실제 채취량의 비율이 문제가 된다. 석유는 유전의 특성상 시추공에서 유층과 대기와의 압력차에 의해 자연적으로 분출되는데, 석유 개발이 진행됨에 따라 압력이 떨어지면 생산량이 줄어든다. 이러한 1차회수율은 전 세계 평균이 약 25% 정도인데, 회수율을 늘인다면 석유자원의 가용량은 훨씬 증가할 것이다. 현재는 유층에 물이나 가스를 주입하는 2차회수법이 일부 실용화되었으며, 최근에는 고도의 기술을 필요로 하는 3차회수법(강제회수법)이 개발되었다. 이와 같은 2차 및 3차 회수법이 실용화될 경우 현재의 석유 매장량에 200억 배럴을 추가시킬 수 있다.

이러한 자원의 효율적인 개발과 함께 자원의 **재활용**(recycle)도 중요하다. 자원의 재활용은 회수되는 자원의 양이 적더라도 최근에 문제되는 환경오염을 줄이는 것과도 관련되므로 앞으로 적극적으로 검토해야 할 문제이다. 예를 들어 알루미늄캔을 만드는 과정에서 생긴 절단 조각이나 사용이 끝난 캔을 회수하여 재활용하면 원료의 절약뿐만 아니라 전력의 절약에도 도움이 된다.

에너지를 절약하고 합리적으로 이용하는 기술을 개발하고 계몽하는 것도 중요하다. 자동차의 경우 소형차를 이용하고 효율 높은 엔진을 개발하며 불필요한 운행을 자제하고, 각 가정과 사업장 및 공공건물에서는 조명과 냉난방을 자제하며 단열재를 사용해서 시공하여야 한다.

2) 자원의 확보

자원의 확보는 소극적이며 국가별 이익이 우선되는 현실적인 방법으로서, 자원의 개발과 비축을 들 수 있다. 자원을 개발하기 위해서는 국내에서뿐만 아니라 해외에서의 개발도 고려할 수 있는데, 해외개발은 개발비용 이외에 많은 간접 비용이 투자되어야 하는 경제적 요인과 정치적 사회적 불안정으로 인한 어려움을 예상해야 한다.

1970년대에 세계경제에 큰 변동을 일으킨 두 차례의 에너지위기와 최근 걸프전으로 인한 석유공급의 중단 사태로 말미암아 자원의 비축이 곧 자원의 확보라는 생각이 보편화되었다. 자원의 비축은 첫째 여유가 있을 경우 에너지자원을 쓰지 않고 두었다가 어떤 사태가 일어났을 때 사용하는 것과, 둘째 이미 확보된 것을 개발하지 않고 두는 것의 두 가지 방법이 있는데, 자원을 확보한다는 관점에서 볼 때 적극적인 의미는 없지만 자원 확보가 곤란할 경우의 대비책이 될 수 있다.

3) 미이용 자원의 활용

(1) 저품위 자원의 개발

에너지자원이 개발 가능한지의 여부는 경제성에 의해 결정되는데, 똑같은 자원이라도 경제적, 기술적, 사회적, 정치적 환경 등의 요인에 의해 개발되기도 하고 그대로 방치되기도 한다. 이와 같이 미개발되어 방치된 자원이나 미이용 자원은 그 개발을 막는 요인을 제거할 경우 개발 대상이 될 수 있다. 이러한 요인들은 대부분 에너지 자원의 채취, 처리 및 기타 과학기술의 진보에 의해 제거될 수 있다. 이는 지금까지 문명의 발달과정에서 나타난 인류의 자원 개발과 활용의 예에서 쉽게 알 수 있다.

(2) 해저자원의 개발

대륙붕에는 석탄, 석유, 천연가스 등의 미개발 자원이 상당히 많은데, 석유의 경우 현재 산유량의 약 20%가 해저유전에서 생산되고 있다. 그리고 바닷물 속에는 많은 금속염이 녹아 있으며, 바다 밑의 지표 및 지하에도 많은 지하자원이 있으므로 바다로부터 여러 가지 광물자원을 채취할 수 있다. 이러한 해저자원의 채취가 지상채굴보다 대부분 비경제적이지만, 에너지 자원의 채취는 상당히 경제성이 있다.

(3) 핵에너지 자원의 개발

현재의 원자력발전은 **경수로**(light water reactor)를 이용하여 핵분열이 가능한 농축우라늄(^{235}U)을 연료로 쓰고 있으나, 천연우라늄 속에는 ^{235}U가 0.702% 밖에 들어있지 않다. 이를 에너지로 환산하면 석유 460억 ton에 상당하는 2.4 Q (1 Q = 1.05×10^{18} J)이지만, 고속증식로를 이용하면 천연우라늄의 대부분을 차지하는 ^{238}U을 핵분열이 가능한 플루토늄(^{239}Pu)으로 변화시켜 연료로 쓸 수 있으므로 핵에너지의 양은 우라늄이 350 Q, 토륨이 100 Q 정도로 늘어난다. 화석연료의 에너지량이 석유 10 Q, 천연가스 10 Q 및 석탄 70 Q로서 총 90 Q인 것을 생각해 볼 때 잠재적인 핵에너지 자원의 양은 어마어마하다고 할 수 있다.

4) 대체에너지의 개발

자원의 유한성을 고려할 때 에너지 자원을 확보하는 가장 적극적인 방법으로는 대체에너지의 개발이 필연적이다. 대체에너지로는 태양에너지, 지열, 풍력, 조력, 등과 같은 자연에너지와 핵융합에너지가 있는데, 경제적 기술적으로 실용화되기 까지는 많은 어려움이 따르지만 무한정한 에너지원으로서 뿐만 아니라 무공해 에너지원으로서 장래성이 매우 밝다.

(1) 태양에너지

태양은 수소의 핵융합반응에 의해 열과 빛에너지를 발산하는데, 지구가 태양으로부터 받아들이는 방사에너지를 석유로 환산하면 매년 약 140조 ton 또는 8.7×10^{20} kcal에 이르는데, 이는 인류가 소비하는 총 에너지의 20,000배에 해당한다.

태양에너지는 두 가지 장점이 있다. 첫째는 그 에너지가 최소한 수억 년 이상 계속해서 공급될 수 있다는 점이고, 둘째는 화석연료나 원자력에 비해 공해의 염려가 전혀 없다는 점이다. 그러나 태양에너지는 에너지의 밀도가 낮고 낮과 밤, 기후 및 계절의 변화에 크게 영향을 받는 단점이 있으므로, 효과적으로 에너지를 모으고 저장하는 장치가 필요하다. 태양열 집적장치를 이용하여 난방이나 냉각장치의 동력원으로 사용하거나, 태양열전지를 이용하여 태양에너지를 전기에너지로 변환시켜 각종 목적에 사용할 수 있는데, 아직까지 광범위하게 실용화되지는 못하고 있다.

(2) 지열에너지

지구 표면에서 지구 중심부로 가까이 갈 때, 매 30 m마다 온도가 약 1℃ 상승하며, 지구 중심부는 약 5,000℃ 정도로 추정된다. 지구 내부의 높은 온도는 K^{40}, U^{235}, U^{238}, Th^{232} 등의 방사성원소가 붕괴되면서 방출되는 에너지가 그 원인이다.

지표상에서 지구 내부로부터 방출되는 열류량을 측정해 보면 국지적으로 또는 띠 모양으로 주변의 열류량보다 높은 곳이 있다. 이러한 **열점**(hot spot)이 있는 곳에는 화산이 발달하므로, 지표로부터 열점이 존재하는 곳으로 굴착해서 지질구조 내에 저장된 지하열수의 고압 수증기와 고열을 이용하여 전기에너지로 전환시킬 수가 있다. 실제로 1904년 이태리에 세워진 지열발전소는 아직도 약 400 MW (megawatt) 용량의 발전을 하고 있다.

이러한 **지열에너지**(geothermal energy)를 이용할 때 몇 가지 고려해야할 점이 있는데, 첫째 열수와 증기가 분출될 때 황화합물 등의 유해가스로 인한 대기오염과 열폐수에 의한 수질오염이 염려된다. 둘째, 열수의 과다한 채취로 지반이 약화되고, 셋째, 열수에 함유된 광물질과 부식성 물질에 의해 발전소의 터빈이 쉽게 부식되는 문제점이 있다. 마지막으로, 주로 활화산 주변에 발전소가 위치할 경우, 예상하지 못한 화산 활동으로 생길 수 있는 피해의 위험성이 있다.

(3) 풍력에너지

풍력에너지는 오래 전부터 널리 이용되었는데, 풍차가 그 좋은 예로서 바람의 운동에너지를 프로펠라를 통한 기계적 에너지로 변환시킨 다음 전기에너지로 바꿀 수 있다. 풍력에너지는 두 차례에 걸친 석유파동으로 관심을 끌기 시작하였으며, 풍력발전소 1기가 발전할 수 있는 전력은 최대 3,200 kw 정도이다.

풍력에너지를 이용하기 위해서는 가용 풍력에너지에 대한 충분한 검토, 발전소와 수용자(가정 및 공장) 사이의 경제적인 송전 방안, 풍향과 풍속의 자료 수집 등이 미리 고려되어야 한다. 풍력에너지의 단점은 미리 예측하기 어렵고 어떤 때는 며칠 씩 이용할 수 없다는 것이다. 따라서 태양에너지의 경우와 마찬가지로 바람이 불 때 생성된 에너지를 효율적으로 저장했다가 필요할 때 쓸 수 있도록 축전지를 이용하는 방법이 연구되고 있다. 우리나라에서도 벽지와 도서지방에서 소규모의 풍력발전소를 이용하여 전기에너지를 자체 공급하고 있으며, 점차 확대할 계획이다.

(4) 조력에너지

밀물과 썰물의 차이가 큰 해안에 댐을 건설하여 터빈을 돌리거나 일정한 방향으로 흘러가는 해류나 파도를 이용하여 전기를 얻을 수 있는데, 이에 대해서는 상당한 연구가 이루어졌을 뿐만 아니라 일부는 실용화 단계에 접어들었다. 현재 프랑스, 북미, 러시아 등지에서는 실제로 **조력에너지**(tidal power)를 이용하는 발전소가 성공적으로 가동되고 있으며, 우리나라도 서해안은 간만의 차이가 심하므로 조력발전에 적당한 조건을 갖추고 있다. 조력발전에서는 발전 설비가 해수에 의해 부식되는 것을 방지하는데 주의를 기울여야 한다.

(5) 쓰레기를 이용한 에너지

최근 쓰레기 문제가 심각한 환경파괴와 환경오염 문제로 대두되고 있다. 쓰레기를 매립하면 토양과 지하수를 오염시키고 해충이 번성하며, 소각은 대기오염을 일으키므로 환경을 파괴할 뿐만 아니라 인간의 건강생활까지도 위협한다.

도시하수의 퇴적물, 제지공장과 유지공장의 폐기물, 가축의 분뇨 등은 탄소를 함유하고 있는 유기물이 대부분이다. 이러한 폐기물을 화학적 생물학적으로 처리하면 메탄가스와 같은 연료를 얻을 수 있다. 이와 같이 쓰레기에 포함된 자원을 재사용하고 에너지화하면 폐기물의 발생량을 줄이고 에너지자원의 소비를 줄일 수 있으므로, 환경문제와 에너지문제를 동시에 해결할 수 있다. 그러기 위해서는 각 가정과 산업체에서 쓰레기의 분리 수거에 협조해야 하고, 분류된 쓰레기를 적절하게 처리하는 기술이 개발되어야 한다.

(6) 핵융합에너지 (원자핵결합 에너지)

유리된 중성자 한 개의 질량은 정확히 1.0086654 amu (atomic mass unit, 원자질량단위)이고 양성자 한 개의 질량은 1.0078252 amu이다. 헬륨($_2He^4$)의 원자핵은 두 개의 중성자와 두 개의 양성자로 구성되어 있는데, 실험적으로 측정된 헬륨 원자핵의 질량은 정확히 4.0026033 amu이다. 헬륨 속에 들어 있는 중성자와 양성자의 수를 고려하여 질량을 계산하면, (2 × 중성자 질량)+(2 × 양성자 질량)인 4.0329812 amu이어야 한다. 실제로 측정된 4.0026033 amu와 계산치인 4.0329812 amu와의 차이는 원자핵의 결합에너지에 해당된다.

즉 이 작은 질량의 차이가 중성자들과 양성자들이 서로 짧은 거리를 유지하도록 이용되는 에너지로 변한 것이다. $E=mc^2$의 식에 위의 질량 결손인 0.0303779 amu를 대입하여 에너지를 계산하면 헬륨의 원자핵 결합에너지는 28.3 MeV가 된다. 1 MeV (mega electron volt)는 $1 × 10^6$ eV이고 1 eV는 23.1 kcal/mole인데, 대부분의 화학결합에너지가 10 eV이므로, 1 MeV는 이것의 10만 배 정도라는 것을 알 수 있다.

이와 같이 질량수가 작은 원자들이 결합하게 되면, 예를 들어 중수소원자 두 개가 결합하여 헬륨을 만들 때 일어나는 $_1H^2+_1H^2 = _2He^4$와 같은 과정에서는 다량의 에너지가 방출되는데, 이것이 **핵융합에너지**(nuclear fusion energy)의 근원이다. 공포의 핵무기로 인정되는 수소폭탄은 바로 이러한 수소원자의 **핵융합반응**에서 나오는 다량의 에너지를 순간적으로 방출시키는 것이다. 태양의 내부에는 많은 수소가 농축되어 있어서, 높은 온도에서 네 개의 수소 원자가 융합하여 한 개의 헬륨 원자를 만드는 핵융합반응이 일어나므로 막대한 에너지가 발생한다.

천연의 물속에 함유된 수소의 약 0.016%는 **중수소**(Deuterium)이므로 핵융합반응에 필요한 무한정한 에너지 자원이 될 수 있다. 핵융합에너지의 장점은 첫째 원료로 사용되는 수소나 중수소가 물속에 다량 존재하여 원료 걱정이 없다는 점이고, 둘째 에너지의 생성 과정에서 폐기물이 전혀 없어서 환경오염에 대한 염려가 전혀 없다는 것이다. 그러나 핵융합에너지를 실용적으로 이용하기 위해서는 해결해야 할 문제들이 많다.

중성자와 양성자, 양성자와 양성자 등을 융합반응이 일어날 수 있도록 가깝게 접근시키려면 원자핵끼리의 정전기적 반발력을 이겨내야 하는데, 이를 위해서는 1,000만℃ 이상의 고온이 필요하기 때문에 핵융합을 열핵반응이라고도 한다. 따라서 이렇게 높은 온도를 얻어야 하고, 또 그런 높은 온도에서 견딜 수 있는 소재를 개발해야 하는 문제들이 우선 해결되어야 한다. 그러나 현재의 과학기술 수준으로는 이러한 문제들이 완전히 해결되지 않아서 핵융합에너지의 실용적인 이용은 아직도 실현되고 있지 않다.

6. 식량생산과 유기농법

농업의 형태는 제초제, 살충제 및 비료를 많이 사용하는 미국의 상업적 농업으로부터 유기농법에 이르기까지 다양한데, **유기농법**(organic farming)이란 잡초나 해충을 없애기 위한 화학약품을 전혀 뿌리지 않고 퇴비, 석회석 및 기타 광물질을 비료로 사용하는 것이다.

유기농법과 유기원예가 최근 몇 년 사이에 인기를 얻고 있지만, 이런 농사 방법은 힘들고 이익이 별로 없으며 유기농법으로 얻은 식품이 다른 것 보다 더 건강에 좋은 점이 별로 없다고 비판하는 영양학자와 농업전문가들도 있다. 그러나 유기농법을 지지하거나 실천하는 사람들은 현재의 미국식 농업이 화학약품에 의한 중독, 미량원소와 미지의 건강 요인의 결핍, 표토의 유실, 석유에의 의존 등과 같은 문제가 있다고 주장한다.

살충제의 문제는 이미 앞에서 언급했는데, 현명한 소비자들은 육류, 우유, 과일, 채소 등에 가급적 잔류 화학물질이 적게 함유된 것을 원한다. 유기농법에서는 가축에게 합성 첨가물이 없는 사료를 먹이므로, 고기나 우유 속에 첨가물이 없어서 안전할 뿐만 아니라 앞에서 논의된 'Firemaster 사건'과 같이 실수로 가축에게 PPB를 먹이는 사고도 예방할 수 있다.

유기농법에서 비용과 이익의 문제는 복잡하다. Commoner 등의 연구에 의하면 유기농법이 대규모 농업에 유리하다고 하지만(Lockeretz *et al*., 1975), 대부분의 경제학자들은 저급 기술의 농사법이 고급 기술보다 더 많은 비용이 든다고 주장한다. 이러한 주장은 에너지의 비용, 즉 석유의 가격과 깊은 관계가 있다. 석유 가격이 높았던 1970년대 후반에도 화석연료는 비교적 값 싸고 흔한 에너지 보조 수단이었다.

그러나 에너지 가격이 다시 비싸지면 윤작, 종합방제(integrated pest management), 인력과 가축의 이용, 기계화에 덜 의존하는 농사법 등이 더 유리해질 수 있다. 물론 이러한 경제 분석은 단기적으로는 틀릴 수도 있다. 그러나 장기적으로 농토의 질 저하, 살충제의 축적, 물의 부영양화, 사회 제도의 혼란 등을 고려한다면, 현재와 같은 농업체제의 가격은 이

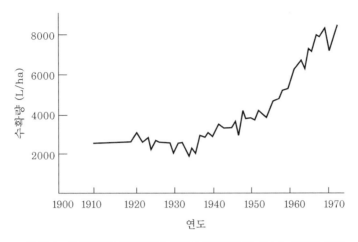

그림 12-9. 1909년부터 1971년까지 미국의 단위면적 당 옥수수 생산량. 미국 농업에서 생산성의 증가는 1940년대부터 가능해졌다는 것을 알 수 있다.

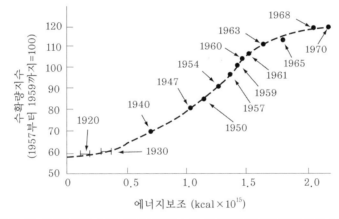

그림 12-10. 1920년부터 1970년까지 미국의 농업 체제에서 에너지보조에 대한 수확량지수의 변화. 과거 빠른 증가 추세 이후의 S자형 곡선을 나타내고 있다.

미 우리가 생각하는 것보다 더 높다고 볼 수 있다.

미국식 농사법이 그 동안 단위면적 당 생산성을 증가시켰다는 사실에는 의심할 여지가 없다(그림 12-9). 그러나 생산성을 증가시키기 위해서는 더 많은 에너지 보조가 필요하며, 미국의 식량체제는 **수익체감**(diminishing returns)의 곡선으로 나타나고 있다(그림 12-10).

1960년대 말에 시작된 **녹색혁명**(green revolution)은 저개발국가의 식량 생산을 늘리기 위해서 미국과 유사한 식량 생산 체제를 도입시키는 일이었다. 밀, 쌀, 옥수수 등의 신품종이 개발되었는데, 이들은 재래종 보다 더 많은 비료, 관개시설, 살충제, 제초제 등이 필요하였다. 실제로 수확량은 증가했으며, 아시아와 중남미에서 특히 그러했다.

그러나 식량 생산이 증가됨에 따라 교배종자, 비료, 살충제, 트랙터 등의 생산에 필요한 에너지 소모성 기술에 더욱 더 의존하게 되었으며, 사회 및 정치 구조에 변화가 일어났다 (Dahlberg, 1979). 이 문제 역시 비용과 이익의 궁극적인 균형이 아직도 불확실하다.

연·습·문·제

1. 자연생태계에 대한 영향을 최소화하면서 해충을 방제할 수 있는 방법을 설명하시오.

2. 이온화방사선이 인체에 미치는 영향을 구체적으로 설명하시오.

3. 생물학적 농축이 잘 일어나는 경우에 대하여 설명하시오.

4. 식물정화를 이용하여 환경오염을 제거한 사례를 인터넷에서 찾아보자.

5. 우리 주변에서 일어나는 수질오염의 현황을 알아보고 그 원인과 대책을 설명하시오.

6. 산성비가 생태계에 미치는 영향을 알아볼 수 있는 실험을 구체적으로 설계해 보자.

7. 온실효과의 원인을 구체적으로 설명하시오.

8. 유전자변형생물이 실제로 생태계에 유출된 예를 조사해 보시오. 이들 생물이 앞으로 생태계에 어떤 영향을 미칠 것인지 설명하시오.

9. 에너지 보조가 농업에서 차지하는 비중과 문제점을 설명하시오.

10. 현재 우리나라에서 진행되고 있는 대체에너지 개발 현황과 문제점을 설명하시오.

11. 유기농법으로 얻을 수 있는 이익과 문제점을 설명하시오.

참 고 문 헌

● 국내

강윤순, 오계칠. 1982. 광릉삼림군집에 대한 ordination 방법의 적용. 한식지 25: 83-99.

문형태, 박봉규, 김준호. 1997. 산성토양개량제 처리에 대한 식물의 반응과 토양 특성의 변화. 한
생태지 20: 43-49.

유영한, 지광재, 한동욱, 곽영세, 김준호. 1995. 광릉내 용암산 식물군집의 천이와 이질성. 한생
태지 18: 89-97.

이규송. 2006. 화전 후 묵밭의 식생 천이에 따른 종다양성 및 식생 구조의 발달. 한생태지 29:
227-235.

이원섭, 김지홍, 김광택. 2000. 점봉산 일대 천연활엽수림의 지형적 위치에 따른 천이 경향 분
석. 한임지 89: 655-665.

이창석, 유영한. 1998. 자연친화적 산지개발에 관한 연구. 산지환경 1: 19-38.

이창석, 조현제, 문정숙, 김재은, 이남주. 1998. 복원 및 경관생태학적 원리에 근거한 남산의 생
태공원화 계획. 한생태지 21: 723-733.

이창석, 홍선기, 조현제, 오종민 역. 1999. 자연환경 복원의 기술. 동화기술, 서울.

이창석. 1989. 솔잎혹파리 피해 소나무림의 천이에 관한 연구. 서울대학교 이학박사 학위논문,
106 p.

이창석. 1995. 한국 소나무림에서의 교란 후 재생과정. 한생태지 18 (1): 189-201.

조도순. 1992. 광릉 자연림에서의 교란 체제와 수목의 재생. 한생태지 15: 395-410.

홍선기 등. 2005. 경관생태학: 이론과 응용. 라이프사이언스, 서울. 332 p.

홍선기, 김동엽. 2002. 토지 모자이크: 지역 및 경관생태학. 성균관대학교 출판부.

● 국외

Abelson PH. 1984. Groundwater contamination. *Science* 224: 673.

Acree F, Turner RB, Gouck HK, Beroza M, Smith N. 1968. L-lactic acid: a mosquito
attractant isolated from humans. *Science* 168: 1346-1347.

Aldrich JW. 1943. Biological survey of the bogs and swamps of northeastern Ohio. *Am.
Midl. Nat.* 30: 346-402.

Allen DL. 1942. Populations and habitats of the fox squirrel in Allegan County, Michigan. *Am. Midl. Nat.* 27: 338–379.

Allen KR. 1935. The food and migration of the perch (*Perca fluviatilis*) in Lake Windermere. *J. Anim. Ecol.* 4: 199–273.

Anderson RC. 1983. The eastern prairie–forest transition–an overview. *Proc. 8th N. Am. Prairie Conf.* 86–92.

Anderson RM. 1982. Directly transmitted viral and bacterial infections of man. *In* The population dynamics of infectious diseases: Theory and applications (Anderson RM, ed). Chapman and Hall, London. pp. 1–37.

Aronson J, Floret C, Le Floc'h E, Ovalle C, Pontainer P. 1993. Restoration and rehabilitation of degraded ecosystems in arid and semi–arid lands. Ⅰ. A review from the South. *Restoration Ecology* 1: 8–17.

Baker JR. 1938. The evolution of breeding seasons. *In* Evolution: Essays on aspects of evolutionary biology (de Beer GR ed). Oxford Univ. Press, New York.

Barbour MG, Burk JH, Pitts WD, Gilliam FS, Schwartz MW. 1999. Terrestrial plant ecology. 3rd ed. The Benjamin/Cummings Co., Menlo Park.

Barbour MG, Craig RB, Drysdale FR, Ghiselin MT. 1973. Coastal ecology: Bodega Head. Univ. California Press, Berkeley.

Barnes DM. 1987. AIDS: Statistics but few answers. *Science* 236: 1423–1425.

Barnett C. 1977. Aspects of chemical communication with special reference to fish. *Biosci. Commun.* 3: 331–392.

Barnett SW. 1980. Indians and fire. *West. Wildlands Spring* 1980: 17–21.

Barry RG, Courtin GM, Labine C. 1981. Tundra climates. *In* Tundra ecosystems (Bliss LC, Heal DW, Moore JJ, eds). Cambridge Univ. Press, Cambridge. pp. 81–114.

Bartsch I, Moore TR. 1985. A preliminary investigation of primary production and decomposition in four peatlands near Schefflerville, Quebec. *Can. J. Bot.* 63: 1241–1248.

Bates M. 1952. Where winter never comes. Scribner's, New York.

Begley S, Lubenow GC, Miller M. 1986. Silent spring revisited? *Newsweek*, July 14, 1986: 72–73.

Berger JJ. 1993. Ecological restoration and nonindigenous plant species: A review. *Restoration Ecology* 1: 74–82.

Bierbaum RM, Ferson S. 1986. Do symbiotic pea crabs decrease growth rate in mussels? *Biol. Bull.* 170: 51–61.

Billings WD, Mooney HA, 1968. The ecology of arctic and alpine plants, *Biol. Rev.* 43: 481–529.

Blackman FF. 1905. Optima and limiting factors. *Ann. Bot.* 19: 281–295.

Bliss LC. 1981. North American and Scandinavian tundras and polar deserts. *In* Tundra ecosystems (Bliss LC, Heal OW, Moore JJ, eds). Cambridge Univ. Press, Cambridge. pp. 8–24.

Boelter DH, Verry ES. 1977. Peatland and water in the northern lake states. *US For. Serv. Gen. Tech. Rep. NC* 31: 1–22.

Bolin B. 1977. Changes of the land biota and their importance for the carbon cycle. *Science* 196: 613–615.

Bonner J. 1962. The upper limit of crop yield. *Science* 137: 11–15.

Bradshaw AD. 1983. The construction of ecosystems. *J. Appl. Ecol.* 20: 1–17.

Bradshaw AD. 1995. Alternative endpoints for reclamation. *In* Restoration ecology and sustainable development (Urbanska KM, Webb NR, Edwards PJ, eds). Cambridge Univ. Press, Cambridge. pp. 33–64.

Bradshaw AD, Chadwick MJ. 1980. The restoration of land. Blackwell Scientific, Oxford.

Braun EL. 1950 (repr. 1964). Deciduous forests of eastern North America. Hafner Pub. Co., New York.

Brewer R. 1966. Vegetation of two bogs in southwest Michigan. *Mich. Bot.* 5: 36–46.

Brewer R. 1967. Bird Populations of bogs. *Wilson Bull.* 79: 371–396.

Brewer R. 1980. A half-century of changes in the herb layer of a climax deciduous forest in Michigan. *J. Ecol.* 68: 823–832.

Brewer R. 1981. The changing seasons. *Am. Birds* 35: 915–919.

Brewer R. 1985. Seasonal change and production in a mesic prairie relict in Kalamazoo County, Michigan. *Mich. Bot.* 24: 3–14.

Brewer R, McCann MT. 1982. Laboratory and field manual of ecology. Saunders College Publishing, Philadelphia.

Brewer R, Swander L. 1977. Life history factors affecting the intrinsic rate of natural increase of birds of the deciduous forest biome. *Wilson Bull.* 89: 211–232.

Briggs LJ, Schantz HL. 1912. The relative wilting coefficient for different plants. *Bot. Gaz.* 53: 229–235.

Brown Jr WL, Wilson EO. 1956. Character displacement. *Syst. Zool.* 5: 49–64.

Bryan WC, Kormanik PP. 1977. Mycorrhizae benefit survival and growth of sweetgum seedlings in the nursery. *South. J. Appl. For.* 1: 21–23.

Brylinsky M. 1980. Estimating the productivity of lakes and reservoirs. *In* The functioning of freshwater ecosystems (Le Cren ED, Cowe-McConnell RH, eds). Cambridge Univ. Press, Cambridge. pp. 411–453.

B nning E. 1967. The physiological clock. 2nd ed. Springer-Verlag, Berlin.

Buss IO. 1956. Plant succession on a sand plain, northwest Wisconsin. *Trans. Wisconsin Acad. Sci., Arts, and Letters* 45: 11–19.

Calhoun JB. 1963. The social use of space. *In* Physiological mammalogy, Vol. 1, (Mayer W, van Gelder T, eds). Academic Press, New York. pp. 1–187.

Cannell MGR. 1982. World forest biomass and primary production data. Academic Press, New York.

Chapman VJ. 1970. Mangrove phytosociology. *Trop. Ecol.* 2: 1–24.

Chrisitian JJ. 1963a. The pathology of overpopulation. *Military Medicine* 128: 571–603.

Christian JJ. 1963b. Endocrine adaptive mechanisms and the physiologic regulation of population growth. *In* Physiological mammalogy, Vol. 1, (Mayor W, van Gelder R, eds). Academic Press, New York.

Clarke GC. 1954. Elements of ecology. Wiley, New York.

Clements FE. 1916. Plant succession. Carnegie Inst. Wash. Publ. 242: 512.

Clements FE, Shelford VE. 1939. Bio−ecology. McGraw−Hill, New York.

Cole DW, Rapp M. 1981. Elemental cycling in forest ecosystems. *In* Dynamic properties of forest ecosystems (Reichle DE, ed). Cambridge Univ. Press, Cambridge. pp. 341−410.

Cole GA. 1979. Textbook of limnology. 2nd ed. The C. V. Mosby Co., St. Louis.

Cole LC. 1954. The population consequences of life history phenomena. *Q. Rev. Biol.* 29: 103−137.

Connell JH, Slatyer RO. 1977. Mechanisms of succession in natural communities and their role in community stability and organization. *Am. Nat.* 111: 1119−1144.

Connell JH. 1961. Effects of competition, predation by *Thalis lapilllus*, and other factors on natural populations of the barnacle *Balanus balanoides*. *Ecol. Monogr.* 40: 49−78.

Connell JH. 1978. Diversity. in tropical rain forests and coral reefs. *Science* 199: 1302−1310.

Connell JH. 1980. Diversity and the coevolutioin of competitors, or the ghost of competition past. *Oikos* 35: 131−138.

Connell JH. 1983. On the prevalance and relative importance of interspecific competition: Evidence from field experiments. *Am. Nat.* 122: 661−696.

Connor EF, Simberloff D. 1979. The assembly of species communities: Chance of competition. *Ecology* 60: 1132−1140.

Corliss JB *et al.* 1979. Submarine thermal springs on the Galapagos rift. *Science* 203: 1073−1083.

Cornejo D. 1985. For the spadefoot toad, rain starts a race to metamorphosis. *Smithson.* 17: 98−105.

Coulson RN, Witter JA. 1984. Forest entomology. Wiley, New York.

Cowardin LM, Carter V, Golet FC, LaRoe ET. 1979. Classification of wetlands and deepwater habitats of the United States. US Dep. Inter. Fish and Wildlf. Serv., Washington, D. C.

Cowles HC. 1899. The ecological relations of the vegetation of the sand dunes of Lake Michigan. *Bot. Gaz.* 27: 95−117, 167−202, 281−308, 361−391.

Cox GW, Atkins MD. 1979. Agricultural ecology. Freeman, San Francisco.

Crawford M. 1987. California field test goes forward. *Science* 236: 511.

Crocker RL, Major J. 1955. Soil development in relation to vegetation and surface age at Glacier Bay, Alaska. *J. Ecol.* 43: 427−448.

Culver DC. 1982. Cave life: Evolution and ecology. Harvard Univ. Press, Cambridge, Mass.

Cummins KW. 1974. Structure and function of stream ecosystems. *BioScience* 24: 631–641.

Cummins KW. 1977. From headwaters to rivers. *Amer. Biol. Teach.* 39: 305–312.

Cunningham W, Cunningham M, Saigo B. 2003. Environmental Science. McGrow Hill. 646 p.

Curtis JT. 1959. The vegetation of Wisconsin. Univ. Wisconsin Press, Madison.

Dahlberg BL, Guettinger RC. 1956. The white-tailed deer in Wisconsin. *Wis. Conserv. Dep. Tech. Bull.* 14: 282.

Dahlberg KA. 1979. Beyond the green revolution: The ecology and politics of global agricultural development. Plenum Press, New York.

Dansereau P. 1957. Biogeography: An ecological perspective. Ronald, New York.

Darwin C. 1859. On the origin of species by natural selection. London.

Daubenmire RF. 1947 (2nd ed. 1959.). Plants and environment. Wiley, New York.

Daubenmire RF. 1968. Ecology of fire in grasslands. *Adv. Ecol. Res.* 5: 209–266.

Davidson J, Andrewartha HG. 1948. The influence of rainfall evaporation and atmospheric temperature on fluctuations in the size of a natural population of *Thrips imaginis* (Thysanoptera). *J. Anim. Ecol.* 17: 200–222.

DeBach P, Sundby RA. 1963. Competitive displacement between ecological homologues. *Hilgardia* 34(5): 105–166.

Deevey ES Jr. 1947. Life tables for natural populations of animals. *Q. Rev. Biol.* 22: 283–314.

Diamond J, Case TJ. 1986. Overview: Introductions, extinctions, exterminations, and invasions. *In* Community ecology (Diamond J, Case TJ, eds). Harper and Row, New York. pp. 65–79.

Diamond JM. 1975. Assembly of species communities. *In* Ecology and evolution of communities (Cody ML, Diamond JM, eds). Harvard Univ. Press, Cambridge, Mass. pp. 342–344.

Dickson BA, Crocker RL. 1953. A chronosequence of soils and vegetation near Mt. Shasta, California. *J. Soil Sci.* 4: 123– 154.

Dobson AP, Bradshaw AD, Baker AJM. 1997. Hopes for the future: Restoration ecology and conservation biology. *Science* 277: 515–522.

Du Rietz GE. 1930. Classification and nomenclature of vegetation. *Sv. Bot. Tidskr.* 24: 333–428.

Dubos R. 1955. Second thoughts on the germ theory. *Sci. Am.* 192(5): 31–35.

Edmondson WT, Lehman JT. 1981. The effect of changes in the nutrient income on the condition of Lake Washington. *Limnol. Oceanogra.* 26: 1–29.

Egler FE. 1954. Vegetation science concepts. I. Initial floristic composition, a factor in old-field development. *Vegetatio* 14: 412–417.

Eibl-Eibesfeldt I. 1955. ber Symbiosen, Parasitismus und andere besondere zwischenartliche Beziehungen bei tropischen Meeresfischen. *Z. Tierpsychol.* 12:

203-219.

Eigenmann CH. 1909. Cave Vertebrates of America: A study in degenerative evolution. *Carnegie Inst. Wash. Publ.* 104: 1-241.

Elton CS. 1927. Animal ecology. Sidgwick and Jackson, London.

Elton CS. 1942. Voles, mice, and lemmings. Clarendon Press, Oxford.

Elton CS. 1946. Competition and the structure of ecological communities. *J. Anim. Ecol.* 15: 54-68.

Elton CS. 1966. The pattern of animal communities. Wiley, New York.

Erhalt DH. 1985. Methane in the global atmosphere. *Environment* 27: 6-12, 30-33.

Errington PL. 1957. Of men and marshes. Macmillan, New York.

Errington PL. 1967. Of predation and life. Iowa State Univ. Press, Ames, Iowa.

Evans KE, Probasco GE. 1977. Wildlife of the prairies and plains. *US For. Serv. Gen. Tech. Rep. Nc 29.*

Everett KR, Vassiljevskaya VD, Brown J, Walker BD. 1981. Tundra and analogous soils. *In* Tundra ecosystems (Bliss LC, Heal OW, Moore JJ, eds). Cambridge Univ. Press, Cambridge. pp. 139-179.

Ewert D. 1982. Birds in isolated bogs in central Michigan. *Am. Midl. Nat.* 108: 41-50.

Farina A. 1997. Principles and methods in landscape ecology. Chapman and Hall, London.

Fenner F, Myers K. 1978. Myxoma virus and myxomatosis in retrospect: the first quarter century of a new disease. *In* Viruses and Environment (Kurstak E, Maramorosch K, eds). Academic Press, New York. pp 539-570.

Fisher E. 1985. The management and assessment of risks from recombinant organisms. *J. Hazard. Mater.* 10: 241-261.

Fisher J, Simon N, Vincent J. 1969. The red book: Wildlife in danger. Collins, London.

Fisher SG, Likens GE. 1977. Energy flow in Bear Brook, New Hampshire: An integrative approach to stream ecosystem metabolism. *Ecol. Monogr.* 43: 421-439.

Flanagan PW. 1986. Genetically engineered organisms and ecology. *Bull. Ecol. Soc. Am.* 67: 26-30.

Forman RTT, Gordron M. 1986. Landscape ecology. Wiley and Sons, New York.

Forman RTT. 1995. Land mosaics. The ecology of landscapes and regions. Cambridge Academic Press, Cambridge.

Foth HD. 1978. Fundamentals of soil science. 6th ed. Wiley, New York.

French DD, Smith VR. 1985. A comparison between northern and southern hemisphere tundras and related ecosystems. *Polar Biology* 5: 5-21.

Freuchen P, Salomonsen F. 1958. The arctic year. Putnam's, New York.

Fricke HW. 1973. The coral seas. G. P. Putnam's, Sons, New York.

Furniss RL, Carolin VM. 1977. Western forest insects. *US For. Serv. Misc. Publ.* 1339: 1-654.

Furon R. 1967. The problem of water: A world study. American Elsevier, New York.

Gadagker R. 1985. Kin recognition in social insects and other animals—a review of findings and a consideration of their relevance for the theory of kin selection. *Proc. Indian Acad. Sci. Anim. Sci.* 94: 587–621.

Gaddy LL, Suckling PW, Meentemeyer V. 1984. The relationship between winter minimum temperatures and spring phenology in a southern Appalachian grove. *Arch. Meterol. Geophys. Bioclimatol. Ser.* B. 34: 155–162.

Galloway JN, Whelpdale DM. 1980. An atmospheric sulfur budget for North America. *Atmos. Environ.* 14: 409–417.

Gates DM. 1968. Transpiration and leaf temperature. *Annu. Rev. Plant Physiol.* 19: 211–239.

Gates DM. 1980. Biophysical ecology. Springer-Verlag, New York.

Gause GF. 1934. The struggle for existence. Williams & Wilkins, Baltimore.

Gauthier-Pilters H, Dagg AI. 1961. The camel. Univ. Chicago Press, Chicago.

Gillham DA, Putwain PD. 1977. Restoring moorland disturbed by pipeline installation. *Landscape Design* 1191: 34.

Gleason HA, Cronquist A. 1964. The natural geography of plants. Columbia Univ. Press, New York.

Gleason HA. 1926. The individualistic concept of the plant association. *Bull. Torrey Bot. Club* 53: 1–20.

Godwin H, Conway VM. 1939. The ecology of raised bog near Tregaron, Cardiganshire. *J. Ecol.* 27: 313–359.

Gordon AG. 1985. "Budworm! But what about the forest?" *In* Spruce-fir management and spruce budworm. *US For. Serv. Gen. Tech. Rep. GTR NE*-99. pp. 3–29.

Grant PR, Schluter D. 1984. Interspecific competition inferred from patterns of guild structure. *In* Ecological communities. Strong DR *et al.*, eds. Princeton Univ. Press, Princeton, N. J. pp. 201–231.

Grant PR. 1972. Convergent and divergent character displacement. *Biol. J. Linn. Soc.* 4: 39–68.

Grassle JF. 1985. Hydrothermal vent animals: Distribution and biology. *Science* 229: 713–717.

Greenwood PJ, Harvey PH. 1982. The natal and breeding dispersal of birds. *Annu. Rev. Ecol. Syst.* 13: 1–21.

Grier JW. 1982. Ban of DDT and subsequent recovery of reproduction of bald eagles. *Science* 218: 1232–1234.

Griffin DR. 1953. Bat sounds under natural conditions, with evidence of echolocation of insect prey. *J. Exp. Zool.* 123: 435–465.

Grime JP. 1979. Plant strategies and vegetation process. Wiley, Chichester, England.

Grinnell J. 1917. The niche-relationships of the California Thrasher. *Auk* 34: 427–433.

Grisebach A. 1838. ber den Einfluss des Klimas auf die Begrenzung der n turlichen Floren. Linnaea 12 (Repr. *In* Gesammelte Abhandlungen und Kleinere Schriften zur

Pflanzengeographie. Leipzig 1880).

Grover HD, White GF. 1985. Toward understanding the effects of nuclear war. *BioScience* 35: 552–556.

Gunn JM. 1995. Restoration and recovery of an industrial region. Springer- Verlag, New York.

Gunn JM. 1996. Restoring the smelter damaged landscape near sudbury, Canada. *Restoration and Management Notes* 14 (2): 129–136.

Hadley EB, Kieckhefer BJ. 1963. Productivity of two prairie grasses in relation to fire frequency. *Ecology* 44: 389–395.

Hairston NG. 1965. On the mathematical analysis of schistosome populations. *Bull. W. H. O.* 33: 45–62.

Hairston NG. 1980. The experimental test of an analysis of field distributions: Competition in terrestrial salamanders. *Ecology* 61: 817–826.

Hanson AD, Nelsen CE. 1980. Water: Adaptation of crops to drought prone environments. *In* The biology of crop productivity (Carlson PS, ed). Academic Press, New York. pp. 77–152

Hansson L, Henttonen H. 1985. Regional differences in cyclicity and reproduction in Clethrionomys species: Are they related? *Ann. Zool. Fennici* 22: 277–288.

Hardin G. 1960. The competitive exclusion principle. *Science* 131: 1292–1297.

Harper JL. 1977. Population biology of plants. Academic Press, London.

Harwell MA, Grover HD. 1985. Biological effects of nuclear war I: Impact on humans. *BioScience* 35: 570–575.

Heichel GH. 1973. Comparative efficiency of energy use in crop production. *Conn. Agric. Exp. St. Bull.* 739: 1–26.

Heichel GH. 1976. Agricultural production and energy resources. *Am. Sci.* 64(1): 64–72.

Heinrich B. 1979. "Majoring" and "minoring" by foraging bumblebees, *Bombus vagans*: An experimental analysis. *Ecology* 60: 245–255.

Heinselman ML. 1973. Fire in the virgin forests of the Boundary Waters Canoe Area, Minnesota. *Quat. Res.* 3: 329–382.

Henderson NR, Pavlovic NB. 1986. Primary succession on the southern Lake Michigan sand dunes (abstract). First Indiana Dunes Research Conf., Indiana Dunes National Lakeshore.

Henderson R. 1982. Vegetation–fire ecolgy of tallgrass prairie. *Natural Areas J.* 2: 17–26.

Henttonen L. 1985. Predation causing expended low densities in microtine cycles: further evidence from shrew dynamics. *Oikos* 45: 156–157.

Hickman JC. 1975. Environmental unpredictability and plastic energy allocation strategies in the annual *Polygonum cascadense* (Polygonaceae). *J. Ecol.* 63: 689–701.

Hild NO. 1965. Habitat selection in birds. *Ann. Zool. Fenn.* 2: 53–75.

Hinrichsen D. 1986. Multiple pollutants and forest decline. *Ambio* 15(5): 258–265.

Holling CS. 1959. The components of predation as revealed by a study of small-mammal predation of the European sawfly. *Can. Entomaol.* 91: 293–320.

Holmes JC. 1961. Effects of concurrent infections on *Hymenolepis diminuta* (Cestoda) and *Moniliformis dubius* (Acanthocephala): General effects and comparison with crowding. *J. Parasitol.* 47: 209–216.

Hopkins AD. 1920. The bioclimatic law. *J. Wash. Acad. Sci.* 10: 34–40.

Horn HS. 1975. Markovian properties of forest succession. *In* Ecology and evolution of communities (Cody ML, Diamond JM, eds). Belknap Press, Cambridge. pp. 196–211.

Horowitz NH. 1945. On the evolution of biological synthesis. *Proc. Nat. Acad. Sci.* 31: 153–157.

Houghon RA *et al.* 1983. Changes in the carbon cycle of terrestrial biota and soils between 1860 and 1980: A new release of CO_2 to the atmosphere. *Ecol. Monogr.* 53: 235–262.

Howard WE. 1960. Innate and environmental dispersal of individual vertebrates. *Am. Midl. Nat.* 63: 152–161.

Howarth RW. 1984. The ecological significance of sulfur in the energy dynamics of salt marsh and coastal marine sediments. *Biogeochemistry* 1: 15–27

Huber O, Prance GT. 1986. Tropical savannas. *Nature Conservancy News* 36(3): 19–23.

Hutchinson GE. 1948. Circular causal systems in ecology. *Ann. New York Acad. Sci.* 50: 221–246.

Hutchinson GE. 1957. Concluding remarks. *Cold Spring Harbor Symp. Quant. Biol.* 22: 415–427.

Hutchinson GE. 1965. The ecological theater and the evolutionary play. Yale Univ. Press, New Haven, Conn.

Hynes HBN. 1970. Ecology of Running Waters. Univ. Toronto Press, Toronto, Canada.

Ingham ER. 1985. Review of the effects of 12 selected biocides on target and nontarget soil organisms. *Crop Protection* 4: 3–32.

Ito Y. 1980. Comparative ecology. Cambridge Univ. Press, Cambridge.

Jaeger EC. 1949. Further observations on the hibernation of the Poor-will. *Condor* 51: 105–109.

James FC, Boeklen WJ. 1984. Interspecific morphological relationships and the densities of birds. *In* Ecological communties (Strong DR *et al.* eds). Princeton Univ. Press, Princeton, N. J. pp. 458–477.

Jannasch HW, Mottl MJ. 1985. Geomicrobiology of deep-sea hydro-thermal vents. *Science* 229: 717–725.

Janzen DH. 1966. Coevolution of mutualism between ants and acacias in Central America. *Evolution* 20: 249–275.

Jeglum JK, Biosseonneau AN, Havisto VF. 1974 (repr. 1979). Toward a wetland classification for Ontario. *Can. For. Serv. Dep. Environ. Info. Rep. O-X* 215: 1–54.

Johnston RF. 1961. Population movements of birds. *Condor* 63: 386–389.

Jordan CF. 1983. Productivity of tropical rain forest ecosystems and the implications for their use as future wood and energy sources. *In* Tropical rainforest ecosystems (Golley FB, ed). Elsevier Scientific Pub. Co., New York. pp. 117−136.

Jordan WR, Gilpin ME, Aber JD. 1987. Restoration ecology. Cambridge University Press, Cambridge.

Joshi AC. 1933−34. A suggested explanation of the prevalence of vivipary on the sea shore. *J. Ecol.* 21: 209−212; 22: 306−307.

Karban R. 1986. Interspecific competition between folivorous insects on *Erigeron glaucus*. *Ecology* 67: 1063−1072.

Karl DM, Wirsen CO, Jannasch HW. 1980. Deep−sea primary production at the Galapagos hydrothermal vents. *Science* 207: 1345−1347.

Keeley JE. 1987. Role of fire in seed germination of weedy taxa in California chaparral. *Ecology* 68: 434−443.

Keever C. 1950. Causes of succession in old field of the Piedmont, North Carolina. *Ecol. Monogr.* 20: 229−250.

Keith L. 1963. Wildlife's ten year cycle. Univ. Wisconsin Press, Madison.

Kellogg WW *et al*. 1972. The sulfur cycle. *Science* 175: 587−596.

Kendeigh SC. 1941. Territorial and mating behavior of the House Wren. III. *Biol. Monogr.* 18: 1−120.

Kendeigh SC. 1947. Bird population studies in the coniferous forest biome during a spruce budworm outbreak. *Ont. Dep. Lands For. Biol. Bull.* 1: 1−100.

Kendeigh SC. 1954. History and evaluation of various concepts of plant and animal communities in North America. *Ecology* 35: 152−171.

Kenfield WG. 1966. The wild gardener in the wild landscape. Hafner Pub. Co., New York.

Kenoyer LA. 1929. General and successional ecology of the lower tropical rain−forest at Barro Colorado Island, Panama. *Ecology* 10: 201−222.

Kenward RE. 1978. Hawks and doves: Factors affecting success and selection in goshawk attacks on woodpigeons. *J. Anim. Ecol.* 47: 449−460.

Kerr RA. 1986. There may be more than one way to make a volcanic lake a killer. *Science* 233: 1257−1258.

Kershaw KA. 1964. Quantitative and dynamic ecology. Elsevier, New York.

Kettle DS. 1951. The spacial distribution of *Culicoides impunctatus* Goet. under woodland and moorland conditions and its flight range through woodland. *Bull. Entomol. Res.* 42: 239−291.

Kilham P. 1982. The biogeochemistry of bog ecosystems and the chemical ecology of *Sphagnum*. *Mich. Bot.* 21: 159−167.

Kira T, Shidei T. 1967. Primary producion and turnover of organic matter in different forest ecosystems of the Western Pacific. *Jpn. J. Ecol.* 17: 70−87.

Kling GW. 1987. Seasonal mixing and catastrophic degassing in tropical lakes,

Cameroon, West Africa. *Science* 234: 1022-1024.

Klingsberg C, Duguid J. 1982. Isolating radioactive wastes. *Am. Sci.* 70: 82-190.

Kluger MJ, Ringler DG, Anver MR. 1975. Fever and survival. *Science* 188: 166-168.

Kolata G. 1985. Avoiding the schistosome's tricks. *Science* 227: 285-287.

Komarek EV. 1969. Fire and animal behavior. *Proc. Annu. Tall Timbers Fire Ecol. Con.* 9: 161-207.

Kormanik PP, Bryan WC, Schultz RC. 1977. The role of mycorrhizae in plant growth and development. *Proc. Symp. South. Sect. Am. Soc. Plant Physiol.*

Kozlovsky TT, Ahlgren CE, Eds. 1974. Fire and ecosystems. Academic Press, New York.

Lack D. 1944. Ecological aspects of species formation in passerine birds. *Ibis* 86: 260-286.

Lack D. 1947. Darwin's finches. Cambridge Univ. Press, Cambridge.

Lamotte M, Bourli re F. 1983. Energy flow and nutrient cycling in tropical savannas. *In* Ecosystems of the world 13: tropical savannas (Bourli re F. ed). Elsevier, Amsterdam. pp. 583-603.

Lamotte M. 1972. Bilan energ tique de la croissance du male *Nectrophrynoides occidentalis* Angel, Amphibien Anoure. *C. R. Acad. Sci. Paris* 274: 2074-2076.

Leak WB. 1982. Habitat mapping and interpretation in New England. *US For. Serv. Res. Pap. NE* 496: 1-28.

Lee CS, Robinson GR, Robinson IP. 2005. Ecological diagnosis for restoration and conservation of pitch pine (*Pinus rigida*) stands in the Albany Pine Bush Preserve. (In Presentation.).

Lee CS, You YH, Robinson GR. 2002. Secondary succession and natural habitat restoration in abandoned rice fields of central Korea. *Restoration Ecology* 10: 306-314.

Lee CS, You YH. 2001. Creation of an environmental forest as an ecological restoration. *Korean J. Ecol.* 24: 101-109.

Leopold A, Jones SE. 1947. A phenological record for Sauk and Dane counties, Wisconsin, 1933-1945. *Ecol. Monogr.* 17: 81-122.

Leopold A. 1933. Game management. Charles Scribner's Sons, New York.

Leopold AS, Erwin M, Oh J, Browning B. 1976. Phytoestrogens: adverse affects on reproduction in California quail. *Science* 191: 98-100.

Leslie PH, Ranson RM. 1940. The mortality, fertility, and rate of natural increase of the vole (*Microtus agrestis*). *J. Anim. Ecol.* 9: 27-52.

Li WKW. 1983. Autotrophic picoplankton in the tropical ocean. *Science* 219: 292-295.

Likens GE *et al.* 1970. The effects of forest cutting and herbicide treatment on nutrient budgets in the Hubbard Brook watershed ecosystem. *Ecol. Monogr.* 40: 23-47.

Likens GE, Bormann FH, Pierce RS, Eaton JS, Johnson NM. 1977. Biogeochemistry of a forested ecosystem. Springer-Verlag, New York.

Limbaugh C. 1961. Cleaning symbioses. *Sci. Am.* 205: 42-49.

Lindermann J, Constantinidou HA, Barchet HA, Upper CD. 1982. Plants as sources of airborne bacteria, including ice nucleation-bacteria. *Appl. Environ. Microbiol.* 44: 1059-1063.

Llano GA. 1962. The terrestrial life of the Antarctic. *Sci. Am.* 207(3): 213-230.

Lockeretz W *et al.* 1975. A comparison of the production, economic returns, and energy intensiveness of cornbelt farms that do and do not use inorganic fertilizers and pesticides. *Ctr. biol. Nat. Syst. Rep.* No. CBNSAE-4.

Lord RD. 1961. A population study of the gray fox. *Am. Midl. Nat.* 66: 87-109.

Lotka AJ. 1925. Elements of physical biology. Williams and Wilkens, Baltimore.

Loucks OL. 1970. Evolution of diversity, efficiency and community stability. *Am. Zool.* 10: 17-26.

Lovelock JE. 1979. Gaia: A new look at life. Oxford Univ. Press, New York.

Ludwig JP. 1984. Decline, resurgence and population dynamics of Michigan and Great Lakes double-crested cormorants. *Jack-Pine Warbler* 62: 91-102.

Lugo AE. 1983. Influence of green plants on the world carbon budget. *In* Alternative energy sources V. Part E: Nuclear/conservation/Environment. Elsvier, Amsterdam. pp. 391-398.

MacArthur RH, Wilson EO. 1967. The theory of island biogeography. *Princeton Univ. Press. Monger. Pop. Biol.* 1: 1-203.

MacArthur RH. 1957. On the relative abundance of bird species. *Proc. Nat. Acad. Sci.* 45: 293-295.

MacArthur RH. 1972. Geographical ecology. Harper and Row, New York.

MacMahon JA. 1997. Restoration. *In* Principles of conservation biology (Meffe GK, Carroll CR, eds). Sinauer Associates, Inc. Pub., Sunderland, Massachusetts. pp. 479-511.

Margalef R. 1958. Information theory in ecology. *General Systems* 3: 36-71.

Margulis L. 1981. Symbiosis in cell evolution. Freemann, San Francisco.

Martin PS. 1973. The discovery of America. *Science* 179: 969-974.

Maximov NA. 1931. The physiological significance of the xeromorphic structure of plants. *J. Ecol.* 19: 273-282.

May RM, Anderson RM. 1987. Transmission dynamics of HIV infection. *Nature* 326: 137-142.

Meffe GK, Carroll CR. 1997. Principles of conservation biology. Sinauer Associates, Inc. Pub., Sunderland, Massachusetts.

Meredith CW, Gilmore AM, Isles AC. 1984. The ground parrot (*Pezoporus wallicus* Kerr) in south-eastern Australia: A fire-adapted species. *Aust. J. Ecol.* 9: 367-380.

Miller SL. 1955. Production of some organic compounds under possible primitive earth conditions. *J. Am. Chem. Soc.* 77: 2351-2361.

Mills AM. 1986. The influence of moonlight on the behavior of goatsuckers (Caprimulgidae). *Auk* 103: 370-378.

Mohr CO. 1943. Cattle droppings as ecological units. *Ecol. Monogr.* 13: 280−281.

Molish H. 1937. Der Einfluss einer Pflanze auf die andere−Allelopathie. Fischer, Jena.

Molles MC Jr. 1980. Effects of road salting on aquatic invertebrate communities. *Eisenhower Consortium Bull.* 10: 1−9.

Moreau RE. 1966. The bird faunas of Africa and its islands. Academic Press, New York.

Morehouse EL, Brewer R. 1968. Feeding of nestling and fledgling eastern kingbirds. *Auk* 85: 44−54.

Mueggler WF, Stewart WL. 1980. Grassland and shrubland habitat types of western Montana. *US For. Serv. Gen. Tech. Rep. INT* 66.

Mullen DA. 1969. Reproduction in brown lemmings (*Lemmus trimucronatus*) and its relevance to their cycle of abundance. *Univ. Calif. Publ. Zool.* 85: 1−24.

Muller CH. 1965. Inhibitory terpenes volatilized from Salvia shrubs. *Bull. Torrey Bot. Club* 93: 332−351.

Murray BG Jr. 1967. Dispersal in vertebrates. *Ecology* 48: 975−978.

Muscatine L, Boyle JE, Smith DC. 1974. Symbiosis of the acoel flatworm *Convoluta roscoffensis* with the alga *Platymonas convolutae. Proc. R. Soc. Lond. B. Bio. Sci.* 187: 221−234.

Myers N. 1983. Conversion sates in tropical moist forests. *In* Tropical rain forest ecosystems (Golley FB, ed). Elsevier Scientific Bub. Co., New York. pp. 289−300.

National Research Council. 1991. The restoration of aquatic ecosystems: science, technology, and public policy. National Academy Press, Washing, D.C.

Naveh Z. 1994. From biodiversity to ecodiversity. A lanscape−ecology approach to conservation and restoration. *Restoration Ecology* 2: 180−189.

Naveh Z. 1998. From biodiversity to ecodiversity−Historic conservation of the biological and cultural diversity of Mediterranean landscapes. *In* Landscape disturbance and biodiversity in Mediterranean type ecosystems (Rundel PW, Montenegro G, Jaksic FM, eds). Springer, Berlin. pp. 23−53.

Noss RF. 1991. Wildness recovery: thinking big in restoration ecology. *The Environmental Professional* 13: 225−234.

Oak Ridge National Laboratory. 1986. Integrated data base for 1986: Spent fuel and radioactive waste inventories, projections and characteristics. DOE/RE−0006, rev. 2. U. S. Department of Energy, Washington, D.C.

Odum EP. 1945. The concept of biome as applied to the distribution of North American birds. *Wilson Bull.* 57: 191−201.

Odum EP. 1953 (3nd ed., 1971). Fundamentals of ecology. W.B. Saunders, Philadelpia.

Odum EP. 1965. Summary of the ecological effects of nuclear war. *In* Ecological effects of nuclear war (Woodwell GM, ed). Brookhaven Nat. Lab. Publ. pp. 69−72.

Odum EP. 1983. Basic Ecology. Saunders College Pub., Philadelphia.

Odum HT, Odum EC. 1981. Energy basis for man and nature. 2nd ed. McGraw−Hill Book Co., New York.

Odum HT, Odum EP. 1955. Tropical structure and productivity of a windward coral reef community, Eniwetok atoll. *Ecol. Monogr.* 25: 291-320.

Odum HT. 1957. Trophic structure and productivity of Silver Springs, Florida. *Ecol. Monogr.* 27: 55-112.

Odum HT. 1971. Environment, power and society. Wiley, New York.

Odum HT. 1977. The ecosystem, energy and human values. *Zigon* 12: 109-133.

Oliver JA, Shaw CG. 1953. The amphibians and reptiles of the Hawaiian Islands. *Zoologica* 38: 65-95.

Olson JS. 1958. Rates of succession and soil changes on southern Lake Michigan sand dunes. *Bot. Gaz.* 199: 125-170.

Paine RT. 1966. Food web complexity and species diversity. *Am. Nat.* 100: 65-75.

Park O. 1940. Nocturnalism-the development of a problem. *Ecol. Monogr.* 10: 485-536.

Park T. 1954. Experimental studies of interspecies competition. II. Temperature, humidity, and competition in two species of *Tribolium. Physiol. Zool.* 27: 177-238.

Patrick R, Binetti VP, Halterman SG. 1981. Acid lakes from natural and anthropogenic causes. *Science* 211: 446-452.

Pearl R, Reed LJ. 1920. On the rate of growth of the population of the Unite States since 1790 and its mathematical representation. *Proc. Nat. Acad. Sci.* 6: 275-288.

Pearse AS. 1939. Animal ecology. McGraw-Hill, New York.

Perry LM. 1936. A marine tenement. *Science* 84: 156-157.

Peters GA, Toia RE Jr, Calvert HE, Marsh BH. 1986. Lichens to *Gunnera*-with emphasis on *Azolla. Plant Soil* 90: 17-34.

Petersen NJ. 1983. The effects of fire, litter and ash on flowering in *Andropogon gerardii. Proc.* 8th N. *Am. Prairie Con.* 21-24.

Petrides GA, Swank RG. 1965. Population densities and the range-carrying capacity for large mammals in Queen Elizabeth National Park, Uganda. *Zool. Afr.* 1: 209-225.

Pielou EC. 1974. Population and community ecology. Gordon and Brech, New York.

Pimlott DH. 1967. Wolf predation and ungulate populations. *Am. Zool.* 7: 267-278.

Pittendreigh CS. 1960. Circadian rhythms and the circadian organization of living systems. *Cold Spring Harbor Symp. Quant. Biol.* 25: 159-182.

Pittock AB. 1986. Rapid developments on nuclear winter. *Search* 17.

Postel S. 1984. Air pollution, acid rain, and the future of the forests. *Worldwatch Pap.* 58: 1-54.

Powell GVN. 1974. Experimental analysis of the social value of flocking by atarlings (*Strunus vulgaris*) in relation to predation and foraging. *An. Beh.* 22: 501-505.

Primack RB. 1995. A primer of conservation biology. Sinauer Associates Inc. Publishers, Sunderland, Massachusetts.

Proctor J, Woodell SRJ. 1975. The ecology of serpentine soils. *Adv. Ecol. Res.* 9: 255-366.

Prosser CL ed. 1973. Comparative animal physiology. W. B. Saunders Co., Philadelphia.

Putnam RJ, Wratten SD. 1984. Principles of ecology. Univ. California Press, Berkeley.

Raunkiaer C. 1934. The life forms of plants and statistical plant geography. Clarendon Press, Oxford.

Raynal DJ, Bazzaz FA. 1975. Interference of winter annuals with *Ambrosia artemisiifolia* in early successional fields. *Ecolgy* 56: 35–49.

Redfield AC. 1958. The biological control of chemical factors in the environment. *Am. Sci.* 46: 205–221.

Regenstein L. 1982. Anerica the poisoned. Acropolis Books, Ltd., Washington, D.C.

Remmert H. 1980. Ecology: A textbook. Springer–Verlag, Berlin.

Reznicek AA. 1980. Halophytes along a Michigan roadside with comments on the occurrence of halophytes in Michigan. *Mich. Bot.* 19: 23–30.

Richards PW. 1957. The tropical rain forest: An ecological study Cambridge Univ. Press, Cambridge.

Riddiford LM, Williams CM. 1967. Volatile principle from oak leaves: Role in sex life of the Polyphemus moth. *Science* 155: 589–590.

Robinson RK. 1972. The production by roots of *Calluna vulgaris* of a factor inhibitory to growth of some mycorrhizal fungi. *J. Ecol.* 60: 219–224.

Roeder KD, Treat AE. 1961. The acoustic detection of bats by months. *Proc. 11th Intern. Cong. Entomol.* 3: 7–11.

Root RB. 1967. The niche exploitation pattern of the blue-gray gnatcatcher. *Ecol. Monogr.* 37: 317–350.

Rosenthal GA. 1983. A seed-eating beetle's adaptation to a poisonous seed. *Sci. Am.* 249(5): 164–171.

Rowenzweig ML, MacArthur RH. 1963. Graphical representation and stability conditions of predator–prey interactions. *Am. Nat.* 46: 209–219.

Russell MJ, Mendelson T, Peeke VHS. 1983. Mothers' identification of their infant's odors. *Ethol. Sociobiol.* 4: 29–31.

Sandred KB, Emsley M. 1979. Rain forests and cloud forests. Abrams. New York.

Scharamm P. 1978. The do's and don'ts of prairie restoration. *Proc. Fifth Midwest Prairie Con.* 139–151.

Schmidt–Nielsen K, Schmidt–Nielson B, Jarnum SA, Houpt TR. 1957. Body temperature of the camel and its relation to water economy. *Am. J. Physiol.* 188: 103–112.

Schneider JC. 1986. "Acid rain": Significance to Michigan lakes and their fisheries. *Mich. Acad.* 18: 7–15.

Schnitzler HV. 1978. Die Detektion von Bewegungen durch Echoortung bei Fledermausen. *Verh. Dtsch. Zool. Ges.* 1978: 16–33.

Schoener TW. 1983. Field experiments on interspecific competition. *Am. Nat.* 122: 240–285.

Schwintzer CR. 1979. Vegetation changes following a water level rise and tree mortality in a Michigan bog. *Mich. Bot.* 18: 91–98.

Scott TG, Willis YL, Ellis JA. 1959. Some effects of a field application of dieldrin on wildlife. *J. Wildl. Manage.* 23: 409-427.

Sharitz RR, Gibbons JW. 1981. Effects of thermal effluents on a lake: Enrichment and stress. *In* Stress effects on natural ecosystems (Barrett GW, Rosenberg R, eds). Wiley, New York. pp. 243-259.

Shelford VE, Olsen S. 1935. Sere, climax and influent animal with special reference to the transcontinental coniferous forest of North America. *Ecology* 16: 375-402.

Shelford VE. 1929. Laboratory and field ecology. Williams and Wilkins, Baltimore.

Shelford VE. 1951. Fluctuations of forest animal populations in east-central Illinois. *Ecol. Monogr.* 21: 183-214.

Simberloff D. 1970. Taxonomic diversity of island biotas. *Evolution* 24: 23-47.

Simpson EH. 1949. Measurement of diversity. *Nature* 163: 688.

Siple PA, Passel CF. 1945. Measurement of dry atmospheric cooling in subfreezing temperature. *Proc. Am. Philos. Soc.* 89: 177-199.

Slatkin M. 1983. Models of coevolution: Their use and abuse. *In* Coevolution (Nitechi MH, ed). Univ. Chicago Press, Chicago. pp. 339-370.

Smith JS. 1935. The role of biotic factors in the determination of population density. *J. Econ. Entomol.* 28: 873-893.

Smith SA, Paselk RA. 1986. Olfactory sensitivity of the turkey vulture (*Cathartes aura*) to three carrion-associated odorants. *Auk* 103: 583-592.

Snow DW. 1954. The habitats of Eurasian tits (*Parus* spp.). *Ibid* 96: 565-585.

Solomon ME. 1949. The natural control of animal populations. *J. Anim. Ecol.* 18: 1-35.

Springsett BP. 1968. Aspects of the relationships between burying beetles, *Necrophorus* spp. and the mite, *Poecilochirus necrophori* Vitz. *J. Animal Ecol.* 37: 417-424.

Stadtfeld CK. 1976. Cheap chemicals and dump luck. *Audubon* 78(1): 110-118.

Stager K. 1964. The role of olfacrion in food location in the Turkey Vulture (*Cathartes aura*). *Los Ang. Cty. Mus. Contrib. Sci.* 81: 1-63.

Stoutamire WP. 1974. Australian terrestrial orchids, thynnid wasps, and pseudocopulation. *Am. Orch. Soc. Bull.* 1974: 13-18.

Sv rdson G. 1949. Competition and habitat selection in birds. *Oikos* 1: 157-174.

Sveinbjornsson B. 1982. Alaskan plants and atmospheric carbon dioxide. Proc. Conf. Potential Effects of Carbon Dioxide-Induced Climatic Changes in Alaska, Univ. Alaska-Fairbanks, Misc. Pub.

Swank WT. 1984. Atmospheric contributions to forest nutrient cycling. *Water Resour. Bull.* 20: 313-321.

Tangley L. 1985. Releasing engineered organisms in the environment. *BioScience* 35: 470-473.

Tanner JT. 1952. Black-capped and Carolina chickadees in the southern Appalachian mountains. *Auk* 69: 407-424.

Tansley AG. 1911. Types of British vegetation. Cambridge.

Tansley AG. 1935. The use and abuse of vegetational concepts and terms. *Ecology* 16: 284–307.

Taylor CE. 1986. Genetics and evolution of resistance to insecticides. *Biol. J. Linn. Soc.* 27: 103–112.

Taylor WP. 1934. Significance of extreme or intermittent conditions in distribution of species and management of natural resources, with a restatement of Liebig's law of the minimum. *Ecology* 15: 374–379.

Thorson G. 1971. Life in the sea. World Univ. Library, New York.

Tilman D. 1988. Pant strategies and the dynamics and structure of plant communities. Princeton University Press.

Tilman D. 1988. Plant strategies and the dynamics and structure of plant communities. Princeton Univ. Press, Princeton, New Jersey.

Tinbergen N. 1951. The study of instinct. Oxford Univ. Press, New York.

Tschirley FH. 1969. Defoliation in Vietnam. *Science* 163: 779–786.

Turco RP *et al.* 1983. Nuclear winter: Global consequences of multiple nuclear exploitations. *Science* 222: 1283–1292.

Turner MG, Gardner RH, O'Neill RV. 2001. Landscape ecology in theory and practice. Springer–Verlag, New York.

Turner MG, O'Neill RV, Gardner RH, Milne BT. 1989. Effects of changing spatial scale on the analysis of landscape pattern. *Landscape Ecology* 3: 153–162.

Underwood AJ, Denley EJ. 1984. Paradigms, explanations and generalizations in models for the structure of intertidal communities on rocky shores. *In* Ecological communities (Strong DR *et al.* eds). Princeton Univ. Press, Princeton N. J. pp. 151–180.

Ungar IA. 1978. Halophyte seed germination. *Bot. Rev.* 44: 233–264.

Vali G, Christensen M, Fresh RW, Galyan EL, Maki LR, Schnell RC. 1976. Biogenic ice nuclei. Part II: Bacterial sources. *J. Atmos. Sci.* 33: 1565–1570.

Vallentyne JR. 1974. The algal bowl–lakes and man. Dep. Envrion. Misc. Special Pub. 22, Ottawa, Canada.

Vance BD, Kucera CC. 1960. Flowering variations in *Eupatorium rugosum*. *Ecology* 41: 340–345.

Viktorov SV, Vostokova EA, Vyshivkin DD. 1965. Some problems in the theory of geobotanical indicator research. *In* Plant indicators of soils, rocks and subsurface waters. Consultants Bureau, New York. pp. 1–4.

Vitousek PM, Gosz JR, Grier CC, Melillo JM, Reiners WA. 1979. Nitrate losses from disturbed ecosystems. *Science* 204: 469–474.

Vitousek PM, Reiners WA. 1975. Ecosystem succession and nutrient retention: A hypothesis. *BioScience* 25: 337.

Volterra V. 1931. Variations and fluctuations in the number of individuals in animal species living together. *In* Animal ecology (Chapman RN, ed). McGraw–Hill, New York. pp. 409–448.

Wald G. 1964. The origin of life. *Proc. Nat. Acad. Sci.* 52: 595–611.

Walker CG. 1984. How life affects the atmosphere. *BioScience* 34: 486–491.

Wallace GC, Nickell WP, Bernard RF. 1961. Bird mortality in the Dutch elm disease program in Michigan. *Cranbrook Inst. Sci. Bull.* 41.

Warner RE. 1968. The role of introduced diseases in the extinction of the endemic Hawaiian avifauna. *Condor* 70: 101–120.

Waters TF. 1972. The drift of stream insects. *Annu. Rev. Entom.* 17: 253–272.

Watt AS. 1947. Pattern and process in the plant community. *J. Ecol.* 35: 1–22.

Welch PS. 1952. Limnology. McGraw–Hill, New York.

Went FW, Stark N. 1968. Mycorrhiza. *BioScience* 18: 1035–1039.

Westlake DF. 1963. Comparisons of plant productivity. *Biol. Rev.* 38: 385–425.

Wetzel RW. 1983. Limnology. 2nd ed. Saunders College Pub., Philadelphia.

Whitmore TC. 1978. Gaps in the forest canopy. *In* Tropical trees as living systems. Tomlinson PB, Zimmerman MH, eds. Cambridge Univ. Press, Cambridge. pp. 639–655.

Whittaker RH, Feeny PP. 1971. Allelochemics: Chemical interaction between species. *Science* 171: 757–770.

Wilhelm JF. 1975. Biological indicators of pollution. *In* River ecology (Whitton BA, ed). Univ. California Press, Studies in Ecology Vol. 2.

Wilhelm S. 1966. Chemical treatments and inoculum potential of soils. *Annu. Rev. Phytopath.* 4: 53–78.

Wilkinson GS. 1986. Gastric cancer in New Mexico counties with significant deposits of uranium. *Arch. Environ. Health* 40: 307–312.

Williams AB. 1950. Census No 7. Climax beech–maple forest with some hemlock. *Audubon Field Notes* 4: 297–298.

Williams GC. 1964. Measurement of consociation among fishes and comments on the evolution of schooling. *Mich. St. Univ. Mus. Pub.* 2(7): 349–384.

Williamson MJ. 1964. Burning does not control young hardwoods on short leaf pine sites in the Cumberland plateau. *US. For. Serv. Res. Note CS* 19: 1–4.

Willson MF. 1983. Plant reproductive ecology. John Wiley & Sons, New York.

Wood T, Bormann FH, Voight GK. 1984. Phosphorus cycling in a northern hardwood forest: Biological and chemical control. *Science* 223: 391–393.

Woodel SRJ. 1985. Salinity and seed germination patterns in coastal plants. *Vegetatio* 61: 223–229.

Woodwell GM, Whittaker RH, Reiners WA, Likens GE. 1978. The biota and the world carbon budget. *Science* 199: 141–146.

Wootoon JT. 1994. Predicting direct and indirect effects: an integrated approach using experiments and path analysis. *Ecology* 75: 151–165.

Yeaton RI. 1978. A cyclical relationship between *Larrea tridentata* and *Opuntia leptocaulis* in the northern Chihuahuan desert. *J. Ecol.* 66: 651–656.

Zonneveld IS. 1995. Land ecology. SPB Academic Publishing, Amsterdam.

찾아보기 (한글)

저자 소개

김준호 : 1장
서울대학교 사범대학 생물교육과(이학사)
서울대학교 대학원 식물학과(이학석사)
서울대학교 대학원 식물학과(이학박사)
한국식물학회 회장, 한국생태학회 회장
한국생물과학협회 회장,
(현) 서울대학교 자연과학대학 생명과학부 명예교수,
　　대한민국 학술원 회원

서계홍 : 2장
서울대학교 자연과학대학 식물학과(이학사)
서울대학교 대학원 식물학과(이학석사)
서울대학교 대학원 생물학과(이학박사)
(현) 대구대학교 자연대학 생명과학과 교수

정연숙 : 3장
강원대학교 자연과학대학 생물학과(이학사)
서울대학교 대학원 식물학과(이학석사)
서울대학교 대학원 생물학과(이학박사)
(현) 강원대학교 자연과학대학 생명과학부 교수

이규송 : 4장
서울대학교 자연과학대학 식물학과(이학사)
서울대학교 대학원 식물학과(이학석사)
서울대학교 대학원 생물학과(이학박사)
(현) 강릉대학교 자연과학대학 생물학과 교수

고성덕 : 4장
공주대학교 사범대학 생물교육과(이학사)
서울대학교 보건대학원 (보건학석사)
서울대학교 대학원 생물학과(이학박사)
(현) 충북대학교 사범대학 생물교육과 교수

이점숙 : 5장
전북대학교 사범대학 생물교육과(이학사)
서울대학교 대학원 식물학과(이학석사)
서울대학교 대학원 생물학과(이학박사)
(현) 군산대학교 과학기술학부 생물학전공 교수

임병선 : 6장
서울대학교 자연과학대학 식물학과(이학사)
서울대학교 대학원 식물학과(이학석사)
서울대학교 대학원 생물학과(이학박사)
한국생태학회 회장
제 8회 국제생태학대회 (INTECOL) 조직위원장
(현) 목포대학교 기초과학부 생물학전공 교수
(현) 목포대학교 총장

문형태 : 7장
서울대학교 사범대학 생물교육과(이학사)
서울대학교 대학원 식물학과(이학석사)
서울대학교 대학원 생물학과(이학박사)
(현) 공주대학교 자연과학대학 생명과학과 교수

조강현 : 8장
서울대학교 농과대학 농학과(농학사)
서울대학교 대학원 식물학과(이학석사)
서울대학교 대학원 생물학과(이학박사)
(현) 인하대학교 자연과학대학 생명과학과 교수

이희선 : 9장
서울대학교 사범대학 생물교육과(이학사)
서울대학교 대학원 생물교육과(교육학석사)
서울대학교 대학원 생물학과(이학박사)
(현) 서원대학교 사범대학 생물교육과 교수

유영한 : 9장
서원대학교 사범대학 생물교육과(이학사)
전북대학교 대학원 생물학과(이학석사)
서울대학교 대학원 생물학과(이학박사)
(현) 공주대학교 자연과학대학 생명과학과 교수

민병미 : 10장
공주대학교 사범대학 생물교육과(이학사)
서울대학교 대학원 식물학과(이학석사)
서울대학교 대학원 생물학과(이학박사)
(현) 단국대학교 사범대학 과학교육과 교수

이창석 : 11장
충북대학교 사범대학 과학교육과(이학사)
서울대학교 대학원 식물학과(이학석사)
서울대학교 대학원 생물학과(이학박사)
(현) 서울여자대학교 자연과학대학 환경·생명과학부 교수

이은주 : 11장
서울대학교 자연과학대학 식물학과(이학사)
서울대학교 대학원 식물학과(이학석사)
캐나다 매니토바대학교 식물학과(이학박사)
(현) 서울대학교 자연과학대학 생명과학부 교수

오경환 : 12장 및 총괄
서울대학교 사범대학 생물교육과(이학사)
서울대학교 대학원 생물교육과(교육학석사)
서울대학교 대학원 생물학과(이학박사)
(현) 경상대학교 사범대학 과학교육학부 생물전공 교수

개정판

현대생태학

2007년 3월 2일 개정판 발행
2021년 2월 15일 개정판 2쇄 발행
등록번호 1960. 10. 28. 제406-2006-000035호
ISBN 978-89-363-0828-5 (94400)

값 18,000원

지은이
김준호 외

펴낸이
류원식

편집팀장
모은영

책임진행
김지연

디자인
반미현

펴낸곳
교문사
10881, 경기도 파주시 문발로 116

문의
TEL 031-955-6111
FAX 031-955-0955
www.gyomoon.com
e-mail. genie@gyomoon.com